计算机技术开发与应用丛书

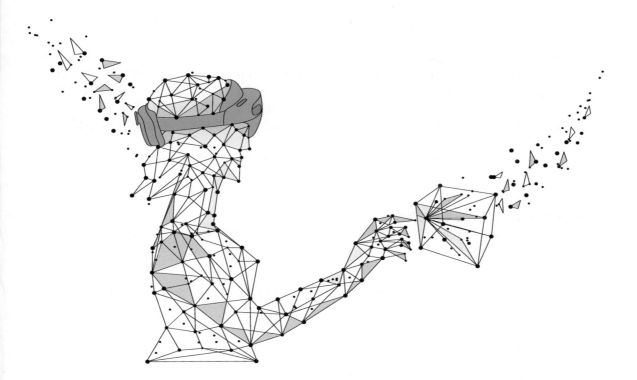

HoloLens 2
开发入门精要
基于Unity和MRTK

汪祥春◎编著

清华大学出版社

北京

内 容 简 介

本书主要讲述利用 Unity 和 MRTK 进行 HoloLens 2 设备上的 MR 应用开发，对 MR 应用开发中涉及的技术进行了全方位讲述，语言通俗易懂，阐述深入浅出。

本书共分 4 部分：第一部分为基础篇，包括第 1 章和第 2 章，从混合现实概念入手，简述 HoloLens 2 设备的技术特性、基本开发步骤及调试部署、MRTK 体系架构、配置文件使用等基础知识，立意高屋建瓴，通过对 HoloLens 2 设备和 MRTK 的介绍，希望读者对在 HoloLens 2 设备上进行 MR 应用开发有一个初步的印象；第二部分为操作组件篇，包括第 3~5 章，主要阐述对 HoloLens 2 设备功能特性的基本开发及操作，系统讲解 MRTK 提供的各类功能组件和 UX 控件操作使用；第三部分为功能技术篇，包括第 6~12 章，针对 HoloLens 2 设备上的 MR 应用开发进行深入全面阐述、剖析讲解，力图从原理到实践，全方位覆盖 MR 应用开发技术的方方面面，每章都配有详尽的可执行代码及代码的详细说明；第四部分为提高篇，包括第 13 章和第 14 章，不仅讨论 MR 应用与普通应用的区别，也指出在 MR 应用开发中应该注意的事项，提出了在 MR 应用开发中应该遵循的基本原则，并对如何排查 MR 应用性能问题及基本性能优化原则进行了比较深入的探究。

本书面向 MR 应用开发初学者与 Unity 工程师，也可以作为高校、大专院校相关专业师生的学习用书，以及培训学校的培训教材。

图书在版编目（CIP）数据

HoloLens 2 开发入门精要：基于 Unity 和 MRTK / 汪祥春编著. —北京：清华大学出版社，2021.11
(2024.1 重印)
（计算机技术开发与应用丛书）
ISBN 978-7-302-58991-4

Ⅰ.①H… Ⅱ.①汪… Ⅲ.①虚拟现实—程序设计 Ⅳ.① TP391.98

中国版本图书馆 CIP 数据核字（2021）第 173528 号

责任编辑：赵佳霓
封面设计：吴　刚
责任校对：时翠兰
责任印制：宋　林

出版发行：清华大学出版社
　　　　　网　　　址：https://www.tup.com.cn，https://www.wqxuetang.com
　　　　　地　　　址：北京清华大学学研大厦 A 座　　　邮　　编：100084
　　　　　社 总 机：010-83470000　　　　　　　　　　邮　　购：010-62786544
　　　　　投稿与读者服务：010-62776969，c-service@tup.tsinghua.edu.cn
　　　　　质量反馈：010-62772015，zhiliang@tup.tsinghua.edu.cn
　　　　　课件下载：https://www.tup.com.cn，010-83470236
印 装 者：三河市龙大印装有限公司
经　　销：全国新华书店
开　　本：186mm × 240mm　　印　　张：24　　字　　数：541 千字
版　　次：2021 年 12 月第 1 版　　　　　　印　　次：2024 年 1 月第 2 次印刷
印　　数：2001 ～ 2500
定　　价：109.00 元

产品编号：093543-01

前 言
PREFACE

HoloLens 2 设备从 HoloLens 1 代发展而来，是一台可穿戴的一体式全息计算设备，它具有目前业内最好的光波导显示组件，拥有独立的计算单元，可进行实时手势检测、语音命令、空间感知、运动跟踪、眼动跟踪等解算。HoloLens 2 设备发布后，在工业和军事领域取得了巨大成功，也成为 AR 眼镜中名副其实的佼佼者。在计算机视觉与人工智能技术的推动下，HoloLens 2 设备无论是跟踪精度、设备性能，还是人机交互自然性上都有了很大提高，已基本满足大众对 AR 眼镜的期望。据权威机构预测，AR/MR 会成为下一个十年改变人们生活、工作最重要的技术之一，并在 5G 通信技术的助力下出现应用高潮。

HoloLens 2 设备是微软公司在前沿科技领域的重大技术布局，引领着移动 AR 眼镜的发展方向，并且围绕 HoloLens 2 设备上的 MR 应用，微软公司构建了一系列软硬件生态，包括 Azure 云服务、Microsoft Mesh 等，正全力推动 MR 技术在各行各业、工作生活的各个角落落地应用，一个崭新的人机交互设备正在悄然改变着一切。

本书主要讲述利用 Unity 和 MRTK 进行 HoloLens 2 设备上的 MR 应用开发，旨在为 MR 技术开发人员提供一份相对完善、成体系的学习材料，帮助开发者系统性地掌握 MR 开发的相关知识，建立 MR 应用开发知识体系。

AR/MR 技术是一种将虚拟信息与真实世界融合展示的技术，其广泛运用了人工智能、三维建模、实时跟踪注册、虚实融合、智能交互、传感计算等多种技术手段，将计算机生成的文字、图像、三维模型、声频、视频、动画等虚拟信息模拟仿真后应用到真实世界中。AR 技术同时考虑了真实世界与虚拟信息的相互关系，虚实信息互为补充，从而实现对真实世界的增强，并能实时虚实交互。

本书注重利用 MRTK 进行 MR 应用开发的实际应用，但在讲解技术点的同时对其原理、技术背景进行了较深入的探究，采取循序渐进的方式，使读者知其然更能知其所以然，一步一步地将读者带入 MR 应用开发的殿堂。

前置知识

本书面向 MR 应用开发初学者与 Unity 工程师，内容讲述尽量采用通俗易懂的语言，从基础入门，但仍然希望读者能具备以下前置知识。

（1）熟悉 Unity 引擎的使用操作，掌握 Unity 开发的基本技能，能熟练进行一般性的模型导入和导出、属性设置、发布部署等。

（2）熟悉 C# 高级语言，掌握基本的 C# 语法及常见数据结构、编码技巧，对常见游戏对象的代码操作、事件绑定等有一定的理解。

（3）了解 Visual Studio 开发环境，能进行基本的开发环境设置、功能调试、资源使用等。

（4）了解图形学。数字三维空间是用数学精确描述的虚拟世界，如果读者对坐标系、向量及基本的代数运算有所了解，会对理解 MR 应用的工作原理、渲染管线有很大帮助，但本书中没有直接应用到复杂的数学计算，读者不用太担心。

预期读者

本书属于技术类书籍，预期读者人群包括：

（1）高等学校及对计算机技术有浓厚兴趣的专科学校的学生。

（2）对 MR 技术有兴趣的科技工作者。

（3）向 MR 转行的程序员。

（4）研究讲授 MR 技术的教师。

（5）HoloLens 2 设备应用开发人员。

本书特色

（1）结构清晰。本书共分 4 部分：第一部分为基础篇，第二部分为操作组件篇，第三部分为功能技术篇，第四部分为提高篇。紧紧围绕利用 MRTK 的 MR 开发，从各个侧面对其功能特性进行全面讲述。

（2）循序渐进。本书充分考虑不同知识背景读者的需求，按知识点循序渐进，通过大量配图、实例进行详细讲解，力求使 MR 初学者能快速掌握使用 MRTK 进行 MR 应用开发。

（3）深浅兼顾。在讲解各功能技术点时对其技术原理、理论脉络进行了较深入的探究，语言通俗易懂，对技术阐述深入浅出。

（4）实用性强。本书实例丰富，每个技术点都配有实例，注重对技术的实际运用，力图解决读者在项目开发中面临的难点问题，实用性非常强。

读者反馈

尽管我们在本书的编写过程中多次对内容、语言描述的连贯性和叙述的准确性进行了审查、校正，但由于作者能力和水平有限，书中难免会出现一些错误，欢迎读者在发现这些问题的时候及时批评指正。

致谢

仅以此书献给笔者的妻子欧阳女士、孩子妍妍及轩轩，是你们的支持让笔者能勇往直前，永远爱你们，也感谢赵佳霓编辑对本书的大力支持。

汪祥春

2021 年 8 月

本书源代码

目录
CONTENTS

基 础 篇

操作组件篇

功能技术篇

提　高　篇

基 础 篇

　　增强现实 / 混合现实是一门新兴技术，它是三维建模渲染、虚实融合、传感计算、人工智能、计算机视觉处理等技术发展的结果，也被誉为未来十年最重要的技术之一，是全新的朝阳技术，应用广泛，前景广阔，正呈现蓬勃发展的态势。

　　本篇为基础入门篇，从混合现实（MR）概念入手，简述 HoloLens 2 设备的技术特性、MR 应用基本开发步骤及调试部署、MRTK 体系架构、配置文件使用等基础知识，通过对 HoloLens 2 设备和 MRTK 的介绍，帮助读者对在 HoloLens 2 设备上进行 MR 应用开发形成初步印象。

　　基础篇包括以下章节：

　　第 1 章　HoloLens 2 基础

　　HoloLens 2 设备为混合现实领域出色的可穿戴设备，代表着前沿技术发展的最高水平，其优异的手势操作、语音命令、眼动跟踪推动着新一代人机交互方式的发展。本章介绍混合现实的概念、HoloLens 2 设备技术特性、运动跟踪原理，阐述利用 MRTK 开发 MR 应用的基本环境配置及调试部署方法。

　　第 2 章　MRTK 基础

　　MRTK 是微软公司为 MR 混合现实应用开发而专门打造的开发工具包，体系架构灵活高效、使用界面简洁优雅，本章对 MRTK 体系架构进行详细介绍，对配置文件的配置使用进行深入探究。

第 1 章

HoloLens 2 基础

科学技术的发展拓展了人类感知的深度与广度，增强了人类对世界的认知能力。高速的数据流使人们对信息的传递与获取变得更加便捷，虚实融合技术的出现，开创了人类认知领域新的维度，推动着对信息的获取向更高效、更直观、更具真实感的方向发展。

1.1 混合现实技术概述

混合现实技术是一种将虚拟信息与真实世界融合展示的技术，其广泛运用了人工智能、三维建模、实时跟踪注册、虚实融合、智能交互、传感计算等多种技术手段，将计算机生成的文字、图像、三维模型、声频、视频、动画等虚拟信息模拟仿真后应用到真实世界中。混合实现技术同时考虑了真实世界与虚拟信息的相互关系，虚实信息互为补充，营造真实与虚拟无痕混合的体验。

1.1.1 MR 概念

VR、AR、XR、MR 这些缩写的英文术语有时让初学者感到困惑。VR 是 Virtual Reality 的缩写，即虚拟现实，是一种能够创建和体验纯虚拟世界的计算机仿真技术，它利用计算机生成交互式的全数字三维视场，能够营造全虚拟的环境。AR 是 Augmented Reality 的缩写，即增强现实，是采用以计算机为核心的现代科技手段将生成的文字、图像、视频、3D 模型、动画等虚拟信息以视觉、听觉、味觉、嗅觉、触觉等生理感觉方式融合叠加至真实场景中，从而对使用者感知到的真实世界进行增强的技术。VR 是创建完全数字化的世界，隔离真实与虚拟，AR 则是对真实世界的增强，融合了真实与虚拟。近年来，VR 与 AR 技术快速发展，应用越来越广，并且相互关联、相互促进，很多时候会被统称为 XR（Extended Reality，扩展现实）。

MR 是 Mixed Reality 的缩写，即混合现实，是融合真实和虚拟世界的技术，混合现实这一概念由微软公司提出，强调物理实体和数字对象共存并实时相互作用，如虚实遮挡、环境反射等。比较而言，AR 强调的是对真实世界的增强，MR 则更强调虚实的融合，更关注虚拟数字世界与真实现实世界之间的交互，如环境遮挡、人形遮挡、场景深度、物理模拟，也更关注以自然、本能的方式操作虚拟对象。

本书我们主要关注 MR 技术，并将详细讲述如何利用 Unity 引擎和 MRTK 工具包开发构建 HoloLens 2 设备上的 MR 应用，MR 虚实融合效果如图 1-1 所示。

图 1-1　MR 将虚拟信息叠加在真实环境之上并能与之交互

在混合现实环境中，真实世界环境被计算机生成的文字、图像、视频、3D 模型、动画等虚拟信息"增强"，甚至可以跨越视觉、听觉、触觉、体感和嗅觉等多种感官模式。叠加的虚拟信息可以是建设性的（对现实环境的附加），也可以是破坏性的（对现实环境的掩蔽），并与现实世界无缝地交织在一起，让人产生身临其境、真假难辨的感观体验，分不清虚实。通过这种方式，混合现实可以改变用户对真实世界环境的持续感知，这与虚拟现实将虚实隔离，用虚拟环境完全取代用户真实世界环境完全不一样。

混合现实的主要价值在于它将数字信息带入个人对现实世界的感知中，而不是简单地显示数据，通过与被视为环境自然部分的沉浸式集成实现对现实的增强。借助 HoloLens 2 设备的优秀功能（例如本能手势操作、语音命令、眼动凝视交互），用户周围的混合世界变得可交互和可操作。简而言之，MR 就是将虚拟信息放在现实中展现，并且让用户与虚拟信息进行互动，MR 通过环境跟踪、理解等技术手段将现实与虚拟信息进行无缝对接，将在现实中不存在的事物构建在与真实环境一致的同一个三维场景中予以展现、衔接融合。

混合现实技术的发展将改变我们观察世界的方式，世界不再是我们看到的表面现象的集合，而可以有其更深刻和更个性化的内涵，从而引发人类对世界认知方式的变革。想象用户行走或者驱车行驶在路上，通过增强现实显示器（AR 眼镜或者全透明挡风玻璃显示器），信息化图像将出现在用户的视野之内（如路标、导航、提示），这些增强信息实时更新，并且所播放的声音与用户所看到的场景保持同步，或者当我们看到一个蘑菇时，通过 AR 眼镜即可马上获知其成分和毒性，或者当我们在任何时候需要帮助时，数字人工智能人形助理马上出现在我们面前，以与真人无差异的形象全程为我们服务。

不仅如此，混合现实技术的发展符合更直接、更直观、更本能的人机交互趋势，必将创造全新的人机交互模式，以更加自然的方式连接虚实世界。

1.1.2　全息图

　　本书所述全息指由 HoloLens 2 设备生成的光影图像及 3D 音效综合体，泛指所有的虚拟元素、视频、对象、物体及其 3D 空间音效，这些全息场景可以是固定于现实世界空间的虚拟对象，也可以是跟随使用者的用户体验元素，全息叠加于现实世界之上，并与现实世界交互。全息图泛指所有叠加于真实环境之上的可见虚拟对象的集合，全息图又称为全息影像。

　　由于 HoloLens 2 设备采用光波导显示技术，设备生成的全息图只能以叠加的方式覆盖于环境之上，即我们既能看到全息图也能看到其背后的真实环境，HoloLens 2 设备无法将环境信息移除，而我们也无法生成纯黑颜色，所以全息图不能渲染黑色（黑色会被渲染成全透明），越明亮的全息图像在 HoloLens 2 设备中显示得越清晰。

　　得益于 HoloLens 2 设备优秀的运动跟踪功能，全息图可以放置于使用者所在真实空间中的任何位置，这些放置于真实空间中的全息影像会像真实物体一样固定于环境（World Lock）中，即使使用者移动位置，它们也会保持在原地不动。当然，我们也可以通过设置使全息图一直保持在视野范围内或者跟随使用者，在 MR 应用中，保持全息图在视野范围内也被称为显示锁定（Display Lock），在这种模式下，全息图就像普通应用中的 UI 元素一样一直占据一部分显示面积，通常这种形式的全息图会用于显示电量、时间之类的固定信息，但需要注意的是，这种显示方式与 MR 应用所营造的 3D 混合现实场景不相符，会让人产生不适，建议无特殊情况不要采用该方式。保持全息图跟随使用者也被称为身体锁定（Body Lock），被身体锁定的全息图会跟随使用者，但其也同样处于 MR 应用的 3D 空间中，典型的例子就是 MR 开发中常见的性能诊断面板（Diagnostics Panel），设计良好的延时和弹性缓动效果可以让该模式非常适合常用菜单、工具的显示。

　　全息不仅是光影和声音的叠加，它也是混合现实的一部分，可以与真实环境、使用者交互，HoloLens 2 设备具备环境感知能力，能重建物理场景表面，全息图能正确与现实环境发生碰撞、遮挡、反射、物理模拟，如将一个虚拟小球抛向地面，小球将在真实地板上弹跳，也会滚动到桌子下面而消失不见。在使用全息时，将其与重力（Y 轴）对齐是最简单且有效提升全息真实感的方法。

1.2　HoloLens 2 设备

　　HoloLens 2 设备从 HoloLens 1 发展而来，是一台可穿戴的一体式全息计算设备，如图 1-2 所示，它具有当前业内最好的光波导显示组件，拥有独立的计算单元，可进行实时手势、语音、感知环境、运动跟踪、眼动跟踪等解算。HoloLens 2 设备是一台完整的全息混合现实设备，无须依赖任何外部软硬件就能完成所有混合现实计算和展示。HoloLens 2 设备也是一个混合现实平台，运行 Windows 10 全息操作系统（Windows 10 Holographic System），拥有所有 UWP（Universal Windows Platform，通用 Windows 平台）特性支持。

图 1-2　HoloLens 2 设备

HoloLens 2 作为一款完备的混合现实设备，搭载了大量传感器、计算单元，提供了优秀的沉浸式体验，其基本性能参数如表 1-1 所示。

表 1-1　HoloLens 2 设备的基本性能参数

参 数 名 称	描　　述	参 数 名 称	描　　述
显示器		眼动追踪	实时追踪
光学	透明全息透镜（波导）	语音	单机命令和控制，互联网连接自然语言理解
分辨率	2K 3∶2 光引擎	Windows Hello	具有虹膜识别功能的企业级安全性
全息密度	>2.5K 辐射点（每个弧度的光点）	环境理解	
基于眼睛位置的呈现	基于眼睛位置的 3D 显示优化	6DoF 追踪	世界范围的位置追踪
声频和语音		空间映射	实时环境网格
话筒阵列	5 声道	混合现实捕获	混合全息图和物理环境照片和视频
扬声器	内置空间音响	计算和连接	
传感器		SoC	高通骁龙 850 计算平台
头部追踪	4 台可见光摄像机	HPU	第 2 代定制全息处理单元
眼动追踪	2 台红外摄像机	内存	4GB LPDDR4x 系统 DRAM
深度	1MP 飞行时间（ToF）深度传感器	存储	64GB UFS 2.1
IMU	加速度计、陀螺仪、磁强计	WiFi	WiFi：WiFi 5（IEEE 802.11ac 2×2）
相机	8MP 静止图像，1080p30 帧视频	蓝牙	5.0
人类理解力		USB	USB C 型
手动追踪	双手完全绞接模型，直接操作		

1. 计算性能

HoloLens 2 设备配备高通骁龙 850（Snapdragon 850）计算平台，这是一个时钟频率为 2.96GHz、64 位、10nm 的高性能低功耗处理平台，强大的计算性能保证了 MR 应用苛刻的时延要求，奠定了整个设备的计算基础。

　　HoloLens 2 设备还配备了一块专用的 HPU（Holographic Processing Unit，全息处理单元），该处理器共有 13 个计算单元，主要负责 6DoF 运动跟踪、眼动跟踪、手势跟踪、3D 音效、环境感知和空间映射、场景理解、全息稳定性等计算处理。HPU 专用处理器的出现极大地减轻了 CPU 的计算压力，并提供了更好的精度和功耗表现。

2. 光波导显示

　　HoloLens 2 光波导显示模组将视场角提升到 52°，在提供了更大视野空间的同时保持了每度 47 像素的分辨率，画质更锐利。HoloLens 2 波导镜片由 3 层精减到 2 层，对环境光的通透性更好，提升了 MR 体验。

3. 深度感知

　　HoloLens 2 设备配备了 ToF（Time of Flight，飞行时间）深度传感器，提供了直接获取场景深度信息的能力，因此能够高效感知外部环境，并且配合 AI 算法提高了场景表面几何网格的完整性。

4. 环境理解

　　第二代 HPU 内置了神经网络，在通过 ToF 获取场景表面几何网格信息后，通过构建的深度地图与运动跟踪便可智能地识别场景对象，如地板、顶棚、桌面等，场景理解能力对提高 MR 应用的智能性有至关重要的影响

5. 手势识别

　　HoloLens 2 设备有非常优秀的手势跟踪和识别能力，这主要得益于 HPU 神经网络。为了降低功耗，HoloLens 2 设备时刻保持一个粗粒度的神经网络处于运行状态，在检测到手势时会启动另一个高精度的神经网络跟踪和识别手势，不仅降低了功耗也不损失精度。由于第二代 HPU 的强大能力，HoloLens 2 设备完全摆脱了一代设备只有两种手势的困局，允许使用者以更自然的方式进行虚实本能交互。

6. 眼动跟踪

　　HoloLens 2 设备由两个向内的红外图像传感器负责虹膜识别与眼动跟踪，这两个传感器不仅可以自动测量双眼瞳间距，还能实时地跟踪双眼的凝视方向，这为远距离的凝视交互打下了基础，也提供了除手势和语音之外的第 3 种虚实交互方式。

7. 话筒与空间音效

　　HoloLens 2 设备配备了 3 个前向环境音采集话筒、2 个用户语音采集话筒，通过这 5 个话筒阵列，HoloLens 2 设备能在 90dB 的环境里正确地识别用户语音。HoloLens 2 设备还配备了空间音效微音响系统，能正确地输出空间 3D 音效。

> **提示**
>
> HoloLens 2 设备是一台 MR 混合现实眼镜，也是一个 MR 混合现实平台，它提供了最基础的硬件管理和软件功能支持，但与 ARKit 或者 ARCore 等 SDK（Software Development Kit，软件开发工具包）不同的是其并不提供现成的功能特性实现，如 2D 图像和 3D 物体识别跟踪，HoloLens 2 设备本身并不直接提供该功能特性的支持，但开发者可以通过算法实现这些功能，HoloLens 2 设备提供了对运动跟踪和图像采集的基本功能支持。

1.3 MR 技术原理

MR 应用带给使用者奇妙体验的背后是数学、物理学、几何学、人工智能技术、传感器技术、芯片技术、计算机科学技术等基础科学与高新技术的深度融合，对开发人员而言，了解其技术原理有助于理解 MR 整个运行生命周期，有助于理解其优势与不足，更好地服务于应用开发工作。

对 MR 应用而言，最重要、重基础的功能是感知设备（使用者）的位置，将虚拟数字世界与真实物理环境对齐，其核心技术基础是 SLAM（Simultaneous Localization And Mapping，同时定位与建图）技术，即搭载特定传感器的主体，在没有环境先验信息的情况下，于运动过程中建立环境模型，同时估计自己的运动。SLAM 技术解决了两个问题：一个是估计传感器自身位置，另一个是建立周围环境模型。通俗地讲，SLAM 技术就是在未知环境中确定设备的位置与方向，并逐步建立对未知环境的认知（构建环境的数字地图）。SLAM 技术不仅是 AR/MR 技术的基础，也是自动驾驶、自主导航无人机、机器人等众多需要自主定位技术的基础。经过近 30 年的发展，SLAM 技术理论、算法框架已基本定型，现代典型的 SLAM 技术框架如图 1-3 所示。

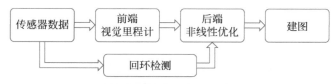

图 1-3　现代典型的 SLAM 技术框架示意图

1.3.1 传感器数据

携带于运动主体上的各类传感器，如激光传感器、摄像机、轮式编码器、惯性测量单元（Inertial Measurement Unit，IMU）、深度传感器等，它们采集的环境信息为整个 SLAM 系统提供数据来源，其中轮式编码器会测量轮子转动角度，IMU 测量运动角速度和加速度，摄像

机、激光传感器、深度传感器则用于读取环境的某种观测数据，它们测量的都是间接的物理
量而不是直接的位置数据，我们只能通过这些间接的物理量推算运动主体位姿（Pose，包括
位置和方向）。就 HoloLens 2 设备而言，我们只关注来自摄像机的图像信息、IMU 运动信息、
深度传感器信息，理论上我们可以通过这些数据解算出运动主体精确的位姿信息和环境地图，
但遗憾的是来自各类传感器的数据都不是完全准确的，都带有一定程度的噪声（误差），这使
问题变得复杂化，因为噪声数据会导致计算误差，而这种误差会随着时间的推移快速累积（试
想一下，一个微小的误差以每秒 60 次的速度迅速放大），很快就会导致定位和建图完全失效。

　　以图像数据为例，来自摄像机的图像本质上是某个现实场景在相机成像平面上留下的一
个投影，它以二维的形式记录了三维的场景，因此，图像与现实场景相比少了一个深度方向
的维度，所以仅凭单幅图像无法恢复（计算）拍摄该图像时相机的位姿，必须通过移动相机
获取另一张图像形成视差才能恢复相机运动，这也就是 HoloLens 2 设备在使用时必须移动才
能实现正确运动跟踪的原因。

　　图像在计算机中以矩阵的形式进行存储和描述，为精确匹配图像中的像素与现实世界中
的环境点，图像数据还要进行校准才能进入 SLAM 系统中，校准分为相机光度校准与几何校
准两部分。

　　光度校准：光度校准涉及相机底层技术，通常要求 OEM 厂商参与。因为光度校准涉及图
像传感器本身的细节特征及内部透镜所用的涂层材料特性等，光度校准一般用于处理色彩和
强度的映射。例如，正在拍摄遥远星星的望远镜连接的相机需要知道传感器上一像素光强度
的轻微变化是否确实源于星星的光强变化或者仅仅来源于传感器或透镜中的像差。光度校准
对于 MR 跟踪的好处是提高了传感器上的像素和真实世界中点的匹配度，因此可使视觉跟踪
具有更强的稳健性及更少的错误。

　　几何校准：以普通相机为例，几何校准使用针孔相机模型来校正镜头的视野和镜筒畸变。
由于镜头的加工精度、安装工艺等缘故所有采集到的图像都会产生变形，软件开发人员可以
在没有 OEM 帮助的情况下使用棋盘格和公开的相机规格进行几何校正，如图 1-4 所示。

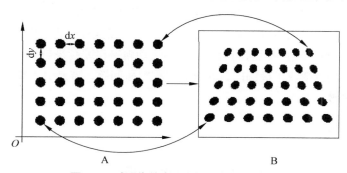

图 1-4　对图像信息进行几何校准示意图

　　对 SLAM 技术而言，光度校准确定了真实物理点与成像点颜色与强度映射，镜头出厂后
不会再发生变化，而由于镜头加工精度、安装工艺等所导致的畸变却会影响真实物理点与成

像点的位置对应关系，它们对整个 SLAM 系统的精度影响非常大，必须进行预先处理，常见的畸变有桶形失真和枕形失真两种，如图 1-5 所示。

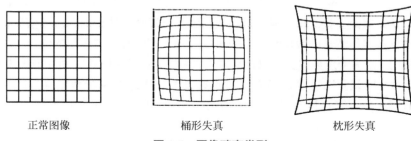

正常图像　　　　　　　桶形失真　　　　　　　　枕形失真

图 1-5　图像畸变类型

除了图像数据噪声和畸变外，IMU 数据也不准确，IMU 产生数据的频率非常快，通常能达到每秒 100 ～ 1000 次，IMU 误差主要来自噪声（Bias and Noise）、尺度因子（Scale Errors）和轴偏差（Axis Misalignment），在极短的时间内，我们可以信赖 IMU 数据，但由于 IMU 数据频率高，误差也会在短时间内快速累积，因此也需要对 IMU 数据进行校准。

深度传感器也会带来误差，除了深度传感器本身的系统误差和随机误差，环境中的透明物体、红外干扰、材质反光属性都会增加深度值的不确定性，也需要进行误差校准和外点剔除。

1.3.2　前端里程计

基于视觉的 SLAM 前端里程计通常又称为视觉里程计（Visual Odometry，VO），其主要任务是估算相邻图像间的运动，建立局部地图。HoloLens 2 设备配备有 IMU 和 TOF 传感器，因此，在 HoloLens 中进行的前端里程计融合了视觉、IMU、ToF 各传感器数据，可以提供更高精度和稳健性。

里程计通过定量地分析图像与空间点的几何对应关系、相对运动数据，便能够估计相机运动，并恢复场景空间结构，前端里程计只计算相邻时刻的相机运动，不关联之前的数据，因此不可避免地会出现累积漂移（Accumulation Drift），以这种方式工作，先前时刻的误差会传递到下一时刻，导致经过一段时间后，估计的运动轨迹误差越来越大，原本直的通道变成了斜的，原本圆的场景变成了椭圆的，为解决累积漂移问题，需要引入额外的漂移抑制技术：后端优化和回环检测。

1.3.3　后端优化

概括地讲，后端优化主要指处理 SLAM 过程中的噪声问题。虽然我们希望所有输入的数据都是准确的，然而现实中，再精确的传感器也带有一定的噪声。便宜的传感器的测量误差较大，昂贵的则较小，有的传感器还会受磁场、温度、红外线的影响，所以除了解决"从相邻时刻估计出相机运动"之外，我们还要关心这个估计带有多大的噪声及如何消除这些误差。

后端优化要考虑的问题就是如何从这些带有噪声的数据中，估计整个系统的状态，以及这种状态估计的不确定性大小。这里的状态既包括运动主体本身的轨迹，也包含地图。在 SLAM 框架中，前端给后端提供待优化的数据，以及这些数据的初始值，而后端负责整体的优化过程，面对的只有数据，而不必关心这些数据到底来自什么传感器。在 HoloLens 中，前端和计算机视觉研究领域更为相关，例如图像的特征提取与匹配等，也包括图像数据与 IMU 和 ToF 数据的融合，后端则主要负责滤波与非线性优化算法。通过后端优化，我们能够比较有效地抑制误差累积，将整个 SLAM 系统维持在一个可接受的精度范围。

1.3.4　回环检测

回环检测，又称闭环检测（Loop Closure Detection），主要解决位姿估计随时间漂移的问题。假设实际情况下，运动主体经过一段时间运动后回到了原点，但是由于漂移，它的位置估计值却没有回到原点。如果有某种手段感知到"回到了原点"这件事，或者把"原点"识别出来，我们再把位置估计值"拉"过去，就可以消除漂移了，这就是所谓的回环检测。回环检测与"定位"和"建图"二者都有密切的关系。事实上，我们认为，地图存在的主要意义，是为了让运动主体知晓自己到达过的地方。为了实现回环检测，我们需要让运动主体具有识别曾到达过场景的能力。实现回环的手段有很多，例如我们可以在环境中某个位置设置一个标志物（如一张二维码图片），只要它看到了这个标志，就知道自己回到了原点，但是，该标志物实质上是对环境位置的一种人为标识，对应用环境提出了限制，而我们更希望通过运动主体自身携带的传感器——图像数据，来完成这一任务。例如，我们可以判断图像间的相似性，来完成回环检测，这一点和人类对事物的判断是相似的，当我们看到两张相似图片时，容易辨认它们来自同一个地方，当然，在计算机中判断两张图像相似这个任务比我们所想象的要难得多，这是一个典型的人觉得容易而计算机觉得难的命题。

如果回环检测成功，则可以显著地减小累积误差，所以回环检测，实质上是一种计算图像数据相似性的算法。由于图像的信息非常丰富，使正确检测回环的难度也降低了不少。在检测到回环之后，我们会把"A 与 B 是同一个点"这样的信息通知后端优化算法，后端根据这些新的信息，把轨迹和地图调整到符合回环检测结果的样子。这样，如果我们有充分而且正确的回环检测，就可以消除累积误差，从而得到全局一致的轨迹和地图。

1.3.5　建图

建图（Mapping）是指构建地图的过程。地图是对环境的描述，但这个描述并不是固定的，需要视 SLAM 的应用而定。相比于前端里程计、后端优化和回环检测，建图并没有一个固定的形式和算法。一组空间点的集合可以称为地图，一个 3D 模型也可以称为地图，一个标记着城市、村庄、铁路、河道的图片亦是地图。地图的形式随 SLAM 的应用场合而定，按照地图的用途，地图可以分为度量地图与拓扑地图两种。

度量地图强调精确地表示地图中物体的位置关系，通常我们用稀疏（Sparse）与稠密（Dense）对它们进行分类。稀疏地图进行了一定程度的抽象，并不需要表达所有的物体。例如，我们选择一部分具有代表意义的东西，称为路标（Landmark），那么一张稀疏地图就是由路标组成的地图，而不是路标的部分就可以忽略掉。相对地，稠密地图着重于建模所有看到的东西。对于定位来讲，稀疏路标地图就足够了，而对于导航则需要稠密地图。

拓扑地图（Topological Map）是一种保持点与线相对位置关系正确而不一定保持图形形状与面积、距离、方向正确的抽象地图，拓扑地图通常用于路径规划。

在 HoloLens 2 设备中，主要使用稠密度量地图实现对物理环境的映射，得益于搭载的 ToF 传感器，我们可以通过物理方法得到场景深度值，利用这些深度信息，通过算法就可以建立对环境的映射（对环境场景几何表面进行重建），因此可以允许虚拟对象与真实物体发生碰撞及遮挡，如图 1-6 所示。

图 1-6 对场景重建后实现遮挡示意图

环境映射是实现真实物体与虚拟物体碰撞与遮挡关系的基础，在对真实环境进行 3D 重建后虚拟对象就可以与现实世界互动，从而实现碰撞及遮挡。

通过 SLAM 技术，我们不仅能解算出运动主体的位姿，还可以建立起周围环境的地图，对齐虚拟数字世界与真实物理世界，因此，就能以正确的视角渲染虚拟元素，实现与真实物体一样的透视、旋转、物理模拟现象，营造虚实融合的 MR 体验。

1.4 开发环境准备

开发 HoloLens 2 设备中的 MR 应用需要使用较多的工具软件，而且工具软件之间具有相关性（软件之间对安装的先后顺序也有要求），开发环境配置极易出现问题，出现问题还不容易排除，因此我们将详细介绍开发环境所需要的硬件、软件需求和配置。

1.4.1 所需硬件和软件

本书中我们使用 Windows 10、Visual Studio 2019、Unity 2019.4、MRTK 2.6 开发 HoloLens 2 设

备的 MR 应用，为确保能高效地进行开发工作[①]，建议用于开发的计算机硬件配置如表 1-2 所示。

表 1-2　用于开发的计算机硬件配置建议

硬件名称	描　　述
CPU	Intel 桌面 i7 第 6 代（6 核）或 AMD Ryzen 5 1600（6 核，12 线程）及以上
GPU	支持 DX12 的 NVIDIA GTX 1060 或者 AMD Radeon RX 480（2GB）及以上
内存	支持 DDR4 2660 及以上频率的 16GB 内存及以上
硬盘	240GB 固态硬盘作为操作系统及各开发工具的安装盘
显示器	1920×1080 及以上分辨率的 24 英寸显示器及以上
USB	至少 1 个 USB 接口

开发 HoloLens 2 设备中的 MR 应用使用 Windows 10 专业版操作系统[②]，各主要工具软件及下载网址如表 1-3 所示。

表 1-3　用于开发的计算机所需软件及下载网址

软件名称	下载网址
Windows 10 专业版 64 位	https://www.microsoft.com/zh-cn/software-download/Windows10
Windows 10 SDK	10.0.19041.685 版本 https://go.microsoft.com/fwlink/p/?linkid=2120735 10.0.18362.1 版本 https://go.microsoft.com/fwlink/?linkid=2083448 10.0.17763.0 版本 https://go.microsoft.com/fwlink/p/?LinkID=2033686
Visual Studio 2019 （16.8 或更高版本）	https://visualstudio.microsoft.com/zh-hans/downloads/
HoloLens 2 模拟器	https://go.microsoft.com/fwlink/?linkid=2152389
Unity 2019.4.18 LTS	https://unity3d.com/get-unity/download/archive
MRTK 2.6.1	https://github.com/Microsoft/MixedRealityToolkit-Unity/releases

1.4.2　软件安装

首先正确安装 Windows 10 专业版最新版本，并更新到最新状态，确保硬件均已正确驱动，严格按以下步骤安装各工具软件，不正确的安装顺序可能会影响 MR 应用的编译生成。

---

① 根据笔者的使用经验，由于所使用工具均为重量级软件，完整的 HoloLens 2 设备 MR 应用开发环境大约需要 100GB 硬盘空间，用于开发的计算机性能不好会严重影响开发效率。另外，由于 Unity 2020 版本进行了较大软件结构调整，截止本书完稿 MRTK 并没有在 Unity 2020 中得到验证（MRTK 项目组只适配 LTS 版本 Unity 软件），因此本书还是使用 Unity 2019.4 LTS 版本。

② 官方明确家庭版不支持，笔者测试过教育版，发现不能生成 MR 应用程序，建议读者使用专业版。

1. Windows 10 SDK 安装

为防止出现 Windows 10 SDK 路径过长而导致应用编译问题,自行下载该 SDK 安装而非在 Visual Studio Installer 中安装,安装该 SDK 时指定一个简短的安装路径,如 C:\Win10 SDK。在同一操作系统中,可以安装多个 Windows 10 SDK 版本,建议在安装最新版本的同时,根据需要再安装一至两个其他版本[①]。

2. Visual Studio 2019 安装

使用 Visual Studio Installer 安装最新版本(16.8 及以上)的 Visual Studio 2019[②](独立安装 Visual Studio 2019,不建议将其作为 Unity 软件工具组件的一部分进行安装)。安装过程中,在选择工作负载界面勾选"使用 C++ 的桌面开发"和"通用 Windows 平台开发"复选框,勾选"C++(v142)通用 Windows 平台工具"复选框以确保 UWP 平台正常编译,同时为确保计算机能通过 USB 连接 HoloLens 2 设备,务必勾选"USB 设备连接性"复选框,如图 1-7 所示。

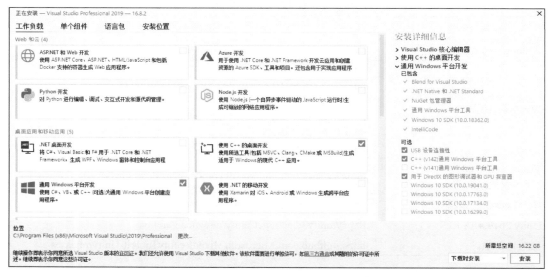

图 1-7　正确选择工作负载及其他特性

3. HoloLens 2 模拟器安装

HoloLens 2 设备模拟器为可选工具,不影响 MR 应用开发,但为方便开发过程中的测试,加快 MR 应用开发过程,建议安装该模拟器。

在安装 HoloLens 2 设备模拟器之前,还需要进行两步操作:

(1)在主板 BIOS 中开启虚拟化技术支持。开启虚拟化技术(Virtualization Technology)

---

① 在安装完第 1 个 Windows 10 SDK 版本后,后续版本安装时不可再指定安装目录,会默认安装到第 1 个 SDK 目录。

② 为方便描述,下文中 Visual Studio 2019 和 Visual Studio 简称为 VS。

可以大大提高模拟器的运行效率，英特尔（Intel）和
AMD 大部分 CPU 均支持此技术，名称分别为 VT-x、
AMD-V，但不同主板所搭载的 BIOS 系统和版本不同，
具体的开启方法可参考各主板所搭载的 BIOS 系统。

（2）开启操作系统 Hyper-V 功能。Hyper-V 技术
是在操作系统层面支持的虚拟化技术，在计算机中打
开控制面板，依次选择"程序"→"程序和功能"→"启
用或关闭 Windows 功能"，勾选 Hyper-V 复选框，如
图 1-8 所示，单击"确定"按钮安装，安装完成后重启计算机。

图 1-8　在操作系统中开启 Hyper-V 功能

在进行完以上两步操作后，正常安装 HoloLens 2 设备模拟器即可。

4. Unity 2019.4 安装

建议使用 Unity Hub 安装 Unity 2019.4，Unity Hub 是专用于 Unity 软件各版本安装、管
理、卸载的工具，利用该工具可以同时在计算机中安装多个版本的 Unity 软件，而且可以随时
加载或者卸载各版本 Unity 的工作模块。安装 Unity 软件时，选择好安装的版本，MRTK 2.6
目前只支持 Unity 2019.4 LTS 版本，在工作模块选择界面，取消默认的 Microsoft Visual Studio
Community 2019 工作模块，并确保勾选 Universal Windows Platform Build Support 和 Windows
Build Support（IL2CPP）复选框，如图 1-9 所示。

☑ Universal Windows Platform Build Support	285.2 MB	2.1 GB
☐ WebGL Build Support	252.0 MB	919.9 MB
☑ Windows Build Support (IL2CPP)	67.9 MB	357.3 MB
☐ Lumin OS (Magic Leap) Build Support	152.1 MB	832.3 MB
Documentation		
☐ Documentation	294.8 MB	601.5 MB

添加Unity版本

取消　　　　返回　　完成

图 1-9　Unity 软件安装时勾选需要的工作模块

1.4.3　软件配置

为确保计算机与 HoloLens 2 设备正常连接，计算机与 HoloLens 2 设备均需开启"开发人
员选项"。在计算机中打开控制面板，依次选择"更新和安全"→"开发者选项"，打开"开
发人员模式"。在 HoloLens 2 设备中，打开 Settings 面板，依次选择 Update & Security → For
developers，打开 Developer Mode，如图 1-10 所示。

(a) 在Windows操作系统中开启界面　　　　　(b) 在HoloLens 2设备系统中开启界面

图 1-10　开启开发人员选项

1.5　MR 应用开发初体验

HoloLens 2 设备是一款便携式、可穿戴的移动设备，其应用的开发部署流程与传统应用有些不太一样，下面我们从导入 MRTK、配置工程项目、导出 WMR（Windows Mixed Reality）应用，全流程体验开发 MR 应用的过程。

1.5.1　创建工程

通过 Unity Hub，新建一个工程，选择 3D 模板、填写好项目名称、选择工程存储路径，项目名称与工程存储路径建议使用英文以防出现字符识别问题，如图 1-11 所示。

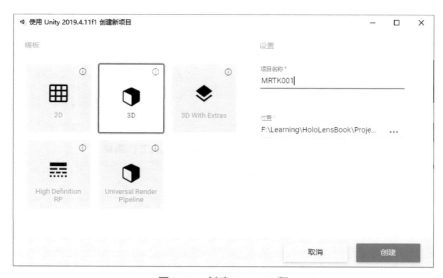

图 1-11　创建 Unity 工程

工程创建完成后，在 Unity 菜单中，依次选择 File → Build Settings（或者使用快捷键 Ctrl+Shift+B），打开构建设置窗口，选择 Universal Windows Platform，然后单击 Switch Platform 按钮将工作平台切换到 UWP 平台（Universal Windows Platform，通用 Windows 平台），如图 1-12 所示。

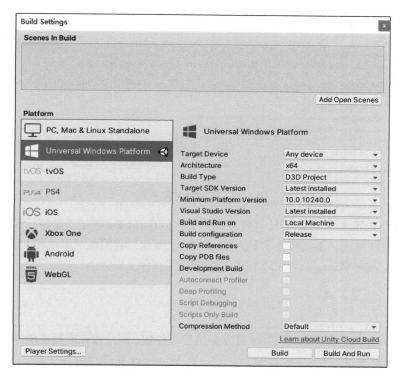

图 1-12　切换工作平台至 UWP

将工作平台切换到 UWP 平台后就可以导入 MRTK 工具包了，MRTK 支持以 3 种方式导入 Unity 工程中，在实际使用中，使用其中任何一种方式都可以，下面分别予以介绍。

1.5.2　直接导入 MRTK 工具包

在 Unity 菜单中，依次选择 Assets → Import Package → Custom Package，打开资源导入窗口，选择已下载的 Microsoft.MixedReality.Toolkit.Unity.Foundation.2.6.1.unitypackage，将其导入工程中。工具包导入完成后，会弹出 MRTK 项目设置窗口，可以根据需要进行设置，这里我们直接单击 Apply 按钮使用默认设置，如图 1-13 所示。

Foundation 工具包是使用 MRTK 开发套件的必选包，而 Examples、Extensions、Tools、TestUtilities 包则是可选包，可以根据需要导入[①]。

---

① 建议读者全部导入，可以随时查看示例、使用 MRTK 提供的各类工具，本书后面部分内容也需要使用各类工具包。

图 1-13　配置对话框界面

使用这种方式导入 MRTK 工具包最直观简单，但存在的问题是不好进行工具包升级，而且只能全部一次性导入，不能按需求导入指定功能，因此，我们也可以使用 Unity 提供的包管理器（Unity Package Manager，UPM）导入 MRTK 工具包。

1.5.3　使用 UPM 导入 MRTK 工具包

由于 MRTK 工具包目前并非 Unity 官方提供的组件包，因此首先需要在清单文件（manifest. json）中加入包源地址，在 Unity 中进行注册。在 Windows 文件管理器中打开 Unity 工程文件路径，使用 Visual Studio 2019 打开工程文件 Packages/manifest.json 文件，在该文件行首"{"后添加服务注册配置，代码如下：

```
//第 1 章 /1-1.cs
{   //manifest.json 文件原首行
"scopedRegistries": [
    {
"name": "Microsoft Mixed Reality",
"URL": "https://pkgs.dev.azure.com/aipmr/MixedReality-Unity-Packages/
_packaging/Unity-packages/npm/registry/",
"scopes": [
"com.microsoft.mixedreality",
"com.microsoft.spatialaudio"
    ]
    }
  ],
```

添加完以上配置后，Unity 就能正确地解析和定位所使用服务了，但我们并没有指定所需要的工具包，因此还需要将所使用的 Foundation、Tools、Examples 工具包添加到依赖项中，代码如下：

```
// 第 1 章 /1-2.cs
"dependencies": {  //manifest.json 文件原依赖项声明行
"com.microsoft.mixedreality.toolkit.foundation": "2.6.1",
"com.microsoft.mixedreality.toolkit.tools": "2.6.1",
"com.microsoft.mixedreality.toolkit.examples": "2.6.1",
```

完成所有配置后，保存文件，返回 Unity 软件，Unity 将会自动加载 MRTK Foundation 工具包，在菜单中依次选择 Window → Package Manager，打开包管理器窗口，可以在该管理器中升级、卸载、管理 Foundation 包（名称为 Mixed Reality Toolkit Foundation）。与 Foundation 包会自动加载不同，Examples、Tools 包则需要开发者自行加载，如需要使用演示案例，则应在 UPM 窗口中选择 Mixed Reality Toolkit Examples，在右侧面板打开的案例列表中选择需要的案例，单击其后的 Import into Project 按钮即可完成该案例的导入，如图 1-14 所示。

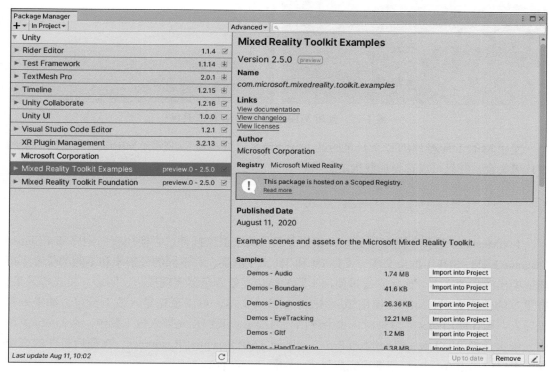

图 1-14　使用 UPM 管理 MRTK 工具包

使用 UPM 管理 MRTK 工具包的好处是灵活性强，可以随时升级工具包版本，但需要注意的是，如果在使用中卸载了工具包，UPM 中将不会出现对应的包名，这时需要重新编辑 manifest.json 文件以使 Unity 重新导入该包。

1.5.4 使用 MRFT 导入 MRTK 工具包

从 MRTK 2.6 开始，微软公司提供了 Mixed Reality Feature Tool（混合现实特性工具，简称 MRFT）工具，该工具以可视化的方式管理 MRTK 工具包，可以大大简化 MRTK 工具包的管理[①]。MRFT 是一个独立的工具程序，其实质也是通过修改 manifest.json 文件引导 Unity 加载 MRTK 相应工具包，使用该工具程序导入 MRTK 工具包非常简单，首先指定要进行处理的 Unity 工程路径，然后选择好相应的工具包即可完成操作，如图 1-15 所示，在返回 Unity 编辑器时，Unity 会自动检测和加载对应的工具包。

图 1-15　使用 MRFT 管理 MRTK 工具包

使用 MRFT 管理 MRTK 工具包的最大好处是可以直观地看到所有 MR 应用开发所需要的工具包集合，并且可以选择加载指定版本。

1.5.5 导入 TextMeshPro 工具包

TextMeshPro 是文字渲染工具包，相比于其他文字渲染插件，它使用有向距离场（Signed Distance Field，SDF）渲染文本，支持 UI 和 3D 文字渲染，在不同的分辨率和不同的位置下都能渲染出清晰的文本，而且它通过使用不同的简洁高效着色器实现描边、阴影、发光等效果，有更好的性能表现。MRTK 使用 TextMeshPro 渲染文本，可以预先导入该工具包，如果未预先导入，则在使用到文本渲染时，也会弹出导入提示。我们预先导入该工具包，在 Unity 菜单中，依次选择 Window → TextMeshPro → Import TMP Essential Resources，在随后打开的资源导入窗口中单击 Import 按钮即可完成导入，如图 1-16 所示。

---

① 使用 MRFT 需要安装 .NET 5 运行时，下载网址为 https://dotnet.microsoft.com/download/dotnet/5.0。

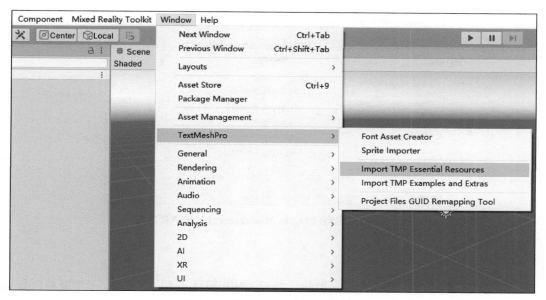

图 1-16　导入 TextMeshPro 工具包

1.5.6　配置 Unity 项目

现在我们已经把各类所需工具包导入了项目中，在 Unity 菜单中，依次选择 Edit → Project Settings 打开项目配置窗口对项目进行配置。在打开的项目配置窗口中选择 Player 模块，在右侧功能区正确填写 Company Name 和 Product Name，其他暂时全保持默认即可[①]。

由于 MR 应用在 Unity 中被归类为 XR 应用类型，如果仅进行以上配置，最后生成发布的应用运行后则是以窗口形式展现的 2D 应用，因此还需要激活 Unity 的 XR 功能，可以有两种方式进行设置。

1. 使用 XR Plug-in Management

在项目配置窗口中选择 XR Plug-in Management 模块，在右侧面板中单击 Install XR Plug-in Management 安装 XR 插件，在安装完成后，勾选 Initialize XR on Startup 和 Windows Mixed Reality 属性复选框，然后选择左侧 XR Plug-in Management 模块下新添加的 Windows Mixed Reality 子模块，按需勾选功能，这里暂时保持默认设置，如图 1-17 所示。

---

① 项目配置窗口是设置管理各类项目属性、功能特性的地方，项目所有功能特性、发布相关配置均在这里设置，在开发实际项目时需要认真详细地填写项目配置窗口的各种属性，以使发布的应用达到预期和优化性能。

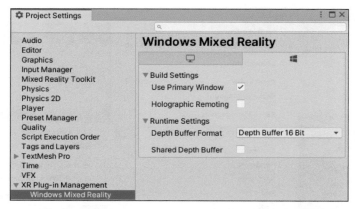

图 1-17　使用 XR Plug-in Management 设置 XR 功能

2. 使用 Legacy XR

在项目配置窗口中选择 Player 模块，展开 UWP 平台下的 XR Settings 卷展栏，勾选 Virtual Reality Supported 属性复选框，单击 Virtual Reality SDKs 下方的“+”图标，选择 Windows Mixed Reality 以添加 Windows Mixed Reality SDK。

尔后在出现的面板中将 Depth Format 属性设置为 16-bit depth、勾选 Enable Depth Buffer Sharing 复选框、Stereo Rendering Mode 属性为 Single Pass Instanced、根据需要勾选 WSA Holographic Remoting Supported 属性，如图 1-18 所示。

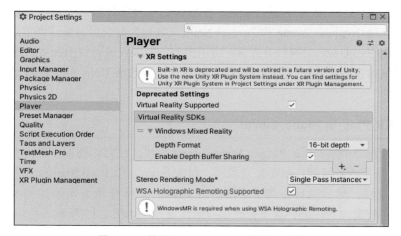

图 1-18　使用 Legacy XR 设置 XR 功能

我们建议采用第 1 种方式设置 XR 功能，第 2 种设置方式已经在 Unity 2020 版本中被移除，为了保持叙述完整性这里一并进行了介绍[①]。

———————————

① 本书后文有部分内容依赖 Legacy XR 设置方式，在相应内容部分会有特别提示。

1.5.7　创建和设置场景

在 Unity 菜单中，依次选择 Mixed Reality Toolkit → Add to Scene and Configure，MRTK 会自动在当前场景中添加必需的游戏对象，并为 MR 的使用配置好 Main Camera 对象的各种属性。

在 Hierarchy 窗口中，选择 MixedRealityToolkit 游戏对象，然后在 Inspector 窗口中，在 MixedRealityToolkit 组件下的主配置文件选择 DefaultHoloLens2ConfigurationProfile，如图 1-19 所示，使用默认的 HoloLens 2 配置文件。

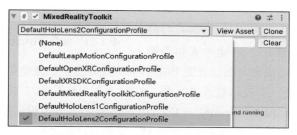

图 1-19　使用默认的 HoloLens 2 配置文件

作为演示，我们在场景中新创建一个立方体对象，将立方体边长调整为 0.2，适当调整一下立方体的位置和角度，以使其能在 MR 应用启动时被看到，其他参数保持默认。

1.5.8　导出 Unity 工程

为了更好地控制生成过程，我们首先需要将 Unity 工程导出为 Visual Studio 工程，在 Unity 菜单中，依次选择 File → Build Settings，打开构建设置窗口，如图 1-20 所示。在构建设置窗口中添加场景，将 Target Device 属性设置为 Any device、将 Architecture 属性设置为 x64，并根据需要设置其他属性，设置完成后，单击 Build 按钮将其构建到一个空的目标文件夹中。

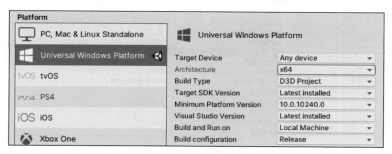

图 1-20　导出 Unity 工程

1.5.9　部署到 HoloLens 2 设备

在 VS 工程构建完成后，使用 VS 2019 打开该工程（可以直接通过双击 .sln 格式项目文件打开），然后就可以生成 MR 应用并部署到 HoloLens 2 设备上（确保 HoloLens 2 设备系统已开机并处于非待机休眠状态）。我们可以通过 USB 方式或者 WiFi 方式将 MR 应用部署到 HoloLens 2 设备上。

1. VS 环境 USB 部署方式

确保 HoloLens 2 设备通过 USB 连接到计算机，将 VS 生成方式设置为 Debug/Release/Master、将平台架构设置为 ARM64、将部署方式设置为设备，如图 1-21 所示。

在 VS 菜单中，依次选择"调试"→"开始调试"（或者使用快捷键 F5）启动生成和部署。

图 1-21　设置 Visual Studio 的生成和部署方式

如果编译成功，MR 应用则会自动部署到 HoloLens 2 设备上。如果是第一次将应用程序从 VS 部署到 HoloLens 2 设备，将提示输入 PIN 码。这时，在 HoloLens 2 设备上，呼出开始菜单，依次选择 Settings → Update & Security → For Developers 打开开发设置面板，单击 Pair 按钮生成 PIN 码，在 VS 弹窗中输入此 PIN 码完成配对，即能自动部署应用程序[1]。

2. VS 环境 WiFi 部署方式

使用 WiFi 部署的前提是确保开发计算机与 HoloLens 2 设备处于同一局域网，并且 WiFi 速度能够满足要求。与使用 USB 部署一样，将 VS 生成方式设置为 Debug、将平台架构设置为 ARM64、将部署方式设置为远程计算机，然后在 VS 菜单中，依次选择"项目"→"MRTK001属性"打开工程属性页，选择"配置属性"→"调试"，在调试面板中的"计算机名"属性栏中填写 HoloLens 2 设备的 IP 地址[2]、将"身份验证类型"设置为通用(未加密的协议)，如图 1-22 所示，然后在 VS 菜单中，依次选择"调试"→"开始调试"（或者使用快捷键 F5）启动生成和部署。

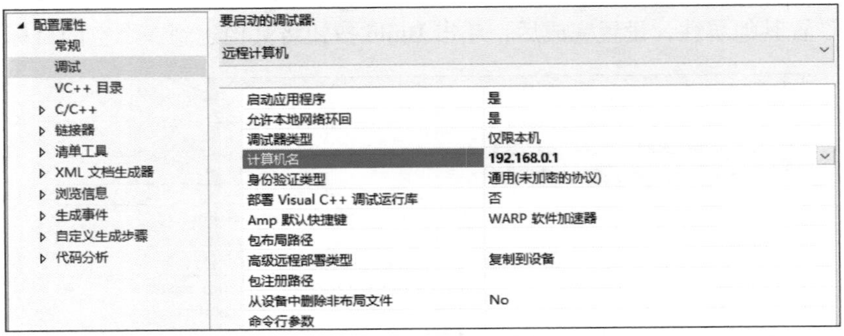

图 1-22　设置 HoloLens 2 设备 IP 地址

成功部署的 MR 应用会自动打开，如果看到空间映射网格覆盖了 HoloLens 2 设备感知到

---

① 如果需要将 HoloLens 2 设备与配对的所有计算机解除配对，则在该面板中单击 Clear 即可完成清除。

② 在 HoloLens 2 中，呼出开始菜单，依次选择 Settings→Network & Internet→Advanced Options，可以看到 HoloLens 2 设备当前的 IP 地址。

的所有表面、用于手部跟踪的指示器、用于监视应用性能的性能诊断工具、创建的立方体对象，就说明 MR 应用编译运行成功[①]。

3. Unity 引擎 USB 部署方式

除了可以使用 VS 将 MR 应用编译并部署到 HoloLens 2 设备（官方推荐的方式），也可以直接在 Unity 引擎中将 MR 应用编译并部署到 HoloLens 2 设备。

在 Unity 菜单中，依次选择 File → Build Settings（或者使用快捷键 Ctrl+Shift+B），打开构建设置窗口，将 Target Device 属性设置为 HoloLens、将 Architecture 属性设置为 ARM64、将 Build and Run On 属性设置为 USB Device，如图 1-23 所示，设置好后单击 Build And Run 按钮即可将 MR 应用部署到 HoloLens 2 设备中（第一次部署也要求输入 PIN 码）。

图 1-23　从 Unity 中使用 USB 方式将 MR 应用部署到 HoloLens 2 设备

4. Unity 引擎 WiFi 部署方式

与使用 USB 部署方式一样，在 Unity 菜单中，依次选择 File → Build Settings（或者使用快捷键 Ctrl+Shift+B），打开构建设置窗口，将 Target Device 属性设置为 HoloLens、将 Architecture 属性设置为 ARM64、将 Build and Run on 属性设置为 Remote Device（via Device Portal），正确填写 HoloLens 2 设备的 IP 地址、设备门户用户名和密码[②]，如图 1-24 所示，设置好后单击 Build And Run 按钮即可将 MR 应用部署到 HoloLens 2 设备中。

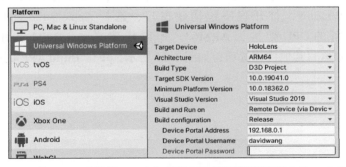

图 1-24　从 Unity 中使用 WiFi 方式将 MR 应用部署到 HoloLens 2 设备

---

① 整个流程比较容易出错，在出现问题时，需要仔细核对各步骤，以及查阅相关资料。

② 第一次登录设备门户时设置的用户名与密码，详情可参见第 3 章。

1.5.10 发布 MR 应用

当 MR 应用开发测试完毕后就需要将其发布成可安装文件，MR 应用可以直接发布到 Microsoft Store 应用商城，也可以发布成 .msix 或者 .appx 安装文件，我们可以使用 VS 发布，也可以在 Unity 中使用 MRTK 提供的 Appx 程序包构建工具发布。

1. 使用 VS 发布

正常打开 MR 项目，在 VS 菜单中依次选择"项目"→"发布"→"创建应用程序包"（或者在解决方案资源管理器中右击项目名称，在弹出的级联菜单中依次选择"发布"→"创建应用程序包"），这将打开创建应用程序包引导界面，根据需要选择 Microsoft Store 或者旁加载（本书选择旁加载，即发布包构建在本地计算机上），创建应用签名，最后选择应用程序包使用的平台架构和输出位置，单击"创建按钮"即可创建出对应平台架构的 .exe 或者 .msix 安装包，如图 1-25 所示。

图 1-25　选择和配置包界面

2. 使用 MRTK 发布

MRTK 提供了 Appx 程序包生成工具[1]，在 Unity 菜单中，依次选择 Mixed Reality Toolkit → Utilities → Build Window，打开程序包构建窗口，选择 Appx Build Options 选项卡，因为 HoloLens 2 设备的 CPU 架构为 ARM64，所以构建平台（Build Platform）需要选择 ARM64，根据需要填写其他构建选项，如图 1-26 所示，单击 Build APPX 按钮即可构建 MR 应用程序包[2]。

---

① 需要导入 Microsoft.MixedReality.Toolkit.Unity.Tool 工具包。

② 需要将 C:\Win10SDK 目录下的 Lib 文件夹复制到 C:\Program Files (x86)\Windows Kits\10 目录下（假设 Windows10 操作系统安装在 C 盘，并且 Windows 10 SDK 安装在 C:\Win10SDK 目录），不然会提示找不到 Windows 10 SDK。

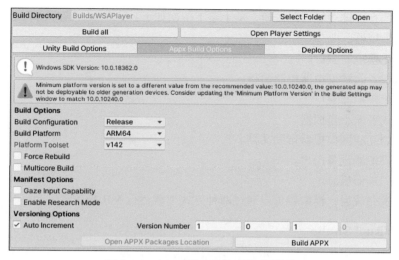

图 1-26　Appx 程序包构建窗口界面

1.6　使用模拟器

HoloLens 2 模拟器是一个完全状态的 HoloLens 2 设备模拟系统，它与 HoloLens 2 真机设备运行的 Windows 全息操作系统完全一样，模拟器使用鼠标、键盘模拟 HoloLens 2 设备手势、凝视操作，也可以通过话筒使用语音命令等，因为运行环境完全一样，所以在模拟器中验证的功能部署到真机上基本不会出问题，因此我们可以在模拟器中测试功能以加快开发迭代，HoloLens 2 设备模拟器界面如图 1-27 所示。

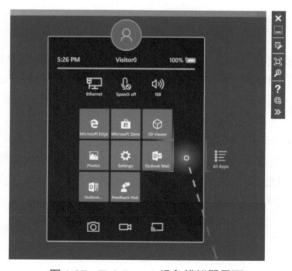

图 1-27　HoloLens 2 设备模拟器界面

模拟器右侧有一排功能控制按钮，从上至下依次如下：

（1）关闭模拟器。

（2）最小化模拟器窗口。

（3）显示或者隐藏模拟器控制面板。

（4）最大化模拟器窗口。

（5）放大或者缩小模拟器。

（6）连接到互联网模拟器帮助文档。

（7）打开模拟器设备门户。

（8）打开工具面板。

在应用开发完成后，模拟器可以通过两种方式加载运行 MR 应用。

1. 使用 Visual Studio

通过 VS 使用模拟器不需要预先打开 HoloLens 2 模拟器，在 MR 应用部署时会自动启动模拟器。具体操作为，使用 VS 打开 MR 工程后，将生成方式设置为 Debug/Release/Master、将平台架构设置为 x64、将部署方式设置为 HoloLens 2 Emulator，如图 1-28 所示。

图 1-28　将 MR 应用部署到 HoloLens 2 设备模拟器

在 VS 菜单中，依次选择"调试"→"开始调试"（或者使用快捷键 F5）启动生成和部署，当 MR 应用编译完成后会自动打开 HoloLens 2 模拟器并运行。

2. 通过设备门户

在计算机上启动 HoloLens 2 模拟器，单击其右侧菜单中的设备门户（Device Portal）按钮打开 HoloLens 2 模拟器设备门户[①]。在打开的设备门户页面上，依次选择 Views → Apps，在展开的面板 Deploy Apps 中选择 Local Storage 选项卡，选择发布的 .msix 应用程序包[②]，如图 1-29 所示，单击 Install 按钮进行安装。

---

① 更详细的设备门户使用可参见第 3 章。

② HoloLens 2 模拟器只能安装运行 x64 架构应用程序，因此需要将 MR 应用发布成 x64 平台架构版本。

图 1-29　选择并安装 MR 应用程序包

安装完成后的 MR 应用并不会自动启动运行，在图 1-29 右侧面板 Installed apps 下拉菜单中找到安装的 MR 应用程序，单击 Start 按钮运行该程序，即会在 HoloLens 2 模拟器中启动它，所有运行的应用都可以在其下方运行程序列表中看到。

HoloLens 2 模拟器基本操作方式如下。

行走模拟：前后左右分别使用键盘 W、S、A、D 控制；

视线模拟：上下左右分别可以通过按住鼠标左键拖曳或者使用键盘方向键控制；

单击模拟：鼠标右击或者通过 Enter 键控制，将光标定位在可操作对象或者对象框操作节点上并按住鼠标左键便可拖曳对象。

开始菜单：使用键盘上的 Windows 键或者 F2 键控制。

移动操作：按住键盘上的 Alt 键的同时按住鼠标右键上下拖动控制。

旋转手势：按住键盘上的 Alt 键的同时按住上、下、左、右拖动鼠标控制。

HoloLens 2 模拟器功能很强大，除模拟硬件设备功能外，还可以显示实时的身体、头部位姿信息；控制使用左手、右手、双手、视线；控制鼠标、键盘、游戏手柄的模拟输入；更换模拟环境；可以自动更新模拟器版本等，限于篇幅，更多详情可查阅官方文档。

1.7　MRTK 输入模拟

HoloLens 2 模拟器提供了非常完整的 MR 应用功能特性模拟，可以脱离真机设备开发测试 MR 应用，除此之外，MRTK 也提供了编辑器内输入模拟（In-Editor Input Simulation，下文简称为 MRTK 模拟），即可以不脱离 Unity 开发环境，通过键盘或者鼠标模拟使用者手势操作、眼动跟踪功能，进一步方便了开发者测试功能，有助于提高开发迭代效率。

> **提示**
>
> MRTK 模拟与 Unity 提供的 XR 全息模拟（XR Holographic Emulation）功能不兼容，为使 MRTK 模拟生效，需要取消 XR 全息模拟或者将其 Emulation Mode 属性设置为 None。

MRTK 模拟通过配置文件配置（默认已启动），编辑器内输入模拟服务（Input Simulation Service）在 MRTK 主配置文件下的输入配置子文件的输入数据提供者中（Input Data Providers）

配置和注册，其 Type 属性必须为 Microsoft.MixedReality.Toolkit.Input → InputSimulationService，Supported Platform 属性选择 Windows Editor，如图 1-30 所示。

图 1-30　配置 MRTK 输入模拟服务

在 Unity 编辑器中正常运行 MR 应用就可以使用 MRTK 模拟进行对象操作了，与在真实设备上操作虚拟对象一样，MRTK 模拟输入可以产生同样的操作效果，默认配置的基本操作方式如表 1-4 所示。

表 1-4　MRTK 模拟操作

模 拟 操 作	描 　 述
行走模拟	前、后、左、右分别使用键盘上的 W、S、A、D 键或者方向键控制
上下移动摄像头	按 Q 键上移，按 E 键下移
呼出手势	按住左 Shift 键呼出左手，按住空格键呼出右手，释放键盘按键时手势会消失
定位手势	在将手势放置到指定位置后单击键盘 T 键定位左手，单击键盘 Y 键定位右手，再次单击对应键手势会消失
手臂伸缩	使用鼠标滚轮往前或者往后伸缩手臂
单击和抓取	单击鼠标左键模拟单击，长按鼠标右键模拟抓取
视线模拟	按住鼠标右键拖曳改变视线
摄像头旋转	按住鼠标右键的同时使用鼠标滚轮旋转摄像头

MRTK 模拟在开发测试时非常有用，操作使用也非常简单，下面只对单手与双手操作进行简单阐述。

1. 单手操作

（1）使用左 Shift 键或者空格键呼出左手或者右手。
（2）通过行走控制或者鼠标滚轮使手部射线指向操作对象（或者靠近对象）。
（3）按住鼠标左键拖曳对象。
（4）释放所有按键终止操作。

2. 双手操作

（1）使用左 Shift 键或者空格键呼出左手或者右手。

（2）通过行走控制或者鼠标滚轮使手部射线指向操作对象（或者抓取对象）。

（3）使用定位手势保持该手部状态。

（4）使用呼出手势呼出另一只手。

（5）通过行走控制或者鼠标滚轮使该手的手部射线指向操作对象（或者抓取对象）。

（6）按住鼠标左键拖曳操作对象。

（7）释放所有按键终止操作。

MRTK 模拟不仅可以模拟手部输入，还可以模拟凝视输入，场景正中央位置的小光标即为眼睛凝视点，可以通过行走控制或者摄像头移动聚焦到对象上对相应对象进行操作。MRTK 输入模拟中的所有设置（行走、抓取、摄像头旋转控制等）均可自定义，方法是克隆输入模拟服务下的配置文件，根据需要设置对应参数[①]。

1.8　设备能力检查

MR 应用的正确运行依赖于硬件，在使用特定硬件功能特性之前最保险的方式是先进行功能检查，在确保硬件可用时激活功能特性，而在硬件不可用之时执行替代方案。从功能特性分，HoloLens 2 硬件特性可以分为两类：输入系统能力和空间感知能力，MRTK 提供了检测硬件能力的方法，可以在运行时检测硬件功能特性。

1. 输入系统能力

MRTK 提供了 MixedRealityCapability 枚举类，枚举了 UWP 平台能提供的所有功能特性，该枚举类的枚举值如表 1-5 所示。

表 1-5　MixedRealityCapability 枚举类的枚举值

枚 举 值	描 述
骨骼关节手部（ArticulatedHand）	双手带骨骼关节的手势输入
眼动跟踪（EyeTracking）	眼动凝视输入
GGV 手势（GGVHand）	凝视—手势—语音输入，用于 HoloLens 1 设备
运动控制器（MotionController）	运动控制器输入，可用于 HoloLens 1 代和 2 代
空间感知网格（SpatialAwarenessMesh）	空间感知环境几何表面网格
空间感知平面（SpatialAwarenessPlane）	空间感知环境几何平面
空间感知顶点（SpatialAwarenessPoint）	空间感知环境几何表面网格顶点
语音命令（VoiceCommand）	使用预定义的语音命令词识别语音输入
语音识别（VoiceDictation）	语音转文字输入

利用该枚举类和 MRTK 实时运行环境，我们就可以直接利用 CheckCapability() 方法检测

---

① 无特殊使用习惯无需自定义设置，默认配置已经能满足绝大部分需求。

硬件设备是否支持某一功能特性，以骨骼关节手部输入为例，典型的检测代码如下：

```
// 第 1 章 /1-3.cs
bool supportsArticulatedHands = false;
IMixedRealityCapabilityCheck capabilityCheck = CoreServices.InputSystem as
IMixedRealityCapabilityCheck;
if (capabilityCheck != null)
{
    supportsArticulatedHands =
capabilityCheck.CheckCapability(MixedRealityCapability.ArticulatedHand);
}
```

2. 空间感知能力

检测设备硬件空间感知能力所使用的方法与检测设备输入系统能力的方法几乎完全一致，只是使用的服务系统不一样，以空间感知网格为例，典型的检测代码如下：

```
// 第 1 章 /1-4.cs
bool supportsSpatialMesh = false;
IMixedRealityCapabilityCheck capabilityCheck = CoreServices.SpatialAwarenessSystem
as IMixedRealityCapabilityCheck;
if (capabilityCheck != null)
{
    supportsSpatialMesh =
capabilityCheck.CheckCapability(MixedRealityCapability.SpatialAwarenessMesh);
}
```

第 2 章

MRTK 基础

　　MRTK（Mixed Reality ToolKit）是微软公司为加速 AR/MR/VR 应用程序开发而设计开发的开源工具集，提供 Unity 和 Unreal 两种版本，MRTK 提供了一系列的组件与功能集，支持 AR（ARCore、ARKit）、MR（HoloLens）、VR（HTC Vive、Oculus Rift、Oculus Quest）、 混合现实头盔（Windows Mixed Reality Headsets）各类平台，是一个跨平台、可扩展、模块化框架，并配套提供编辑器内模拟器，能极大地方便应用程序开发调试，允许开发人员快速进行原型设计与应用迭代。简而言之，MRTK 是一个统一、跨平台、支持 AR/MR/VR 开发的灵活框架工具集，它既有公共的共享功能部分，也有相互独立的与特定硬件相关的组件，能适应不同的目标设备，而且很容易使用。本章我们将对 MRTK 进行宏观概述，并详细讲述 MRTK 配置文件的使用。

2.1　MRTK 概述

　　MR 应用的需求千差万别，每个应用都对 HoloLens 2 设备的功能特性有特定的要求 [1]，组织和管理不同应用的配置是底层框架必须面对的问题。MRTK 利用 Unity 可编程对象（Scriptable Object）配置 MR 应用的所有功能特性（可用功能），使用配置文件（Profiles）进行管理 [2]，为方便开发者使用，MRTK 默认定义了若干通用的配置文件，也针对特定硬件平台定义了优化的配置文件，同时也允许开发者定制所有的功能特性以满足开发需求或针对特定应用进行优化。

　　除此之外，通过配置文件，我们还可以定制所有功能的执行方式，也可以替换掉默认的执行并代之以自定义的逻辑。由于在设计之初就考虑了开发者的自定义需求，定制功能执行流程也非常简单，只需要在主业务逻辑中实现特定的接口，然后在配置文件中将功能处理逻辑指定为自定义的实现脚本即可。MRTK 中的所有功能都具备高度的可定制化能力，包括摄

---

　　[1]　由于 MRTK 是跨平台框架，对不同设备的不同功能特性进行配置更加复杂，更需要有良好设计的配置管理方法。

　　[2]　在 MRTK 中，配置文件是一个非常重要的概念，它是一个功能清单，定义了 MR 应用可以使用的功能及使用这些功能的方式。

像机（Camera）、输入系统（Input System）、输入处理（Handling Input）、指针（Pointer）、光标（Cursor）、语音命令（Speech Command）等。

由上可知，MRTK 不仅是一个现有功能集，而且是一个具备高度可伸缩性的功能框架，可以非常方便地对其支持的硬件设备和功能进行扩展。

2.2 MRTK 体系架构

MRTK 是一个 Unity 工具包，因此讨论 MRTK 的体系架构必须先从 Unity 的游戏循环（Game Loop）引入。在 Unity 中，游戏引擎负责管理所有游戏对象（Game Objects）的初始化、更新、销毁等全生命周期，也负责所有事件消息循环，开发者通过其暴露的事件函数（典型的事件函数如 Awake()、Start()、Update() 等）将应用逻辑嵌入游戏引擎循环中。在代码执行层面上，Unity 希望所有用户脚本继承自 MonoBehaviour（只有继承自 MonoBehaviour 的脚本才可以挂载到游戏对象上），并且在有限的暴露函数中实现应用逻辑。通过这种方式，Unity 能完全控制应用程序的生命周期，从而降低了开发者的使用难度，但这种过于紧凑的设计耦合了界面、逻辑、数据，而且对扩展非常不友好（开发者无法独立得到事件消息的通知），更严重的是开发者对游戏对象没有完全控制权（游戏引擎负责处理游戏对象的生命周期，开发者无法控制游戏对象的初始化时机，也无法控制不同游戏对象中函数执行的先后顺序），MVC/MVVM 等流行的设计思想也很难在 Unity 中实现。

对简单工程而言，Unity 的工作流设计可以加速开发、提高迭代速率，但对那些期望绝对控制脚本执行的复杂应用就产生了明显约束，特别是在应用中需要全局共享一个运行组件的时候，这种约束就会带来很多问题。通常，我们会使用单例模式（Singleton Pattern）来解决单一实例运行的问题，单例模式可以跟踪全局变量、延迟初始化，是一种控制共享运行组件的很好选择，但单例模式强化了组件依赖，也无法控制组件的全生命周期，如果开发者将这种模式直接应用于游戏对象，至少会带来两方面问题：一是游戏对象停止运行则脚本也停止运行；二是当有其他运行组件依赖于该脚本时，有可能该游戏对象并没有完成初始化（挂载于其上的脚本就更不可能初始化了）。

MRTK 为解决这个问题，把所有需要共享运行的组件改成了服务（Service），充分运用了控制反转（Inversion of Control）、依赖注入（Dependency Injection）、依赖反转（Dependency Inversion）等设计思想，构建了一个服务容器，对上提供服务，对下解耦具体实现，不仅能完全控制服务的全生命周期，也极大地提高了框架灵活性和可扩展性。

在最上层，MRTK 也采用了事件驱动的编程思想，通过在场景中的 MixedRealityToolkit 游戏对象上挂载继承自 MonoBehaviour 的脚本，利用该脚本中事件处理接口处理来自 Unity 分发的事件消息，获取了与 Unity 消息的通信能力，并充分利用了 Unity 内建的事件系统（Built-in Event System），使 MRTK 能高效地分发并处理各种类型的事件消息，MRTK 体系架构如图 2-1 所示。

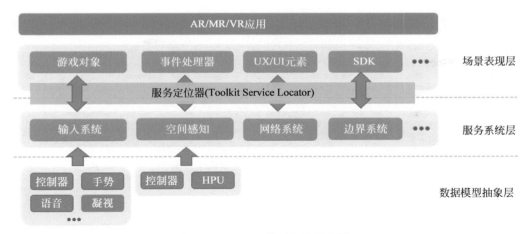

图 2-1　MRTK 体系架构示意图

通过这样的处理，MRTK 不仅没有使用 GetComponent<T> 这类性能消耗大的方法，也解耦了对特定具体实现的依赖，事件处理脚本不需要知道服务是否存在或者有效，只需调用相应服务的接口，因此，MRTK 架构思想与 MVVM/MVC 思想非常相似，确保了数据从低层级通过事件处理接口向高层级的流通，但相互之间不存在紧密耦合，全部通过接口实现。

服务定位器（Service Locator）负责查询并提供上层模块所需要的服务，服务定位器了解所有注册的服务及其类型，因此可以在运行时动态地确定上层模块所需要的服务，充当一个动态连接器。

MRTK 的架构设计非常符合主流的软件工程思想：一是模块化，解耦所有依赖，特定的模块只处理特定的任务；二是面向接口，高可扩展，数据驱动特性；三是松耦合，模块间没有依赖关系。

基于跨平台需求，MRTK 在设计时并不是只针对某类硬件，而是可以同时适应 AR/MR/VR 不同的硬件底层，由于这些硬件平台的硬件种类、特性、功能都相差甚远，即便是 MR 平台，HoloLens 1 代与 HoloLens 2 代硬件差异也非常明显。为适应不同底层，MRTK 架构在设计时便选择了分层处理，如图 2-2 所示，通过配置文件定制功能特性，在运行时，MRTK 就知道注册、启动哪些服务，而这些服务又由相应的数据提供者提供，同层之间各功能模块相互独立，不同层之间通过统一的策略进行管理（运行时通过服务定位器连接所需服务，而服务层通过接口调用数据层中的功能）。这种架构设计可扩展性、可维护性大大提高，如果需要更换输入系统的底层数据提供者，开发者只需重写继承特定接口的数据提供类，所有上层服务都不会发生变化。

当然，MRTK 中也包括很多实用工具程序，但它们与 MRTK 核心功能之间几乎没有依赖，如解算器（Solvers）、平滑工具（Smoothing Utilities）、射线渲染（Line Renderer）等，还提供了很多 UX 预制体，可以开箱即用。

下面我们以架构图 2-2 为蓝图，针对不同层进行详细阐述。

图 2-2　MRTK 分层体系架构示意图

2.2.1　配置文件

MRTK 使用配置文件（Profiles）定义应用程序可以使用的功能集及其所适应的目标硬件。配置文件是可编程对象，且可以包含子配置文件，形成层次配置树。配置文件定义了应用程序可以使用的功能集，也定义了应用程序所适配的目标硬件，因此，错误的配置会导致应用程序无法运行，而针对性的配置则可以在满足应用需求的同时极大地优化性能，关于配置文件的更多内容，我们将在 2.3 节详细讲述。

2.2.2　运行时

MRTK 拥有独立但同时又与 Unity 游戏循环紧密关联的逻辑循环，这样处理的优势是既可以自由地定义处理逻辑（如事件先后顺序、单一实例），又可以充分发挥 Unity 引擎的强大能力。要使用 MRTK 工具包，当前场景中必须包含且只能包含一个 MixedRealityToolkit 脚本的实例，具体的添加方法，在 Unity 菜单中，依次选择 Mixed Reality Toolkit → Add to Scene and Configure，该实例负责注册、更新和销毁服务。

MRTK 包含很多核心服务，极少部分服务之间存在关联关系，大部分服务都是独立形态，但所有的服务都有相同的开启（Startup）、注册（Registration）、更新（Update）、注销（Teardown）生命周期（与 Unity MonoBehaviour 以 Awake、Start、Update 为特征的生命周期不一样）。在 MRTK 中有一个专门的服务定位器负责服务注册注销事务，因此，MRTK 中服务的启动与处理方式拥有完全一致的外观。服务定位器确保所有服务的初始化、开启、注册严格按照预定义的顺序执行；确保所需服务模块能正确注册并且服务使用方能在需要时调用服务；提供将 Unity 引擎 Update()/LateUpdate() 方法调用转发到各类服务的机制（通过 UpdateAllServices / LateUpdateAllServices 服务实现）。

2.2.3　服务

MRTK 中许多功能都以服务的形式提供，MRTK 中的服务分为三类：系统（Systems）、扩展服务（Extension Services）、数据提供者（Data Providers）。

系统提供了混合现实核心功能的服务，所有系统都实现了 IMixedRealityService 接口，当前，MRTK 中的主要系统如表 2-1 所示。

表 2-1　MRTK 中的主要系统

系 统 名 称	描　　述
边界系统（BoundarySystem）	边界系统为可视化 VR 应用中虚拟现实边界（Boundary）提供了支持。边界定义了使用者佩戴 VR 头显可以移动的安全区域，边界是沉浸式体验的重要组成部分，可帮助使用者在佩戴 VR 头显时避免看不见的现实障碍
相机系统（CameraSystem）	相机系统使 MRTK 能够配置和优化特定硬件平台应用程序的相机，使用相机系统，可以对 VR、AR、HoloLens 2 设备编写一致的应用程序，而无须通过代码来区分和适配每种设备
诊断系统（DiagnosticsSystem）	诊断系统提供了应用程序运行时的性能诊断工具，以方便分析应用程序性能问题
输入系统（InputSystem）	输入系统以完全相同的界面处理不同的输入源输入，定义抽象操作，并可以通过光标和焦点形式驱动 UI 元素
场景系统（SceneSystem）	管理多场景工程各场景加载、切换、卸载任务
空间感知系统（SpatialAwarenessSystem）	空间感知系统提供对真实世界的环境感知，在 HoloLens 中，空间感知提供真实环境的场景表面几何网格，允许虚实交互
传送系统（TeleportSystem）	对于沉浸式 HMD 体验(OpenVR、WMR)，传送系统可用于在不实际移动使用者身体的情况下漫游虚拟环境

为完全控制脚本的全生命周期，避免继承 MonoBehaviour 带来的性能开销，所有服务（系统服务、扩展服务、数据提供者）都要求实现 IMixedRealityService 接口并进行注册。MRTK负责协调处理服务间的交互，确保服务得到所需的事件消息（Awake、Initialize、Update、Destroy 等），并协助上层模块在需要时获取合适的服务。MRTK 还利用配置文件在运行时维护激活的 AR/MR/VR SDK，确保在合适的硬件设备上执行合适的操作。

任何需要在应用程序中执行的特定功能都可以以服务的形式提供，服务脚本不需要继承MonoBehaviour，执行效率可以提高 80%，并且不需要依附于场景中的游戏对象（GameObject）。服务由 MRTK 管理并提供检索获取方法，这比在场景中使用 FindObjectsOfType<T> 等方法搜索游戏对象上的脚本要快得多、容易得多。由于采用依赖倒置思想，服务与其具体实现完全解耦，可以很简单地替换掉下层的具体实现逻辑而保持服务界面不发生变化。服务对多场景的适应能力比直接挂载于游戏对象上的脚本要好得多，在多场景环境中，服务更方便使用和维护。

在执行层面，服务容器（Service Container）使用预定义接口来管理服务的注册、存储、获取等操作，这确保了服务之间完全不存在依赖关系，一个服务可以轻松地被替换或者更新。当前 MRTK 服务容器预定义了 3 个接口：IMixedRealityInputSystem、IMixedRealityBoundarySystem、

IMixedRealityTeleportSystem，如果开发者需要创建自己的服务或者修改现有的服务，必须实现对应的接口要求。除此之外，所有的服务都必须继承 BaseService 或者实现 IMixedRealityService 接口，只有这样，服务才能正确地被服务容器管理。

在代码层面，MixedRealityServiceRegistry 类就是服务容器，由它负责注册、管理、维护、销毁服务，它是服务的持有者，所有服务都必须先使用它进行注册才能使用。MixedRealityServiceRegistry 持有实现了 IMixedRealityService 或者 IMixedRealityExtensionService 接口的服务实例。需要注意的是，实现 IMixedRealityDataProvider 接口的实例不需要进行注册，而由这些实例的拥有者（如输入系统、空间感知系统）进行管理。MixedRealityServiceRegistry 是一个静态类，它包含的静态方法如表 2-2 所示。

表 2-2 MixedRealityServiceRegistry 所包含的静态方法

方 法 名 称	描　　述
AddService<T>(T, IMixedRealityServiceRegistrar)	向服务容器中添加一个服务实例，IMixedRealityServiceRegistrar 参数指定了该服务的管理者
ClearAllServices()	清空服务容器中的缓存
GetAllServices()	获取服务容器中所有服务的只读列表
GetAllServices(IMixedRealityServiceRegistrar)	获取指定服务管理者的所有服务列表
RemoveService<T>(T)	从服务容器中移除指定类型的服务
RemoveService<T>(T, IMixedRealityServiceRegistrar)	从服务容器中移除指定服务管理者的服务
RemoveService<T>(String)	从服务容器中移除指定类型、指定名称的服务
TryGetService(Type, out IMixedRealityService, out IMixedRealityServiceRegistrar, String)	从服务容器中检索第 1 个满足指定条件的服务
TryGetService<T>(out T, out IMixedRealityServiceRegistrar, String)	重载方法，从服务容器中检索第 1 个满足指定条件的服务
TryGetService<T>(out T, String)	重载方法，从服务容器中检索第 1 个满足指定条件的服务

利用 MixedRealityServiceRegistry 类的这些方法，就可以注册、管理、获取、销毁服务，典型的使用代码如下：

```
// 第 2 章 /2-1.cs
IMixedRealityInputSystem inputSystem = null;
if (MixedRealityServiceRegistry.TryGetService<IMixedRealityInputSystem>(out
inputSystem))
{
    // 获取输入系统成功，可以执行后续操作
}
```

除直接使用 MixedRealityServiceRegistry 类进行服务注册管理工作，MRTK 也提供了一个 IMixedRealityServiceRegistrar 接口，利用该接口就可以实现自己的服务管理功能，但所有的服务最终依然由 MixedRealityServiceRegistry 类进行管理（也就是说服务最终只使用一个服务容器进行管理），该接口的意义是其他组件可以通过它更方便地对上提供服务管理功能，如 MixedRealityToolkit 组件就是一个实现了 IMixedRealityServiceRegistrar 接口的类，因此可以直接通过它的 GetServices<T>（String）方法获取服务，而不用再另外调用 MixedRealityServiceRegistry 类的对应方法，使用界面更简洁。其他类似的组件如表 2-3 所示。

表 2-3　实现了 **IMixedRealityServiceRegistrar** 接口的组件

组 件 名 称	描　　述
边界系统管理器（BoundarySystemManager）	边界系统管理组件
相机系统管理器（CameraSystemManager）	相机系统管理组件
诊断系统管理器（DiagnosticsSystemManager）	诊断系统管理组件
输入系统管理器（InputSystemManager）	输入系统管理组件
空间感知系统管理器（SpatialAwarenessSystemManager）	空间感知系统管理组件
传送系统管理器（TeleportSystemManager）	传送系统管理组件

在表 2-3 中，除了 InputSystemManager 组件外，其他所有组件都只能添加单一的与其功能相关的服务类型，由于输入系统需要其他组件的支持（如 FocusProvider），因此 InputSystemManager 组件可以添加多种类型的服务。通常，实现自 IMixedRealityServiceRegistrar 接口的方法应当只由管理服务的组件在内部调用，或者由需要该服务组件的其他组件调用，而不应当由开发者手动调用（通常都会引发问题）。

2.2.4　扩展服务

服务是 MRTK 体系中非常重要的核心组件，肩负着承上启下的中枢作用，MRTK 提供了核心服务，但也允许开发人员创建自己的服务，支持有特定需求的 AR/MR/VR 应用，MRTK 对开发人员创建自己的服务提供了非常好的支持。由开发人员创建的服务都称为扩展服务，所有扩展服务都需要实现 IMixedRealityExtensionService 接口。为简化创建扩展服务，MRTK 也提供了可视化的服务创建向导，通过向导能非常方便地创建和注册自己的服务。如需启动扩展服务创建向导，在 Unity 中菜单中，依次选择 Mixed Reality Toolkit → Utilities → Create Extension Service，打开扩展服务创建向导界面，如图 2-3 所示。

填写好服务名称（Service Name）、选择所使用的平台（Platforms）和命令空间（Namespace）后，向导将自动创建新的服务组件（默认情况下，新脚本资源将存储在 MixedRealityToolkit/ Extensions 文件夹中），并确保这些组件正确地继承相应接口 ①。

① 事实上，对每个新创建的扩展服务，MRTK 会生成 2～5 个对应的脚本及配置文件：1 个服务本身的脚本、1 个该服务的外部接口、1 个可选的用于在编辑器中调整参数的属性脚本、1 个可选的配置文件管理脚本、1 个可选的配置文件。

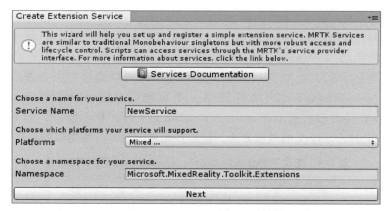

图 2-3　使用扩展服务向导创建扩展服务界面

　　在 MRTK 生成的所有脚本中，主服务脚本（示例中为 NewService）与从 Unity 中创建并继承自 MonoBehaviour 的脚本一样，提供了默认模板，我们只须完成对应的方法（如 Initialize() 和 Update() 方法）逻辑，并且只需编写及完善该脚本中的代码，不用修改向导生成的其他辅助脚本，典型代码如下：

```
//第2章/2-2.cs
namespace Microsoft.MixedReality.Toolkit.Extensions
{
    [MixedRealityExtensionService(SupportedPlatforms.WindowsStandalone|
SupportedPlatforms.MacStandalone|SupportedPlatforms.LinuxStandalone|
SupportedPlatforms.WindowsUniversal)]
    public class NewService: BaseExtensionService, INewService,
IMixedRealityExtensionService
    {
        private NewServiceProfile newServiceProfile;
        public NewService(IMixedRealityServiceRegistrar registrar,string
name,uint priority,BaseMixedRealityProfile profile):base(registrar,name,priority,
profile)
        {
            newServiceProfile = (NewServiceProfile)profile;
        }
        public override void Initialize()
        {
            // 在这里进行服务初始化
        }
        public override void Update()
        {
            // 在这里进行服务更新
        }
    }
}
```

创建并编写完成一个扩展服务后，该服务还需要在 MRTK 中进行注册才能供应用程序访问及使用，我们可以使用扩展服务创建向导完成注册，如图 2-4 所示，也可以在 MRTK 配置文件的扩展服务配置（Extensions Profile）中进行手动注册，如图 2-5 所示。需要注意的是，如果自定义的扩展服务使用了自定义配置文件，则必须在扩展服务中指定对应的配置文件。

图 2-4　使用扩展服务向导注册扩展服务界面

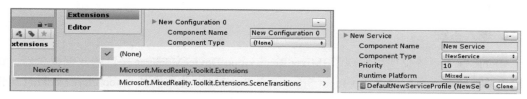

图 2-5　使用配置文件注册扩展服务界面

在 MRTK 中注册扩展服务后，就可以与系统自带服务一样进行访问，典型的使用代码如下：

```
// 第 2 章 /2-3.cs
INewService service = null;
if (MixedRealityServiceRegistry.TryGetService<INewService>(out service))
{
    // 获取服务成功，执行后续任务
}
```

2.2.5　数据提供者

从服务类型划分看，数据提供者其实是服务的一种类型，但从服务层次看，数据提供者向特定服务提供支持，是特定服务的下一层，如图 2-2 所示，服务层次的划分使 MRTK 架构更加清晰。在 MRTK 中，并非所有服务都需要数据提供者，只有输入系统和空间感知系统需要数据提供者，并且所有数据提供者都需要实现 IMixedRealityDataProvider 接口。尽管 ImixedRealityDataProvider 接口继承自 ImixedRealityService，但数据提供者不需要在 MixedRealityServiceRegistry 中注册[①]，而是由各类服务管理者自行管理。

数据提供者必须在服务配置文件中配置才能在 MRTK 中使用，如要访问某服务 A 的数

---

① 从表面上看，数据提供者由其上层服务所有，而本质上，数据提供者最终也由 MixedRealityServiceRegistry 这个唯一的服务容器管理，只是它不需要直接注册，而是由其上层服务对象从内部进行注册。

据提供者，应用程序代码必须通过该服务 A 的实例，使用 IMixedRealityDataProviderAccess 接口才能访问其数据提供者。为了简化访问，数据提供者也可以通过 CoreServices 助手类进行查询。

> **提示**
>
> CoreServices 是一个工具类，提供在运行时访问 MRTK 核心服务的功能，不仅可以访问相机系统、边界系统、输入系统这样的核心系统服务，也可以通过 GetDataProvider<T>（IMixedRealityService）这类方法获取某服务所管理的数据提供者。

因为只有输入系统与空间感知系统才拥有数据提供者，下面我们分别对在这两种服务中访问其数据提供者进行演示。

1. 输入系统

MRTK 输入系统仅使用实现了 IMixedRealityInputDeviceManager 接口的数据提供者，访问输入系统的输入模拟提供者（Input Simulation Provider）并切换其 SmoothEyeTracking 属性的演示代码如下：

```
// 第 2 章 /2-4.cs
IMixedRealityDataProviderAccess dataProviderAccess = CoreServices.InputSystem
as IMixedRealityDataProviderAccess;
if (dataProviderAccess != null)
{
    IInputSimulationService inputSimulation =
dataProviderAccess.GetDataProvider<IInputSimulationService>();
    if (inputSimulation != null)
    {
        inputSimulation.SmoothEyeTracking = !inputSimulation.SmoothEyeTracking;
    }
}
```

为了简化操作，也可以通过 CoreServices 助手类进行访问，代码如下：

```
// 第 2 章 /2-5.cs
var inputSimulationService =
CoreServices.GetInputSystemDataProvider<IInputSimulationService>();
if (inputSimulationService != null)
{
    // 数据提供者可用
}
```

在 MRTK 中访问输入系统数据提供者时只返回运行该应用程序的平台所支持的数据提供者，这些数据提供者与特定的硬件相关。

2. 空间感知

MRTK 空间感知系统仅使用实现了 IMixedRealitySpatialAwarenessObserver 接口的数据提供者，访问空间感知系统数据提供者时也只返回运行该应用程序的平台所支持的数据提供者。访问已注册的空间网格数据提供者（Spatial Mesh Data Providers）并更改网格渲染的可见性的演示代码如下：

```
//第 2 章 /2-6.cs
IMixedRealityDataProviderAccess dataProviderAccess = CoreServices.
SpatialAwarenessSystem as IMixedRealityDataProviderAccess;
if (dataProviderAccess != null)
{
    IReadOnlyList<IMixedRealitySpatialAwarenessMeshObserver> observers =
dataProviderAccess.GetDataProviders<IMixedRealitySpatialAwarenessMeshObserver>();
    foreach (IMixedRealitySpatialAwarenessMeshObserver observer in observers)
    {
        // 设置网格，使用遮挡材质
        observer.DisplayOption = SpatialMeshDisplayOptions.Occlusion;
    }
}
```

同样，我们也可以通过使用 CoreServices 助手类简化访问，代码如下：

```
//第 2 章 /2-7.cs
var dataProvider = CoreServices.GetSpatialAwarenessSystemDataProvider
<IMixedRealitySpatialAwarenessMeshObserver>();
if (dataProvider != null)
{
    // 数据提供者可用
}
```

代码 2-4.cs ～ 2-7.cs 只演示了访问已注册的数据提供者，由于 MRTK 的模块化设计，开发者（通常是第三方产商）可以非常方便地编写并替换现存的数据提供者，提供自己的数据提供者实现，限于篇幅，有关编写某特定服务的数据提供者的具体信息可查阅官方文档。

2.3　配置文件

MRTK 是一个跨硬件平台、跨应用类型的工具包，其所覆盖的功能、底层硬件千差万别，因此需要一种机制来定制特定应用的功能特性和所适配的硬件，这种机制就是使用配置文件（Profiles）。MRTK 是一个可以适应 AR/MR/VR 多种应用类型开发的功能集，配置文件就是针对所开发的应用类型定制所需要的功能子集，如在开发 HoloLens 2 MR 应用时，只需定制 MR 应用所需要的功能子集。配置文件定义了应用功能特性和所适配的硬件，因此，错误的配置会导致应用混乱或崩溃（如在 MR 应用中定义了属于 VR 的空间控制器功能）。

2.3.1　配置文件概述

配置文件的本质是可编程对象，用于存储全局数据，配置文件需要预先定义，应用程序启动时会根据配置文件定义的功能注册相关服务、准备相应资源。在 MRTK 中，可以定义若干同类型的配置文件，但在运行时同一种类型的配置文件只能有一个起作用。

配置文件可以形成树形配置文件簇，即主配置文件下可有子配置文件，子配置文件下还可以再有子配置文件，每个配置文件只负责定义某一方面的功能，通过这种树型关系就可以完全确定应用程序所需要的功能集。在 MRTK 中，主配置文件下的每个子配置文件都与某个核心服务系统相关联，而子配置文件下的子配置文件又与某一个功能的行为方式相关联，如图 2-6 所示。

每个实际的项目都需要针对项目所需要的功能特性、硬件需求进行配置，在 Unity Hierarchy 窗口中选择 MixedRealityToolkit 对象，然后在其 Inspector 窗口中选择 Mixed Reality Toolkit 组件，打开主配置文件配置界面，如图 2-7 所示。

MRTK 提供了若干默认配置文件（均位于 Assets/MRTK/SDK/Profiles 文件夹中），这些默认配置文件是针对通用场景设计的，并没有针对特定应用优化。其中 DefaultMixedReality ToolkitConfigurationProfile 配置文件是一个同时适用于 HoloLens（第 1 代、第 2 代）和 VR（OpenVR、WMR）的最通用型配置文件，它没有对特定平台和功能进行优化，建议只在测试时使用，而不应将其作为应用的实际配置文件。针对 HoloLens 2 应用开发，MRTK 也提供了一个 DefaultHoloLens2ConfigurationProfile 配置文件，该配置文件针对 HoloLens 2 部署与测试进行了针对性的配置，如启用了眼动追踪、调整了相机系统、禁用了边界系统等，适用于大部分应用场景。当然，我们也不建议直接在实际项目中使用该配置文件，而应当根据应用功能需求更有针对性地进行配置。

提示

为确保默认的配置文件有效，MRTK 锁定了默认配置文件的修改，一方面防止开发者配置不正确而导致应用启动失败，另一方面也倡导开发者根据自己应用的需求制定针对性的配置文件。新建配置文件通常是在 Inspector 窗口中单击某配置文件后的 Clone 按钮创建，新建配置文件后就可以进行针对性的配置，主配置文件与子配置文件遵循同样的规则。

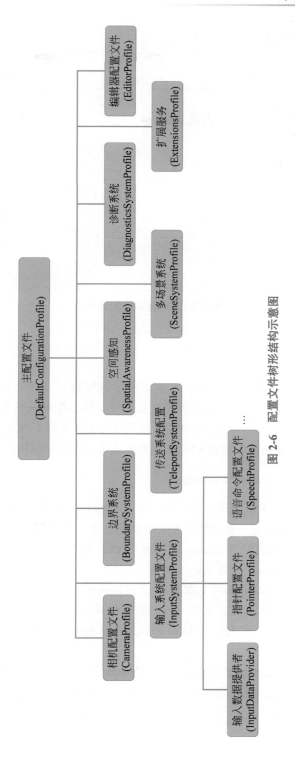

图 2-6　配置文件树形结构示意图

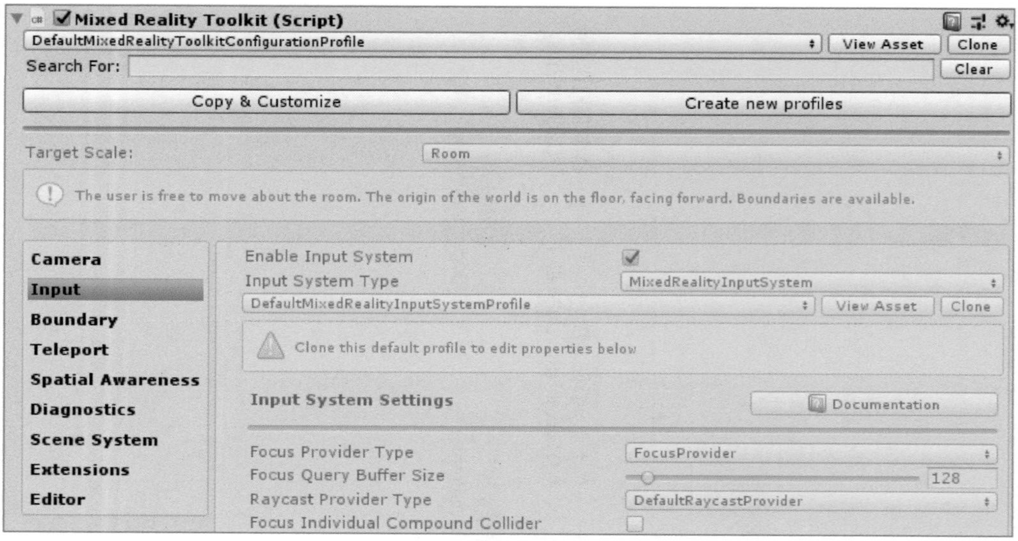

图 2-7　主配置文件配置界面

2.3.2　配置指南

MRTK 对配置文件的集中式管理大大地方便了开发者对应用程序各功能特性的配置，MRTK 主配置文件管理了若干核心系统的子配置文件，除主配置文件外，所有其他配置文件都可以设置启用 / 禁用，禁用某配置文件后其对应的功能系统将不再可用，如禁用相机系统，则无法进行图像渲染。下面我们对 MRTK 中主要配置文件进行详细阐述。

1. 相机系统配置（Camera Profile）

相机系统配置文件定义了应用所使用的渲染相机参数，在该面板中可以同时配置 VR 与 MR 中的相机参数。相机系统配置文件由主配置文件管理，在主配置文件面板中，选择左侧列表框中的 Camera，确保其右侧的 Enable Camera System 复选框被勾选（默认为被勾选状态），如图 2-8 所示。对 HoloLens 2 设备上的 MR 应用程序，Camera System Type 属性选择 MRTK 提供的 MixedRealityCameraSystem（如果是自己实现的相机，则应选择自定义的配置文件），Camera Profile 属性选择对应的配置文件，我们只针对 HoloLens 2 设备开发，所以选择 MRTK 提供的默认 HoloLens 相机配置文件（HoloLens Camera Profile），当然也可以使用自定义的配置文件。

显示设置（Display Settings）可以对 VR（Opaque）和 MR（Transparent）相关显示参数进行设置，对于 HoloLens 2 开发，我们需要设置 Transparent 栏下的参数，各参数的含义如表 2-4 所示。

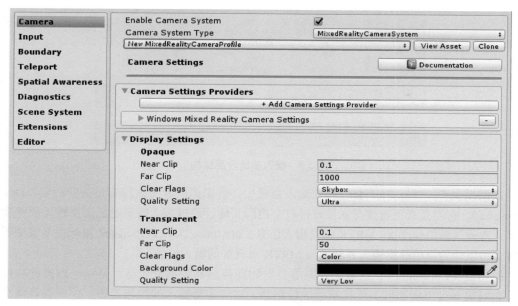

图 2-8　相机系统配置面板

表 2-4　显示设置面板中各参数的含义

参 数 名 称	含 义
Near Clip（近平面）	近裁减平面定义了虚拟元素渲染的最近距离，单位是米，为了实现更好的用户体验，建议将该参数设置在 0.1 左右
Far Clip（远平面）	远裁减平面定义了虚拟元素被渲染的最远距离，单位是米，超过最远距离的虚拟元素将不再被渲染，建议将该值设置在 50 米左右以提高深度缓冲区的精度
Clear Flags（清除标志）	定义帧刷新的背景填充方式，将 HoloLens 应用设置为 Color
Background Color（背景颜色）	定义帧刷新的背景色，将 HoloLens 应用设置为黑色（Black）
Quality Setting（质量设置）	质量设置用于设定图像渲染质量，为提高性能，建议将 HoloLens 应用设置为 Very Low

2. 输入系统配置（Input Profile）

MRTK 所面对的底层硬件非常复杂，就输入而言，可以有手柄、实体控制器、语音、手势、凝视等各种类型的数据输入设备，在 MRTK 提供的所有功能中，输入系统也是最庞大、最复杂的系统，而且很多其他功能建立在输入系统之上（如指针、焦点），与之相对的输入系统配置文件也非常复杂，包括多个子配置文件用于覆盖各类不同硬件设备和功能特性。

由于这些复杂性，MRTK 的输入系统不得不进行分层设计以适应灵活简洁、可控可扩展需求，输入系统也因此多了很多专门的术语，如图 2-9 所示。

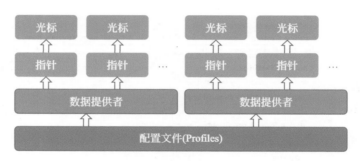

图 2-9　输入系统分层结构

数据提供者（Data Provider）：在输入系统中，数据提供者又被称为设备管理器（Device Managers），它们是真正直接与底层硬件打交道的实体，通过接入特定的底层系统（硬件驱动程序或者硬件模拟程序）向 MRTK 提供输入信息，如 Mouse Device Manager（鼠标设备管理器），它负责将鼠标的原始数据输入并转换为 MRTK 可理解的输入信息。

控制器（Controller）：这里的控制器是对物理控制器的抽象表达，是一个虚拟的软件模型，如对应 6 自由度物理实体控制器的控制器、对应手势输入的控制器等。控制器具体负责与相应的底层系统进行通信，并将获取的数据转换为 MRTK 所需数据类型和事件，控制器由设备管理器生成、管理、销毁。如在 WMR 平台上，WindowsMixedRealityArticulatedHand 是一个控制器，它负责与底层手部跟踪 API 交互，获取有关手部关节、姿态和其他属性信息并将这些原始数据转换为相应的 MRTK 事件（通过调用 RaisePoseInputChanged() 或 RaiseHandJointsUpdated() 等方法触发事件）并更新其内部状态。使用控制器的好处是可以对物理实体输入设备进行软件抽象，方便管理使用，也具有更好的灵活性。一个设备管理器可以生成一个或者多个控制器，如手势管理器，可以同时生成左手和右手两个控制器，每个控制器对应使用者的一个手势操作。

指针（Pointer）：MRTK 中指针的概念类似于射线，但又不完全是，它是一个指向性的虚拟化概念，表达控制器与虚拟对象的交互。控制器使用指针与场景对象交互，如在近距离交互中指针负责检测手（实际是一个控制器）与附近的可交互对象，但这里的检测技术不仅包括射线检测，也包括球形射线检测，甚至可以是对所在位置附近符合条件的对象列表检索；在进行远距离操作时，指针使用射线投射（手部射线）操作远程可交互对象。指针由设备管理器创建，然后关联到输入源，因此指针实际也跟控制器关联，可以通过 controller. InputSource.Pointers 属性获取某控制器的所有指针。控制器可以同时与许多不同的指针相关联，如一个控制器既可以与近端对象交互，也可以与远端对象交互，因此它同时与近指针（Near Pointers）和远指针（Far Pointer）相关联，为避免混乱，MRTK 使用一个指针协调器（Pointer Mediator）控制协调指针的激活情况，如协调器在检测到近距离交互时，禁用远距离交互指针，指针协调器确保控制器在某个特定时刻只有一个指针处于激活状态。

焦点（Focus）：MRTK 中焦点的概念与普通应用中焦点的概念一致，即被选择的对象，如在一个界面中有 10 个按钮，只有获得焦点的按钮才能响应鼠标单击或者键盘事件，但在

MRTK 中，对象焦点的获得与失去与指针类型相关，如可以通过手部射线获得焦点，也可以通过眼球凝视获得焦点，而且只有实现了 IMixedRealityFocusHandler 接口的对象才能获得焦点。

光标（Cursor）：光标是与指针关联的实体，在指针交互时提供额外的视觉表现，如 FingerCursor 会在手指周围呈现一个圆环，并且当手指靠近对象时旋转该圆环，在某个特定时间指针只可以与一个光标关联。

由于输入系统的配置与设备硬件密切相关，MRTK 提供了默认的针对不同硬件经过良好优化、健壮的配置文件，可以适应大部分应用场合，但开发者也可以建立自己的配置文件，甚至是自己的输入数据提供者。

下面我们区分不同的模块对输入系统的配置进行阐述。

1）输入数据提供者

输入数据提供者直接与底层硬件交互，从硬件中获取数据提供给上层模块使用，MRTK 官方支持的设备都有对应的已编写好的输入数据提供者，目前已提供的输入数据提供者及其对应的控制器如表 2-5 所示，对这些输入数据提供者，我们可以直接在应用程序中使用。

表 2-5　MRTK 提供的输入数据提供者及其对应的控制器

输入数据提供者名称	控 制 器
输入模拟服务（Input Simulation Service）	Simulated Hand
鼠标设备管理器（Mouse Device Manager）	Mouse
OpenVR 设备管理器（OpenVR Device Manager）	Generic OpenVR、Vive Wand、Vive Knuckles、Oculus Touch、Oculus Remote、Windows Mixed Reality OpenVR
Unity 操纵杆管理器（Unity Joystick Manager）	Generic Joystick
Unity 触控设备管理器（Unity Touch Device Manager）	Unity Touch Controller
Windows 听写输入提供者（Windows Dictation Input Provider）	无
WMR 设备管理器（Windows Mixed Reality Device Manager）	WMR Articulated Hand、WMR Controller、WMR GGV Hand
Windows 语音输入提供者（Windows Speech Input Provider）	无

其中 Windows Dictation Input Provider 和 Windows Speech Input Provider 这两个语音输入提供者没有相应的控制器，它们直接触发输入事件，而不通过控制器。对官方支持的设备，都有对应的输入数据提供者，对于官方还没有支持的设备，开发人员可以通过实现 IMixedRealityInputDeviceManager 接口创建自定义输入数据提供者。

2）指针配置（Pointer Configuration）

在 MR 应用的运行过程中，当新控制器被检测到时，其对应的指针自动创建，指针可以通过输入配置文件下的指针配置文件进行配置，在 HoloLens 2 设备应用开发时，默认使用

MixedRealityPointerProfile 配置文件，如图 2-10 所示。

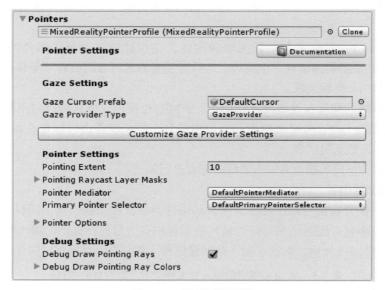

图 2-10　指针配置面板

指针可视化方案也可以在此进行配置，主要参数如表 2-6 所示，通过实现 MRTK
IMixedRealityPointer 接口，也可以使用自定义的组件进行可视化。

表 2-6　指针配置参数

参 数 名 称	描 　 述
Gaze cursor prefab（默认凝视光标）	默认凝视光标预制体
Pointing Extent（射线距离）	确定包括凝视在内的所有指针射线的最远距离，单位为米
Pointing Raycast Layer Masks（碰撞掩码）	确定指针可以交互的对象
Pointer Mediator（指针协调器）	协调多个指针，确保在同一时间只有一个指针处于激活状态
Debug Draw Pointing Rays（调试射线）	一个调试辅助程序，用于显示指针投射的射线
Debug Draw Pointing Rays Colors（调试射线颜色）	调试时射线显示的颜色

3）输入动作设置（Input Actions Settings）

输入动作（Input Action）是对原始物理输入的抽象，所有的原始物理输入数据都需要转换成逻辑动作才能在应用程序中使用（这里指的是操控数据而不是类似 UI 界面文字录入这样的输入数据），这种抽象旨在帮助将应用程序逻辑与产生输入的特定输入源隔离。如定义一个名为 Select 的动作并将其映射到鼠标左键（当然也可以是游戏手柄中一个按钮、6 自由度控制器中一个触发器），然后在应用程序中只需侦听 Select 输入动作事件，而不必了解产生该事

件的具体输入源。设计输入动作的目的就
是将处理逻辑与数据源解耦，从而更灵活、
更方便地扩展和维护。

在 MRTK 中创建输入动作，需要指定
动作名称和输入数据类型（Axis Constraint，
轴约束），如图 2-11 所示。

为了表示不同的硬件输入数据的种类，
轴约束定义了输入数据的类型，可用的类
型如表 2-7 所示。

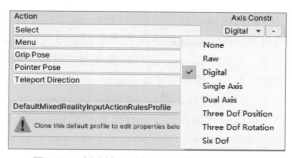

图 2-11　创建输入动作、设置数据类型界面

表 2-7　轴约束数据类型

数据类型名称	描　　述
Digital（开关值）	开关输入，如游戏手柄或鼠标按键
DualAxis（双轴）	双轴模拟输入，如摇杆
None（无）	无具体类型
Raw（原始数据）	来自输入的原始数据 (仅用于代理)
SingleAxis（单轴）	单轴模拟输入，如游戏手柄中的模拟触发器
SixDof（6 自由度）	具有位移和旋转的 6 自由度控制器产生的 3D 姿态
ThreeDofPosition（3 自由度位移）	只具有位移的 3 自由度控制器产生的姿态
ThreeDofRotation（3 自由度旋转）	只具有旋转的 3 自由度控制器产生的姿态

4）输入动作规则（Input Actions Rules）

输入动作规则也在输入动作（Input Action）卷展栏下，输入动作规则是将某个特定的输
入动作依据其值映射为几个输入动作的规则，利用制订的规则可以将 1 个输入动作转换成几
个不同的输入动作，如可以根据双轴的输入动作 DPad 输入值将其分解成 4 个输入动作 Dpad
Up、DPad Down、Dpad Left、Dpad Right，如图 2-12 所示。

Input Action Rule Settings

Base Input Action:
Rule Input Action

▼ DPad -> DPad Up			▼ DPad -> DPad Left		
Base Input Action:	**DPad**		Base Input Action:	**DPad**	
Action Criteria:			Action Criteria:		
Position	X 0	Y 1	Position	X -1	Y 0
Rule Input Action:	DPad Up		Rule Input Action:	DPad Left	

▼ DPad -> DPad Down			▼ DPad -> DPad Right		
Base Input Action:	**DPad**		Base Input Action:	**DPad**	
Action Criteria:			Action Criteria:		
Position	X 0	Y -1	Position	X 1	Y 0
Rule Input Action:	DPad Down		Rule Input Action:	DPad Right	

图 2-12　根据输入数值将 1 个输入动作映射为 4 个另外的动作

将一个输入数据依据其值拆分成不同分段分别进行处理是一种非常常见的需求，开发人员也可以使用程序脚本的方式进行分段处理，但使用 MRTK 提供的这种机制更加直观清晰，当然，在 MRTK 中，这种转换映射只限定在同一种轴约束类型，如双轴类型（DualAxis）不能转换为开关值类型（Digital）。

5）控制器映射配置（Controller Mapping Configuration）

输入动作创建好之后还需要将其映射到特定控制器上以便将其与具体的输入源绑定，控制器映射配置里列出了所有 MRTK 支持的控制器，选择所需要的控制器（选择控制器时一定要依据 MR 应用所运行的硬件选定受支持的输入控制器，选择不正确的控制器会导致输入无效甚至应用程序崩溃），即会出现一个窗口，窗口中包含该控制器的所有输入，在这里可以为每个输入设置一个动作（确保输入数据类型与动作数据类型一致），这样就可以将输入动作与实际的底层硬件控制器建立关联，映射了底层控制器的输入动作事件，如图 2-13 所示。

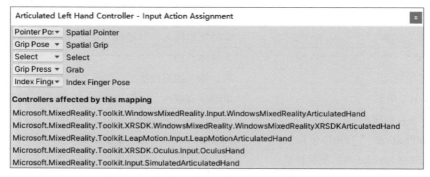

图 2-13　将输入动作设置到对应的控制器上

除此之外，输入动作也可以映射到应用运行时的特定事件上，而不仅映射到物理硬件设备控制器，如在应用运行中失去跟踪时可将此事件映射到某个输入动作上。

> **提示**
>
> 　　MRTK 目前支持以下控制器 / 系统：鼠标（Mouse，包括 3D 空间的鼠标）、触摸屏（Touch Screen）、Xbox 控制器（Xbox Controller）、WMR 控制器（Windows Mixed Reality Controllers）、HoloLens 手势（HoloLens Gestures）、HTC Vive 控制器（HTC Vive Wand Controllers）、Oculus 触摸控制器（Oculus Touch Controllers）、Oculus 物理控制器（Oculus Remote Controller）、通用 OpenVR 设备（Generic OpenVR Devices，仅对高级用户），这些受支持的控制器都可以直接使用，如果要使用 MRTK 当前不支持的控制器，则开发人员需要自己开发相应的功能，由于 MRTK 良好的模块化设计，开发自己的控制器并不困难。本书只针对 HoloLens 2 设备，因此只选 HoloLens 手势。

在控制器配置栏，我们还可以配置控制器的可视化效果，如左手、右手模型预制体及使用材质等。

6）手势配置（Gestures Configuration）

在 HoloLens 2 设备上，手势操作是非常重要的交互手段，它由设备 HPU 检测识别和处理，HoloLens 2 手势控制器会生成若干手势识别结果，如单击（Tap）、抓取（Grab）、操作（Manipulation）等，MRTK 会将这些识别结果映射到默认的输入动作上，在本节配置中，我们也可以将其映射到自定义的输入动作，如图 2-14 所示 [①]。

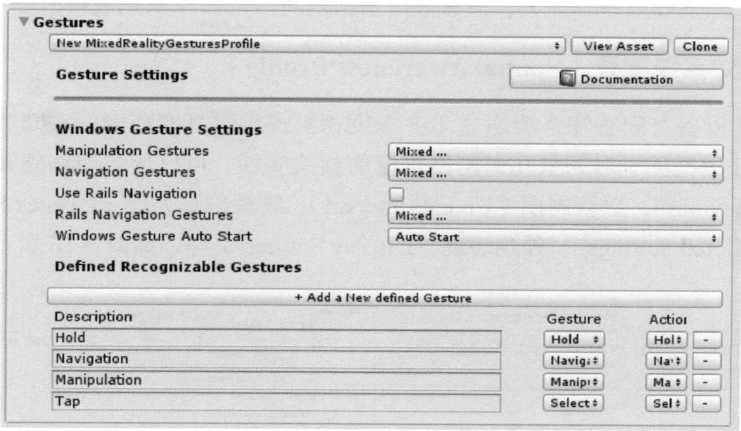

图 2-14　配置 HoloLens 2 设备手势输入

7）语音命令（Speech Commands）

在 HoloLens 2 设备平台中，系统提供了预定义的文字语音识别功能，因此可以利用语音命令控制对象行为。使用预定义语音控制命令非常简单，只需定义语音命令关键词，然后将其关联到某个输入动作上，如图 2-15 所示 [②]。

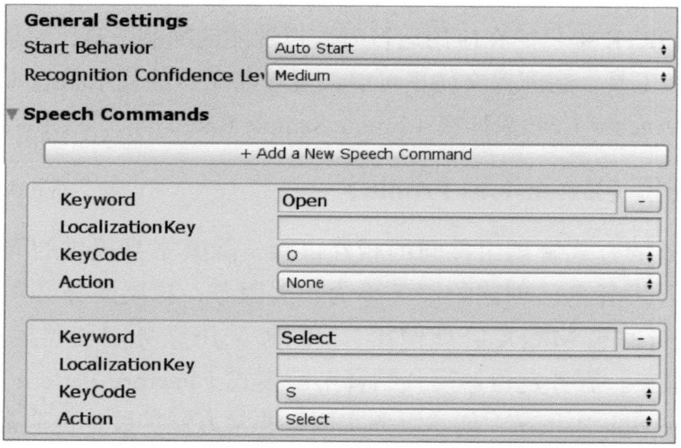

图 2-15　配置 HoloLens 2 设备语音命令输入

---

① 手势配置及使用的更多详情可参见第 7 章。

② 语音命令及使用的更多详情可参见第 8 章。

在语音命令配置面板中，Start Behavior（启动行为）属性可以设置为 Auto Start 或者 Manual Start。选择 Auto Start 时，关键词识别器（Keyword Recognizer）会在应用启动时自动启动（应用启动后就可以使用语音命令输入），选择 Manual Start 时需要在应用启动后通过脚本的方式启动关键词识别器[①]。Recognition Confidence Level（识别可信级别）属性可以设置为 High、Medium、Low、Rejected 四者之一，因为语音识别受使用者发音、口音、环境背景音等各因素影响，识别效果差异很大，该参数用于指定对语音命令识别效果的要求。

3. 空间感知系统配置（Spatial Awareness Profile）

HoloLens 2 设备空间感知系统通过 ToF 深度相机提供对真实环境的感知和场景几何的重建，在配置文件中提供了对场景几何网格重建的相关属性，可以配置空间感知功能的启动方式（Startup Behaviour）、更新周期（Update Interval）、物理仿真表现（Physics Settings）、网络 LoD（Level of Detail Settings）、外观表现（Display Settings）等，如图 2-16 所示[②]。

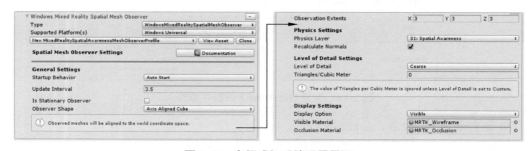

图 2-16　空间感知系统配置界面

4. 诊断配置（Diagnostics Profile）

诊断工具是由 MRTK 提供的在应用运行时监视性能的简洁工具，是应用开发过程中非常便捷的性能问题排查工具，在配置文件里可以设置诊断工具的显示状态（Show Diagnostics）、显示位置（Window Anchor）、帧采样率（Frame Sample Rate）等，如图 2-17 所示[③]。

5. 扩展服务配置（Extensions Profile）

MRTK 使用服务的方式解耦组件间的相互依赖，除其本身提供的服务，也允许开发者自己创建服务，由开发者自己创建的服务称为扩展服务，扩展服务必须在配置文件中配置才能在应用程序运行时被 MRTK 管理使用。MRTK 采用服务定位器模式（Service Locator Pattern）管理定位服务，服务定位器模式结合工厂模式（Factory Pattern）和 / 或依赖注入模式（Dependency Injection Pattern）创建服务实例，非常方便扩展，也非常方便开发者注册并

---

① 关键词识别器运行后会时刻监听用户的语音输入，为提高性能和减少电池消耗，建议只在需要时才开启关键词识别器。

② 空间感知系统的使用及更多详情可参见第 6 章。

③ 诊断工具的使用及更多详情可参见第 3 章。

使用自定义服务。

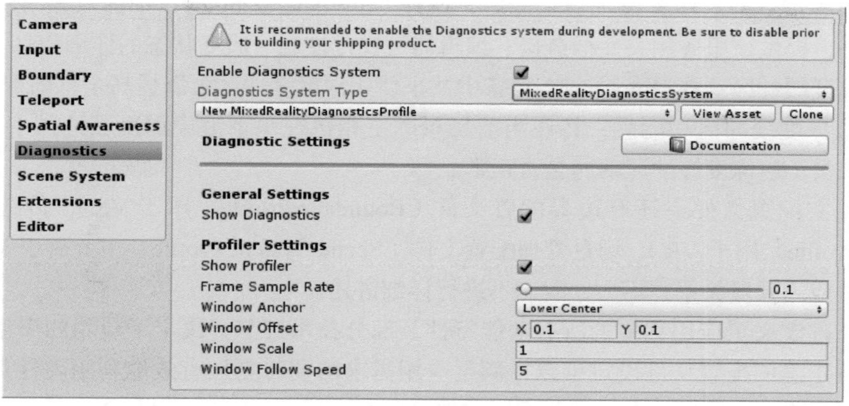

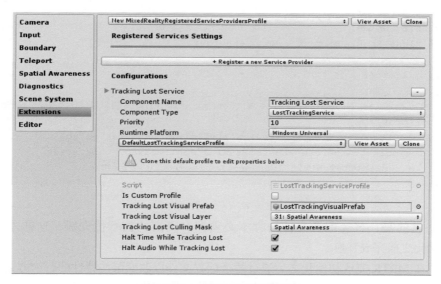

图 2-17　诊断系统配置界面

扩展服务与 MRTK 提供的系统服务一样，也能够接收并处理所有 Unity 事件消息，无继承 Monobehaviour 类或者使用单例模式所带来的性能消耗，并且允许无场景对象的 C# 脚本在前台或者后台执行（如生成系统、应用逻辑等）。在扩展服务配置文件里可以注册和配置自定义服务，如图 2-18 所示。

图 2-18　扩展服务配置界面

6. 编辑器配置文件（Editor Profile）

编辑器配置文件只用于设置在 Unity 编辑器中起作用的功能，这些功能可以辅助开发者检查对应功能是否开启、是否起作用。目前包括服务检视器（Use Service Inspectors）和渲染深度缓冲区（Render Depth Buffer）两个功能选项。

服务检视器：开启服务检视器功能后，选择 Unity Hierarchy 窗口中的对象时将显示其所使用的服务，提供该服务相关文档链接、编辑器可视化控制、服务状态的详细信息。

渲染深度缓冲区：在 HoloLens 2 设备中共享使用深度缓冲区可以提高全息图像的稳定性，在开启渲染深度缓冲区功能后，将在当前场景的主相机视角下渲染深度缓冲区中的深度值，方便开发人员了解深度缓冲区功能是否正常。

MRTK 主配置文件下还有边界配置文件（Boundary Profile，用于 VR）、传送配置文件（Teleport Profile，用于 VR）、场景管理配置文件（Scene System Profile，主要用于 VR），由于它们与 MR 应用开发关系并不大，我们不进行详细讲述。

配置文件定义了应用程序的所有功能特性及部分技术细节，决定了应用的类型和外观表现，精细且正确的配置文件设定可以在满足应用需求的同时更加有效地利用硬件资源，提高应用性能。在这些配置文件中，有些配置文件可以在应用运行时启用/禁用，甚至更改为其他配置文件，有些配置文件则不能在应用完成初始化之后修改变更。通常而言，如果需要在运行时根据硬件设备的能力动态地替换配置文件以启用/禁用某些功能，我们可以在 MRTK 初始化之前完成相应配置文件的替换，代码如下：

```
//第2章/2-8.cs
using Microsoft.MixedReality.Toolkit;
using UnityEditor;
using UnityEngine;
public class ProfileSwapper : MonoBehaviour
{
    void Start()
    {
    // 加载配置文件，MixedRealityToolkitConfigurationProfile 可以换成任何需要替换的配置文件
     var profile =
AssetDatabase.LoadAssetAtPath<MixedRealityToolkitConfigurationProfile>("Assets/
MixedRealityToolkit.Generated/CustomProfiles/RunTimeSwapProfile.asset");
        MixedRealityToolkit.Instance.ActiveProfile = profile;
    }
}
```

需要注意的是，替换配置文件的脚本必须拥有更高的执行优先级，这样才能保证在 MRTK 初始化之前完成替换。

如果想在 MRTK 完成初始化之后通过替换配置文件以改变某些特性的行为方式，就需要依据具体配置文件及其配置管理的功能决定，有些配置文件可以在运行时动态切换，而有些配置文件则不能进行动态切换，应当先充分了解希望切换的配置文件的详细信息。

常见的很多配置文件可以在开发时完成配置，但在实际开发中，也可能需要在运行时根据运行条件动态地修改某些配置项的参数，由于 MRTK 配置文件簇良好的树形结构，我们可能非常容易获取所需的子配置文件或者某个配置项，典型的示例代码如下：

```
// 第 2 章 /2-9.cs
// 需要引入 Microsoft.MixedReality.Toolkit 命名空间
void GetProfile()
{
    var mainProfile = MixedRealityToolkit.Instance.ActiveProfile;
    var inputProfile = mainProfile.InputSystemProfile;
    var pointerProfile = inputProfile.PointerProfile;
    // 获取配置属性参数
    float pointingExtent = pointerProfile.PointingExtent;
    // 设置配置属性参数
    inputProfile.HandTrackingProfile.HandMeshVisualizationModes = Microsoft.
MixedReality.Toolkit.Utilities.SupportedApplicationModes.Player;
}
```

　　通过 MixedRealityToolkit.Instance.ActiveProfile 属性我们可以获取当前 MR 应用的主配置文件，这是个单例实例，在 MR 应用运行时只有一份实例，然后就可以根据配置文件的树形结构获取希望获取的子配置文件或者配置属性。需要注意的是，一些配置文件参数不可以在运行时修改，而另一些则可以，这与具体的配置文件相关。

　　针对 HoloLens 2 设备，MRTK 提供了默认的 DefaultHoloLens2ConfigurationProfile 配置文件及其所属子配置文件簇，该配置文件簇确保了所用配置通用可靠，在进行项目配置时，建议以该配置文件簇为基础进行针对性的优化，以便更快速和安全。

操作组件篇

HoloLens 2 设备作为新生代全新的可穿戴设备，有着与传统移动终端截然不同的使用及操作方法，同时，HoloLens 2 设备上运行的 MR 应用也有着与传统应用完全不同的开发方式，本篇主要阐述对 HoloLens 2 设备功能特性的基本开发及操作，系统讲解 MRTK 提供的各类功能组件和 UX 控件的操作及使用。

功能技术篇包括以下章节：

第 3 章　基本特性操作与开发

本章将详细阐述 HoloLens 2 设备门户、诊断系统、图像与视频捕获操作，并介绍研究者模式、GLTF 格式模型加载、多场景管理等功能特性。利用 HoloLens 2 设备或者 MRTK 提供的工具和功能，可以大大加快 MR 应用的开发和部署，并能深入底层硬件，采集设备数据流。

第 4 章　交互与事件

本章将介绍 MRTK 提供的主要功能组件，这些组件是快捷构建 MR 应用的关键，也是 MRTK 精心设计并提供给开发者使用的基本功能集。利用这些功能组件，可以大大加速 MR 应用的开发进程，并能保持 MR 应用与 MRTK 推荐的操作风格一致。

第 5 章　UX 控件

UX 控件对构建用户交互体验非常重要，MRTK 提供了很多设计良好、界面美观的 UX 控件，开发人员可以直接使用。本章将介绍 MRTK 提供的主要 UX 控件，帮助开发人员快速了解 UX 控件的基本使用。

第3章 基本特性操作与开发

HoloLens 2 设备运行在 Windows Holographic Operating System 全息操作系统上，是一种全新的硬件形态，对开发人员而言，HoloLens 2 设备操作使用和软件开发均与传统桌面计算机、移动手机不相同，包括设备系统信息采集、软件安装方式、硬件运行状况监视等都非常不一样。另外，HoloLens 2 设备对开发人员开放了硬件传感器数据，我们可以通过一定方式获取这些底层传感器的原始数据进行研究。本章主要介绍 HoloLens 2 设备门户、获取硬件原始数据、远端渲染、全息图像和视频拍摄等基本功能的使用与相关技术特性的开发。

3.1 HoloLens 2 设备门户

每个 HoloLens 2 设备运行的系统都自带一个 Web 服务器（Web Server），这是一个功能强大的设备门户（HoloLens Device Portal），通过这个门户，我们可以直接在 PC 端通过 WiFi 或 USB 远程配置和管理设备，包括拍照、录像、第一视角显示设备画面、安装卸载 App、查看系统性能、调试和优化应用等。

3.1.1 连接设备门户

设备门户在 HoloLens 2 设备中默认为关闭状态，该功能属于开发者功能，正常情况下不应当在生产部署环境中开启。在需要使用该功能时，从 HoloLens 2 设备的开始菜单中，依次选择 Setting → Update & Security → For developers，启用 Developers Mode（开发人员模式），然后在该面板中，将滚动条滑动到最下方，勾选并启用 Device Portal。

在开启设备门户后，可以通过两种方式连接计算机与 HoloLens 2 设备。

1. 通过 USB 进行连接

首先确保计算机中已安装了 Windows 10 开发工具 Visual Studio 2019，将 HoloLens 2 设备通过 USB 连接到计算机，然后在计算机的 Web 浏览器中访问 http://127.0.0.1:10080，以便打开设备门户。

如果在实际操作中发现无法连接，则请检查 Visual Studio 2019 安装配置中是否已勾选了"USB 设备连接性"复选框，可参见图 1-7。

2. 通过 WiFi 进行连接

在通过 WiFi 进行连接前，首先应当确保计算机与 HoloLens 2 设备处于同一个局域网。在 HoloLens 2 设备中打开开始菜单，依次选择 Setting → Network&Internet → WiFi，在该面板中，勾选并启用 WiFi，这时设备会自动检查环境中的无线网络，在列出的可用无线网络中选择一个网络并单击 Connect 按钮进行连接，输入对应密码即可连接到该网络。

在连接到无线网络后，我们还需要获取分配给该 HoloLens 2 设备的 IP 地址，最简单的方法是查看所连接的无线网络，单击该网络下方的 Advanced options（高级选项）[①]，查看获取 IPv4 地址，假设为 192.168.1.1。也可以通过开始菜单，依次选择 Setting → Network&Internet，然后选择 Hardware properties（硬件属性）查看 IP 地址 。

获取了 HoloLens 2 设备的 IP 地址后，在计算机 Web 浏览器中访问 [②]http://192.168.1.1，便可打开设备门户，这时，可能会出现"你的计算机不信任此网站的安全证书"之类的安全提示，这是因为设备门户 Web 服务器使用的是测试证书，可以暂时忽略该提示并选择继续。

首次访问设备门户时需要创建用户名和密码，在打开的设备门户页面中单击 Request PIN（请求 PIN 码）按钮，这时 HoloLens 2 设备的显示设备上会出现一个 7 位 PIN 码，在计算机浏览器中输入该 PIN 码，同时设置好用户名与密码，然后单击 Pair（配对）按钮就可以连接计算机与 HoloLens 2 设备门户 [③] 了。

> **提示**
>
> 如果希望修改此用户名和密码，则可通过单击页面右上角的"安全"链接或导航到 https://IP/devicesecurity.htm 安全页面进行重置。使用 WiFi 连接时，设备门户可能出现卡顿、断连、延迟，建议使用高性能路由器网络设备。

3.1.2 功能简介

在打开设备门户后，其主界面如图 3-1 所示。整个设备门户系统界面分成 3 部分，上部为操作与状态栏、左侧为菜单栏、右侧为内容面板。

操作与状态栏显示 HoloLens 2 设备的运行状态，包括系统运行状态、WiFi 连接状态、硬件温度、电池电量情况，还有运行反馈与帮助按钮（单击可以直接跳转到微软公司官方网站帮助页面）。除此之外，我们还可以在这里直接关闭、重启 HoloLens 2 设备。HoloLens 2

---

① 可能需要将滚动条滑动到面板最下方才能看到。

② 该地址由无线路由器自动分配，请以实际分配的 IP 地址为准。

③ 如果在后续的使用过程中忘记了用户名和密码，则可通过设备门户 https://IP/devicepair.htm 页面进行重置。

设备门户是一个定制化程度很高的 Web 网站系统，我们可以通过操作状态栏左侧的下拉菜单（"三"字形图标）添加工作页面、设置每个工作页面显示的内容、导出及导入工作页面布局等。

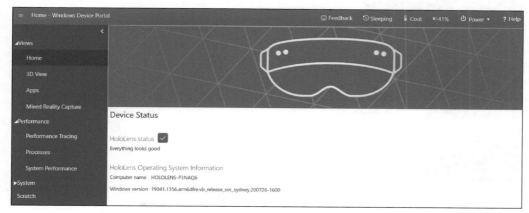

图 3-1　设备门户主界面

左侧菜单栏列出了一些常用功能，主要分为视图（Views）、性能（Performance）、系统（System）3 部分，其中视图栏下主要有主页系统信息、硬件环境感知 3D 模型、程序安装与卸载、图像视频捕获相关功能；性能栏下主要包括设备系统进程、性能跟踪、硬件性能表现等功能；系统栏下主要包括硬件文件管理、日志管理、网络管理、研究模式等。

右侧内容面板主要用于展示某特定功能的详细情况，根据功能的不同该面板布局与内容也会不同。

HoloLens 2 设备门户功能很强大，下面我们只对经常用的主要功能进行详细阐述，性能部分内容可参见本书第 14 章，其他功能读者可以自行查看了解。

1. 应用管理

使用设备门户可以直接管理 HoloLens 2 设备中运行的应用，包括查看、安装、卸载应用。在左侧菜单栏中依次选择 Views → Apps 将打开应用管理界面，如图 3-2 所示。应用管理主要由 3 部分功能组成：Deploy Apps（安装应用）、Installed Apps（已安装应用）、Running Apps（正在运行应用），当然，内容面板显示的功能可以自行定制。

在安装应用功能区，我们可以直接将计算机本地的 .appxbundle、.appx 程序包、网络 URI 定位的 .appxbundle、.appx 程序包安装到 HoloLens 2 设备上，还可以安装应用 .cer 证书。

在已安装应用功能区，下拉列表列出了当前 HoloLens 2 设备中已安装的所有应用，我们可以直接启动某个应用，也可以在这里卸载并删除某个应用。

正在运行应用功能区列出了当前 HoloLens 2 设备系统正在运行的应用程序，可以在这里直接关闭并终止某个应用的运行。

图 3-2　设备门户应用管理界面

2. MR 照片与视频捕获

在 HoloLens 2 设备的实际使用中，我们有时需要获取系统运行时的 MR 全息图像或者视频，或者希望在设备外部以第一视角观察 MR 应用的运行情况，这时最简单的方式就是使用图像和视频捕获功能。在左侧菜单栏中依次选择 Views → Mixed Reality Capture（混合现实捕获），这将打开图像与视频捕获界面，如图 3-3 所示。

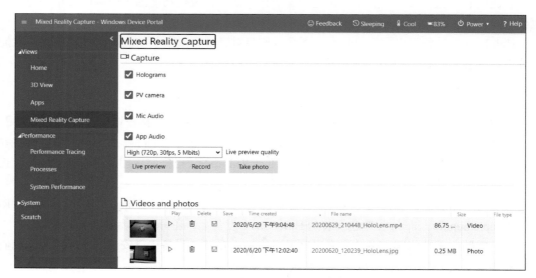

图 3-3　设备门户 MR 照片与视频捕获界面

在打开的内容面板混合现实捕获（Mixed Reality Capture）功能区，我们可以以第一人称视角观察应用运行（Live Preview）、拍摄 MR 照片（Take Photo）、录制视频（Record），在捕获视频时，还可以指定捕获视频的各项参数，例如：开启 Holograms（全息），用于捕获虚拟渲染的全息内容；启用 PV Camera（主摄像头），从摄像头捕获视频流；启用 Mic Audio（话筒声频）：捕获话筒阵列采集的数据；启用 App Audio（应用声频），捕获当前运行应用中播放的声频数据。

在以第一人称视角捕获视频时，我们还可以通过 Live Preview Quality（直播预览质量）下拉菜单，选择实时预览视频的分辨率、帧率和码流。

图像与视频（Videos and Photos）功能区列出了所有已拍摄的照片和录制的视频，我们可以直接预览这些照片和视频，也可以将其下载到计算机本地磁盘中，或者删除它们。

3. 系统性能

通过设备门户可以直观地查看 HoloLens 2 设备各硬件性能的消耗情况，在左侧菜单栏中依次选择 Performance → System Performance（系统性能），这将打开系统性能界面，如图 3-4 所示。

图 3-4　设备门户系统性能界面

从图 3-4 可以看到，在系统性能内容面板中，分为若干功能区：CPU、I/O、Memory、Network，分别显示实时的 CPU、I/O 吞吐量、内存、网络性能情况；Power 功能区显示电量消耗情况，其中 SoC 为片上系统的瞬时耗电量，System 为 HoloLens 2 设备系统的瞬时耗电量；GPU 与 Frame Rate 功能区显示 GPU 利用率和系统刷新帧率；Memory 功能区显示硬件内存使用情况，包括总计、已用、已提交、已分页和未分页等数据。

4. 文件浏览器

文件浏览器（File Explorer）用于管理 HoloLens 2 设备中的文件和在计算机与 HoloLens 2 设备之间传输文件，在左侧菜单栏中依次选择 System → File Explorer，打开文件浏览器界面，如图 3-5 所示。

图 3-5　设备门户文件浏览器界面

文件浏览器内容面板主要包括：目录内容列表、路径导航栏、上传文件功能区。目录内容列表以目录树的形式列出 HoloLens 2 设备中的所有文件，在列表中，我们可以选择特定文件将其下载到计算机本地，也可以修改文件名或者直接删除文件。

路径导航栏会显示当前目录内容列表所在的路径，可以非常方便地在不同路径之间跳转。选择好某个目录，我们可以将计算机本地文件上传到 HoloLens 2 设备的该目录下。

> **提示**
>
> 在设备门户中，目前并不支持对 HoloLens 2 设备中文件夹结构的修改，也无法新建或者上传文件夹。

除以上介绍的功能，利用设备门户还可以捕获应用运行日志（Logging）、崩溃记录（App Crash Dumps）、管理设备运行的应用进程等，使用非常简单便捷。

设备门户事实上是一个运行在 HoloLens 2 设备上的 Web 服务器，而且所有的内容都构建在 REST API 基础之上，因此，我们也可以脱离其提供的可视化界面而使用编程的方式访问数据、控制设备，如下载 HoloLens 2 设备文件、安装及卸载应用等，具体可查阅官方文档。

3.2　研究模式

出于安全因素的考虑，在使用 HoloLens 2 设备时，开发者并不能直接获取设备硬件传感器的原始数据，但有时我们可能需要这些传感器的数据，如深度传感器数据、加速度计数据、陀螺仪数据等，鉴于此，微软公司提供了一个 HoloLens 2 研究模式（Research Mode），很显然，微软公司希望开发者只在研究或者验证功能的情况下使用该模式，而不是在大规模部署时开启该模式。

HoloLens 1 设备中已引入了研究模式，可以访问设备上的关键传感器，HoloLens 2 设备则在第 1 代的基础上开放了更多的传感器数据，具体如表 3-1 所示。

表 3-1　HoloLens 2 开放的传感器

硬件传感器名称	描　　述
RGB 相机	HoloLens 2 使用了 5 颗 RGB 相机，其中 4 颗用于跟踪使用者头部和构建环境地图
深度相机	HoloLens 2 使用 ToF（Time of Flight，飞行时间）深度相机检测手势和场景深度，由于检测目标的不同，为节约资源，使用了两种频率模式：高频模式（45FPS）用于手势检测，检测深度为 0.15 ～ 0.95m；低频模式（1 ～ 5FPS）用于环境深度检测，检测深度为 0.95 ～ 3.52m
加速度计	测量沿 X 轴、Y 轴、Z 轴和重力方向的线性加速度
陀螺仪	测量旋转角度
磁力仪	估计设备绝对方位

需要注意的是，在开启研究模式后，HoloLens 2 设备会消耗更多的资源和电能，即使这些特性没有被使用，另外，不正确地使用传感器数据可能会给应用程序和整个系统带来不稳定甚至引发安全风险。微软公司也不保证研究模式会在以后的硬件升级或者系统版本中肯定被支持，因此，研究模式更适合科研或者计算机视觉前沿探索而不适合商业部署。

HoloLens 2 设备默认不开启研究模式，在需要时，可以通过设备门户开启。在设备门户中，依次选择 System → Research Mode，打开研究模式内容面板，如图 3-6 所示，在该面板中，勾选 Allow access to sensor streams（允许获取传感器流）属性前的复选框，然后重启 HoloLens 2 设备即可开启研究模式[①]。

研究模式为直接获取设备传感器的原始数据打开了通道，通常使用这些传感器数据是为了进行计算机视觉、SLAM、运动跟踪等方面的研究，由于这些领域的专业性比较强，鉴于本书的目的，我们不展开详细讨论[②]。

---

① 开启 HoloLens 2 设备的研究模式需要将固件升级到 19041.1356 以上，否则需要申请加入内部预览（Insider Preview）项目。

② 微软公司官方提供了名为 SensorVisualization、HoloLens2ForCV 的工程案例可供参考。

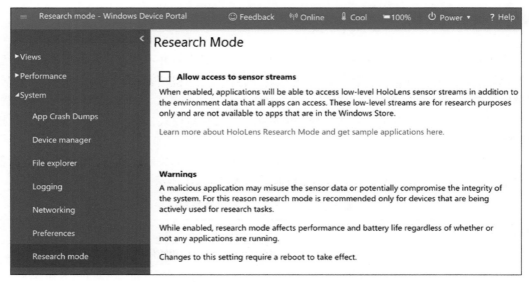

图 3-6　设备门户中开启研究模式界面

3.3　图像与视频捕获

截屏是移动手机用户经常使用的一项功能，也是一项特别方便用户保存、分享屏幕信息的方式。移动设备（包括使用 iOS 和 Android 操作系统的设备）都有方便且高效的截屏快捷键。在 HoloLens 2 设备的 MR 应用中，我们也经常需要获取摄像机、全息图像数据，如获取摄像头采集的原始图像或者实时全息图像，但由于 HoloLens 2 设备采用的并非传统矩形框显示设备，传统截屏操作方法并不适合 MR 全息图像的捕获。考虑到 HoloLens 2 用户的实际需求，微软公司实际上提供了多种捕获设备摄像头图像数据和全息图像数据的方式。

3.3.1　在设备中直接操作

在 HoloLens 2 设备启动（或者使用手势呼出开始菜单）后，可以看到开始菜单下部列有 Camera 和 Video 两个按钮（或者是相机与录像机图标），其中 Camera 按钮用于拍摄当前场景的全息图像，而 Video 按钮则用于录制全息视频。使用这种方式拍摄全息照片或者录制视频与手机移动设备截屏和录屏完全一致，非常简单易用，但不能调整拍摄照片的尺寸，也不能设置视频录制分辨率。所有拍摄的照片和视频都存储在 HoloLens 2 本地存储器上，可以通过系统自带的 Photo 应用程序进行查看和回放。

3.3.2　在设备门户中操作

使用设备门户也可以非常方便捕获全息图像和视频，在图像与视频捕获功能区，可以精确地设置捕获图像或视频的质量和分辨率（可参见图 3-3），Photo Resolution 属性下拉菜单中列出了所有可用的分辨率格式，Video Resolution 属性下拉菜单列出了所有可用的分辨率及帧率。所有捕获的全息照片或者录制的视频都会在 Video and Photos 功能区列出，可以查看、回放、删除，也可以下载到计算机的本地存储中。

当然，使用这种方式需要开启 HoloLens 2 设备的开发者模式，不适合大规模产品部署。

3.3.3　代码操作

使用 3.3.1 节和 3.3.2 节提供的方法进行图像和视频捕获，方便快捷，但也有很多局限性，特别是对于需要后续处理的图像和视频捕获，如通过网络传输、进行计算机视觉处理等场合则显得力不从心。对开发人员而言，我们更希望能完全控制图像和视频的捕获时机、质量、帧率等以适应更高的应用需求。本节我们将从实际应用出发，探讨在 HoloLens 2 设备中以代码的方式进行图像和视频捕获的各类方法。

在 HoloLens 2 设备中使用脚本代码捕获图像或者视频时会独占设备主摄像头（Photo Video Camera），这意味着拍照与录像不能同时进行，而且相同的操作也相互排斥（如图像检测识别、二维码扫描等使用主摄像头的任务与图像视频捕获会相互排斥），因此，在进行图像或者视频捕获之前应当先检测当前主摄像头的可用性。

由于图像或者视频捕获需要使用设备主摄像头，视频捕获还有可能会使用设备话筒阵列，因此，首先必须确保主摄像头和话筒阵列的特性可用，在 Unity 菜单中，依次选择 Edit → Project Settings → Player，选择 Universal Windows Platform Settings（UWP 设置）选项卡，并依次选择 Publishing Settings → Capabilities 功能设置区，勾选 WebCam 和 Microphone 两个复选框，如图 3-7 所示。

图 3-7　在工程中勾选 WebCam 和 Microphone 两个复选框

为方便开发人员进行图像和视频捕获操作，MRTK 提供了专门的 API，所有与图像和视频捕获相关的操作都位于 UnityEngine.Windows.WebCam 命名空间中，以图像捕获为例，典型的使用流程如下：

（1）创建一个 PhotoCapture 对象。

（2）创建一个 CameraParameters 参数结构体，该结构体用于定义捕获图像的分辨率、图像格式、全息图像透明度等。

（3）使用 PhotoCapture 对象的 StartPhotoModeAsync() 方法开启图像捕获模式。

（4）捕获图像并进行相关个性化操作。

（5）使用 PhotoCapture 对象的 StopPhotoModeAsync() 方法关闭图像捕获模式，清理并释放资源。

1. 捕获图像并存储到磁盘

捕获图像并存储到磁盘是最典型的应用场景，遵照图像捕获流程，典型的使用代码如下：

```csharp
// 第 3 章 /3-1.cs
private PhotoCapture photoCaptureObject = null;
private Texture2D targetTexture = null;
public void TakePhoto()
{
    var cameraMode = WebCam.Mode;
    if (cameraMode == WebCamMode.None)
    {
        PhotoCapture.CreateAsync(true, OnPhotoCaptureCreated);
    }
    else
        Debug.LogError(" 当前相机不可用！ ");
}

void OnPhotoCaptureCreated(PhotoCapture captureObject)
{
    photoCaptureObject = captureObject;
    Resolution cameraResolution = PhotoCapture.SupportedResolutions.
OrderByDescending((res) => res.width * res.height).First();
    CameraParameters cameraParm = new CameraParameters();
    cameraParm.hologramOpacity = 1.0f;
    cameraParm.cameraResolutionWidth = cameraResolution.width;
    cameraParm.cameraResolutionHeight = cameraResolution.height;
    cameraParm.pixelFormat = CapturePixelFormat.BGRA32;
    captureObject.StartPhotoModeAsync(cameraParm, OnPhotoModeStarted);
}
private void OnPhotoModeStarted(PhotoCapture.PhotoCaptureResult result)
{
    if (result.success)
    {
        string filename = string.Format(@"Image{0}_0.jpg", Time.time);
        string filePath = System.IO.Path.Combine(Application.persistentDataPath,
filename);
         photoCaptureObject.TakePhotoAsync(filePath, PhotoCaptureFileOutputFormat.
JPG, OnCapturedPhotoToDisk);
    }
    else
    {
        Debug.LogError(" 无法启动相机！ ");
    }
}
void OnCapturedPhotoToDisk(PhotoCapture.PhotoCaptureResult result)
{
    if (result.success)
    {
        // 保存照片到磁盘成功
        photoCaptureObject.StopPhotoModeAsync(OnStoppedPhotoMode);
```

```
    }
    else
    {
        Debug.Log("保存照片失败！");
    }
}
void OnStoppedPhotoMode(PhotoCapture.PhotoCaptureResult result)
{
    photoCaptureObject.Dispose();
    photoCaptureObject = null;
}
```

　　TakePhoto() 方法是图像捕获的总入口，可以使用按钮事件或者定时方式调用，在该方法中，我们首先检查主摄像头设备是否可用，利用 WebCam.Mode 属性可以获取当前主摄像头的使用状态，该属性返回一个 WebCamMode 类型枚举，其枚举值如表 3-2 所示。

表 3-2　WebCamMode 枚举值

枚 举 值	描　　述
None	当前主摄像头可用
PhotoMode	当前主摄像头正处于图像捕获状态
VideoMode	当前主摄像头正处于视频捕获状态

　　在确保主摄像头可用时，调用 CreateAsync() 方法创建 PhotoCapture 对象，该方法有两个参数：第 1 个参数为布尔值，用于指定是否捕获全息影像，其值为 true 时表示捕获，其值为 false 时则表示不捕获全息图像（只捕获实景原始图像），当该值被设置为 true 值时，OnPhotoCaptureCreated() 方法中的 CameraParameters.hologramOpacity 属性需要设置一个大于 0 的值才能在捕获的图像中显示全息图像[①]；第 2 个参数为 PhotoCapture 对象创建成功时的回调函数。

　　在 OnPhotoCaptureCreated() 方法中，PhotoCapture.SupportedResolutions 属性返回当前主摄像头支持的所有静态图像分辨率类型，我们可以选择合适的分辨率格式，这里直接选取了受主摄像头支持的第 1 个分辨率格式，HoloLens 2 设备主摄像头支持的所有分辨率如表 3-3 所示。

表 3-3　HoloLens 2 设备支持的静态图像捕获分辨率

序　　号	分辨率 / px
1	3904 × 2196
2	1952 × 1100
3	1920 × 1080
4	1280 × 720

---

① hologramOpacity 属性取值范围为 [0,1]，0 为全透明，1 为完全不透明。

在 **OnPhotoModeStarted()** 方法中，我们使用 JPG 图像编码格式将捕获的图像直接存储到 Application.persistentDataPath 指定的磁盘路径中，该路径位于应用程序安装路径下的 LocalState 目录中 [①]，可以通过设备门户查看这些捕获的图像文件或者使用脚本代码读取这些文件。

2. 捕获图像到 Texture2D

在将捕获的图像存储到磁盘的方式中，无法直接获取捕获的图像数据（可以重新从磁盘中读取），很多时候我们可能需要对捕获的图像进行后续处理，如裁剪、通过网络传输等，这时可以直接将图像捕获到内存中更方便后续操作，使用代码如下：

```
// 第 3 章 /3-2.cs
private PhotoCapture photoCaptureObject = null;
private Texture2D targetTexture = null;
public void TakePhoto()
{
    var cameraMode = WebCam.Mode;
    if (cameraMode == WebCamMode.None)
    {
        PhotoCapture.CreateAsync(true, OnPhotoCaptureCreated);
    }
    else
        Debug.LogError(" 当前相机不可用！ ");
}

void OnPhotoCaptureCreated(PhotoCapture captureObject)
{
    photoCaptureObject = captureObject;
    Resolution cameraResolution = PhotoCapture.SupportedResolutions.
OrderByDescending((res) => res.width * res.height).First();
    targetTexture = new Texture2D(cameraResolution.width, cameraResolution.
height);
    CameraParameters cameraParm = new CameraParameters();
    cameraParm.hologramOpacity = 1.0f;
    cameraParm.cameraResolutionWidth = cameraResolution.width;
    cameraParm.cameraResolutionHeight = cameraResolution.height;
    cameraParm.pixelFormat = CapturePixelFormat.BGRA32;
    captureObject.StartPhotoModeAsync(cameraParm, OnPhotoModeStarted);
}
private void OnPhotoModeStarted(PhotoCapture.PhotoCaptureResult result)
{
    if (result.success)
```

---

① 存储路径如：User Folders\LocalAppData\[AppName]\LocalState\，其中 [AppName] 为应用程序包名，看起来类似于 Template3D_1.0.0.0_ARM64__am1avaz9ccc48。

```
        {
            photoCaptureObject.TakePhotoAsync(OnCapturedPhotoToMemory);
        }
        else
        {
            Debug.LogError(" 无法开启拍照模式 !");
        }
    }
    void OnCapturedPhotoToMemory(PhotoCapture.PhotoCaptureResult result,
PhotoCaptureFrame photoCaptureFrame)
    {
        if (result.success)
        {
            Resolution cameraResolution = PhotoCapture.SupportedResolutions.
OrderByDescending((res) => res.width * res.height).First();
            photoCaptureFrame.UploadImageDataToTexture(targetTexture);
            // 应用 Texture2D
            string filename = string.Format(@"Image{0}_1.jpg", Time.time);
            string filePath = System.IO.Path.Combine(Application.persistentDataPath,
filename);
            StartCoroutine(saveTexture2DtoFile(targetTexture, filePath));
        }
        photoCaptureObject.StopPhotoModeAsync(OnStoppedPhotoMode);
    }
    private IEnumerator saveTexture2DtoFile(Texture2D texture, string path)
    {
        // 等待渲染线程结束
        yield return new WaitForEndOfFrame();
        Byte[] textureData = texture.EncodeToJPG();
        System.IO.File.WriteAllBytes(path, textureData);
    }

    void OnStoppedPhotoMode(PhotoCapture.PhotoCaptureResult result)
    {
        photoCaptureObject.Dispose();
        photoCaptureObject = null;
    }
```

可以看到，将图像捕获到内存中与将图像捕获并保存到磁盘中的操作非常相似，只是在 OnCapturedPhotoToMemory() 方法中，使用 photoCaptureFrame.UploadImageDataToTexture() 方法将图像数据保存到 Texture2D 类型对象中，在获取图像数据后，我们就可以进行对应的后续操作了（示例中我们只是将其存储到磁盘）。

3.　捕获设备原始图像数据

利用以上两种方式捕获的是混合现实场景图像数据，这些图像数据经过 MRTK 处理，在进行计算机视觉处理时，我们更希望能直接从主摄像头采集硬件的原始图像数据，一方面这些原始数据未经过加工处理，另一方面可以节省设备资源。下面我们以基本的边缘检测算法为例，演示从设备中采集原始图像数据进行处理，代码如下（为节约篇幅略去了相同的代码）：

```
// 第 3 章 /3-3.cs
void OnPhotoCaptureCreated(PhotoCapture captureObject)
{
    photoCaptureObject = captureObject;
    Resolution cameraResolution = PhotoCapture.SupportedResolutions.
OrderByDescending((res) => res.width * res.height).First();
    targetTexture = new Texture2D(cameraResolution.width, cameraResolution.
height,TextureFormat.R8,false);
    CameraParameters cameraParm = new CameraParameters();
    cameraParm.hologramOpacity = 0.0f;
    cameraParm.cameraResolutionWidth = cameraResolution.width;
    cameraParm.cameraResolutionHeight = cameraResolution.height;
    cameraParm.pixelFormat = CapturePixelFormat.BGRA32;
    captureObject.StartPhotoModeAsync(cameraParm, OnPhotoModeStarted);
}
private void OnPhotoModeStarted(PhotoCapture.PhotoCaptureResult result)
{
    if (result.success)
    {
        photoCaptureObject.TakePhotoAsync(OnCapturedPhotoToMemory);
    }
    else
    {
        Debug.LogError(" 无法开启拍照模式 !");
    }
}
void OnCapturedPhotoToMemory(PhotoCapture.PhotoCaptureResult result,
PhotoCaptureFrame photoCaptureFrame)
{
    if (result.success)
    {
        List<Byte> imageBufferList = new List<Byte>();
        photoCaptureFrame.CopyRawImageDataIntoBuffer(imageBufferList);
        Byte[] imageGray = new Byte[targetTexture.width * targetTexture.height];
        int imageGrayIndex = 0;
        int stride = 4;
        List<Byte> imageFliped = FlipVertical(imageBufferList, targetTexture.
width, targetTexture.height, 4);
        for (int i = 0; i< imageFliped.Count - 1; i += stride)
        {
            // 将图像从 BGRA32 彩色格式转换成灰度格式
            imageGray[imageGrayIndex++] = (Byte)(((int)((int)(imageFliped[i
+ 3]) * 0.299 + (int)(imageFliped[i + 2]) * 0.587 + (int)(imageFliped[i + 1]) *
0.114)) & 0xFF);
```

```
        }
        imageFliped.Clear();
        imageBufferList.Clear();
        Byte[] finalImage = new Byte[targetTexture.width * targetTexture.height];
        Sobel(finalImage, imageGray, targetTexture.width, targetTexture.height);
        targetTexture.LoadRawTextureData(finalImage);
        targetTexture.Apply();
        imageGray = null;
        finalImage = null;
        // 应用 Texture2D
        string filename = string.Format(@"Image{0}_2.jpg", Time.time);
        string filePath = System.IO.Path.Combine(Application.persistentDataPath,
filename);
        StartCoroutine(saveTexture2DtoFile(targetTexture, filePath));

    }
    photoCaptureObject.StopPhotoModeAsync(OnStoppedPhotoMode);
}
// 垂直翻转图像
private List<Byte> FlipVertical(List<Byte> src, int width, int height, int
stride)
{
    Byte[] dst = new Byte[src.Count];
    for (int y = 0; y < height; ++y)
    {
        for (int x = 0; x < width; ++x)
        {
            int invY = (height - 1) - y;
            int pxel = (y * width + x) * stride;
            int invPxel = (invY * width + x) * stride;
            for (int i = 0; i < stride; ++i)
            {
                dst[invPxel + i] = src[pxel + i];
            }
        }
    }
    return new List<Byte>(dst);
}
//Sobel 算子边缘检测
private static void Sobel(Byte[] outputImage, Byte[] mImageBuffer, int width,
int height)
{
    // 边缘检测的阈值
    int threshold = 128 * 128;
    for (int j = 1; j < height - 1; j++)
    {
        for (int i = 1; i < width - 1; i++)
```

```
{
    // 将处理中心移动到指定位置
    int offset = (j * width) + i;
    // 获取 9 个采样点的像素值
    int a00 = mImageBuffer[offset - width - 1];
    int a01 = mImageBuffer[offset - width];
    int a02 = mImageBuffer[offset - width + 1];
    int a10 = mImageBuffer[offset - 1];
    int a12 = mImageBuffer[offset + 1];
    int a20 = mImageBuffer[offset + width - 1];
    int a21 = mImageBuffer[offset + width];
    int a22 = mImageBuffer[offset + width + 1];

    int xSum = -a00 - (2 * a10) - a20 + a02 + (2 * a12) + a22;
    int ySum = a00 + (2 * a01) + a02 - a20 - (2 * a21) - a22;
    if ((xSum * xSum) + (ySum * ySum) > threshold)
    {
        outputImage[(j * width) + i] = 0xFF;   // 是边缘
    }
    else
    {
        outputImage[(j * width) + i] = 0x00;   // 不是边缘
    }
}
    }
}
```

  因为是直接采集设备硬件图像数据,因此在使用 CreateAsync() 方法创建 PhotoCapture 对象时将第 1 个参数的值设置为 false,并且由于边缘检测处理完成后返回灰度图像,创建 Texture2D 对象时使用了 TextureFormat.R8 格式。

  在代码 3-3.cs 中,使用 photoCaptureFrame.CopyRawImageDataIntoBuffer() 方法直接从设备硬件中采集原始的图像数据,由于原始图像数据在垂直方向上与观察方向相反,我们使用 FlipVertical() 方法垂直翻转图像,然后将图像从 BGRA32 彩色格式转换成灰度,最后使用 Sobel 算子进行边缘检测。

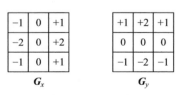

图 3-8　Sobel 算子

  Sobel 算子是一种常见的边缘检测卷积核,该算子的计算速度相比其他算子慢,但其较大的卷积核在很大程度上平滑了输入图像,使算子对噪声的敏感性降低,同时也对像素位置的影响做了加权,可以降低边缘模糊程度,因此效果更好。Sobel 算子是一个离散的一阶差分算子,用来计算图像亮度函数的一阶梯度近似值,该算子如图 3-8 所示。在图像的任何一点使用此算子,将会产生该点对应的梯度矢量或法矢量。

  Sobel 算子包含两组 3×3 的矩阵,分别用于横向和纵向计算,将其与图像做平面卷积,即可分别得出横向和纵向的亮度差分近似值。如果以 A 代表原始图像,G_x 及 G_y 分别代表经横向和纵向边缘检测的图像灰度值,则其公式如图 3-9 所示。

$$G_x = \begin{bmatrix} -1 & 0 & +1 \\ -2 & 0 & +2 \\ -1 & 0 & +1 \end{bmatrix} \times A \quad 和 \quad G_y = \begin{bmatrix} +1 & +2 & +1 \\ 0 & 0 & 0 \\ -1 & -2 & -1 \end{bmatrix} \times A$$

图 3-9　Sobel 算子对图像进行处理的计算公式

具体计算公式如下：

$$\begin{aligned}
G_x &= (-1) \times f(x-1, y-1) + 0 \times f(x, y-1) + 1 \times f(x-1, y-1) + \\
&\quad (-2) \times f(x-1, y) + 0 \times f(x, y) + 2 \times f(x+1, y) + \\
&\quad (-1) \times f(x-1, y+1) + 0 \times f(x, y+1) + 1 \times f(x+1, y+1) \\
&= [f(x+1, y-1) + 2 \times f(x+1, y) + f(x+1, y+1)] - [f(x-1, y-1) + \\
&\quad 2 \times f(x-1, y) + f(x-1, y+1)]
\end{aligned} \tag{3-1}$$

$$\begin{aligned}
G_y &= 1 \times f(x-1, y-1) + 2 \times f(x, y-1) + 1 \times f(x+1, y-1) + \\
&\quad 0 \times f(x-1, y) + 0 \times f(x, y) + 0 \times f(x+1, y) + \\
&\quad (-1) \times f(x-1, y+1) + (-2) \times f(x, y+1) + (-1) \times f(x+1, y+1) \\
&= [f(x-1, y-1) + 2 \times f(x, y-1) + f(x+1, y-1)] - [f(x-1, y+1) + \\
&\quad 2 \times f(x, y+1) + f(x+1, y+1)]
\end{aligned} \tag{3-2}$$

其中 $f(a, b)$ 表示原始图像 (a, b) 点的灰度值，处理后图像每像素梯度值的大小由横向和纵向灰度值平方和开根号决定，公式如下：

$$G = \sqrt{G_x^2 + G_y^2}$$

通常，为了提高效率也可以使用不开平方的近似值公式：

$$G = |G_x| + |G_y| \tag{3-3}$$

如果梯度值 G 大于某一阈值则认为该点 (x, y) 为边缘点。Sobel 算子也根据像素上、下、左、右相邻点灰度加权差在边缘处达到极值这一原理来检测边缘，对噪声具有平滑作用，能提供较为精确的边缘方向信息，但边缘定位精度不够高，当对精度要求不是很高时，是一种较为常用的边缘检测方法。

在代码 3-3.cs 中，我们最后将边缘检测结果使用 JPG 图像编码格式存储到磁盘，如果直接打开可以看到蓝绿色的边缘检测图像，这是因为虽然我们将黑白的边缘检测结果图像数据存储到 Texture2D 对象时是灰度图，但在最后编码成 JPG 图像格式时只在 R 通道复制了灰度数据，而 G 和 B 通道默认填充了白色（255），使最终的图像成为蓝绿色（可以使用 Photoshop 之类的图像处理软件查看各通道的图像数据）。

4. 视频捕获

在 HoloLens 2 设备中捕获视频的流程与捕获图像的流程极为相似，典型的使用流程如下：

（1）创建一个 VideoCapture 对象。

（2）创建一个 CameraParameters 参数结构体，该结构体用于定义捕获视频的分辨率、视频帧率（fps）、全息图像透明度等。

（3）使用 VideoCapture 对象的 StartVideoModeAsync() 方法开启视频捕获模式。

（4）使用 VideoCapture 对象的 StartRecordingAsync() 方法开始录制视频。

（5）使用 VideoCapture 对象的 StopRecordingAsync() 方法结束录制视频。

（6）使用 VideoCapture 对象的 StopVideoModeAsync 方法关闭视频录制模式，清理并释放资源。

但与图像捕获不同的是，在录制视频时必须设置视频帧率（fps）属性，而且录制的视频只能使用 .mp4 格式并直接存储到磁盘中。典型的使用代码如下：

```csharp
// 第 3 章 /3-4.cs
private VideoCapture videoCaptureObject = null;
public void StartRecordingVideo()
{
    var cameraMode = WebCam.Mode;
    if (cameraMode == WebCamMode.None)
    {
        VideoCapture.CreateAsync(true, OnVideoCaptureCreated);
    }
    else
        Debug.LogError(" 当前相机不可用！ ");
}
void OnVideoCaptureCreated(VideoCapture videoCapture)
{
    if (videoCapture != null)
    {
        videoCaptureObject = videoCapture;

        Resolution cameraResolution = VideoCapture.SupportedResolutions.
OrderByDescending((res) => res.width * res.height).First();
        float cameraFramerate = VideoCapture.GetSupportedFrameRatesForResolution
(cameraResolution).OrderByDescending((fps) => fps).First();
        CameraParameters cameraParameters = new CameraParameters();
        cameraParameters.hologramOpacity = 1.0f;
        cameraParameters.frameRate = cameraFramerate;
        cameraParameters.cameraResolutionWidth = cameraResolution.width;
        cameraParameters.cameraResolutionHeight = cameraResolution.height;
        cameraParameters.pixelFormat = CapturePixelFormat.BGRA32;

        videoCaptureObject.StartVideoModeAsync(cameraParameters,VideoCapture.
AudioState.MicAudio, OnStartedVideoCaptureMode);
    }
    else
    {
        Debug.LogError(" 无法创建视频对象！ ");
    }
}
```

```
    }
    void OnStartedVideoCaptureMode(VideoCapture.VideoCaptureResult result)
    {
        if (result.success)
        {
            string filename = string.Format("Video{0}.mp4", Time.time);
            string filepath = System.IO.Path.Combine(Application.persistentDataPath,
filename);
            videoCaptureObject.StartRecordingAsync(filepath, OnStartedRecordingVideo);
        }
    }
    void OnStartedRecordingVideo(VideoCapture.VideoCaptureResult result)
    {
        // 更新 UI、允许停止录制、定时录制等操作
        Debug.Log(" 视频录制开始！ ");
    }

    //The user has indicated to stop recording
    public void StopRecordingVideo()
    {
        videoCaptureObject.StopRecordingAsync(OnStoppedRecordingVideo);
    }

    void OnStoppedRecordingVideo(VideoCapture.VideoCaptureResult result)
    {
        Debug.Log(" 停止视频录制！ ");
        videoCaptureObject.StopVideoModeAsync(OnStoppedVideoCaptureMode);
    }

    void OnStoppedVideoCaptureMode(VideoCapture.VideoCaptureResult result)
    {
        videoCaptureObject.Dispose();
        videoCaptureObject = null;
    }
```

在 OnVideoCaptureCreated() 方法中，VideoCapture.SupportedResolutions 属性返回当前主
摄像头支持的所有视频录制分辨率类型，我们可以选择合适的分辨率格式，这里直接选取了
受主摄像头支持的第 1 个分辨率格式，HoloLens 2 设备主摄像头支持的所有视频录制分辨率
格式如表 3-4 所示，HoloLens 2 设备支持以 5、15、30、60 共 4 种帧率录制视频，但具体的分
辨率所支持的帧率有所不同，可使用 VideoCapture.GetSupportedFrameRatesForResolution() 方
法获取某种分辨率所支持的帧率。

表 3-4　HoloLens 2 设备支持的视频录制分辨率

序　　号	分辨率 / px	序　　号	分辨率 / px
1	2272 × 1278	8	1280 × 720
2	896 × 504	9	1128 × 636
3	1952 × 1100	10	960 × 540
4	1504 × 846	11	760 × 428
5	1952 × 1100	12	640 × 360
6	1504 × 846	13	500 × 282
7	1920 × 1080	14	424 × 240

　　代码 3-4.cs 其余部分操作与图像捕获基本一致，录制的视频文件也同样放置在应用程序的安装路径下，可通过设备门户查看，不再赘述。

　　由于 HoloLens 2 设备主摄像头（Photo Video Camera）安装的位置与使用者眼睛的位置并不在同一个地方，默认在渲染场景时 HoloLens 2 设备会从使用者眼睛的视角进行渲染，这样可以提供给使用者虚实贴合的最佳体验，但在使用本节方法捕获图像或者视频时，则会从主摄像头视角进行捕获，这样就导致捕获的图像与使用者实际看到的图像存在细微差异[①]。为纠正这种差异，我们可以设置配置文件下 Camera 子配置文件中的 Camera Settings Providers（相机设置提供者）子配置文件，勾选 Render from PV Camera（Align holograms）[②]功能属性，如图 3-10 所示，从主摄像头视角进行场景渲染，从而保证使用者看到的场景与捕获的图像一致。

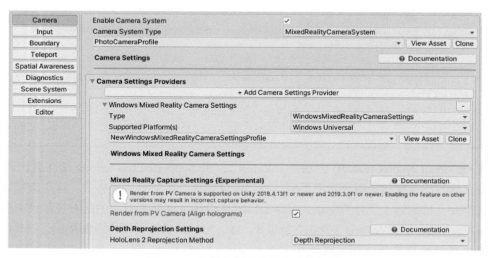

图 3-10　使用主摄像头视角渲染场景

---

① 这种差异在录制手势操作视频时会表现得很明显，能清楚地看到手势与所操作的虚拟对象并未在空间位置上吻合。

② 从 PV 相机渲染（对齐全息图像）。

3.4　全息远端呈现

　　HoloLens 2 设备是一台移动的可穿戴智能设备，其本身配备的硬件设备可以满足一般 MR 应用运行的需求，但在追求高质量渲染的场合，如复杂工业 CAD 模型展示、高精度模型渲染等，这种情况下 HoloLens 2 设备自身有限的计算处理能力就不足以实时完成渲染需求。另外，虽然在 Unity 中使用 MRTK 进行应用开发时有非常方便的各类输入模拟器可以加速开发迭代过程，但 MR 应用最终还是需要部署到真机设备上进行各类测试，而进行真机部署测试是一项耗时且费力的工作，会严重影响应用的开发速度。

　　为解决这两个问题，MRTK 设计了全息远端呈现（Holographic Remoting）工具，利用该工具，我们可以利用 PC 端强大的计算处理能力进行全息渲染，然后将渲染完成的全息影像以流的形式输出到 HoloLens 2 设备端，从而极大地降低了 HoloLens 2 设备端的渲染压力。我们还可以在开发阶段直接在 Unity 编辑器中连接 HoloLens 2 设备，测试 MR 应用在真机设备上的真实表现，这样便可以大大加速应用的开发测试速度。

　　使用全息远端呈现功能首先需要通过 USB、WiFi 连接 PC 与 HoloLens 2 设备，为确保数据传输速率，最好选择高带宽的路由设备，并且保证 PC 与 HoloLens 2 设备处在同一 WiFi 网络下。除此之外，HoloLens 2 设备上还需要安装 Remoting Player 软件，该软件可以通过设备中自带的 Microsoft Store 应用商店下载并安装。

3.4.1　在 Unity 编辑器中使用全息远端呈现

　　在 Unity 编辑器中使用全息远端呈现功能可以极大地加快 MR 应用开发测试，但对于不同的 Unity 版本[①]，由于架构不同，使用全息远端呈现功能也略有差异，我们分两种情况进行阐述：

　　（1）对于本书使用的 Unity 2019.4 LTS 或者之前的版本，在导入 MRTK 相关插件包之后，可以通过 Unity 菜单 Window → XR → Holographic Emulation 打开全息仿真窗口。

　　（2）对于 Unity 2020 及更高版本或者通过 Windows XR Plugin 使用 MRTK 的方式，可以通过 Unity 菜单 Window → XR → Windows XR Plugin Remoting 打开全息仿真窗口。打开的界面分别如图 3-11（a）和图 3-11（b）所示。

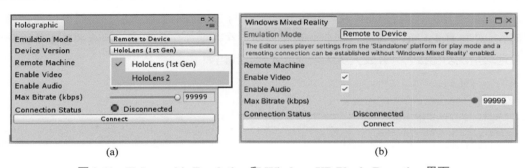

图 3-11　Holographic Emulation 和 Windows XR Plugin Remoting 界面

――――――――――

　　① Unity 2020、Unity 2019 版本对原渲染管线进行了比较大幅度的调整，各版本使用并不完全相同。

　　然后在 HoloLens 2 设备上启动 Remoting Player 应用程序，该应用程序启动时会显示 HoloLens 2 设备当前的 IP 地址，将该 IP 地址填入全息仿真窗口中的 Remote Machine（远端设备）属性栏中，单击 Connect 按钮开始连接，如果连接成功则会显示 Connected 字样，如果没有连接成功，需检查 USB 连接线或者 WiFi 网络情况。

　　在成功连接后，单击 Unity 编辑器的 Play 按钮进入运行状态，这时就可以在 Unity 编辑器中查看 HoloLens 2 设备中运行应用的情况了。

　　在 HoloLens 2 设备上使用全息远端呈现时，支持手部关节检测和眼动跟踪，但在使用 Holographic Emulation（全息模拟）方式时需要安装 DotNetWinRT 插件[①]。在安装完 DotNetWinRT 插件后，还需要进行设置，最简单的办法是通过在 Unity 菜单中依次选择 Mixed Reality Toolkit → Utilities → Windows Mixed Reality → Check Configuration 进行自动配置。另一种方法是在 Unity 菜单中依次选择 Edit → Project Settings 打开工程设置窗口，选择 Player → Universal Windows Platform → Other Settings 卷展栏，在 Scripting Define Symbols 属性栏中添加 DOTNETWINRT_PRESENT 定义符。

　　通常而言，使用 USB 连接能确保更好的通信传输速率和稳定性，在使用 USB 连接时，需要先在 HoloLens 2 设备中断开 WiFi 连接（默认使用 WiFi 连接），然后启动 Remoting Player 应用程序，该应用程序会显示一个以 192.168 或 169 开始的 IP 地址，使用该 IP 地址进行连接（在通过 USB 连接成功后，可以重新开启 WiFi 连接）。在使用全息远端呈现时，可能会出现 Unity 编辑器被挂起而无法正常使用的情况，这种情况很多时候是由于上次使用完全息远端呈现后没有关闭连接或者退出 Unity 时没有关闭全息仿真窗口引起的，确保全息仿真窗口被关闭后重启 Unity 会解决该问题。

3.4.2　MR 应用程序使用全息远端呈现

　　为充分利用 PC 的强大计算处理能力，我们可以将 MR 应用程序构建并运行在 PC 端，通过全息远端呈现功能将渲染结果以流的形式输出到 HoloLens 2 设备上，同时将 HoloLens 2 设备检测到的手势操作、语音命令、眼动跟踪等输入数据传输到 PC 端进行处理，这样就可以实现无缝的高品质渲染和交互。

　　在实际使用时，通过 USB 或者 WiFi 连接 PC 与 HoloLens 2 设备后，我们可以通过脚本代码在 PC 与 HoloLens 2 设备之间建立数据连接，在数据连接建立后，后续的数据传输则由全息远端呈现功能接管，开发人员无须进行处理，代码如下：

```
// 第 3 章 /3-5.cs
using System.Collections;
using UnityEngine;
using UnityEngine.XR;
using UnityEngine.XR.WSA;
```

---

① 该插件需要使用 NuGet 安装，在安装好 NuGet 后，可以通过在 NuGet 客户端搜索 DotNetWinRT 并安装它。

```
public class HolographicRemoteConnect : MonoBehaviour
{
    [SerializeField]
    private string IP;
    private bool connected = false;
    // 开始连接
    public void Connect()
    {
        if (HolographicRemoting.ConnectionState != HolographicStreamerConnectionState.
Connected)
        {
            // 对 HoloLens 1 设备使用 HolographicRemoting.Connect(IP)
            HolographicRemoting.Connect(IP, 99999, RemoteDeviceVersion.V2);
        }
    }
    // 断开连接
    public void DisConnect()
    {
        HolographicRemoting.Disconnect();
        connected = false;
    }
    void Update()
    {
        if (!connected && HolographicRemoting.ConnectionState == HolographicS
treamerConnectionState.Connected)
        {
            connected = true;
            StartCoroutine(LoadDevice("WindowsMR"));
        }
    }
    IEnumerator LoadDevice(string newDevice)
    {
        XRSettings.LoadDeviceByName(newDevice);
        yield return null;
        XRSettings.enabled = true;
    }
}
```

如果在使用全息远端呈现时需要进行语音命令操作，由于语音命令传输需要使用因特网客户端和个人网络客户服务器端的功能特性，因此需要在项目中开启这两个功能特性，在 Unity 菜单中，依次选择 Edit → Project Settings → Player，选择 Universal Windows Platform Settings（UWP 设置）选项卡，展开 Publishing Settings 卷展栏，在 Capabilities 功能设置区，勾选 InternetClient 和 PrivateNetworkClientServer 复选框，如图 3-12（a）所示，然后打开 XR Settings 卷展栏，勾选 WSA Holographic Remoting Supported（WSA 全息远端呈现支持）复选框启用全息远端呈现功能，如图 3-12（b）所示。

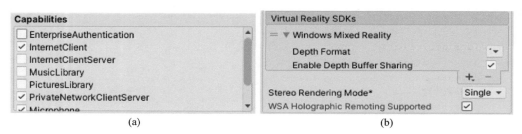

(a)   (b)

图 3-12　启用远端呈现功能

使用该功能时，Unity 按正常流程构建 Visual Studio 工程，在 Visual Studio 发布 MR 应用时选择 Release、x64、Local Machine 生成 PC 端应用程序，然后在 PC 端启动该应用程序。

随后，在 HoloLens 2 设备中启动 Remoting Player 应用程序，该应用程序会显示一个 IP 地址，确保 PC 端 MR 应用程序所使用的 IP 地址与该地址一致，一旦数据连接成功，就可以通过 HoloLens 2 设备呈现 PC 端渲染的内容。

3.5　诊断系统

MRTK 提供了一个用于性能分析的诊断系统（Diagnostic System），该诊断系统使用图形化方式直观地显示当前应用资源的消耗和帧率等信息，是 MR 应用开发性能分析的有力工具，建议开发者在整个应用开发迭代过程中都开启该诊断系统，时刻监视 MR 应用的性能消耗情况，便于进行性能优化，只在应用真正发布前关闭它[①]。

诊断系统由配置文件进行配置，打开主配置文件下诊断系统的子配置文件，界面如图 3-13 所示。

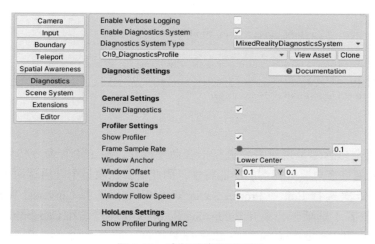

图 3-13　诊断系统配置界面

―――――――――
① MRTK 配置文件默认开启诊断系统。

在 MRTK 中，Diagnostics System Type（诊断系统类型）属性需选择为 Microsoft.Mixed-Reality.Toolkit.Diagnostics → MixedRealityDiagnosticsSystem，其余各属性描述如表 3-5 所示。

表 3-5　诊断系统各属性描述

属 性 名 称	描　　述
Enable Verbose Logging（开启日志）	这实质上是一个独立的日志记录功能开关，与诊断系统相互不影响，设置该值会影响整个 MR 应用日志记录。该值用于开启 MRTK 日志系统，默认未勾选，当勾选时，MR 应用详细的日志信息将被记录，通常在性能分析时使用，通过详细的日志文件可以加速性能问题的定位和排除
Enable Diagnostics System（开启诊断系统）	诊断系统开关
Show Diagnostics（显示诊断值）	配置值显示开关，取消勾选时所有配置选项均不显示
Show Profiler（显示分析器）	诊断系统图形界面开关，取消勾选时不显示诊断系统图形界面
Frame Sample rate（帧率）	计算帧率使用的时长单位，范围为 [0, 5]
Window Anchor（窗口锚定）	诊断系统图形界面显示位置
Window Offset（窗口偏移）	诊断系统图像界面显示位置偏移量
Window Scale（窗口缩放）	诊断系统图像界面缩放值
Window Follow Speed（窗口跟随速度）	诊断系统图像界面跟随使用者的速度
Show Profiler During MRC（MRC 时显示分析器）	在进行图像捕获或者视频录制时是否显示诊断系统图像界面

除了在开发阶段可以静态地启用/停用诊断系统，我们也可以在 MR 应用运行时动态地启用或者关闭诊断系统，典型代码如下：

```
//第 3 章 /3-6.cs
CoreServices.DiagnosticsSystem.Disable();
CoreServices.DiagnosticsSystem.ShowDiagnostics = false;
CoreServices.DiagnosticsSystem.ShowProfiler = false;
```

诊断系统图形界面如图 3-14 所示，它以直观的方式展现了 MR 应用的实时性能数据。

图 3-14　诊断系统图像界面示意图

图 3-14 左上角显示了 MR 应用的实时帧率和每帧所用时间，对于 HoloLens 2 设备，为了保证流畅运行，帧率的典型值为 60fps，即每帧用时不超过 16.7ms。中间红绿相间的滚动图形

指示 MR 应用每帧运行的情况，红色部分表示该帧未能达到指定帧率，也就是需要优化的帧。界面下部区域为内存使用情况，包括当前内存占用量、峰值内存占用量、最大内容可用量等信息，内存使用量也实时刷新，我们可以通过内存使用量直观了解资源的使用情况。

虽然我们可以在 Unity 编辑器中使用诊断系统，但 MR 应用最终需要运行在 HoloLens 2 设备上，因此，为获得准确的性能数据，一定需要在真机上进行性能测试，另外，为排除 Debug 模式的影响，最好使用 Release 模式进行性能测试。

3.6 动态 GLTF 格式模型加载

GLTF（GL Transmission Format, GL 传输格式）是一种专门设计用于网络传输的模型格式，它能够更加高效地通过网络传输场景或者模型，并且简化了模型解包和处理，有良好的可伸缩性设计，可以使用 JSON 格式描述模型，也可以使用二进制 GLB 形式组织模型文件以降低模型的传输数据量，目前已广泛应用于工业和商业中。

MRTK 对 GLTF 格式文件提供直接支持[①]，可以在运行时加载本地或者网络端模型文件，所有与 GLTF 模型操作相关的脚本放置于 Microsoft.MixedReality.Toolkit.Utilities.Gltf 命名空间下。本节简单介绍在 MR 应用中动态加载 GLTF 模型文件的一般处理流程，从 StreamingAssets 文件夹下动态加载 GLTF 文件的代码如下：

```
// 第 3 章 /3-7.cs
// 需要引入
Microsoft.MixedReality.Toolkit.Utilities.Gltf.Schema;Microsoft.MixedReality.
Toolkit.Utilities.Gltf.Serialization 命名空间
public class TestGltfLoading : MonoBehaviour
{
    private string relativePath = "model.gltf";
    public string AbsolutePath => Path.Combine(Path.GetFullPath(Application.
streamingAssetsPath), relativePath);
    private float ScaleFactor = 1.0f;
    private async void Start()
    {
        var path = AbsolutePath;
        if (!File.Exists(path))
        {
            Debug.LogError($" 在路径 {path} 中找不到 GLTF 文件 ");
            return;
        }
        GltfObject gltfObject = null;
        try
        {
            gltfObject = await GltfUtility.ImportGltfObjectFromPathAsync(path);
```

① 也提供了其他模型格式与 GLTF 格式的转换工具 https://github.com/Microsoft/glTF-Toolkit/releases。

```
                gltfObject.GameObjectReference.transform.position = new Vector3(0.0f,
0.0f, 1.0f);
                gltfObject.GameObjectReference.transform.localScale *= this.ScaleFactor;
            }
        catch (Exception e)
        {
            Debug.LogError($" 加载模型文件失败 - {e.Message}\n{e.StackTrace}");
        }
        if (gltfObject != null)
        {
            Debug.Log(" 加载模型文件成功 ");
        }
    }
}
```

除了从本地端加载 GLTF 格式文件，MRTK 也支持直接从网络服务器上加载 GLTF 格式模型，从网络端加载 GLTF 格式模型的一般流程的代码如下：

```
// 第 3 章 /3-8.cs
// 需要引入
Microsoft.MixedReality.Toolkit.Utilities;Microsoft.MixedReality.Toolkit.
Utilities.Gltf.Serialization 命名空间
public class TestGlbLoading : MonoBehaviour
{
    private string uri = "https://www.baidu.com/model.glb";
    private async void Start()
    {
        Response response = new Response();
        try
        {
            response = await Rest.GetAsync(uri, readResponseData: true);
        }
        catch (Exception e)
        {
            Debug.LogError(e.Message);
        }
        if (!response.Successful)
        {
            Debug.LogError($" 从 URL:{uri} 加载模型失败 ");
            return;
        }
        var gltfObject = GltfUtility.GetGltfObjectFromGlb(response.ResponseData);
        try
        {
            await gltfObject.ConstructAsync();
        }
        catch (Exception e)
        {
```

```
        Debug.LogError($" 模型解释失败: {e.Message}\n{e.StackTrace}");
        return;
    }
    if (gltfObject != null)
    {
        Debug.Log(" 模型加载成功 ");
    }
}
}
```

3.7 多场景管理

在 MR 应用运行时,可能需要动态地加载各种不同类型的虚拟对象,如模型、文字、视频等,一般采取的方法是加载不同的预制体,加载预制体的方式对单个对象的使用非常友好,但在有相互位置关系的多对象情形下,使用 MRTK 提供的场景系统(Scene System)可以更加高效地进行管理,场景系统主要为以下情形而设计:

(1)工程包含多场景,并且需要在运行时切换。

(2)在 MR 应用中切换场景,但需要保持体验的一致性。

(3)使用一种更简便的方式利用多个场景构建 MR 体验。

(4)简化监视场景加载或者激活过程。

(5)在场景切换时保持 MR 场景光照效果的一致性。

3.7.1 场景系统配置

使用 MRTK 提供的场景系统可以极大地方便多场景管理,并且保持一致连续的 MR 体验,场景系统默认不会开启,在需要场景系统时我们首先应当在配置文件中开启该功能,在 MRTK 主配置文件下单击 Scene System 子配置文件,勾选其 Enable Scene System(开启场景系统)复选框开启场景系统功能,将 Scene System Type(场景系统类型)属性设置为 Microsoft.MixedReality.Toolkit.SceneSystem → MixedRealitySceneSystem,如图 3-15 所示。

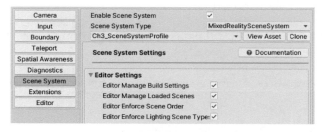

图 3-15　场景系统配置文件面板(局部)

为简化管理,MRTK 将场景分为以下 3 类。

（1）管理场景：管理场景是一个用于管理其他场景加载 / 卸载的唯一实例场景，它包含一个 MixedRealityToolkit 实例，该场景在应用程序启动后首先被加载，并且在整个应用程序生命周期内将保持运行，因此，该场景中的所有对象都不会在场景切换时被销毁。

（2）内容场景：内容场景即为需要进行切换的工作场景，一个工程中可以包含一个或者多个内容场景，这些内容场景也可以组合加载。

（3）光照场景：光照场景是为保持在内容场景切换时光照的一致性而设计的，一个工程中可以包含多个光照场景，但某个时刻只能有一个光照场景被激活，当光照场景切换时，光照效果会平滑过渡。

在开启场景系统后，默认会启动很多与场景管理相关的功能特性。

（1）Editor Manage Build Settings（编辑器管理构建设置）：用于场景系统自动更新工程设置以确保所有管理器场景、光照场景、内容场景都正确加载。

（2）Editor Manage Loaded Scenes（编辑器管理加载场景）：用于强制加载所有管理器场景、光照场景和内容场景。

（3）Editor Enforce Scene Order（编辑器强制场景顺序）：用于强制按管理器场景、光照场景、内容场景顺序加载。

（4）Editor Enforce Lighting Scene Types（编辑器强制光照场景类型）：用于控制光照场景中可以加载的对象类型，勾选该值后只有在 Permitted Lighting Scene Component Types（允许的光照场景组件类型）属性中定义的类型才可以被加载到光照场景中。

以上功能可以辅助、简单化多场景管理，开发者如果需要自行控制所有场景管理过程，可以取消对应功能特性的选择。

当在配置文件中开启场景系统后，MRTK 会在 Unity 层级（Hierarchy）窗口中生成 3 个场景对象：DefaultManagerScene、DefaultLightingScene、MultiScene，分别对应配置文件中的 Manager Scene Settings（管理场景设置）、Lighting Scene Settings（光照场景设置）、Content Scene Settings（内容场景设置）配置内容，其中管理场景设置用于配置首先加载的管理场景，开发者如果不使用管理场景，取消勾选 Use Manager Scene 复选框即可。光照场景设置用于配置场景光照，对于 MR 应用，由于 MRTK 会自动采样环境光照情况，可以取消勾选 Use Lighting Scene 复选框。内容场景设置用于配置 MR 应用需要使用的所有内容场景，每个内容场景都会生成一个构建索引（Build Index），也可以指定一个标签（Tag），如图 3-16 所示。

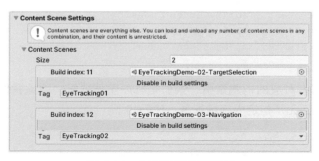

图 3-16　内容场景设置界面

　　内容场景设置中配置的内容场景是我们主要的操作对象，这些内容场景可以在任何时候被安全地加载、卸载、组合。

3.7.2　场景加载与卸载

　　利用场景系统加载的场景是叠加性的，即新加入的场景不会影响原场景内容，因此我们可以一次加载/卸载一个场景或者多个场景，示例代码如下：

```
// 第 3 章 /3-9.cs
private async void LoadOrUnLoadScene()
{
    IMixedRealitySceneSystem sceneSystem = MixedRealityToolkit.Instance.GetService
<IMixedRealitySceneSystem>();
    await sceneSystem.LoadContent("MyContentScene1");
await sceneSystem.LoadContent("MyContentScene1",LoadSceneMode.Single);
    await sceneSystem.LoadContent(new string[] { "MyContentScene1",
"MyContentScene2", "MyContentScene3" });
    if (sceneSystem.IsContentLoaded("MyContentScene1"))
        await sceneSystem.UnloadContent("MyContentScene1");
}
```

　　LoadContent() 方法有多个重载，可以指定加载内容场景的模式（mode），如果使用 LoadSceneMode.Single 模式，则会在加载本内容场景之前先卸载场景中原来所有的内容场景，该方法可以加载单个场景，也可以一次性加载多个场景。

　　我们也可以使用场景标签加载内容场景，由于不同的内容场景可以使用同一个标签，因此利用标签加载也可以一次加载一个或者多个场景，使用标签方式加载的另一个好处是对美术人员特别友好，他们可以通过为场景设定不同标签来控制内容场景的加载，而不必改动脚本代码，典型代码如下：

```
// 第 3 章 /3-10.cs
private async void LoadOrUnLoadScene()
{
    IMixedRealitySceneSystem sceneSystem = MixedRealityToolkit.Instance.GetService
<IMixedRealitySceneSystem>();
    await LoadContentByTag("MyContentScene1");
if (sceneSystem.IsContentLoaded("MyContentScene1"))
 await UnloadContentByTag("MyContentScene1");
}
```

　　每个内容场景都有对应的构建索引，索引是有序整型数字，因此我们也可以直接加载上一个或者下一个场景而无须指定内容场景名，代码如下：

```
// 第 3 章 /3-11.cs
private async void LoadScene()
```

```
{
    IMixedRealitySceneSystem sceneSystem = MixedRealityToolkit.Instance.GetService
<IMixedRealitySceneSystem>();
    if (sceneSystem.NextContentExists)
    {
        await sceneSystem.LoadNextContent();
    }
    if (sceneSystem.PrevContentExists)
    {
        await sceneSystem.LoadPrevContent();
    }
    await sceneSystem.LoadNextContent(true);
}
```

在加载下一个内容场景时需要通过 NextContentExists 属性值检查下一个内容场景是否存在，同样，加载上一个内容场景时需要通过 PrevContentExists 属性值检查上一个内容场景是否存在。LoadNextContent() 方法也有若干默认参数，如果指定 wrap 参数值为 true 时，则会循环构建索引，构建最后一个内容场景后会返回第 1 个内容场景，同样，该方法也可以指定加载模式。

3.7.3　场景加载进度与事件

当内容场景正在加载或者卸载时，SceneOperationInProgress 属性的返回值为 true，这时我们可以通过 SceneOperationProgress 属性获取加载 / 卸载进度数值，该属性取值范围为 [0,1]，用于指示场景加载或者卸载进度，在一次性加载多个场景时，该值为整体进度。典型的加载 / 卸载进度代码如下：

```
// 第 3 章 /3-12.cs
public class ProgressDialog : MonoBehaviour
{
    private void Update()
    {
        IMixedRealitySceneSystem sceneSystem = MixedRealityToolkit.Instance.
GetService<IMixedRealitySceneSystem>();

        if (sceneSystem.SceneOperationInProgress)
        {
            // 显示进度条
            DisplayProgressIndicator(sceneSystem.SceneOperationProgress);
        }
        else
        {
            // 隐藏进度条
            HideProgressIndicator();
```

```
            }
        }
    // 后续操作
    }
```

除了使用进度条，场景系统也提供了若干事件用于监视内容场景的加载/卸载情况，所有内容场景的加载事件如表 3-6 所示。

表 3-6　场景系统内容场景的加载事件

事件名称	描　　述	适用场景
OnWillLoadContent	内容场景加载前触发	内容场景
OnContentLoaded	所有内容场景加载完成后触发	内容场景
OnWillUnloadContent	内容场景卸载前触发	内容场景
OnContentUnloaded	所有内容场景完全卸载后触发	内容场景
OnWillLoadLighting	光照场景加载前触发	光照场景
OnLightingLoaded	光照场景加载完成后触发	光照场景
OnWillUnloadLighting	光照场景卸载前触发	光照场景
OnLightingUnloaded	光照场景完全卸载后触发	光照场景
OnWillLoadScene	场景加载前触发	所有场景
OnSceneLoaded	所有场景加载完成后触发	所有场景
OnWillUnloadScene	场景卸载前触发	所有场景
OnSceneUnloaded	所有场景完全卸载后触发	所有场景

由于一次操作可以加载/卸载一个或多个内容场景，当涉及多个内容场景时，每个场景在加载/卸载时都会触发对应的事件，但也有一些事件会在全部场景加载/卸载完成后同时触发，因此，建议使用 OnWillUnload 事件侦测场景卸载操作，而不是使用 OnUnloaded 事件，相应地，OnLoaded 事件会在全部场景加载完成之后触发，使用 OnLoaded 事件会比 OnWillLoadContent 事件更安全，典型场景事件代码如下：

```
// 第 3 章 /3-13.cs
public class ProgressDialog : MonoBehaviour
{
    private bool displayingProgress = false;
    private void Start()
    {
        IMixedRealitySceneSystem sceneSystem = MixedRealityToolkit.Instance.
GetService<IMixedRealitySceneSystem>();
        sceneSystem.OnWillLoadContent += HandleSceneOperation;
        sceneSystem.OnWillUnloadContent += HandleSceneOperation;
    }

    private void HandleSceneOperation (string sceneName)
```

```
        {
            if (displayingProgress)
            {
                return;
            }

            displayingProgress = true;
            StartCoroutine(DisplayProgress());
        }

        private IEnumerator DisplayProgress()
        {
            IMixedRealitySceneSystem sceneSystem = MixedRealityToolkit.Instance.
GetService<IMixedRealitySceneSystem>();
            while (sceneSystem.SceneOperationInProgress)
            {
                DisplayProgressIndicator(sceneSystem.SceneOperationProgress);
                yield return null;
            }

            HideProgressIndicator();
            displayingProgress = false;
        }
        // 后续操作
    }
```

默认情况下，内容场景一旦加载完成就会马上激活，但我们也可以使用 Scene-ActivationToken 机制控制其激活时机，当一次操作加载多个内容场景时，这个激活令牌（Token）会应用到所有场景，典型控制代码如下：

```
// 第 3 章 /3-14.cs
IMixedRealitySceneSystem sceneSystem = MixedRealityToolkit.Instance.GetService
<IMixedRealitySceneSystem>();
SceneActivationToken activationToken = new SceneActivationToken();
// 加载场景时传递激活令牌
sceneSystem.LoadContent(new string[] { "ContentScene1", "ContentScene2",
"ContentScene3" }, LoadSceneMode.Additive, activationToken);
// 示例：如等待所有玩家加入
while (!AllUsersHaveJoinedExperience())
{
    await Task.Yield();
}
// 准备激活所有场景
activationToken.AllowSceneActivation = true;
// 加载并激活所有场景
while (sceneSystem.SceneOperationInProgress)
```

```
    {
        await Task.Yield();
    }
```

场景系统的 ContentSceneNames 属性包含当前已加载的所有内容场景名，按构建索引排序，我们可以通过 IsContentLoaded（string contentName）检查对应场景是否已加载，典型代码如下：

```
// 第 3 章 /3-15.cs
IMixedRealitySceneSystem sceneSystem = MixedRealityToolkit.Instance.GetService
<IMixedRealitySceneSystem>();
string[] contentSceneNames = sceneSystem.ContentSceneNames;
bool[] loadStatus = new bool[contentSceneNames.Length];
for (int i = 0; i < contentSceneNames.Length; i++>)
{
    loadStatus[i] = sceneSystem.IsContentLoaded(contentSceneNames[i]);
}
```

第 4 章

交互与事件

HoloLens 2 设备颠覆了传统智能设备的操作方式，实现了更符合自然的手势、语音、凝视交互，并将本能交互这一理念贯穿于整个交互设计，融合了多模式交互模型，提供了当前最好的 MR 交互体验。MRTK 实质上接管了 Unity 消息事件机制，实现了消息的内部分发和处理，延续了 Unity 事件简单易用的特点，并能更自主地控制事件的执行。本章我们主要学习在 MR 开发中最重要的交互组件及其使用。

4.1　Bounds Control

Bounds Control（边框控制）组件是从 BoundingBox（包围盒）组件的基础上发展起来并取代了 BoundingBox 的全新交互控制组件，相比于 BoundingBox，Bounds Control 组件进行了很多修改完善、简化了使用、新添加了很多功能特性，Bounds Control 组件所有功能特性由 BoundsControl.cs 脚本文件控制，提供了在 MR 中对虚拟元素进行操作的基础功能（如基本平移、旋转、缩放操作、操作可视化、约束、事件等）。在使用该组件时，当虚拟对象获得焦点后会显示一个包围盒边框表明该对象可以进行交互，如图 4-1 所示，包围盒顶点和棱上的控制点控制对象的缩放、旋转、平移，Bounds Control 还可视化用户与虚拟对象的交互状态，如指尖接近光（Finger Proximity Light）特效，以自然的方式处理用户输入，并且所有交互与可视化效果都可以进行定制，是强大的交互控制组件。

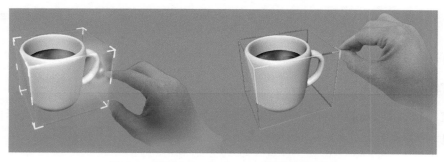

图 4-1　使用 Bounds Control 组件的效果图

4.1.1 基本操作

在虚拟对象上使用 Bounds Control 组件与其他所有组件一样，只需要在场景对象属性面板（Inspector）中为其添加 BoundsControl.cs 脚本，具体步骤如下：

（1）在 Hierarchy 窗口中选择对象，并确保该对象挂载了 Box Collider 组件。

（2）为该对象添加 BoundsControls.cs 脚本组件。

（3）配置组件中的 Activation 属性。

（4）根据需要配置其他属性。

添加该组件后，可以看到其所有属性和事件，如图 4-2 所示。

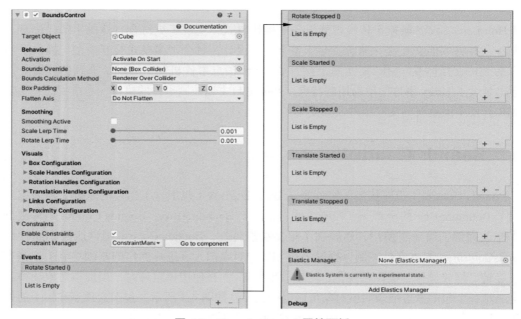

图 4-2　Bounds Control 属性面板

> **提示**
>
> 所有需要交互的虚拟对象都应当挂载碰撞器组件（Collider），否则无法进行交互操作。

下面我们对各属性进行详细阐述。

1. Target Object

指定 Bounds Control 组件的作用对象，默认为挂载该组件的对象，也可以选择挂载该组件对象的子对象。

2. Activation Behavior

Bounds Control 组件的激活方式，可选的激活方式如表 4-1 所示。

表 4-1 Bounds Control 组件的激活方式

激活方式名称	描　述
Activate On Start（开始即激活）	在场景初始化后虚拟对象包围盒即显示
Activate By Proximity（接近激活）	当手接近虚拟对象时包围盒显示
Activate By Pointer（指针激活）	使用手部射线指向对象时包围盒显示
Activate By Proximity and Pointer（接近于指针激活）	当手接近或者使用手部射线指向对象时包围盒显示
Activate Manually（手动激活）	包围盒不会自动显示，只能通过代码的方式激活 Bounds Control 组件

3. Bounds Override

设置用于边界计算的碰撞器（Box Collider），借助于 Target Object 和 Bounds Override 属性，我们可以设定目标对象及碰撞器边界，这对多子物体的对象非常有用。

4. Box Padding

设置操作边界与碰撞器边界的间隔，该设置影响可操作区域大小及包围盒视觉效果。

5. Flatten Axis

锁定特定轴向上的操作，如对 2D UI 面板，可以锁定其在纵向上的轴，即不允许操作面板厚度，如果选择 Flatten Auto，则 Bounds Control 组件会自动选择虚拟对象尺寸最小的轴向为锁定轴。

6. Smoothing

平滑选项，用于平滑旋转和缩放，实现更流畅的操作体验。

7. Visuals

该属性栏用于设置 Bounds Control 组件的视觉外观，通过相应的配置文件配置交互视觉外观的各种表现，这些配置文件也是可编程对象，包括 Box Configuration（包围盒配置）、Scale Handles Configuration（缩放控制点配置）、Rotation Handles Configuration（旋转控制点配置）、Translation Handles Configuration（平移控制点配置）、Links Configuration（外部配置文件链接）、Proximity Configuration（接近操作配置）6 部分。

因为配置文件是以可编程对象的形式存在，所以可以非常方便地在不同的对象之间共享，也可以进行嵌套形成配置文件树。在 Unity 属性面板中，会显示配置文件究竟是属于共享对象还是内联于当前实例（预制体），共享配置文件不能在属性窗口中直接编辑，而必须修改其所连接的可编程对象，这种机制可以防止共享配置文件的意外更改。

1）Box Configuration

该配置用于设置包围盒线框的视觉外观表现，包围盒尺寸通过对象的长方体碰撞器（Box Collider）和 Box Padding 属性计算，该配置的主要属性及描述如表 4-2 所示。

表 4-2　Box Configuration 属性

属 性 名 称	描　　　述
Box Display Configuration（包围盒显示配置）	连接到外部的可编程配置文件
Box Material（包围盒材质）	包围盒默认显示的线框材质，如果不设置则不会显示包围盒
Box Grabbed Material（包围盒拖曳材质）	当用户与虚拟对象进行交互抓取时显示的材质
Flatten Axis Display Scale（锁定轴缩放比例）	锁定轴的缩放比例，默认为 0，即不缩放

2）Scale Handles Configuration

该配置主要用于设置对象进行缩放时控制点的视觉外观表现及缩放行为，具体属性如表 4-3 所示。

表 4-3　Scale Handles Configuration 属性

属 性 名 称	描　　　述
Scale Handles Configuration（缩放控制点配置）	连接到外部的可编程配置文件
Handle Material（控制点材质）	控制点使用的材质
Handle Grabbed Material（控制点拖曳材质）	控制点被抓取时使用的材质
Handle Prefab（控制点预制体）	控制点显示预制体，不设置时默认使用 MRTK 提供的长方体
Handle Size（控制点尺寸）	控制点尺寸
Collider Padding（碰撞器间距）	控制点显示外观尺寸与碰撞器尺寸之间的间隔
Draw Tether When Manipulating（绘制交互射线）	当勾选时，会渲染一条从交互点到当前手部或者指针位置的连线
Handles Ignore Collider（忽略碰撞器）	忽略的碰撞器，如禁止某个方向的缩放时可以将对应的控制点碰撞器列为忽略，这样用户就无法与这些控制点交互了
Handle Slate Prefab（控制点展平预制体）	对展平（Flattened）轴的渲染预制体
Show Scale Handles（显示缩放控制点）	是否显示缩放控制点
Scale Behavior（缩放行为）	可以设置为 "uniform" 或者 "non-uniform"，用于控制各轴使用相同比例缩放还是可以不按比例缩放

3）Rotation Handles Configuration

该配置主要用于设置对象进行旋转时控制点的视觉外观表现及旋转行为，具体属性如表 4-4 所示。

表 4-4　**Rotation Handles Configuration 属性**

属 性 名 称	描　　述
Handle Material（控制点材质）	控制点默认使用材质
Handle Grabbed Material（控制点拖曳材质）	控制点被抓取时使用的材质
Handle Prefab（控制点预制体）	控制点显示预制体，不设置时默认使用 MRTK 提供的球体
Handle Size（控制点尺寸）	控制点尺寸
Collider Padding（碰撞器间距）	控制点显示外观尺寸与碰撞器尺寸之间的间隔
Draw Tether When Manipulating（绘制交互射线）	当勾选时，会渲染一条从交互点到当前手部或者指针位置的连线
Handles Ignore Collider（忽略碰撞器）	忽略的碰撞器，如禁止某个方向的旋转时可以将对应的控制点碰撞器列为忽略，这样用户就无法与这些控制点交互了
Handle Prefab Collider Type（控制点预制体碰撞器类型）	控制点可用的碰撞器类型，可以是长方体、胶囊体、球体
Show Handle for X（显示 X 轴控制点）	是否显示 X 轴控制点
Show Handle for Y（显示 Y 轴控制点）	是否显示 Y 轴控制点
Show Handle for Z（显示 Z 轴控制点）	是否显示 Z 轴控制点

4）Translation Handles Configuration

该配置主要用于设置对象进行平移时控制点的视觉外观表现及平移行为，默认为禁用的，因为平移可以直接拖曳虚拟对象而不需要控制点，其具体属性如表 4-5 所示。

表 4-5　**Translation Handles Configuration 属性**

属 性 名 称	描　　述
Handle Material（控制点材质）	控制点默认使用材质
Handle Grabbed Material（控制点拖曳材质）	控制点被抓取时使用的材质
Handle Prefab（控制点预制体）	控制点显示预制体，不设置时默认使用 MRTK 提供的球体
Handle Size（控制点尺寸）	控制点尺寸
Collider Padding（碰撞器间距）	控制点显示外观尺寸与碰撞器尺寸之间的间隔
Draw Tether When Manipulating（绘制交互射线）	当勾选时，会渲染一条从交互点到当前手部或者指针位置的连线

续表

属 性 名 称	描　　述
Handles Ignore Collider（忽略碰撞器）	忽略的碰撞器，如禁止某个方向的平移时可以将对应的控制点碰撞器列为忽略，这样用户就无法与这些控制点交互了
Handle Prefab Collider Type（控制点预制体碰撞器类型）	控制点可用的碰撞器类型，可以是长方体、胶囊体、球体
Show Handle for X（显示 X 轴控制点）	是否显示 X 轴控制点
Show Handle for Y（显示 Y 轴控制点）	是否显示 Y 轴控制点
Show Handle for Z（显示 Z 轴控制点）	是否显示 Z 轴控制点

5）Links Configuration

该配置主要通过连接外部配置文件控制包围盒线框的视觉外观表现，具体属性如表 4-6 所示。

表 4-6　Links Configuration 属性

属 性 名 称	描　　述
Wireframe Material（线框材质）	线框网格渲染材质
Wireframe Edge Radius（线框半径）	线框渲染时所使用的线的半径
Wireframe Shape（线框渲染类型）	线框类型，可以是长方体，也可以是圆柱体
Show Wireframe（显示线框）	线框是否可见

6）Proximity Effect Configuration

接近效果配置用于根据用户手与虚拟对象的距离显示或者隐藏控制点动画。为细化动画效果实现更好的用户体验，Bounds Control 组件使用两步缩放动画，默认使用 HoloLens 2 风格，如图 4-3 所示。

图 4-3　两步缩放动画示意图

在两步交互模型中，第一步根据用户手与虚拟对象的距离显示包围盒，第二步用户通过操作包围盒控制点实现对象操作。接近效果配置的各具体属性如表 4-7 所示。

表 4-7　**Proximity Effect Configuration 属性**

属 性 名 称	描　　述
Proximity Effect Active（接近效果激活）	启用基于接近的控制点显示
Object Medium Proximity（对象的中距离值）	第一步缩放的距离
Object Close Proximity（对象的近距离值）	第二步缩放的距离
Far Scale（远距离缩放比例）	当手在边界框交互作用范围之外时，控制点尺寸默认大小值（距离由上面的 Object Medium Proximity 属性定义范围，默认使用值 0 表示隐藏控制点）
Medium Scale（中距离缩放比例）	当手在边界框交互作用范围内时，控制点尺寸缩放值（距离由上面的 Object Close Proximity 属性定义范围，使用值 1 表示显示正常大小）
Close Scale（近距离缩放比例）	当手处于抓取交互作用范围内时，控制点尺寸的缩放值（距离由上面的 Object Close Proximity 属性定义范围，通常使用 1x 以显示较大尺寸）
Far Grow Rate（远距离变化率）	当手从 Medium 距离移向 Far 距离时缩放值的变化速率
Medium Grow Rate（中距离变化率）	当手从 Medium 距离移向 Close 距离时缩放值的变化速率
Close Grow Rate（近距离变化率）	当手从 Close 距离移向虚拟对象中心时缩放值的变化速率

8. Constraint System

　　Bounds Control 组件可以借助约束管理器（Constraint Manager）组件实现对平移、缩放、旋转的约束，如限制缩放范围、限制旋转轴等。在 Constraint Manager 属性下拉列表中会显示添加到虚拟对象的所有可用约束管理器，可以在这里选择所使用的约束，更多关于约束管理器的知识我们将在 4.3 节中详细阐述。

9. Elastics

　　Bounds Control 组件可以通过弹性管理器（Elastics Manager）设置弹性动态视觉效果，弹性动态视觉效果可以大大提升用户操作体验，实现非常炫酷的动画效果，更详细的弹性管理器知识我们将在 4.7 节中阐述。

4.1.2　HoloLens 2 风格

　　默认情况下，Bounds Controls 组件可视化效果采用 HoloLens 1 风格，而 HoloLens 2 风格

更自然、效果更好,如图 4-4 所示,图 4-4(a)为 HoloLens 1 风格,图 4-4(b)为 HoloLens 2 风格。

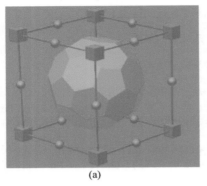 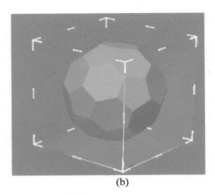

(a)   (b)

图 4-4　HoloLens 1 与 HoloLens 2 风格

我们一般更愿意使用 HoloLens 2 风格,因此需要手动设置渲染材质和控制点预制体。我们一般只需设置 Scale Handles Configuration、Rotation Handles Configuration、Proximity Effect Configuration 下的各属性值,典型设置值如表 4-8 所示。

表 4-8　HoloLens 2 风格的主要属性

配 置 文 件	属 性 名 称	属 性 值
Scale Handles Configuration	Handle Material	BoundingBoxHandleWhite.mat
	Handle Grabbed Material	BoundingBoxHandleBlueGrabbed.mat
	Handle Prefab	MRTK_BoundingBox_ScaleHandle.prefab
	Handle Size	0.016(1.6cm)
	Collider Padding	0.016(1.6cm),碰撞器尺寸比视觉线框略大
	Handle Slate Prefab	MRTK_BoundingBox_ScaleHandle_Slate.prefab
	Scale Behavior	Uniform
Rotation Handles Configuration	Handle Material	BoundingBoxHandleWhite.mat
	Handle Grabbed Material	BoundingBoxHandleBlueGrabbed.mat
	Handle Prefab	MRTK_BoundingBox_RotateHandle.prefab
	Handle Size	0.016(1.6cm)
	Collider Padding	0.016(1.6cm),碰撞器尺寸比视觉线框略大
	Handle Prefab Collider Type	Box

续表

配置文件	属性名称	属性值
	Proximity Effect Active	开启
	Object Medium Proximity	0.1
	Object Close Proximity	0.016
	Far Scale	1
Proximity Effect Configuration	Medium Scale	1
	Close Scale	1.5
	Far Grow Rate	0.3
	Medium Grow Rate	0.2
	Close Grow Rate	0.3

4.1.3 事件

Bounds Control 组件支持 6 种事件,所有事件的使用方式与 Unity 事件的使用方式完全一致,既可以使用 Unity 属性面板静态绑定,也可以使用脚本代码在运行中动态绑定,所有事件如表 4-9 所示。

表 4-9 Bounds Control 组件事件

事件名称	描　述
Rotate Started	当旋转开始时触发
Rotate Stopped	当旋转停止时触发
Scale Started	当缩放开始时触发
Scale Stopped	当绽放停止时触发
Translate Started	当平移开始时触发
Translate Stopped	当平移停止时触发

4.1.4 使用代码操作

Bounds Control 组件作为脚本组件,自然可以使用代码的方式进行操作,典型的操作代码如下:

```
// 第 4 章 /4-1.cs
BoundsControl boundsControl;
GameObject cube = GameObject.CreatePrimitive(PrimitiveType.Cube);
boundsControl = cube.AddComponent<BoundsControl>();
boundsControl.BoundsControlActivation = BoundsControlActivationType.
ActivateByProximityAndPointer;
boundsControl.ScaleHandlesConfig.HandleSize = 0.1f;
```

```
boundsControl.RotationHandlesConfig.ShowRotationHandleForX = false;
```

在代码 4-1.cs 中，我们首先定义了一个 Bounds Control 对象，使用代码的方式生成了一个立方体，然后将 Bounds Control 组件挂载到立方体上，并设置了组件的激活方式、缩放控制点尺寸、禁用 X 轴旋转控制点，所有其他属性也可以采用类似的方式进行设置。

在运行时，我们也可以使用代码修改交互操作的视觉显示风格，代码如下：

```
// 第 4 章 /4-2.cs
BoxDisplayConfiguration boxConfiguration = boundsControl.BoxDisplayConfig;
boxConfiguration.BoxMaterial = [ 设置 BoundingBox.mat]
boxConfiguration.BoxGrabbedMaterial = [ 设置 BoundingBoxGrabbed.mat]

ScaleHandlesConfiguration scaleHandleConfiguration = boundsControl.
ScaleHandlesConfig;
scaleHandleConfiguration.HandleMaterial = [ 设置 BoundingBoxHandleWhite.mat]
scaleHandleConfiguration.HandleGrabbedMaterial = [ 设置 BoundingBoxHandleBlueGrabbed.
mat]
scaleHandleConfiguration.HandlePrefab = [ 设置 MRTK_BoundingBox_ScaleHandle.prefab]
scaleHandleConfiguration.HandleSlatePrefab = [ 设置 MRTK_BoundingBox_ScaleHandle_
Slate.prefab]
scaleHandleConfiguration.HandleSize = 0.016f;
scaleHandleConfiguration.ColliderPadding = 0.016f;

RotationHandlesConfiguration rotationHandleConfiguration = boundsControl.
RotationHandlesConfig;
rotationHandleConfiguration.HandleMaterial = [ 设置 BoundingBoxHandleWhite.mat]
rotationHandleConfiguration.HandleGrabbedMaterial = [ 设置 BoundingBoxHandleBlueGrabbed.
mat]
rotationHandleConfiguration.HandlePrefab = [ 设置 MRTK_BoundingBox_RotateHandle.
prefab]
rotationHandleConfiguration.HandleSize = 0.016f;
rotationHandleConfiguration.ColliderPadding = 0.016f;
```

在代码 4-2.cs 中，我们通过设置材质和预制体使用 HoloLens 2 视觉风格（需要注意材质与预制体赋值）。需要注意的是，在 MR 应用运行时，通过使用 Resources 文件夹 [①] 或者 Shader.Find() 方法动态加载并直接使用 Shader 可能会出现很多问题（如 Shader 中引用资源丢失），因此不建议直接动态加载材质，我们可以在脚本中定义变量，通过编辑器属性面板设置相应的材质和预制体，然后在应用运行时动态使用变量引用材质和预制体以便切换显示风格。

除可以使用代码修改 Bounds Control 组件属性之外，也可以使用代码操作约束管理器，代码如下：

```
// 第 4 章 /4-3.cs
GameObject cube = GameObject.CreatePrimitive(PrimitiveType.Cube);
```

---

① Resources 文件夹是 Unity 工程中的一个特殊文件夹，该文件夹内的资源可以直接在运行时通过代码获取。

```
bcontrol = cube.AddComponent<BoundsControl>();
MinMaxScaleConstraint scaleConstraint = bcontrol.gameObject.AddComponent
<MinMaxScaleConstraint>();
scaleConstraint.ScaleMinimum = 1f;
scaleConstraint.ScaleMaximum = 2f;
```

如果没有设置约束管理器，Bounds Control 组件则会在启动时自动创建一个，因此我们不用再手动创建约束管理器，如代码 4-3 所示。我们可以直接将 MinMaxScaleConstraint 约束添加到立方体对象，设置约束值后，Bounds Control 组件会自动激活这些约束。

4.2 Object Manipulator

Object Manipulator（对象操纵器）组件是在原 ManipulationHandler 组件的基础上发展起来的全新管理操作行为的组件，其对原组件进行了大幅度性能提升和使用简化并提供了一些新特性。通过该组件可以使用单手或者双手操作虚拟对象的平移、旋转、缩放，并且可以通过配置控制不同输入的操作行为，支持手势、手部射线、凝视等输入方式，Object Manipulator 组件也支持约束管理器。

4.2.1 基本操作

需要使用 Object Manipulator 组件时，直接在场景对象属性面板中为其添加 Object-Manipulator.cs 脚本组件，对近端手势操作，还需要添加 NearInteractionGrabbable.cs 脚本组件，如果需要对象参与物理模拟，则需要添加刚体组件（Rigidbody）。添加该组件后，可以在属性面板中查看并编辑所有属性，如图 4-5 所示。

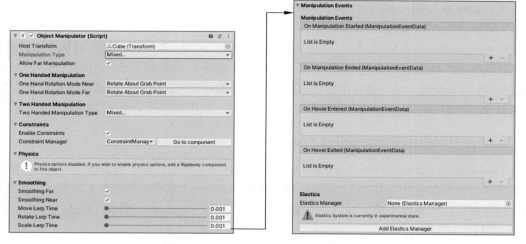

图 4-5 Object Manipulator 属性面板

下面我们对各属性进行详细阐述。

1. Host Transform

Host Transform（主变换器）属性用于指定 Object Manipulator 组件的作用对象，默认为挂载该组件的对象，也可以选择挂载该组件对象的子对象。

2. Manipulation Type

Manipulation Type（操作类型）属性用于指定手势操作方式，可以指定为单手（One Handed）、双手（Two Handed）、单双手混合（One Handed&Two Handed）。

3. Allow Far Manipulation

Allow Far Manipulation（允许远程操作）属性用于指定是否可以通过手部射线、凝视指针进行远程操作。

4. One Handed Manipulation Properties

One Handed Manipulation Properties（单手操作属性）卷展栏用于设置只使用一只手操作时的各类属性。

1）One Hand Rotation Mode Near

One Hand Rotation Mode Near（单手近距离旋转模式）属性用于指定单手接近操作旋转对象时的转动中心，当选择 Rotate About Object Center（围绕对象中心旋转）时，旋转是以虚拟对象的中心点为旋转中心，这时旋转中心与手部位置是分离的，因此可能会感觉虚拟对象旋转与手部运动不一致，一般而言，以虚拟对象中心为旋转中心对远距离操作更友好。当选择 Rotate About Grab Point（围绕拖曳点旋转）时，以用户拇指和食指捏合点为旋转中心旋转虚拟对象，这种方式虚拟对象旋转与手部运动是一致的，但旋转时对象会发生位置移动。

2）One Hand Rotation Mode Far

One Hand Rotation Mode Far（单手远距离旋转模式）用于指定单手远距离操作旋转对象时的转动中心，该选项只对手势操作有效（不支持控制器），当选择 Rotate About Object Center（围绕对象中心旋转）时，通常用在较远距离查看虚拟对象时，可以保持虚拟对象位置不变。当选择 Rotate About Grab Point（围绕拖曳点旋转）时，以手部射线命中点为旋转中心旋转。

5. Two Handed Manipulation Properties

Two Handed Manipulation Properties（双手操作属性）卷展栏用于设置使用双手操作时的各类属性。该属性栏中只有 Two Handed Manipulation Type（双手操作类型）属性，用于指定双手操作时可用的操作方式，可以为平移（Move）、旋转（Rotate）、缩放（Scale），以及它们的任意组合。

6. Constraints

Constraints（约束）属性为操作添加约束，所有施加的约束由约束管理器管理，下拉列表框中会显示当前对象的所有约束，可以选择 1 个或者多个约束条件，每个所选择的约束后都会有一个 Go To Component（转到组件）按钮，单击可以对该约束进行配置。

7. Physics

Physics（物理）属性用于对挂载了刚体组件的虚拟对象实施物理交互时的解算模拟。

1）Release Behavior

Release Behavior（释放行为）属性用于指定释放虚拟对象时保持的物理量，可以选择 Keep Velocity（保持速度）或者 Keep Angular Velocity（保持角速度）或者两者都选择，用以指定释放对象究竟是保持线性速度还是保持角速度。

2）Use Forces For Near Manipulation

Use Forces For Near Manipulation（近端操作使用力）属性用于指定是否在接近操作时使用作用力，选择值 false 时为不使用作用力，这时操作感更直接，属于硬操作。当选择值 true 时，手部与虚拟对象交互时，虚拟对象会受到质量及惯性影响，交互过程会有迟滞、回弹等效果。

在物理模拟过程中，刚体组件非常重要，如果没有刚体组件，则上述设置不会起作用，另外，没有刚体组件的对象在操作交互时碰撞也不正常，没有刚体组件的对象在发生碰撞时：如果与操作对象发生碰撞的对象为非刚体静态碰撞体（Static Collider），则操作对象将会直接穿过非刚体静态碰撞体，毫不受影响；如果与操作对象发生碰撞的对象为刚体碰撞体，则操作对象会出现跳跃和非自然的抖动，而且也不会有碰撞反应，因此，在进行物理模拟时，务必添加刚体组件。

8. Smoothing

Smoothing（平滑）用于设置操作时的平滑程度，防止出现间断跳跃和生硬变换，其具体属性如表 4-10 所示。

表 4-10　Smoothing 属性

属 性 名 称	描　　述
Smoothing Far（平滑远端操作）	是否平滑远端操作，默认为是
Smoothing Near（平滑接近操作）	是否平滑接近操作，默认为否，平滑接近操作有可能导致操作对象与手部运动不协调
Smoothing Active（平滑激活）	是否激活平滑
Move Lerp Time（平移插值时间）	平移平滑插值，即 0 为不平滑，最大值为不改变原值（操作无效）
Rotate Lerp Time（旋转插值时间）	旋转平滑插值，即 0 为不平滑，最大值为不改变原值（操作无效）
Scale Lerp Time（缩放插值时间）	缩放平滑插值，即 0 为不平滑，最大值为不改变原值（操作无效）

9. Elastics

Object Manipulator 组件也支持使用弹性管理器(Elastics Manager)设置弹性动态视觉效果，弹性动态视觉效果可以大大提升用户操作的使用体验，实现非常炫酷的动画效果，更详细的弹性管理器知识我们将在 4.7 节中阐述。

4.2.2　事件

Object Manipulator 组件支持 4 种事件，所有事件的使用与 Unity 事件的使用完全一致，既可以使用 Unity 属性面板静态绑定，也可以使用脚本代码在运行中动态绑定，所有事件如表 4-11 所示。

表 4-11　Object Manipulator 事件

事 件 名 称	描　　　述
OnManipulationStarted	当操作开始时触发
OnManipulationEnded	当操作结束时触发
OnHoverStarted	获得焦点时触发，不管是通过手部射线、手势、凝视或者其他方式获得焦点
OnHoverEnded	失去焦点时触发

完整事件触发顺序为 OnHoverStarted → OnManipulationStarted → OnManipulationEnded → OnHoverEnded，如果没有进行交互操作，则部分事件仍会触发，触发顺序为 OnHoverStarted → OnHoverEnded。

Object Manipulator 组件作为一个脚本组件，自然也可以使用代码的方式进行操作，操作方式与 Bounds Control 组件极为相似，不再赘述。

4.3　Constraint Manager

Constraint Manager（约束管理器）是对操作变换施加约束条件的管理组件，约束管理器会自动收集当前虚拟对象上所有的约束组件并在虚拟对象进行平移、旋转、缩放时施加并应用这些约束，开发者也可以手动配置允许或者禁止某些约束。约束管理器可以与 Bounds Control 组件和 Object Manipulator 组件配合使用。

4.3.1　基本操作

在需要使用 Constraint Manager 组件时，需要在场景对象的属性面板中为其添加 Constraint manager.cs 脚本组件。约束管理器通过两种方式管理约束组件，分别为自动约束选择（Auto Constraint Selection）和手动约束选择（Manual Constraint Selection），默认使用自动约束选择，界面如图 4-6（a）所示。在使用该方式时约束管理器会自动罗列出当前对象所有挂载的约束组件，每个约束组件都有一个 Go to Component（转到组件）按钮，该按钮用于打开对应约束组件的设置面板。面板中还有一个 Add Constraint to GameObject（为对象添加约束）按钮，利用该按钮可以将 MRTK 标准约束组件及开发者自定义的约束组件添加到虚拟对象。

当单击手动约束选择时将切换到手动管理约束组件面板，如图 4-6（b）图所示，在使用手动管理约束组件时，只有出现在该面板中的约束组件才会起作用，如果约束组件没有出现在该面板中，即使约束组件依然挂载在虚拟对象上也不会被激活。

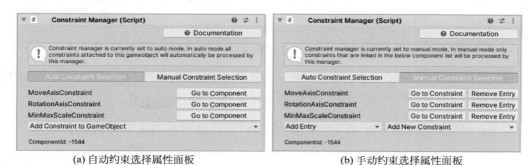

(a) 自动约束选择属性面板　　　　　　　　(b) 手动约束选择属性面板

图 4-6　约束管理器面板

在手动管理约束面板中，每个约束组件后都有一个 Go to Component（转到组件）和一个 Remove Entry（移除入口）按钮，其中 Go to Component 按钮用于打开对应约束组件的设置面板，而 Remove Entry 按钮则将约束组件从当前面板中移除，但并不会将该约束组件从虚拟对象中删除（该约束组件仍然挂载在虚拟对象上）。

在该面板下方，我们可以通过 Add Entry（添加入口）按钮添加已经挂载到虚拟对象上但没有添加到面板中的约束组件。Add New Constraint（添加新约束）按钮用于添加 MRTK 或者自定义的没有挂载到虚拟对象上的约束组件，并将其添加到手动约束面板中。

4.3.2　约束组件

约束管理器负责管理约束组件，而约束组件会限制某些操作行为，如有时希望旋转虚拟对象但又要求其 Y 轴一直向上，这时就可以使用 RotationAxisConstraint 组件限制其 Y 轴旋转。MRTK 提供了很多标准约束组件，可以满足绝大部分需求，下面我们逐一进行介绍。

所有标准约束组件都有 Hand Type（手部类型）属性，可选为 One Handed（单手）、Two Handed（双手）或者两者都选，用于指定约束适用的手势；所有标准约束组件也都有 Proximity Type（接近类型）属性，可选为 Near（近）、Far（远）或者两者都选，用于指定约束适用于接近操作还是远端操作。

1. FaceUserConstraint（面向用户约束）

使用该约束组件会锁定对象旋转，虚拟对象会一直面向用户，类似于公告板（Billboard）功能，这对 2D 面板非常有用。该约束组件有一个 Face Away（朝外）属性，如果将其值设置为 true，虚拟对象则会一直背朝用户。

2. FixedDistanceConstraint（固定距离约束）

使用该约束组件可以在操作时锁定操作对象与另一个对象之间的距离，如锁定操作对象与用户头部的距离。该约束组件有一个 Constraint Transform（约束变换器）属性用于指定另一个对象，默认为用户头部（相机位置）。

3. FixedRotationToUserConstraint（相对用户坐标系固定旋转约束）

使用该约束组件可以在操作时锁定用户与被操纵对象的相对旋转，这对于 2D 面板很有用，可以确保被操纵对象始终与用户保持与开始操纵时相同的相对旋转关系。

4. FixedRotationToWorldConstraint（相对世界坐标系固定旋转约束）

使用该约束组件可以锁定被操纵对象在世界空间中的旋转，这在一些虚拟对象不应旋转的场合下非常有用。

5. MaintainApparentSizeConstraint（保持显示尺寸约束）

将该约束组件挂载到一个对象上时，无论该对象离用户有多远，对用户来讲都将保持相同的外观大小（占据用户视野的比例相同），利用该约束组件可以确保 2D 面板或文本面板在用户移动或者操作时保持可读。

6. MoveAxisConstraint（平移轴约束）

使用该约束组件可以控制被操纵对象沿哪些轴移动，如只能沿 Y 轴移动，该约束适合于一些需要保持虚拟对象与物理世界相对位置关系的场合，如沿桌面或者沿墙面移动对象。

属性 X Axis（X 轴）、Y Axis（Y 轴）、Z Axis（Z 轴）用于指定移动受限的轴，可以是单选，也可以是多选，属性 Use Local Space for Constraint（使用本地空间约束）用于指定约束各轴所在的空间坐标系，默认为世界空间，当勾选该属性时各受限轴相对于所操作对象的局部空间，即限制被操作对象沿其本身的轴移动。

7. RotationAxisConstraint（旋转轴约束）

使用该约束组件可以控制被操纵对象沿哪些轴旋转。如限制 X 轴、Z 轴旋转，可以保持对象直立。

属性 X Axis（X 轴）、Y Axis（Y 轴）、Z Axis（Z 轴）用于指定旋转受限的轴，可以是单选，也可以是多选，属性 Use Local Space For Constraint（使用本地空间约束）用于指定各轴所在的空间坐标系，默认为世界空间，当勾选该属性时各受限轴相对于所操作对象的局部空间，即限制被操作对象沿其本身的轴旋转。

8. MinMaxScaleConstraint（最大、最小缩放约束）

使用该约束组件可以锁定被操纵对象缩放的最小值和最大值，防止用户将对象缩放得太小或太大。该约束包括 3 个属性：Scale Minimum（缩放最小值）属性用于设置最小缩放比例；Scale Maximum（缩放最大值）属性用于设置最大缩放比例；Relative to Initial State（相对初始状态）属性设置为 true 值时，设置的 Scale Minimum 与 Scale Maximum 缩放比例值相对于被操作对象的原始比例，而如果值为 false，则是缩放到被操作对象的绝对比例大小，如当被操作对象原始尺寸比例为 10、Scale Minimum 为 0.1、Scale Maximum 为 2 时，当将该属性值设置为 true，则最终的缩放比例为对象原始比例的 1 倍（$10 \times 0.1 = 1$）和 20 倍（$10 \times 2 = 20$），而该属性值设置为 false，则最终的缩放比例为对象原始比例的 0.1 倍和 2 倍。

MRTK 提供的这些约束组件都继承自 TransformConstraint 抽象类，因此都可以由约束管理器进行统一管理，除了使用现有的约束组件，我们也可以创建自己的约束组件以满足某些特殊的需求，创建自定义约束组件时必须继承 TransformConstraint 抽象类，并实现 ConstraintType 抽象属性器和 ApplyConstraint 抽象方法。新建的约束组件应该与 MRTK 提供的约束组件有一致的外观，也需要使用约束管理器激活才能起作用。

4.4 Interactable

Interactable（可交互）组件是一个用于用户与可交互对象进行交互的控制组件，侧重于交互过程中虚拟对象的行为表现，如交互时虚拟对象的视觉主题、对输入的响应、触发的事件等，它与 Object Manipulator 组件的不同之处是后者侧重于对虚拟对象的操作，而前者侧重于交互过程。Interactable 组件可以响应手势、手部射线、语音等输入，并可配置输入动作和视觉主题，使用简单，能快速制作按钮、开关等 UI 控件，实现如交互对象颜色变化反馈、尺寸变化反馈等效果。

4.4.1 基本操作

在需要使用 Interactable 组件时，选择虚拟对象，在属性面板中为其添加 Interactable.cs 脚本组件，挂载该组件后，其基本属性如图 4-7 所示。

图 4-7　Interactable 组件属性面板

Interactable 组件属性相对比较少，但其包含的内容即又非常多，下面我们逐一进行阐述。

1. States

States（状态机）属性可设置一个可编程对象，这个可编程对象定义了交互配置文件（Interactable Profiles）和交互视觉主题（Visual Themes），MRTK 提供了一个默认的状态机对象（DefaultInteractableStates）[①]，它也是 States 属性的默认参数。DefaultInteractableStates 状态机对象采用 InteractableStates 状态模型处理了 4 类交互状态，如图 4-8 所示。

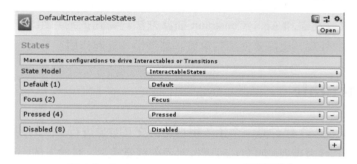

图 4-8　DefaultInteractableStates 属性面板

一般情况下，使用 DefaultInteractableStates 状态机对象就可以应付大部分使用情形了，而且也建议使用默认的交互状态机，但实际上 MRTK 提供了 17 种可交互状态，这些状态构成了一个有限状态机，状态之间可以相互转化，可以实现非常细致的交互控制，DefaultInteractableStates 状态机所使用的 4 种状态的详细情况如表 4-12 所示。

表 4-12　DefaultInteractableStates 状态

状 态 值	描　　述
Default（默认）	默认状态，即没有发生任何交互操作时的状态
Focus（聚焦）	获得焦点时的状态

---

① 位于 Assets/MRTK/SDK/Features/UX/Interactable/States/DefaultInteractableStates.asset。

续表

状　态　值	描　　述
Press（按压）	按下或者手部按压状态
Disabled（禁用）	禁用状态，该状态激活时，所有其他状态均不可用

状态机对象是定义了 Interactable 组件所有交互状态的可编程对象，除了使用 Default-InteractableStates 状态配置文件，我们也可以创建自定义状态配置文件。状态机对象定义了交互状态列表（States List），也定义了状态模型（StateModel），状态模型是一个继承自 BaseStateModel 的类，由它负责执行状态机逻辑，处理状态间的切换，当前状态通常会被主题引擎引用以执行视觉外观更新，本节稍后会详细阐述。

2. Enabled

Enabled（使能）属性用于禁止启用 Interactable 组件功能，设置 Enable 属性与通过游戏对象（Game Object）或者组件的 SetActive() 方法禁止启用功能不一样，使用 SetActive() 方法禁用组件后，所有的输入、运行、交互、视觉信息都会停止，而通过 Enable 属性禁用功能后会禁用该组件的输入、重置状态，但该组件实际上还在运行，只是不响应输入事件，典型的使用场合是禁止单击"提交"按钮，在用户填写完所有必填信息之前禁止单击"提交"按钮。

3. Input Actions

Input Actions（输入动作）属性用于使用在输入配置文件或者控制器配置文件里定义的动作，指定响应方式。IsGlobal（是否全局）属性用于指定当前输入的监听方式，默认值为 false，只响应当前游戏对象（碰撞器）的输入，如果将属性值设置为 true，则会监听所有类型的输入。

4. Speech Command

Speech Command（语音命令）属性用于设置在语音命令配置文件中定义的语音命令，用于触发语音交互事件，Requires Focus（要求聚焦）属性用于指定语音命令的激活时机，如果将属性值设置为 true，则只有在虚拟对象获得焦点时才会激活语音命令，如果将属性值设置为 false，则会监听用户所有的语音输入。

5. Selection Mode

Selection Mode（选择模式）属性用于定义交互操作的维度，每次单击交互后维度索引会加 1，形成闭环循环，如将维度定义为 3，默认索引为 0，当第一次单击后，索引变为 1，再单击一次后索引变为 2，然后轮回为 0，依次不断循环。这样设计的好处是在定义多级状态级联时非常有用，当前维度由 Interactable.DimensionIndex 跟踪。Selection Mode 属性可选择 Button（按钮）、Toggle（开关）、Multi-dimension（多维度）之一，其中 Button 维度为 1，即每次单击都独立；Toggle 维度为 2，索引范围为 [0,1]，可以指示 on/off 状态；Multi-dimension

维度大于或等于 3，每单击一次索引加 1，可用于定义多状态按钮。

每种模式都可以定义一个或多个主题，例如将 SelectionMode 选择为 Toggle 时，可以设置组件选中（Select）和取消选中（Deselect）两个主题。

在使用代码进行操作时，当前选择的模式可以通过 Interactable.ButtonMode 查询，通过 Interactable.Dimensions 属性设置所需模式，对 Toggle 和 Multi-Dimension 模式可以通过 Interactable.CurrentDimension 访问当前索引。

4.4.2 Interactable 配置节

配置节用于设置虚拟对象交互与视觉主题之间的关系，该节定义了在交互状态发生变化时所使用的视觉主题。主题（Theme）是一组定义好的视觉外观表现，使用起来很像材质，它们是可编程对象，包含一系列属性，这些属性将根据当前对象的交互状态激活或者禁用，Interactable 组件配置节面板如图 4-9 所示。

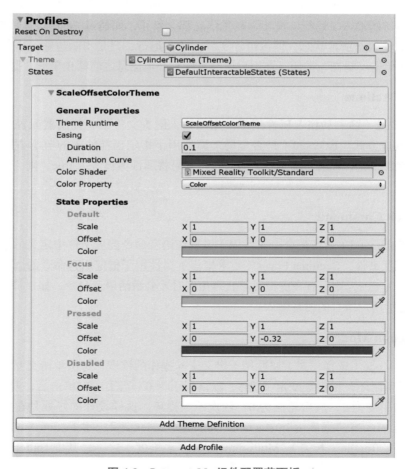

图 4-9　Interactable 组件配置节面板

Reset On Destroy（销毁时重置）属性用于设置是否在对象销毁时重置视觉主题，如果勾选该值，当 Interactable 组件销毁时，视觉主题则会从当前激活的主题切换到默认的原始主题；如果不勾选该值，当 Interactable 组件销毁时，视觉主题信息则会保持当前的激活主题，直到有外部事件促使其改变。

4.4.3　事件

Interactable 组件支持 OnClick 事件，该事件在组件所在对象被单击时触发，但 Interactable 组件可监听的输入事件远不止 OnClick 事件，我们可以通过 Events 属性栏下的 Add Event（添加事件）按钮添加新的事件监听器，Interactable 组件支持表 4-13 所示的 MRTK 封装好的事件监听器。

表 4-13　可用的事件监听器

监　听　器	描　　述	监　听　器	描　　述
InteractableAudioReceiver	监听声频事件	InteractableOnHoldReceiver	监听握持事件
InteractableOnClickReceiver	监听单击事件	InteractableOnPressReceiver	监听按压事件
InteractableOnFocusReceiver	监听焦点事件	InteractableOnToggleReceiver	监听开关事件
InteractableOnGrabReceiver	监听抓取事件	InteractableOnTouchReceiver	监听触摸事件

除了可以直接在 Interactable 组件内定义监听器，也可以使用 Interactable Receivers 组件在外部定义监听器，如图 4-10 所示，Interactable Receivers 组件还可以监听由其他对象触发的事件，其 Interactable 属性用于指定事件源，如果没有直接指定，也可以通过 Search Scope（搜索域）属性搜索由其父对象、本身对象、子对象触发的事件。这在需要同时监听很多对象的某些特定事件时非常有用。

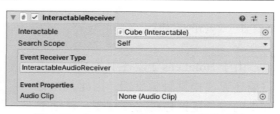

图 4-10　Interactable Receiver 组件面板

除此之外，我们也可以自定义事件类型，自定义事件类型可以通过继承 ReceiverBase 类创建，也可以通过继承 ReceiverBaseMonoBehavior 类创建，其区别是前者会显示在事件类型下拉列表中，而后者是一个完全自定义的独立事件组件，但它也会检测到 Interactable 组件状态的变化。

继承自 ReceiverBase 类的自定义事件如何实现抽象方法或重写基类方法的演示代码如下：

```
//第 4 章/4-4.cs
public override void OnUpdate(InteractableStates state, Interactable source)
{
    if (state.CurrentState() != lastState)
    {
        // 对象状态发生变化
        lastState = state.CurrentState();
```

```
        ...
    }
}

public virtual void OnVoiceCommand(InteractableStates state, Interactable
source, string command, int index = 0, int length = 1)
{
    base.OnVoiceCommand(state, source, command, index, length);
    // 语音命令处理逻辑
}

public virtual void OnClick(InteractableStates state,
                           Interactable source,
                           IMixedRealityPointer pointer = null)
{
    base.OnClick(state, source);
    // 单击事件处理逻辑
}
```

在代码 4-4 中，OnUpdate() 方法是一个基类抽象方法，用于检测对象状态的变化，OnVoiceCommand() 和 OnClick() 方法用于在 Interactable 组件（对象）被选择时执行自定义处理逻辑。

4.4.4　视觉主题

由于 HoloLens 2 设备中的 MR 应用目前还无法提供触觉反馈，因此，在交互中的视觉反馈显得格外重要。视觉主题用于弹性地控制交互时的外观表现，如控制交互时对象的颜色、尺寸大小等。每种主题都由两部分组成：主题配置（Theme Configuration）和主题引擎（Theme

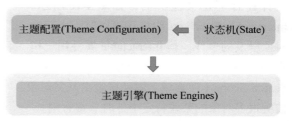

图 4-11　主题配置、状态机、主题引擎三者之间的关系

Engine），其中主题配置用于定义每个交互状态的外观，而主题引擎用于执行相应的逻辑，它根据主题配置在交互状态变化时更新对象外观。主题配置又会依赖于状态机中设定的状态，它们三者之者的关系如图 4-11 所示。

1. 状态机

状态（英文为 State，状态这个词容易造成理解困难，下文中本含义的状态称为状态机）确定了在交互中视觉主题能够呈现的所有状态属性，如 Focus、Disable 等状态。所有的状态值由 InteractableStates.InteractableStateEnum 枚举类确定，MRTK 共定义了 17 种可交互状态，其值如表 4-14 所示。

表 4-14　InteractableStateEnum 枚举类

枚 举 值	描　　述	枚 举 值	描　　述
Collision	发生碰撞时的状态	Observation	非视线聚焦但手指按下时的状态
Custom	用户自定义的状态	ObservationTargeted	视线聚焦但手指按下时的状态
Default	默认状态，即没有交互事件发生时的状态	PhysicalTouch	物理接触状态（近距离交互触控状态）
Disabled	按钮不可用状态	Pressed	聚焦且手指按下时的状态
Focus	获得焦点时的状态	Targeted	聚焦且手势释放时的状态
Gesture	手势操作移动对象时的状态	Toggled	开关按钮切换时的状态
GestureMax	手势操作移动对象时已达到最大值时的状态	Visited	按钮已使用过的状态
Grab	近端操作时抓取对象时的状态	VoiceCommand	语音命令状态
Interactive	非视线聚焦且手势释放时的状态		

MRTK 定义了一个默认状态机——DefaultInteractableStates，默认状态机共定义了 4 种状态值，如图 4-8 所示，因此使用默认状态机能对上述 4 种状态做出视觉反馈。

状态机本质是一个可编程对象，因此，我们也可以自己创建状态机，在 Project 窗口中，在空白处右击，在弹出级联菜单中依次选择 Create → Mixed Reality Toolkit → State 创建自定义状态机，通过创建面板右下角的 "+" 号添加状态值，添加的状态值即为我们关注和需要处理的交互状态。

2. 主题配置

主题配置也是可编程对象，主题配置使用主题引擎对选定的状态机进行配置，用于定义每种交互状态的外观表现，如颜色、大小、偏移等，如使用 ScaleOffestColorTheme 主题引擎时，需要对选择的状态机中的所有状态值配置 Scale 和 Color 值，在运行时如果发生交互，主题引擎则会按照配置样式对交互中的状态进行视觉反馈处理。MRTK 也提供了默认的主题配置[①]，如图 4-12 所示。

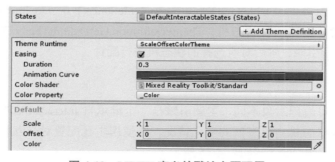

图 4-12　MRTK 定义的默认主题配置

---

① 所在位置：MRTK/SDK/Features/UX/Interactable/Themes。

　　我们也可以创建新的主题配置文件，其方法是在 Project 窗口中的空白处右击，在弹出的级联菜单中依次选择 Create → Mixed Reality Toolkit → Theme，创建新的主题配置文件。创建好主题配置文件后，选择状态机和使用的主题引擎，并对状态机中的所有状态进行配置即可。需要注意的是，一个主题配置中可以使用多个主题引擎，在运行时，这些主题引擎并行执行，即效果会同时表现（如使用视觉反馈的主题引擎和使用音效的主题引擎并行运行），因此可以实现复杂的视觉、听觉综合表现，但需要特别关注状态配置的冲突情况。

　　主题配置中的属性种类与使用的主题引擎密切相关：State（状态机）属性用于指定使用的状态机；Theme RunTime（主题运行时）属性用于指定使用的主题引擎；Easing（渐变）属性用于指定是否使用渐变（如在不同的状态间颜色渐变，这可以实现更平滑的视觉效果，使用渐变的状态机所对应的主题引擎，其 IsEasingSupported 属性值一定要为 true）；Shader properties（Shdaer 属性）属性用于指定主题引擎可以使用的 Shader 属性（使用 Shader 属性的状态机所对应的主题引擎，其 AreShadersSupported 属性值一定要为 true）。

　　由于主题配置为可编程对象，除了可以在开发阶段静态创建，也可以在运行时动态创建，通常而言，静态创建更简单，而动态创建更灵活。典型的动态创建主题配置的代码如下：

```
//第 4 章 /4-5.cs
var defaultStates = Interactable.GetDefaultInteractableStates();
var newThemeType =
ThemeDefinition.GetDefaultThemeDefinition<InteractableColorTheme>().Value;
newThemeType.StateProperties[0].Values = new List<ThemePropertyValue>()
{
    new ThemePropertyValue() { Color = Color.black},          //Default 状态
    new ThemePropertyValue() { Color = Color.black},          //Focus 状态
    new ThemePropertyValue() { Color = Random.ColorHSV()},    //Pressed 状态
    new ThemePropertyValue() { Color = Color.black},          //Disabled 状态
};

Theme testTheme = ScriptableObject.CreateInstance<Theme>();
testTheme.States = defaultStates;
testTheme.Definitions = new List<ThemeDefinition>() { newThemeType };
```

　　在代码 4-5.cs 中，Interactable.GetDefaultInteractableStates() 方法从 Interactable 组件中获取默认的 4 种状态值并创建一种状态机，ThemeDefinition.GetDefaultThemeDefinition<T>() 方法用于获取指定的主题引擎，尔后对所选择的状态机进行配置。

3. 主题引擎

　　与主题配置为可编程对象不同，主题引擎是一个继承自 InteractableThemeBase 的类，它负责在运行时监视状态机中状态值的变化情况，并使用主题配置对交互状态进行相应处理。MRTK 提供了若干主题引擎[①]，如表 4-15 所示。

---

① 所在位置：MRTK/SDK/Features/UX/Scripts/VisualThemes/ThemeEngines。

表 4-15　MRTK 提供的主题引擎

主题引擎名称	描　　述
InteractableActivateTheme	在交互时控制对象的激活情况
InteractableAnimatorTheme	使用动画表达交互情况
InteractableAudioTheme	使用音效表达交互情况
InteractableColorChildrenTheme	使用颜色表达交互情况
InteractableColorTheme	使用颜色表达交互情况
InteractableGrabScaleTheme	使用缩放表达交互情况
InteractableMaterialTheme	使用不同材质表达交互情况
InteractableOffsetTheme	使用偏移表达交互情况
InteractableRotationTheme	使用旋转表达交互情况
InteractableScaleTheme	使用缩放表达交互情况
InteractableShaderTheme	使用不同的 Shader 表达交互情况
InteractableStringTheme	使用文字描述交互情况
InteractableTextureTheme	使用纹理表达交互情况
ScaleOffsetColorTheme	使用缩放偏移和颜色表达交互情况

　　MRTK 提供的主题引擎基本覆盖了所有常见的交互反馈方面，包括视觉、听觉、动画、颜色、缩放等，利用这些主题引擎就可以创建富有表现力的交互反馈效果了。当然，由于主题引擎是一个类，我们自然也可以通过继承 InteractableThemeBase 类创建新的引擎类。对于自己创建的引擎，有些基类抽象方法必须实现，而另一些方法建议重写，具体如表 4-16 所示。

表 4-16　创建新主题引擎时需要实现和重写的类

方法或者成员名称	继承要求	描　　述
public abstract void SetValue(ThemeStateProperty property, int index, float percentage)	强制实现	该方法将每种状态机中指定状态的配置值对应到游戏对象中某个具体的属性上（如材质颜色），property 参数为指定的属性，index 参数为状态机中状态值的索引，percentage 参数为设置值，范围为 [0,1]
protected abstract void SetValue(ThemeStateProperty property, ThemePropertyValue value)	强制实现	上一种方法的重载
public abstract ThemePropertyValue GetProperty (ThemeStateProperty property)	强制实现	该方法从游戏对象上指定的具体属性中获取属性值
public abstract ThemeDefinition GetDefaultThemeDefinition()	强制实现	获取默认的 ThemeDefinition 对象，利用它可以自定义主题

续表

方法或者成员名称	继承要求	描　　述
InteractableThemeBase.Init(GameObject host, ThemeDefinition settings)	建议重写	初始化方法，建议重写该方法，对指定的游戏对象赋予 settings 属性，该方法应当先执行 base.Init(host, settings)
InteractableThemeBase.IsEasingSupported	建议重置	根据实际情况设置是否允许属性值渐变
InteractableThemeBase.AreShadersSupported	建议重置	根据实际情况设置是否允许使用材质 Shader
InteractableThemeBase.Reset	建议重写	按照实际情况重置修改的游戏对象属性

下面演示一个自定义的主题引擎，该引擎会获取游戏对象的 **MeshRenderer** 组件，并根据当前的交互状态控制对象的可见性，代码如下：

```
// 第 4 章 /4-6.cs
using Microsoft.MixedReality.Toolkit.UI;
using System;
using System.Collections.Generic;
using UnityEngine;
public class MeshVisibilityTheme : InteractableThemeBase
{
    public override bool IsEasingSupported => false;
    public override bool AreShadersSupported => false;
    private MeshRenderer meshRenderer;
    public MeshVisibilityTheme()
    {
        Types = new Type[] { typeof(MeshRenderer) };
        Name = "Mesh Visibility Theme";
    }
    public override ThemeDefinition GetDefaultThemeDefinition()
    {
        return new ThemeDefinition()
        {
            ThemeType = GetType(),
            StateProperties = new List<ThemeStateProperty>()
            {
                new ThemeStateProperty()
                {
                    Name = "Mesh Visible",
                    Type = ThemePropertyTypes.Bool,
                    Values = new List<ThemePropertyValue>(),
                    Default = new ThemePropertyValue() { Bool = true }
                },
```

```
            },
            CustomProperties = new List<ThemeProperty>()
        };
    }
    public override void Init(GameObject host, ThemeDefinition definition)
    {
        base.Init(host, definition);

        meshRenderer = host.GetComponent<MeshRenderer>();
    }
    public override ThemePropertyValue GetProperty(ThemeStateProperty
property)
    {
        return new ThemePropertyValue()
        {
            Bool = meshRenderer.enabled
        };
    }
    public override void SetValue(ThemeStateProperty property, int index,
float percentage)
    {
        meshRenderer.enabled = property.Values[index].Bool;
    }
}
```

代码 4-6.cs 演示了自定义主题引擎，下面演示在运行时控制自定义主题引擎，如何根据当前交互状态操作对象的显隐，代码如下：

```
// 第 4 章 /4-7.cs
using Microsoft.MixedReality.Toolkit.UI;
using System;
using System.Collections.Generic;
using UnityEngine;
public class MeshVisibilityController : MonoBehaviour
{
    private MeshVisibilityTheme themeEngine;
    private bool hideMesh = false;
    private void Start()
    {
        var themeDefinition =
ThemeDefinition.GetDefaultThemeDefinition<MeshVisibilityTheme>().Value;
        themeDefinition.StateProperties[0].Values = new List<ThemePropertyValue>()
        {
            new ThemePropertyValue() { Bool = true },   // 显示状态
            new ThemePropertyValue() { Bool = false },  // 隐藏状态
        };
```

```
        themeEngine = (MeshVisibilityTheme)InteractableThemeBase.
    CreateAndInitTheme(themeDefinition, this.gameObject);
    }
    private void Update()
    {
        themeEngine.OnUpdate(Convert.ToInt32(hideMesh));
    }
    public void ToggleVisibility()
    {
        hideMesh = !hideMesh;
    }
}
```

> **注意**
>
> 主题引擎 theme.OnUpdate(state,force) 方法需要在 Unity 暴露方法 Update() 中调用才能实现渐变等随时间改变的属性效果。

4.4.5 代码操作

在运行时，我们可以使用代码将 Interactable 组件添加到任何游戏对象，动态添加组件和设置视觉主题的典型代码如下：

```
//第 4 章 /4-8.cs
//动态添加 Interactable 组件
var interactableObject = GameObject.CreatePrimitive(PrimitiveType.Cylinder);
var interactable = interactableObject.AddComponent<Interactable>();
// 获取 InteractableColorTheme 视觉主题的默认配置
var newThemeType =
ThemeDefinition.GetDefaultThemeDefinition<InteractableColorTheme>().Value;
// 为默认组件的默认状态定义一套视觉颜色
newThemeType.StateProperties[0].Values = new List<ThemePropertyValue>()
{
    new ThemePropertyValue() { Color = Color.black},   //Default
    new ThemePropertyValue() { Color = Color.black}, //Focus
    new ThemePropertyValue() { Color = Random.ColorHSV()},   //Pressed
    new ThemePropertyValue() { Color = Color.black},   //Disabled
};
// 设置配置文件
interactable.Profiles = new List<InteractableProfileItem>()
{
    new InteractableProfileItem()
    {
```

```
            Themes = new List<Theme>()
            {
                Interactable.GetDefaultThemeAsset(new List<ThemeDefinition>() {
newThemeType })
            },
            Target = interactableObject,
        },
    };
    // 强制触发组件单击事件
    interactable.TriggerOnClick();
```

我们也可以使用 Interactable.AddReceiver<T>() 方法在运行时动态添加事件监听器，代码如下：

```
// 第 4 章 /4-9.cs
public static void AddFocusEvents(Interactable interactable)
{
    var onFocusReceiver = interactable.AddReceiver<InteractableOnFocusReceiver>();
    onFocusReceiver.OnFocusOn.AddListener(() => Debug.Log(" 对象获得焦点 "));
    onFocusReceiver.OnFocusOff.AddListener(() => Debug.Log(" 对象失去焦点 "));
}
```

代码 4-9.cs 演示了如何添加 InteractableOnFocusReceiver 监听器，并监听对象获得焦点和失去焦点时的事件，执行相应操作逻辑。

下面演示如何添加 InteractableOnToggleReceiver 事件监听器（监听 Interactable 组件的开、关状态），并执行自定义逻辑，代码如下：

```
// 第 4 章 /4-10.cs
public static void AddToggleEvents(Interactable interactable)
{
    var toggleReceiver =
interactable.AddReceiver<InteractableOnToggleReceiver>();
    // 设置 interactable 组件的开关状态
    interactable.Dimensions = 2;
    interactable.CanSelect = true;
    interactable.CanDeselect = true;
    toggleReceiver.OnSelect.AddListener(() => Debug.Log(" 开 "));
    toggleReceiver.OnDeselect.AddListener(() => Debug.Log(" 关 "));
}
```

Interactable 组件中所有公开属性、事件都可以在代码中操作，更多的代码操作方法可参见官方文档。

4.5　Solvers

Solvers（解算器）组件根据某种预定义算法计算虚拟对象的位置和朝向，如根据用户眼睛的凝视方向在场景表面放置虚拟对象。使用解算器组件最直接的好处是开发者不用自己去处理 3D 空间计算，而可以使用 MRTK 提供的解算器实现常见的效果，如面板跟随、虚拟对象与环境感知网格表面对齐、手部菜单等。如果没有解算器，开发人员就需要处理对象的姿态问题，如要实现面板跟随功能，就需要实时计算用户头部与跟随对象的相对位置关系，计算跟随面板的位置和朝向，以及实现运动平滑和防抖动等功能。

解算器大大地方便了开发者实现很多空间计算功能，而且，更重要的是，使用解算器组件可以以确定的顺序更新对象的移动和旋转（Unity 中我们很难控制不同对象的 Update() 方法的执行顺序），确保对象的运动符合预期。解算器还可以级联，即可以在同一个对象上挂载多个解算器，这些解算器都能安全地执行而不会引起冲突。

4.5.1　解算器基础

一个完整的解算器系统实际包括两个组件：SolverHandler 组件和具体的解算器组件，在使用时，我们只需挂载具体的解算器组件，SolverHandler 组件会自动添加。SolverHandler 组件用于设置参考对象（如用户头部、手部、另一个对象）、设置整体偏移、收集所有解算器组件、按预定的顺序执行解算器的更新。所有的具体解算器都继承自 Solver 基类，该基类提供了状态跟踪、平滑参数设置与执行、解算器整合、更新顺序等功能，目前 MRTK 提供了 9 类解算器，如表 4-17 所示。

表 4-17　MRTK 提供的解算器

解算器名称	描　　述
Orbital	将对象锁定到参考对象的一个圆环状范围内
ConstantViewSize	相对参考对象的位置缩放对象，保持对象在参考对象视野中占据固定大小面积
RadialView	锁定对象在参考对象视锥体内的固定位置上
SurfaceMagnetism	通过发射射线的方法检测场景网格表面，将对象与网格表面对齐
Momentum	当对象被其他解算器或者组件移动时，施加加速度 / 速度 / 摩擦力模拟物理仿真中的冲量和弹性
InBetween	保持对象在两个参考对象之间
HandConstraint	保持对象跟随手部位置，但并不与所跟踪的手部交互，利用这个解算器可以非常方便地实现手部菜单
HandConstraintPalmUp	该解算器继承自 HandConstraint，增加了检测手掌朝向功能，使用该解算器要求手掌面向用户才能激活功能
DirectionalIndicator	该解算器用于跟踪并指示脱离于视线、游离在外的对象，帮助用户快速找到对象

SolverHandler 组件是解算系统的组成部分，伴随具体解算器组件出现，管理具体解算器的执行，如图 4-13 所示。

该组件的 Tracked Target Type（跟踪目标类型）属性用于指定参考对象的类型，可选择类型有 4 个：

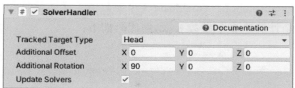

图 4-13　通过 SolverHandler 组件可以设置额外的偏移和旋转

（1）Head（头部）用于将参考对象指定为场景主相机。

（2）ControllerRay（控制器射线）用于将参考对象指定为控制器类，对于 HoloLens 2 设备，主要是手部控制器，当选择该类型时，我们还可以将 TrackedHandedness（跟踪手部）指定为左手（Left）、右手（Right）、双手（Both）。

（3）HandJoint（手部关节）用于将参考对象指定为手部关节，当选择该类型时，我们还可以将 TrackedHandedness（跟踪手部）指定为左手（Left）、右手（Right）、双手（Both），并可以通过 TrackedHandJoint（跟踪手部关节）属性获取检测到的手部关节。

（4）CustomOverride（自定义）用于将参考对象指定为场景中的其他对象。

对于 ControllerRay 和 HandJoint 类型，在具体执行时，MRTK 会尝试先检测左手，如果左手检测失败才会检测右手，但通过指定 TrackedHandedness 属性可以指定检测方式。

需要特别注意的是，SolverHandler 组件一般使用参考对象的朝向作为其方向，如使用 Head 类型时，场景相机的 forward 方向为参考对象的方向。在 HoloLens 2 设备中，当使用 HandJoint 类型时，手掌的 up 方向穿过掌心指向掌面一侧，forward 方向指向手指方向，如果需要调整坐标轴方向，我们可以使用 SolverHandler 组件的 Additional Rotation（附加旋转）参数。

当一个虚拟对象上挂载了多个解算器时，SolverHandler 组件负责协调处理这些解算器，实现解算器的级联。在对象激活时，SolverHandler 组件会通过 GetComponents<Solver>() 方法获取当前对象上所有的解算器，默认以它们在对象上挂载的先后顺序作为解算器执行的先后顺序，开发人员也可以通过直接操作 SolverHandler.Solvers List 列表添加解算器，这时解算器的执行顺序为解算器添加到列表中的顺序。

在 Unity 中，游戏对象不允许在同一帧执行级联操作（两个对象以确定的先后顺序执行），但在 MRTK 中，我们可以实现级联执行，每个解算器都有一个 Updated Linked Transform（更新级联变换器）选框，当勾选该框时，解算器会将当前对象更新后的位置、方向、比例信息存储到一个中间变量中，下一个解算器就可以在上一个解算器求解的基础上开始计算，一方面可以优化计算，另一方面使运动更平滑。

Update Solvers（更新解算器）属性是一个控制具体解算器是否工作的选项，当勾选该值时（或者通过代码设置为 true），所有挂载于对象上的具体解算器可正常工作（默认为勾选状态）。当不勾选该值时（或者通过代码设置为 false），所有具体解算器都将停止空间计算。相比于直接禁用（通过 SetActive() 方法）具体解算器，这样做的好处是保持具体解算器处于激活状态，而不是来回初始化（这可能会导致解算结果出错）。

除了使用 MRTK 提供的解算器，我们也可以实现自定义的解算器，所有解算器都需要继承 Solver 抽象基类，重写其 SolverUpdate() 方法，在该方法中更新 GoalPosition、GoalRotation、GoalScale 3 个参数值（实质就是利用 SolverHandler.TransformTarget 参考对象重新计算这 3 个参数），示例代码如下：

```
// 第 4 章 /4-11.cs
public class InFront : Solver
{
    ...
    public override void SolverUpdate()
    {
        if (SolverHandler != null && SolverHandler.TransformTarget != null)
        {
            var target = SolverHandler.TransformTarget;
            GoalPosition = target.position + target.forward * 2.0f;
        }
    }
}
```

在代码 4-11.cs 中，我们新建了一个名为 InFront 的解算器，将对象放置在 SolverHandler.TransformTarget 指定的参考对象前方 2m 远的地方，如果将 SolverHandler.TrackedTargetType 设置为 Head，就相当于是在用户面前 2m 的地方放置了虚拟对象，这个距离不会随着用户的移动而变化，即会一直保持不变。

4.5.2 标准解算器

MRTK 提供的解算器全部继承自同一个基类，因此所有的解算器都有如图 4-14 所示的公有属性。如果勾选 Smothing（平滑）复选框，当虚拟对象运动时，会有缓慢加速和减速的过程，加减速的具体数值由 Move Lerp Time（平移插值时间）、Rotate Lerp Time（旋转插值时间）、Scale Lerp Time（缩放插值时间）值决定，这些参数设置得越大，那么加减速变化率就越小；如果勾选 Maintain Scale（保持缩放）复选框，则对象将保持其默认尺寸不改变。

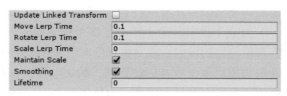

图 4-14　解算器公有属性

1. Orbital

Orbital 解算器是一个跟随解算器，实现的效果类似于行星围绕太阳旋转，该解算器会确保虚拟对象围绕参考对象旋转，如果将 SolverHandler.TrackedTargetType 设置为 Head，实现的效果就是虚拟对象围绕用户头部旋转。该解算器组件的属性如图 4-15 所示，利用该解算器，我们可以非常轻松地实现虚拟 UI 面板、菜单围绕在用户身边的效果。在使用该解算器时，可以通过调整其 Local Offset（本地偏移）或者 World Offset（世界偏移）对虚拟对象的位置进行偏移。Orientation Type（方向类型）属性用于设置虚拟对象面向参考对象的旋转方向，其各值的设置及描述如表 4-18 所示。

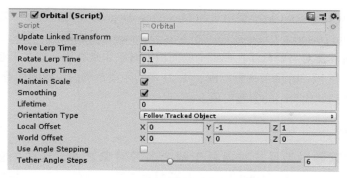

图 4-15　Orbital 解算器属性面板

表 4-18　Orientation 类型属性可选值

属 性 名 称	描　　述
Follow Tracked Object（跟随对象）	跟随参考对象
Face Tracked Object（面向对象）	面向参考对象
Yaw Only（只偏转）	面向参考对象，但对象会保持直立不倾斜
Unmodified（无变化）	无改变，对象独立旋转
Camera Facing（面向摄像机）	面向主摄像机，而非参考对象
Camera Aligned（对齐摄像机）	与主摄像机方向保持平行

2. RadialView

RadialView 解算器也是一个跟随组件，使用该组件的对象会以一定的屏占角度和一定的距离保持在用户视野中，其属性面板如图 4-16 所示。

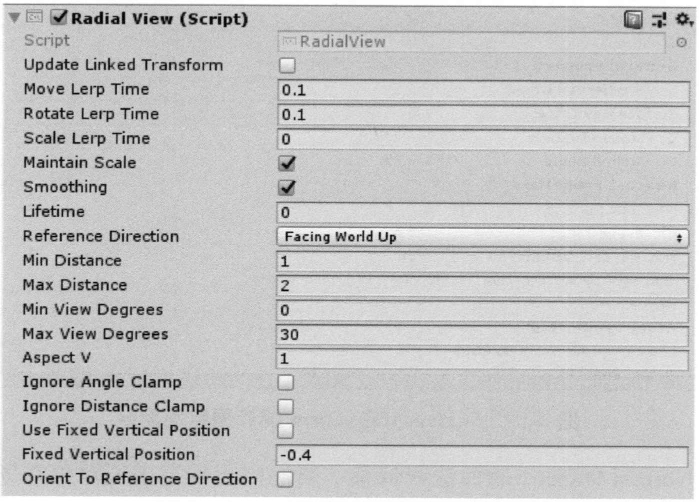

图 4-16　RadialView 解算器属性面板

其中 Min View Degrees（最小视角）和 Max View Degrees（最大视角）定义了对象出现在视野中的角度，Min Distance（最小距离）和 Max Distance（最大距离）定义了对象到参考对象的距离范围。该解算器对需要悬浮在视野中的面板、对象非常有用，如在工业生产中，可以将专家远程视频放置在 [0, 30] 度的视野范围、[1, 2] 米的距离范围内，跟随作业人员移动。当然，该组件也可以应用到其他类型的参考对象上。

3. InBetween

InBetween 解算器用于保持对象处于两个参考对象之间，这两个参考对象一个由 SolverHandler 组件的 Tracked Target Type（跟踪目标类型）属性指定，另一个由解算器本身的 Second Tracked Target Type（次跟踪目标类型）属性指定，通常，这两个属性都会被指定为 CustomOverride（自定义对象）类型，然后在 SolverHandler.TransformOverride 和 InBetween. SecondTransformOverride 属性中指定参考对象。

PartwayOffset（途中偏移）属性用于指定对象在两个参考对象中的位置，其取值范围为 [0,1]，0 表示在第 2 个参考对象位置，1 表示在第 1 个参考对象位置，中间数值表示在两个参考对象之间离第 2 个参考对象的比例。

4. SurfaceMagnetism

SurfaceMagnetism（表面磁性）解算器通过发射射线确定现实场景的几何表面，并将虚拟对象与场景几何表面对齐，表面磁性组件的属性如图 4-17 所示。

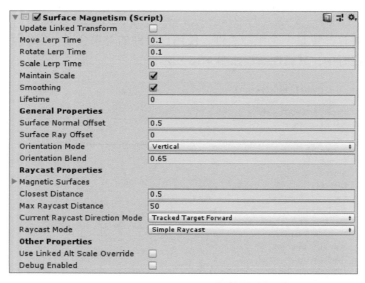

图 4-17　SurfaceMagnetism 解算器属性面板

（1）Surface Normal Offset（表面法线偏移）属性用于指定虚拟对象在场景几何表面法线方向上距几何表面的偏移距离，单位为米。

（2）Surface Ray Offset（表面射线偏移）属性用于指定虚拟对象在射线逆方向上距离几何表面的距离，单位为米。这两个参数的区别如图 4-18 所示。

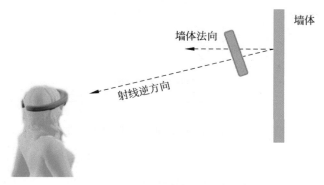

图 4-18　法线偏移与射线偏移差异示意图

（3）Orientation Mode（朝向模式）属性用于指定虚拟对象与场景几何表面的对齐方式，共有 4 个选项：None（无）表示无旋转；TrackedTarget（跟踪目标）表示面向射线发射者；SurfaceNormal（表面法线）表示与场景几何表面对齐；Blended（混合）表示在 TrackedTarget 和 SurfaceNormal 方式之间做插值，当选择该类型时，需要设置 Orientation Blend（朝向混合）属性，该属性取值范围为 [0, 1]，其中 0 为与 TrackedTarget 保持一致，1 为与 SurfaceNormal 保持一致，中间值为在这两者之间进行插值。

如果需要虚拟对象一直保持垂直状态，可以勾选 Keep Orientation Vertical（保持垂直）属性。

在进行射线检测场景几何表面时，很重要的一个问题是确定检测对象，因为场景中可能有大量可检测对象（只要带有碰撞器的对象，包括环境感知生成的场景几何网格，都可以参与碰撞检测），包括虚拟对象本身（如果虚拟对象本身挂载了碰撞器），这时就有可能检测到很多不希望参与碰撞检测的对象，如 UI 元素、对象本身，因此需要把这些对象过滤掉，采用的方法就是通过设置 MagneticSurfaces（磁性表面）属性。只有在该属性列表的对象层（Layer）中的对象才会参与射线碰撞检测，我们也可以将所有不需要参与射线碰撞的对象层添加到 Ignore Raycast（忽略射线检测）属性列表中，这样，这些对象就会被射线检测忽略，因此，建议将所有希望射线检测能够检测的对象设置为相同的层（如 Surfaces），然后将该层设置到 MagneticSurfaces 列表中，这不仅可以确保射线检测的正确性，同时也可以提高性能。

（4）MaxRaycastDistance（最大检测距离）属性用于设置射线检测最远可检测的距离，单位为米，超过该距离的对象将被忽略。

5. DirectionalIndicator

DirectionalIndicator（方向指示器）解算器是一个跟随组件，用于指向空间中的某个位置（这个位置可以是固定的，也可以是动态变化的），这在引导用户关注某个对象或者某个空间位置时非常有用，如当一只飞鸟飞离视野范围时，通过该解算器可以显示一个指向飞鸟的箭头，引导用户找到该飞鸟的位置，其属性面板如图 4-19 所示。

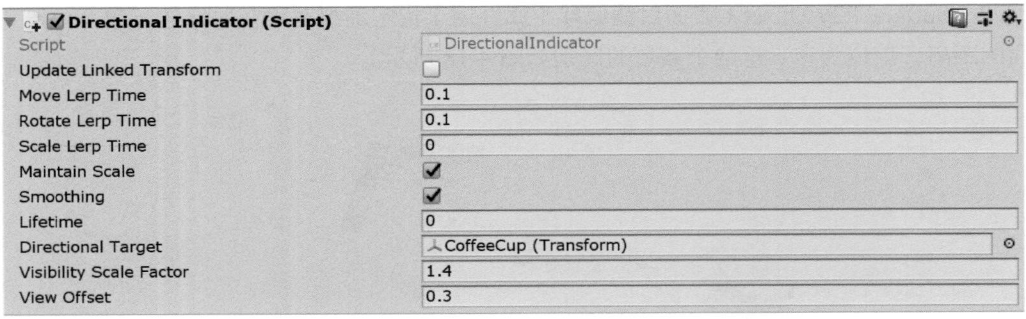

图 4-19　DirectionalIndicator 解算器属性面板

Directional Target（方向目标）属性即为需要跟踪的目标对象。为营造更好的距离感，指示图标大小会根据目标对象与用户的距离进行缩放，其中 Visibility Scale Factor（可见缩放因子）属性用于设置目标对象可见与不可见时缩放因子的倍乘值，View Offset（视场偏移）属性用于指定当目标对象偏离视场中心多远时显示指示图标。

6. 其他解算器

MRTK 提供的解算器的使用方式与所介绍的解算器的使用方式完全一致，其他解算器就不再一一进行阐述了。其中 ConstantViewSize（固定视场尺寸）解算器相对参考对象的位置缩放对象，始终保持对象在参考对象视野中占据固定大小面积；Momentum（冲量）解算器主要用于物理模拟，当对象被其他解算器或者组件移动时，对其施加加速度 / 速度 / 摩擦力模拟物理仿真中的冲量和弹性；HandConstraint（手部约束）解算器用于保持对象跟随手部位置，确保对象处于安全的手部区域范围，HandConstraintPalmUp（手部约束掌心向上）解算器继承自HandConstraint 解算器，使用该解算器时要求手掌面向用户（向上）才能激活功能，利用这两个解算器可以非常方便地实现手部菜单，更多详情可参阅第 7 章。

4.6　手指手掌可视化

在 HoloLens 2 设备中，手势操作是非常重要、非常直观的交互手段，也是使用得最多的操作手段。在使用 MR 应用时，由于虚拟元素并没有对应的实物，并且当前的技术水平还不能实现触觉反馈，这时，手势操作的视觉反馈就变得格外重要。设计良好的视觉反馈能营造真实的操作体验，而设计得不好的视觉反馈则可能导致应用完全失败。MRTK 提供了非常好的手部可视化方案，在此方案的基础上我们也可以实现自己的定制需求。

4.6.1　Fingertip Visualization

Fingertip Visualization（指尖可视化）在用户手部食指位置渲染一个圆环，以可视化的方式向用户传递手指与目标对象之间的距离关系，如图 4-20 所示。该圆环由预制体 FingerCursor

控制 ①，该预制体上除了挂载了 FingerCursor 脚本组件之外，还有 ProximityLight 脚本组件和 FingerTipCursor 着色器，它们一起控制圆环的整体视觉外观。当用户手指接近目标对象时，不仅圆环大小会改变，还会投射一束聚光照亮目标对象，向用户传递可视化的可交互信息。

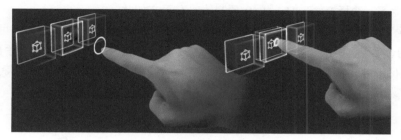

图 4-20　指尖圆环效果示意图

在实际使用时，FingerCursor 预制体由 PokePointer 预制体管理，在 MRTK 中，我们可以通过 Input 配置文件→ Pointers → Articulated Hand → PokePointer 指定 FingerCursor 预制体。通常情况下，直接使用 FingerCursor 预制体就可以满足需求，在某些场合下，可能需要定制自己的可视化方案，这时，我们可以通过调整 FingerCursor 预制体上挂载的 FingerCursor 脚本组件、ProximityLight 脚本组件和 FingerTipCursor 着色器参数即可 ②。其中 FingerCursor 脚本组件用于控制圆环大小、动画、与目标对象距离近 / 远关系；ProximityLight 脚本组件用于控制投射的聚光灯的远近半径、颜色；FingerTipCursor 着色器用于渲染投射的聚光、圆环形状等。

4.6.2　RiggedHandVisualizer

RiggedHandVisualizer（手部可视化）用于渲染用户的手部模型（虚拟手部），如图 4-21 所示。

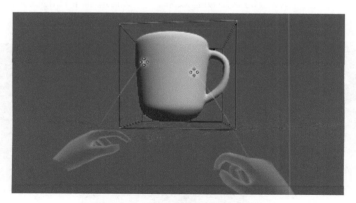

图 4-21　手部可视化效果示意图

---

① 所在路径为：Assets/MRTK/SDK/Features/UX/Prefabs/Cursors/FingerCursor.prefab。
② 建议复制 FingerCursor 预制体进行修改，而不是完全从头开始创建新的指尖光标，这样可以简化工作并减少出错。

手部模型分为左右手，预制体分别为 RiggedHandLeft 和 RiggedHandRight[①]，预制体上挂载了 RiggedHandVisualizer 脚本组件。在实际使用时，需要在配置文件中进行配置，如对左手进行配置：在 Input 配置文件→ Controllers → Controller Visualization Settings → Global Left Hand Visualizer 属性下，选择 RiggedHandLeft 预制体，右手亦如此。

通常情况下，我们直接使用 RiggedHandLeft 和 RiggedHandleRight 预制体就可以满足需要了，在某些场合下，也可能需要定制自己的可视化方案，这时，首先需要制作好手部网格模型，挂载 RiggedHandVisualizer 脚本，对照 MRTK 提供的预制体进行参数设置，特别需要关注表 4-19 所示属性。

表 4-19　RiggedHandVisualizer 主要属性

属 性 名 称	描　　述
Model Finger Pointing（模型手指指向）	指定手指指向，这里的指向是模型默认的指向（模型制作时的轴指向），如手指指向 X 轴的负方向，则为（−1,0,0）
Model Palm Facing（模型手掌朝向）	指定手掌指向，如手掌指向 Y 轴正方向，则为（0,1,0）
Model Palm At Leap Wrist（模型原点位置）	为手部模型制作时的坐标原点位置，如果坐标轴原点在手腕部，则需要勾选该复选框，如果坐标轴原点在手掌中心，则不需要勾选该复选框
Deform Position（变形位置）	指定是否允许手指拉伸以与目标对象表面对齐
Scale Last Finger Bone（缩放手指末端关节骨骼）	当勾选 Deform Position 复选框时，可以拉伸手指骨骼以匹配手指蒙皮变形

4.6.3　ArticulatedHandMeshPulse

ArticulatedHandMeshPulse（手部网格脉冲）用于以脉冲的形式渲染用户手部模型（虚拟手部），这是不同于传统手部模型的炫酷动态效果，可以制造非常强的视觉冲击力，如图 4-22 所示。

图 4-22　手部脉冲效果示意图

---

① 所在路径为：Assets/MRTK/SDK/Experimental/RiggedHandVisualizer/Prefabs。

手部脉冲模型预制体为 ArticulatedHandMeshPulse[①]，该预制体 MeshRenderer 组件使用了 MRTK_Pulse_ArticulatedHandMeshBlue 材质（HandTriangles 着色器），通过该材质参数可以设置各种视觉外观属性，也可以设置脉冲触发方式（勾选 Auto Pulse 参数自动触发，也可以不勾选该参数而使用脚本代码触发）。

4.7　Elastic System

Elastic System（弹性系统）用于模拟物体操作时的弹性，使用弹性系统可以非常真实地模拟真实物体操作时物体的物理表现，该系统包括 4 元弹性系统（旋转）、3 元弹性系统、线性弹性系统共 3 类。目前弹性系统支持 Bounds Control 组件和 Object Manipulator 组件，相互配合可以实现多种多样的弹性效果[②]。

弹性系统由 Elastics Manager（弹簧管理器）管理，当弹簧管理器添加到对象上之后，默认不会开启任何弹性选项，要使弹性系统启动，还需要进行以下两步操作。

第一步：设置 Manipulation Types Using Elastic Feedback（使用弹性反馈的操作类型）属性，添加一个或者多个弹簧系统，并进行相应设置。

第二步：在 Bounds Control 组件或 Object Manipulator 组件中引用弹簧管理器。

每个弹性系统都由 Translation Elastic（平移弹簧）、Rotation Elastic（旋转弹簧）、Scale Elastic（缩放弹簧）三类弹簧中的一种或者多种组成，如图 4-23 所示。

每种弹簧系统又分为弹性配置文件（Elastic Configuration）和弹性扩展（Elastics Extents）两个组成部分。其中弹性配置文件也是可编程对象，因此也可以在多个实例中共享，该配置文件定义了弹簧系统的基本参数，基本属性如表 4-20 所示。

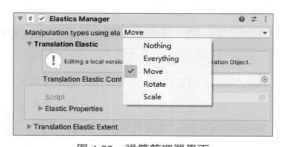

图 4-23　弹簧管理器界面

表 4-20　弹簧系统的主要属性

属 性 名 称	描　　　述
Mass（质量）	弹性对象的质量
HandK	手部弹性常数
EndK	终点弹性常数
SnapK	振荡点弹性常数
Drag（拖曳）	抓取阻尼系数，与速度成正比

① 所在路径为：Assets/MRTK/SDK/StandardAssets/Prefabs。

② 为避免理解偏差，本节中的弹性系统用于指使虚拟对象具有操作弹性效果的一系列技术的总称，而弹簧系统则指某类具体的弹性效果及其使用的功能组件。

弹性扩展部分因弹簧系统的不同而不同，其中平移弹簧系统有体积弹性扩展（Volume Elastic Extents）而旋转弹簧系统有四元弹性扩展（Quaternion Elastic Extent）。

体积弹性扩展定义了一个三维的立体空间，在这个空间内对象可以弹性振荡，并限制对象不能移动到该空间外，它的主要参数如表 4-21 所示。

表 4-21　体积弹性扩展的主要属性

属性名称	描述
StretchBounds（拉伸边界）	定义了三维空间的边界
UseBounds（使用边界）	是否应用边界，当勾选时，如果对象移动到 StretchBounds 定义的边界，则会将其拉回
SnapPoints（振荡点）	弹簧振荡的原点
RepeatSnapPoints（重复振荡点）	重复的振荡点，在实际使用时可以设置若干个这样的重复振荡点，当对象在空间中移动时，会依据就近原则以离其最近的重复振荡点为原点振荡，这可以实现类似蜂巢的区域划分，对象只能在特定的振荡点停留
SnapRadius（振荡半径）	振荡半径

四元弹性扩展定义了一个四元旋转弹簧系统，对象可以自由旋转，不受轴向限制，其主要参数如表 4-22 所示。

表 4-22　四元弹性扩展的主要属性

属性名称	描述
SnapPoints（振荡点）	角振荡点
RepeatSnapPoints（重复振荡点）	重复角振荡点，如体积弹簧扩展一样，在实际使用时可以设置若干个这样的重复振荡点，当对象在空间中旋转和移动时，会依据就近原则以离其最近的重复振荡点为原点振荡，这可以实现类似蜂巢的区域划分，对象只能在特定的振荡点停留
SnapRadius（振荡半径）	角振荡幅度

4.8　Dock

Dock（停泊系统）主要用于提供特定的位置供对象停靠，就像公交车站台一样，对象可以停靠在预定义的位置上。停泊系统允许停靠任意数量的对象、自动化处理停靠对象位置（如自动调整停靠位置）、自动缩放对象以适应停靠点大小，因此，停泊系统非常适合置物架、书架、导航栏这类需要组合多个不同对象、管理多个不同对象位置的场合，如图 4-24 所示。

停泊系统用于组织对象的停靠位置，停靠点也必须可操作（有 ObjectManipulator 组件或 ManipulationHandler 组件），如果希望在场景加载时对象停靠在某个停靠点，这时我们就可以将对象 DockPosition 组件 Docked Object（停靠对象）属性设定到该停靠位置。

图 4-24 停泊系统使用示意图

停靠系统使用很简单，只需以下 4 步。

第一步：创建一个对象（该对象即为停泊系统的主对象），并为其挂载 Dock 组件，然后添加若干子对象（这些子对象的位置即为可供停靠的位置）。

第二步：为每个子对象添加 DockPosition 组件。

第三步：为每个需要停靠的对象添加 Dockable 组件，这些对象还必须有 ObjectManipulator 组件和碰撞器组件（Collider）。

第四步：可以使用 GridObjectCollection 组件自动布局各子对象，实现对停靠位置的自动管理。

第 5 章

UX 控件

在第 4 章我们已经对交互组件进行了详细阐述，利用那些组件可以轻松地设计出很多交互控件，如按钮、跟随 UI 面板、环绕菜单等。事实上，MRTK 已经实现了很多常用控件，并且这些控件对使用非常友好、美观简洁、开箱即用，同时，也允许开发人员进行定制扩展或者修改外观表现。本章我们主要介绍这些 MRTK 自带控件的使用。

为方便开发人员使用，MRTK 将所有的 UX 控件集合在 MRTK Toolbox 面板中，可以在 Unity 菜单中依次单击 Mixed Reality Toolkit → Toolbox 打开该面板。在该面板中 UX 控件被分为 Buttons（按钮）、Button Collections（按钮集合）、Near Menus（近身菜单）、Miscellaneous（杂项）、Tooltips（标注）、Progress Indicators（进度指示器）、Unity UI 共 7 类，每类中都有若干 UX 控件，在该面板中选择对应控件，单击鼠标即可将该控件添加到场景中。

5.1　按钮

按钮是最常用的交互控件，提供了最简单直接的触发方式，MRTK 提供了很多种不同的按钮样式，这些预定义按钮不仅有良好的操作视觉设计，还有简单易用的事件机制。所有按钮都以预制体的形式提供，保存在 MRTK/SDK/Features/UX/Interactable/Prefabs 路径下，但在使用时，更简单的办法是通过使用 ToolBox 面板直接选择按钮，在打开的 MRTK ToolBox 窗口中单击某个按钮，即可将其添加到场景中。

MRTK 提供的按钮从技术上讲可分为两类：基于 Unity UI 的按钮和基于碰撞器的按钮，其中基于 Unity UI 的按钮使用 Unity 的 Canvas 和事件系统（不推荐使用），而基于碰撞器的按钮则运用了可交互（Interactable）概念提供的交互界面。MRTK 提供的控件都支持多种输入，包括手势、语音、凝视等，MRTK 提供了不同类型（按钮、开关、单选按钮、复选框）、不同尺寸、不同数目、不同风格的共计 25 个按钮样式，如表 5-1 所示，虽然它们的样式多种多样，但都遵循相同的使用方式，有着相同的使用界面，对开发人员非常友好。

表 5-1　MRTK 提供的各类按钮

不同尺寸的各类标准按钮

底板淡化处理的各类标准按钮

长条按钮

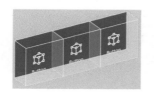

横向 3 按钮组

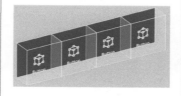

横向 4 按钮组

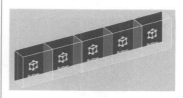

横向 5 按钮组

标准单选按钮

长条单选按钮

拟实单选按钮

标准复选框

长条复选框

拟实复选框

标准开关按钮

长条开关按钮

拟实开关按钮

续表

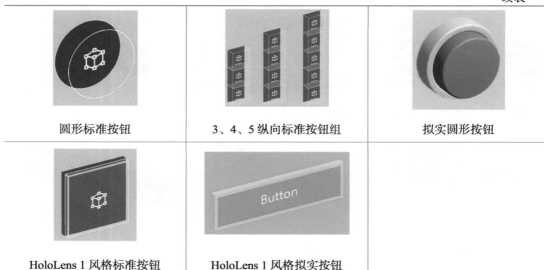

圆形标准按钮	3、4、5 纵向标准按钮组	拟实圆形按钮

HoloLens 1 风格标准按钮	HoloLens 1 风格拟实按钮

利用 MRTK 提供的设计良好的各类按钮可以非常轻松地创建常见交互，快速构建应用。

5.1.1 按钮的使用

使用 MRTK 中的按钮非常简单，在将按钮添加到场景中后，可以看到，每个按钮预制体上都挂载了如图 5-1 所示的类似脚本组件（以 PressableButtonHoloLens2 按钮为例）。

图 5-1 按钮挂载组件面板

其中 Box Collider 组件用于设置按钮碰撞器形状；PressableButtonHoloLens2 组件用于实现按钮交互的形态改变及各交互状态事件；Physical Press Event Router 组件为路由组件，用于设置何时（Touch、Press、Click）将手势操作事件转发到 Interactable 组件，即控制什么操作触发 OnClick 事件；Interactable 组件负责处理各类交互输入和事件，包括设置语音命令、OnClick 事件；Audio Source 组件用于提供操作时的音效反馈；Button Config Helper 组件是一个简化按钮使用的帮助类组件，它提供了最直接使用按钮的界面，利用它可以轻松设置按钮显示文字、图标、OnClick 事件，实现按钮功能，但该组件设置的参数最终都被转发到各功能组件中，其本身并不负责处理。

MRTK 按钮提供了非常友好的视觉外观表现，并且提供了设计良好的交互状态视觉反馈。在默认状态，按钮前面板不可见，只能看到后面板上的文字和图标，当手指接近或者光标聚焦到按钮上时，前面板边框显现并接受来自光标的聚光灯光照，呈现高光效果，当手指按压按钮时，前面板会被手指按压到后面板位置，并呈现脉冲光斑视觉反馈，如图 5-2 所示，这些视觉反馈不仅提供了友好的操作体验，也增强了用户对操作的自信。

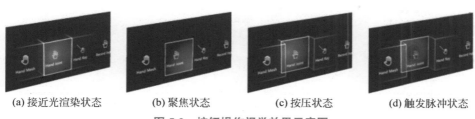

(a) 接近光渲染状态　　　　(b) 聚焦状态　　　　(c) 按压状态　　　　(d) 触发脉冲状态

图 5-2　按钮操作视觉效果示意图

在第 4 章中，我们已经学过，Interactable 组件可以触发 OnClick 事件，除此之外，PressableButtonHoloLens2 组件还可以处理 Touch Begin（触控开始）、Touch End（触控结束）、Button Pressed（按钮按下）、Button Released（按钮释放）事件，但这些事件只能通过近端手势操作触发，不能由手部射线、凝视等输入触发。

每个按钮都包含前面板、后面板、图标、文字、语音命令提示面板几部分，其中前面板主要用于对用户操作进行视觉可视化反馈；文字标签由 TextMeshPro 插件渲染；语音命令提示面板的显示效果由 Interactable 组件的视觉主题确定，其主要用于提示用户可以使用的语音命令。

在实际使用时，MRTK 提供的 25 种按钮样式可以满足绝大部分需求，但我们也可以根据自己的需要修改按钮样式，利用 Button Config Helper 组件可以很容易地修改按钮的文字和图标。需要注意的是，默认 Unity 和 MRTK 都不带有中文字体，显示汉字需要导入中文字体，我们既可以使用别人制作好的中文字体文件，也可以自己生成中文字体文件，操作方式是使用字体生成器（在 Unity 菜单中，Window → TextMeshPro → Font Asset Creator）生成[①]。

MRTK 按钮使用默认的按钮背景图标，但在使用时通常我们都希望能根据特定需求使用更个性化的按钮图标，MRTK 提供了良好的定义，允许开发者完全自定义按钮的各类图标。每个按钮的 Button Config Helper 组件都有一个 Icon 图标管理界面，如图 5-3 所示。

从图 5-3 可以看出，MRTK 对按钮图标的管理分为两部分：图标样式（Icon Style）、图标集（Icon Set）。其中图标样式定义了图标的类型，而图标集则包括具体图标的图像数据集，如默认的图标集 DefaultIconSet 包含了若干常见的按钮图标，我们可以直接选择不同的图标。

MRTK 提供了 3 种按钮图标样式：Quad Icons（方形图标）、Sprite Icons（精灵图标）、Font Icons（字体图标）。其中 Quad 图标使用 Quad 四边形网格面片渲染 Texture2D 类型纹理图标，这也是默认的图标类型；Sprite 图标使用 SpriteRenderer 渲染器渲染精灵图标，使用

---

① 更多中文汉字生成可参见第 11 章。

该种图标类型可以与其他的 Unity UI 共享相同的图标[①]；Font 图标类型为字符图标类型，在需要使用以字符为图标时非常方便，使用该图标时需要使用一个字体文件，这些字符图标由 TextMeshPro 组件渲染。

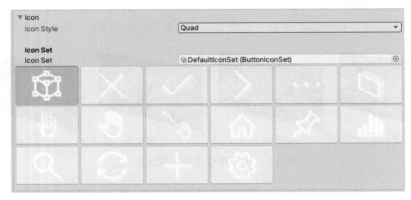

图 5-3　Icon 图标管理界面

如果默认图标不能满足需要，则我们还可以导入自定义的图标集，操作方式是在 Project 窗口中，在空白处右击，在弹出的菜单中依次选择 Create → Mixed Reality Toolkit → Icon Set，在新建的图标集中先设置某类图标的数量（Size），然后将制作好的图标拖动到对应的图标元素上即可供按钮使用。

在使用按钮时，很多时候我们可能需要修改按钮的尺寸，修改按钮的尺寸需要修改 2 个子对象的尺寸大小：前面板（FrontPlate）、后面板下的四边形（Quad），如图 5-4 所示。

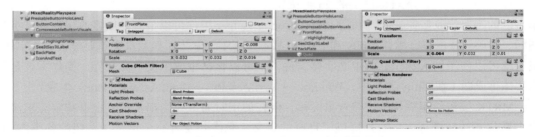

图 5-4　修改 FrontPlate 和 Quad 子对象尺寸

除此之外，还需要修改按钮碰撞器组件（Box Collider）的尺寸，并通过单击 Near Interaction Touchable 组件下方的 Fix Bounds（修复边界）按钮确保在近端交互时按钮图形尺寸与碰撞器尺寸一致，如图 5-5 所示。

---

① 使用 Sprite 图标需要导入 Sprite Editor，具体是在 Unity 菜单中，依次选择 Windows→Package Manager，在打开的包管理器界面中，安装 2D Sprite 工具包。

图 5-5　在 Near Interaction Touchable 组件中确保按钮图形尺寸与碰撞器尺寸一致

修改按钮尺寸时，应当确保上述 2 个子对象与碰撞器尺寸一致，不一样的尺寸会造成视觉和操作行为的不一致或者引起无法操作的问题。

按钮语音命令可以通过 Interactable 组件中的 Voice Command（语音命令）属性设定，而这些语音命令的关键词由 MRTK 主配置下的 Input 配置文件配置，详情可参见第 3 章和第 8 章。

本节中我们只对 PressableButtonHoloLens2 按钮进行了阐述，MRTK 中的按钮控件还包括多行按钮、多列按钮、开关按钮、单选按钮、复选框等不同类型，虽然外观表现各不相同，但它们都有一致的操作界面，也都简洁易用，不再一一叙述。

MRTK 中的按钮与 Unity 中的按钮一样，也可以通过代码动态地触发事件、绑定事件、修改按钮属性等。

5.1.2　自定义按钮

MRTK 提供了丰富的按钮样式，能够适应绝大部分应用场合，但在某些特定情况下，我们也需要自定义按钮，如图 5-6 所示制作钢琴键盘，本节我们从头开始制作一个自定义按钮。

首先分析一下，一个标准长方形按钮应该由一个长方体（Cube）对象组成，然后在该长方体对象上挂载碰撞器组件、交互组件（近端交互、远端交互）、配置交互效果（视觉效果、音效）即可，因此，我们一步一步来执行这些操作。

图 5-6　自定义按钮示意图

1. 创建一个可交互的长方体

在 Unity 编辑器 Hierarchy 窗口，右击空白处，在弹出的菜单中依次选择 Create → 3D Object → Cube 创建一个长方体，命名为 CustomedButton，调整长方体的尺寸（默认挂载了 Box Collider 碰撞器组件）。在 CustomedButton 对象上挂载 NearInteractionTouchable 组件和 PressableButton 组件，并将长方体对象赋给 PressableButton 组件的 Moving Button Visuals（按钮分层视觉效果）属性。选择 CustomedButton 对象，这时可以在 Scene 窗口中看到该对象已被不同颜色分层，每层对应 PressableButton 组件中的一个 Press Settings（按

压设置）属性，如图 5-7 所示，这些属性定义了按钮触控时的状态，我们可以将其值设置为最符合自己要求的值。PressableButton 组件提供了 Touch Begin（触控开始）、Touch End（触控结束）、Button Pressed（按钮按下）、Button Released（按钮释放）事件，这样就可以进行交互操作了。

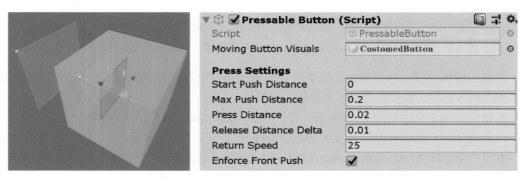

图 5-7　创建可交互的长方体按钮

2. 添加视觉反馈效果

新建一个材质对象，命名为 ButtonMaterial，将 Shader 选择为 Mixed Reality Toolkit/Standard，设置好材质颜色，并在 Fluent Options（流畅选项）节中勾选 Hover Light（悬浮灯光）和 Proximity Light（接近灯光）复选框，以使其产生光照效果，然后将该材质赋给 CustomedButton 对象，这时，自定义按钮将可以响应近端交互并呈现视觉反馈，如图 5-8 所示。

图 5-8　为按钮添加视觉反馈效果

3. 添加音效

在 CustomedButton 对象上挂载 Audio Source 组件，在 PressableButton 组件的 ButtonPressed、ButtonReleased 事件中分别添加对声音的播放，如图 5-9 所示。

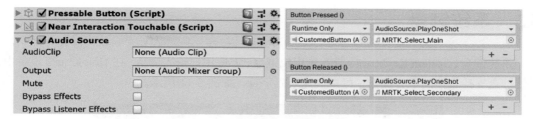

图 5-9 为按钮添加音效

4. 添加视觉状态和处理远端交互

到目前为止，CustomedButton 按钮对象只能接受近端操作，为使该对象接受远端操作，为其挂载 Interactable 组件，并将 CustomedButton 按钮对象赋给该组件的 Target 属性，为其选择合适的视觉主题即可（具体可参见 4.4.4 节）。至此，一个支持近端和远端操作并有良好视觉和音效反馈的自定义按钮便制作完成了。

5.2 Slate 面板

Slate（面板）是一个与 PC 操作系统中窗口（Window）非常相似的 2D 面板，用于展示 2D 内容，包括文字、图片、视频等，Slate 面板使用了 Bounds Control 组件，因此，它也可以被拖曳、缩放、旋转。每个 Slate 面板都由标题栏、文字标题、1 个跟随（Follow Me）按钮和 1 个关闭（Close）按钮、后面板、内容面板组成，如图 5-10 所示。

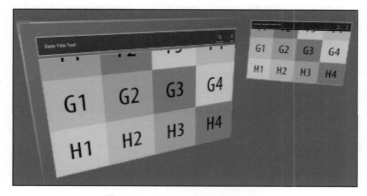

图 5-10 Slate 面板效果示意图

Slate 面板拥有 Orbital 解算器，该解算器默认不启用，但可以由跟随按钮激活，当该解算器被激活后，面板将跟随用户，并与用户保持适当的距离。Slate 面板中的面板内容可以使用手势进行滑动、缩放，使用非常方便。

5.3　系统键盘

系统键盘（System Keyboard）是一个虚拟键盘，方便用户输入信息，在 HoloLens 2 设备中，系统键盘支持直接的手势操作，可以快速录入字符，如图 5-11 所示。

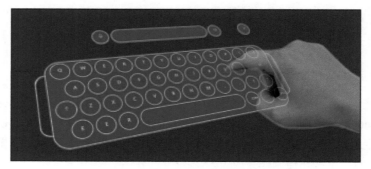

图 5-11　系统键盘效果示意图

系统键盘通常只在用户需要录入信息时才显现，默认不激活，并且一般由脚本代码根据特定条件激活，典型的激活和实时读取键盘输入的代码如下：

```csharp
//第 5 章 /5-1.cs
public TouchScreenKeyboard keyboard;
// 激活系统键盘
public void OpenSystemKeyboard()
{
    keyboard = TouchScreenKeyboard.Open（""，TouchScreenKeyboardType.Default,
false, false, false, false);
}


// 实时读取键盘输入
private void Update()
{
    if (keyboard != null)
    {
        keyboardText = keyboard.text;
    }
}
```

5.4　ToolTips

Tooltips（标注）用于对展示物体的特定部件、零件进行注解，非常适合对物体的组成原理、组成要素进行说明，如图 5-12 所示。每个标注含有一个文字面板和一个指向目标的指示线，说明文字可以由其 Tool Tip 组件中的 Tool Tip Text（标注文字）属性指定，而指向的目标位置则由 Tool Tip Connector 组件中的 Target（目标）属性指定。

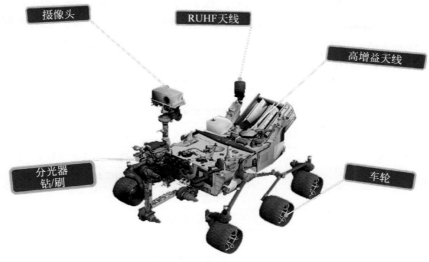

图 5-12　标注效果示意图

　　标注可以在编辑时使用 Tooltips 预制体[①]静态添加，还可以设置说明文字和连接对象；标注也可以在运行时通过脚本代码动态地添加到预定位置。除了手动实例化 Tooltips 预制体，MRTK 也提供了一个 ToolTipSpawner 组件，利用该组件可以更方便地在运行时显示 / 隐藏标注，具体使用方法为将 ToolTipSpawner 组件添加到连接的对象上，在运行时使用脚本代码控制标注的显隐及显示时间等参数。

　　除此之外，我们还可以设置背景面板颜色、纹理，设置指示线的线型，可以是直线（Simple Line）、样条线（Spine Line）等，还可以设置文字面板的旋转约束等。

5.5　Sliders

　　Sliders（滑动条）也是一种常用的 UX 控件，用于连续地改变某个值。在 MRTK 中，滑动条可以直接用手抓取滑动调整值，也可以使用手部射线、语音调整值，如图 5-13 所示。

图 5-13　滑动条效果示意图

---

① 所在路径为：Assets/MRTK/SDK/Features/UX/Prefabs/Tooltips，建议使用 Toolbox 面板添加。

在使用时，可以直接将 PinchSlider 预制体 ① 拖曳到场景中，每个滑动条都由滑轨、数值指示点、滑块组成。默认滑轨长 0.25m，我们可以通过调整 SliderTrackSimple 子对象（PinchSlider → TrackVisuals 对象下）的 X 轴 Scale 属性值缩放滑轨长度，然后根据缩放倍率设置滑动条 PinchSlider 组件下的 Slider Start Distance（滑块开始距离）和 Slider End Distance（滑块终止距离）属性值（滑块起始位置和终止位置以滑轨中间为原点）。

滑动条的主要属性由 PinchSlider 组件控制，相关属性意义如表 5-2 所示。

表 5-2　Slider 主要属性

属性名称	描述
Thumb Root（滑块根）	滑块容器，可以在这个容器里添加文字面板
Slider Value（滑块值）	当前滑块值，取值范围为 [0,1]
Track Visuals（滑轨）	滑轨
Tick Marks（标记点）	滑块位置指示点
Thumb Visuals（滑块）	滑块
Slider Axis（滑动条轴）	滑动条轴向
Slider Start Distance（滑块开始距离）	滑块起始位置，处于滑动条本地空间中
Slider End Distance（滑块终止距离）	滑块终止位置，处于滑动条本地空间中

滑动条支持的事件如表 5-3 所示，利用这些事件可以很方便地处理用户操作。

表 5-3　Slider 支持的主要事件

事件名称	描述
OnValueUpdated	滑块值变化时触发
OnInteractionStarted	当用户拖曳滑块时触发
OnInteractionEnded	当用户拖曳完滑块释放时触发
OnHoverEntered	获得焦点时触发
OnHoverExited	失去焦点时触发

5.6　近身菜单

近身菜单（Near Menu）是除手部菜单外的另一种形式的菜单，近身菜单使用了 RadialView 解算器组件，保持菜单漂浮在用户身体周围 30 ~ 60cm 的位置，非常方便随时操作，但又不影响用户操作其他虚拟对象，近身菜单如图 5-14 所示。每个近身菜单都有一个锚定（Pin）按钮，可以通过该按钮将其固定在世界空间中，也可以随时解除固定以便恢复飘浮状态，近身菜单还可以被拖曳并放置到任何位置。

---

① 所在路径为：Assets/MRTK/SDK/Features/UX/Prefabs/Sliders，建议使用 Toolbox 面板添加。

图 5-14　近身菜单示意图

默认情况下，近身菜单依据开发者的设定跟随飘浮在用户身边的一定范围内，也可以随时被固定在世界空间中，但不管处于何种状态，菜单都可以通过手势拖曳，当通过手势拖曳菜单时，菜单将被固定在世界空间中手势所释放的位置。

近身菜单也可以从 MRTK Toolbox 面板中添加，MRTK 预制了 6 类近身菜单，如表 5-4 所示，每个近身菜单都挂载了 PressableButtonHoloLens2、GridObjectCollection、Manipulation Handler、RadialView 等组件，包含多个按钮控件。

表 5-4　MRTK 提供的各类近身菜单

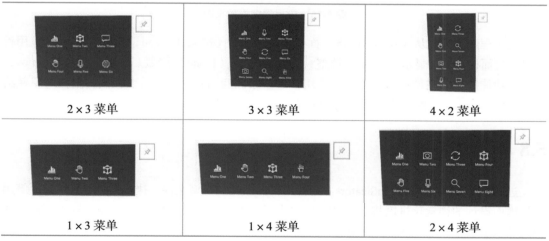

2×3 菜单	3×3 菜单	4×2 菜单
1×3 菜单	1×4 菜单	2×4 菜单

除了 MRTK 提供的菜单样式，我们也可以定制自己的样式，在 Hierarchy 场景窗口中找到近身菜单对象，该对象下有 ButtonCollection 子对象，可以通过添加或者删除该子对象下的按钮调整按钮数目，该子对象挂载了 GridObjectCollection 组件，该组件用于排列按钮控件，我们可以通过该组件的 Num Rows（行数）属性调整行数、通过 Row Alignment（水平对齐）属性调整按钮的对齐方式等。

我们也可以通过近身菜单对象下的 Backplate 子对象下的 Quad 对象调整整个菜单面板的尺寸（Transform 组件下的 Scale 值），但需要注意的是 Scale 属性下的 X 值、Y 值需要为 0.032 的倍数，计算公式为 0.032×[按钮行列数 +1]，如 3×2 按钮组，则 X 值为 0.032×4、Y 值为 0.032×3。

5.7 应用程序栏

3D 虚拟对象展示时并不是在一个平面内，因此无法使用像 PC 窗口那样的工具栏，在某些情况下操作就不是那么方便（如隐藏、删除一个展示对象），为解决这个问题，MRTK 提供了一个应用程序栏（App Bar），其功能与作用类似于 PC 窗口右上角的按钮功能区，该程序栏跟随展示的 3D 虚拟对象，可以控制对象的展示、隐藏、删除等功能，如图 5-15 所示。

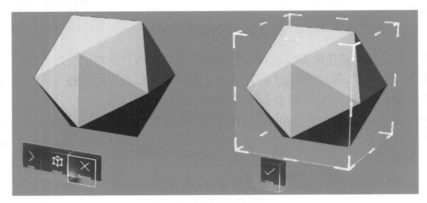

图 5-15　应用程序栏效果图

应用程序栏可以从 MRTK Toolbox 面板中的杂项栏（Miscellaneous）添加，标准的应用程序栏包含面板形式的显示（Show）、调整（Adjust）、完成（Done）、隐藏（Hide）、移除（Remove）共 5 个功能按钮。在使用时，可以将应用程序栏添加到场景中，将需要控制的虚拟对象赋给该程序栏 App Bar 组件下的 Bounding Box（包围盒）属性即可。

5.8 进度指示器

进度指示器（Progress Indicators）通常用于加载大型模型文件、执行密集计算时为缓解用户焦虑而设计的视觉化进度指示，MRTK 提供了 4 种类型的进度指示器，如图 5-16 所示（图中只显示了 3 种，另一种为文字类型）。

图 5-16　进度指示器效果示意图

这 4 种进度指示器又可以分为 2 大类：一类明确显示进度数值，如 ProgressIndicator-LoadingBar 进度指示器，这类进度指示器通常用于进度时间完全可预知的情况，如加载一个 200MB 的文件，加载进度可以通过已加载与总需加载数据的大小计算出来；另一类不显示明确进度数值，如 IndeterminateLoader 进度指示器，这类进度指示器通常用于进度时间不可预知的情况，如将数据发送到服务器，等待服务器计算返回，这种情况无法提前计算具体进度。

进度指示器可以从 MRTK Toolbox 面板中的进度指示器栏（Progress Indicators）添加，由于进度指示器通常由脚本代码控制，下面我们以 ProgressIndicatorLoadingBar 进度指示器为例介绍使用方式，每个 ProgressIndicatorLoadingBar 进度指示器都挂载了 ProgressIndicatorLoadingBar 脚本组件，该脚本类实现了 IProgressIndicator 接口，因此我们可以通过代码获取该组件，代码如下：

```
// 第 5 章 /5-2.cs
[SerializedField]
private GameObject indicatorObject;
private IProgressIndicator indicator;
private void Start()
{
    indicator = indicatorObject.GetComponent<IProgressIndicator>();
}
```

进度条进度值通常会进行异步更新，所有的更新进度操作必须放在 IProgressIndicator.OpenAsync() 和 IProgressIndicator.CloseAsync() 这两个方法之间，每个进度指示器都有一个 Progress 进度数值，该值范围为 [0,1]，1 表示 100% 完成，进度条指示器还有一个 Message 参数，用于显示进度数值，特定的进度指示器的处理方法可能略有差异，典型的更新进度代码如下：

```
// 第 5 章 /5-3.cs
private async void OpenProgressIndicator()
{
    await indicator.OpenAsync();
    float progress = 0;
    while (progress < 1)
    {
        progress += Time.deltaTime;
        indicator.Message = " 加载中 ...";
        indicator.Progress = progress;
        await Task.Yield();
    }
    await indicator.CloseAsync();
}
```

每个进度指示器都有一个 ProgressIndicatorState 类型的状态数值 State，该值用于标示当前指示器的状态及可执行的操作，在不合适的状态调用不合适的执行方法可能会引发错误，状态与可执行的操作方法如表 5-5 所示。

表 5-5　进度指示器的状态及可执行的操作

状　态	可执行操作
ProgressIndicatorState.Opening	AwaitTransitionAsync()
ProgressIndicatorState.Open	CloseAsync()
ProgressIndicatorState.Closing	AwaitTransitionAsync()
ProgressIndicatorState.Closed	OpenAsync()

我们既可以通过检查当前状态决定下步操作，也可以通过调用 AwaitTransitionAsync() 方法确保进度指示器在使用之前处于合适的状态，代码如下：

```
//第 5 章/5-4.cs
private async void ToggleIndicator(IProgressIndicator indicator)
{
    await indicator.AwaitTransitionAsync();
    switch (indicator.State)
    {
        case ProgressIndicatorState.Closed:
            await indicator.OpenAsync();
            break;
        case ProgressIndicatorState.Open:
            await indicator.CloseAsync();
            break;
    }
}
```

5.9　对话框

对话框（Dialog）是 PC 应用中使用得非常广泛的一种交互方式，它通常用于向用户确认某些信息，或者要求用户对下一步操作做出选择，如图 5-17 所示。

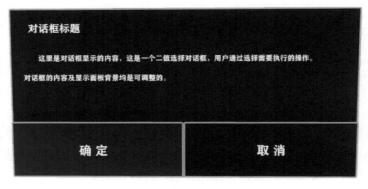

图 5-17　对话框效果示例

　　MRTK 也提供了类似的对话框控件 [①]，该控件也分为两类：一类为确认类（Confirmation Dialog），另一类为选择类（Choice Dialog）。每一类又分为小、中、大 3 种尺寸。对话框通常由脚本代码操作，使用非常简单，首先引入 Microsoft.MixedReality.Toolkit.Experimental.Dialog 命名空间，然后就可以直接使用 Dialog.Open() 方法打开对话框了，该方法的原型如下：

public static Dialog Open (

GameObject dialogPrefab,

DialogButtonType buttons,

string title,

string message,

bool placeForNearInteraction,

System.Object variable = null

)

　　其各参数的意义依次为对话框预制体、按钮类型、标题文字、信息文字、近距离交互布尔值、额外信息，典型的使用代码如下：

```
// 第 5 章 /5-5.cs
// 确认对话框，较远放置
Dialog.Open(DialogPrefabLarge, DialogButtonType.OK, "确认对话框 ", "信息内容 ",
false);
// 选择对话框，较近放置
Dialog.Open(DialogPrefabSmall, DialogButtonType.Yes | DialogButtonType.No,
"选择对话框 ", "信息内容 ", true);
```

　　每个对话框都至少有一个按钮，我们可以根据用户所单击的按钮执行相应的操作。

5.10　手势引导

　　手势引导（Hand Coach）是一个引导、教育用户操作的 3D 手势模型动画，用于指导用户进行下一步操作，如图 5-18 所示。

图 5-18　手势引导效果示意图

---

① MRTK 对话框预制体的放置路径为：Assets/MRTK/SDK/Experimental/Dialog/Prefabs。

由于 MR 应用是一种全新的应用形式，有着与 PC 或者手机设备完全不同的操作方式，新手用户可能并不知道如何进行操作，一个可视化的操作手势引导可以帮助用户熟悉全新的手势操作方式。在使用手势引导时，如果在指定时间内没有检测到用户的操作则会显示手势引导操作动画，动画会循环播放，直到检测到用户操作。目前，MRTK 支持 7 种引导手势，具体如表 5-6 所示。

表 5-6　MRTK 提供的引导手势

引导手势名称	描　　述
Near Tap（近端单击）	用于引导近距离操作按钮或者可操作对象
Far Select（远端选择）	用于引导远距离选择操作对象
Move（平移）	用于引导平移可操作对象
Rotate（旋转）	用于引导旋转可操作对象
Scale（缩放）	用于引导缩放可操作对象
Hand Flip（手部翻转）	用于引导如何展现 / 隐藏手部菜单或手部 UI
Palm Up（手掌打开）	用于引导用户打开手掌

MRTK 手势引导预制体放置在 Assets/MRTK/SDK/Experimental/HandCoach/Prefabs 文件夹下，每种引导手势都分为左右手两个预制体，在使用时可以任意选择一个。手势引导使用了骨骼动画，为确保手部模型蒙皮正常，需要设置骨骼的融合值，具体为在 Unity 中，依次选择 Edit → Project Settings → Quality → Other → Blend Weights，将该值设置为 4 bones，这可以平滑手部模型蒙皮。

使用手势引导主要涉及 3 个脚本组件：HandInteractionhint 组件、MoveToTarget 组件、RotateAroundPoint 组件，平移与缩放都使用了 MoveToTarget 组件，所以没有独立的缩放组件，下面我们分别对这 3 个组件进行阐述。

5.10.1　HandInteractionhint 组件

HandInteractionhint 组件是每个手势引导预制体都带有的组件，该组件负责显隐手势，以及触发手势动画，其主要属性及其描述如表 5-7 所示。

表 5-7　HandInteractionhint 组件的主要属性

属 性 名 称	描　　述
HideIfHandTracked（检测到手势输入时隐藏）	是否在检测到用户手势时隐藏手势引导动画，如果勾选该值，则在检测到用户手势输入时会自动隐藏手势引导，如果不勾选，则只能通过代码调用 customShouldHideVisuals() 方法手动处理手势引导的显隐状态，customShouldHideVisuals() 方法是个代理方法，开发人员可以实现自己的判断处理逻辑
MinDelay（最小延时）	最小延时，单位为秒，当应用程序在该指定时间内没有检测到用户手部输入时则显示手势引导

续表

属 性 名 称	描　　述
MaxDelay（最大延时）	最大延时，单位为秒，当应用程序在该指定时间内没有检测到用户手势操作时显示手势引导，即使能检测到用户手部也会显示
UseMaxTimer（使用最大定时器）	使用最大定时器，与 MaxDelay 属性配合使用，如果不勾选，则只要能检测到用户手部输入就不会显示手势引导
Repeats（重复）	播放手势引导动画的次数，达到指定次数后，手势引导会被隐藏
AutoActivate（自动激活）	手势引导自动激活，如果不勾选，则需要开发人员使用脚本代码激活手势引导
AnimationState（动画状态）	使用的动画，目前可以使用 Rotate_R、Move_R、PalmUp_R、Scroll_R、NearSelect_R、AirTap_R、HandFlip_R 这 7 种动画
RepeatDelay（重复延时）	每次重复播放手势引导动画的时间间隔

当使用脚本代码的方式处理手势引导时，我们可以使用该组件中的 StartHintLoop() 和 StopHintLoop() 方法开启或者停止手势引导循环，也可以在运行时动态地设置 AnimationState 属性值，但设置完该值后需要先后调用 StopHintLoop() 和 StartHintLoop() 方法以使新的设置起作用。CustomShouldHideVisuals() 代理方法允许我们自定义显隐手势引导逻辑，当该方法返回值为 true 时隐藏手势引导，当返回值为 false 时则保持显示。

使用手势引导时，我们也可以使用自定义的手部模型，创建自定义的手势引导动画，但所有手势引导动画长度必须大于 1.5s。我们也可以将自定义的引导动画添加到现有的动画控制器（Animator）中，只需将 fbx 动画文件导入工程中，设定一个唯一的名字并将动画添加到动画控制器中便可使用。

5.10.2　MoveToTarget 组件

MoveToTarget 组件用于将手势引导模型从一个位置移动到另一个目标位置，平移与旋转手势引导预制体都包括该组件，其主要属性及其描述如表 5-8 所示。

表 5-8　MoveToTarget 组件的主要属性

属 性 名 称	描　　述
TrackingObject（跟踪对象）	手势引导移动开始的位置，通常是一个用于定位的空对象
TargetObject（目标对象）	手势引导移动结束的位置，通常是一个用于定位的空对象
RootObject（根对象）	手势引导移动开始位置与结束位置对象的公共父对象，设置该对象是为了方便相对位置关系计算，避免空间计算出错
Duration（持续时间）	手势引导从 TrackingObject 位置到 TargetObject 位置的时间，单位为秒
TargetOffset（目标偏移）	目标位置偏移值，可用于校正手势引导模型自身的位置偏移带来的影响（手势引导模型动作本身带有位置偏移）
AnimationCurve（动画曲线）	动画缓释曲线，用于设置移动动画的速度，可以实现缓慢加速、缓慢减速或者速度变化效果

在使用脚本代码手动控制手势引导时，可以通过调用 Follow() 方法使手势模型跟随到 TrackingObject 对象所在的位置，调用 MoveToTargetPosition() 方法使手势模型跟随到 TargetObject 对象所在的位置。

5.10.3 RotateAroundPoint 组件

RotateAroundPoint 组件用于以某个位置为中心进行旋转的手势引导，引导用户进行旋转操作，该组件的主要属性及描述如表 5-9 所示。

表 5-9 RotateAroundPoint 组件的主要属性

属 性 名 称	描　　述
CenteredParent（中心父对象）	引导手势围绕旋转的对象
InverseParent（逆旋转父对象）	为保持手部方向不变而设置的对象，通常是带有 HandInteractionHint 脚本组件的对象
PivotPosition（支点位置）	旋转开始位置
Duration（持续时间）	围绕 CenteredParent 对象旋转的持续时间，单位为秒
AnimationCurve（动画曲线）	动画缓释曲线，用于设置旋转动画的速度，可以实现缓慢加速、缓慢减速或者速度变化效果
RotationVector（旋转向量）	围绕每个轴旋转的角度

在使用脚本代码手动控制手势引导时，可以通过调用 RotateToTarget() 方法将手势引导模型旋转到目标位置，调用 ResetAndDeterminePivot() 方法将手势引导模型重置到初始位置。

功能技术篇

　　HoloLens 2 设备作为全新的可穿戴设备，提供了全新的应用平台，在该平台上运行的 MR 应用与传统应用相比有着截然不同的操作方式和用户体验，MR 应用开发也完全不同于传统应用开发。本篇针对 HoloLens 2 设备上的 MR 应用开发进行深入全面阐述、剖析讲解，力图从原理到实践，全方位覆盖 MR 应用开发的方方面面，每章节都配有详尽的可执行代码及代码的详细说明。

　　功能技术篇包括以下章节：

　　第 6 章　空间感知和映射

　　HoloLens 2 配备的 ToF 传感器能实时采集场景表面深度，构建场景表面几何网格，本章将详细介绍 MR 应用中的空间感知、环境映射及场景语义理解，让应用与周围真实环境融合得更自然，阐述 3D 空间中人机交互的射线检测原理和具体使用。

　　第 7 章　手势操作与交互

　　HoloLens 2 设备提供了优秀的手部检测和跟踪能力，利用该功能可以构建出符合自然、本能的人机手势操作。本章将详细阐述利用 MRTK 进行手势操作开发，从手势操作配置、近远端操作实施到手势录制和回放，全面系统地对手势操作的各功能点进行剖析讲解。

　　第 8 章　语音与交互

　　语音交互是另一种自然的人机交互方式，HoloLens 2 设备对语音命令和语音识别提供了良好的支持，本章将详细阐述 MR 应用开发中语音命令、语音识别开发技术。

　　第 9 章　眼动跟踪与凝视交互

　　HoloLens 2 设备配备了监视眼球运动的传感器，通过传感器采集的数据，HoloLens 2 设备能够感知用户的注视方向，利用该功能可以构建出全新的眼动交互，本章将详细阐述在 MRTK 中进行眼动跟踪的基本开发流程，获取凝视方向用于对象操作的方法。

第 10 章 光影与特效

真实感强的虚拟场景渲染可以有效提升 MR 应用的沉浸体验，本章将对 MR 应用中光照、渲染、环境反射、阴影等光影的实现方法进行深入讲解，通过这些技术可以极大地提高虚拟场景的可信度。

第 11 章 3D 文字与音视频

MR 应用是全 3D 应用，对用户体验非常重要的除了 3D 的虚实融合还有声音的 3D 空间化，本章将详细讲述声音的 3D 空间化实现技术、3D 文字渲染技术和在 3D 空间中播放视频的技术，通过综合运用各类技术可以有效提升 MR 应用的沉浸体验。

第 12 章 空间锚点与 Azure 云服务

Azure 云服务是微软公司在信息技术和通信技术发展下的重大布局，通过云提供的计算密集型、技术密集型、存储密集型服务可以大大拓展移动、可穿戴设备的功能，本章将简单介绍 Azure 云服务，并通过 MR 应用云锚点和云渲染两个案例详细阐述使用 Azure 云服务的一般流程和技术细节，通过本章的学习，可提升读者使用 Azure 云服务的能力。

第 6 章

空间感知和映射

MR 应用的特征是融合虚实，需要准确对齐虚拟数字世界与真实现实世界，虚实之间也要能相互作用，如反射、遮挡、物理模拟等，这就要求 MR 应用不仅能提供高精度的运动跟踪能力，还要建立周边环境的空间地图，并且需要及时更新地图以反映现实环境的变化，这里的地图就是 MR 应用对环境的感知，称为空间感知（Spatial Awareness）。运动跟踪能力和空间感知能力是 HoloLens 2 设备的基本能力，这确保了 MR 应用具有良好的沉浸式体验。

6.1 运动跟踪

HoloLens 2 设备配备了 4 个环境感知摄像头，其中靠内的两个摄像头镜头朝前，靠外的两个摄像头镜头朝向两侧；配备了 1 个 IMU（Inertial Measurement Unit，惯性测量单元）传感器，负责采集设备的加速度和旋转数据；还配备 1 个 ToF（Time of Flight，飞行时间）深度感知摄像头。这些基础传感器确保了 HoloLens 2 设备具有优秀的设备定位跟踪和环境感知能力。

设备定位与跟踪是 MR 应用的基本功能，SLAM（Simultaneous Localization And Mapping，同时定位与建图）是在未知环境中确定自身位置和周边环境的一种通行技术手段，HoloLens 2 设备也使用了 SLAM 技术进行设备定位与跟踪。SLAM 技术解决的问题可以描述为将一个搭载了传感器的机器放入未知环境中的未知位置，想办法让机器感知自身所在位置并逐步绘制出该环境的三维地图。通俗地讲，SLAM 技术就是在未知环境中确定设备的位置与方向，并逐步建立对未知环境的感知（构建环境的数字地图）。

SLAM 作为一种基础技术，从最早的军事用途逐步走入大众视野。当前，在室外我们可以利用 GPS、北斗等导航系统实现非常高精度的定位，利用 RTK 实时相位差分技术甚至可以实现厘米级的定位精度，基本上解决了室外的定位和定姿问题，但室内定位的发展则缓慢得多，为解决室内的定位和定姿问题，SLAM 技术逐渐脱颖而出。SLAM 技术是自主机器人、无人驾驶、AR/MR 技术中的基础技术，近年来发展非常快，图 6-1 是利用 SLAM 技术进行定位与建图的实验示例。

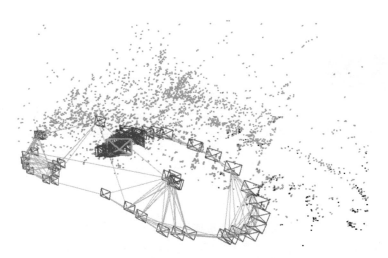

图 6-1　使用 SLAM 技术进行定位与建图实验示例

　　具体而言，HoloLens 2 设备采用 VIO（Visual Inertial Odometry，视觉惯性里程计）和 IO（Inertial Odometry，惯性里程计）结合进行运动跟踪。其中，IO 的数据来自 IMU 传感器，IMU 单元包括加速度计与陀螺仪两种运动传感器，分别用于测量设备的实时加速度与角速度，运动传感器非常灵敏，每秒可进行 1000 次以上的数据检测，能在短时间跨度内提供非常及时准确的运动信息，但是，运动传感器也存在测量误差，由于检测速度快，这种误差的累积效应就会非常明显（微小的误差以每秒 1000 次的速度累积会迅速被放大），因此，在较长的时间跨度后，跟踪就会变得完全失效。

　　为消除 IO 存在的误差累积漂移，HoloLens 2 设备还采用了 VIO 的方式进行跟踪，VIO 基于计算机视觉计算，该技术可以提供非常高的计算精度，但付出的代价是计算资源与计算时间，因此，VIO 处理速度相对于 IMU 要慢得多，另外，计算机视觉处理对图像质量要求非常高，对相机运动速度变化非常敏感，因为快速的相机运动会导致采集的图像模糊。

　　HoloLens 2 设备充分吸收并利用了 VIO 与 IO 各自的优势，利用 IO 的高更新率和高精度进行较小时间跨度的跟踪，利用 VIO 对较长时间跨度的 IO 跟踪进行补偿，融合跟踪数据向上提供运动跟踪服务。

　　IO 信息来自运动传感器的读数，精度取决于传感器本身。VIO 信息来自于计算机视觉处理结果，因此精度受到较多因素的影响，下面主要讨论 VIO，VIO进行空间计算的原理如图 6-2 所示。

　　在 MR 应用启动后，HoloLens 2 设备会不间断地捕获从设备摄像头采集的图像数据，从图像中提取出视觉差异点（特征点），并会持续地跟踪这些特征点，

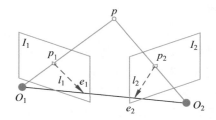

图 6-2　VIO 进行空间计算原理示意图

当设备从另一个角度观察同一空间时（设备移动了位置），特征点就会在两张图像中呈现视差，在图 6-2 中，O_1、O_2 为同一摄像头在不同位置的光心（HoloLens 2 设备有 4 个环境感知摄像

头，可以感知很大范围的环境），p 为空间中的一个三维坐标点，p_1、p_2 为 p 点在两张摄像头图像中的投影，利用对极几何知识可以解算出不同时刻摄像头的姿态（位置和方向）变化，即 HoloLens 2 设备姿态的变化，从而达到跟踪设备运动的目的。

从 VIO 的工作原理可以看到，如果从设备摄像头采集的图像不能提供足够的视差信息，则无法进行空间三角计算，从而无法解算出空间信息，因此，若要在 MR 应用中使用 VIO，则设备必须移动位置（X、Y、Z 方向均可），而无法仅仅通过旋转达到目的。

HoloLens 2 设备跟踪流图如图 6-3 所示，从流图可以看到，为了优化性能，计算机视觉计算（Computer Vision，CV）并不是每帧都执行。VIO 跟踪主要用于校正补偿 IO 在时间跨度较长时存在的误差累积，每帧执行视觉计算不仅会消耗大量计算资源，而且没有必要。

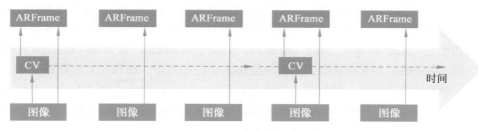

图 6-3　HoloLens 2 设备跟踪流程示意图

VIO 也存在误差，这种误差随着时间的积累也会变得很明显，表现出来的效果就是放置在现实空间中的虚拟元素会出现一定的漂移。为抑制这种漂移，HoloLens 2 设备会实时地对设备摄像头采集的图像进行匹配计算（在 SLAM 中称为回环检测），如果发现当前采集的图像与之前某个时间点采集的图像匹配（用户在相似位置以相似视角再次观察现实世界时），HoloLens 2 设备就会对当前位置信息进行修正，从而优化跟踪。

HoloLens 2 设备综合了 VIO 与 IO 各自的优势，提供了非常稳定的运动跟踪能力，也正是因为稳定的运动跟踪使 MR 应用的体验非常好。

HoloLens 2 设备配备有 ToF 深度感知摄像头，可以直接获取某一时刻环境的深度信息，从而大大地减少对计算资源的需求和提高深度信息的精度。在低特征场景中，深度摄像头对提高场景检测、度量标度及边界追踪的精度也有很大的帮助，但由于 HoloLens 2 设备 ToF 深度感知摄像头使用红外的方式，在户外运行时会受到很多因素的影响，甚至不能正常运行，因为来自太阳光的红外散射会过滤掉深度摄像头中的红外线。

HoloLens 2 设备通过环境感知摄像头、IMU 传感器、ToF 深度感知摄像头不仅能实时高精度地跟踪设备，还能实时构建环境的三维地图（感知环境空间），随着 HoloLens 2 设备对环境探索的进行，其对环境的感知也会得到修正和完善。

通过对 SLAM 运动跟踪原理的学习，我们可以很容易地看到可能导致 SLAM 跟踪问题的因素，为了得到更好的跟踪质量，需要注意以下事项。

（1）运动跟踪依赖于不间断输入的图像数据流与传感器数据流，某种方式短暂地受到干扰不会对跟踪造成太大的影响，如用手偶尔遮挡摄像头不会导致跟踪失效，但如果中断时间过长，跟踪就会变得很困难。

（2）VIO 跟踪精度依赖于采集图像的质量，低质量的图像（如光照不足、纹理不丰富、模糊）会影响特征点的提取，进而影响跟踪质量。

（3）VIO 数据与 IO 数据不一致时会导致跟踪问题，如视觉信息不变而运动传感器数据变化（如在运行的电梯里），或者视觉信息变化而运动传感器数据不变（如摄像头对准波光粼粼的湖面），这都会导致数据融合障碍，进而影响跟踪效果。

（4）在室外使用时，特别是在阳光强烈的环境下使用时会影响深度摄像头对深度信息的采集，从而造成对环境感知、空间地图构建的困难，这会影响虚实融合和交互。

开发人员很容易理解以上内容，但这些信息，使用者在进行 MR 体验时可能并不清楚，因此，必须实时地给予引导和反馈，不然会让使用者困惑。HoloLens 2 设备会实时监视当前设备的运动跟踪状态，为辅助开发人员了解 MR 运动跟踪状态，HoloLens 2 设备将运动跟踪状态分为初始化（Activating）、活跃（Active）、受限（Inhibited）、仅方向（OrientationOnly）、不可用（Unavailable）共 5 种状态，分别对应跟踪正在建立中、跟踪正常、跟踪受限、只能跟踪旋转、跟踪完全失败这 5 种情况，其值由 PositionalLocatorState 枚举类定义。我们可以在 MR 应用运行时通过查询 WorldManager.state 状态值获取当前设备的跟踪状态，典型代码如下：

```
//第 6 章 /6-1.cs
// 需要引入 UnityEngine.XR.WSA 命名空间
void CheckState()
{
    var trackingState = WorldManager.state;
    if (trackingState == PositionalLocatorState.Active)
    {
        // 正常跟踪
    }
    else
    {
        // 不正常跟踪
    }
}
```

在设备跟踪失败的情况下，MRTK 会停止游戏更新循环，锁定全息影像，停止消息与事件分发。为营造更好的 MR 使用体验，我们可以在 Unity 菜单中依次选择 Edit → Project Settings → Player → Universal Windows Platform settings 选项卡，展开 Splash Image 卷展栏，在 Windows Holographic 属性下，勾选 On Tracking Loss Pause and Show Image（跟踪丢失时停止并呈现图片）并设置 Tracking Loss Image（跟踪丢失图片），这样在设备跟踪失败时就会自动显示定义好的图片及时通知使用者。

同时，MRTK 还提供了跟踪状态变化的事件，我们可以通过订阅 OnPositionalLocator-StateChanged 事件了解 HoloLens 2 跟踪状态的变化，但需要注意的是，在采取自定义控制跟踪丢失事件时应当取消勾选 On Tracking Loss Pause and Show Image（跟踪丢失时停止并呈现图片）

复选框以取消自动显示图片操作，典型代码如下：

```csharp
// 第 6 章 /6-2.cs
// 需要引入 UnityEngine.XR.WSA 命名空间
void Start()
{
    UnityEngine.XR.WSA.WorldManager.OnPositionalLocatorStateChanged +=
WorldManager_OnPositionalLocatorStateChanged;
}

private void WorldManager_OnPositionalLocatorStateChanged(PositionalLocatorState
oldState, PositionalLocatorState newState)
{
    if (newState == PositionalLocatorState.Active)
    {
        // 设备跟踪转换为正常状态
    }
    else
    {
        // 设备跟踪转换为不正常状态
    }
}
```

6.2　空间感知

　　MRTK 空间感知系统（Spatial Awareness System）负责感知现实环境，利用 ToF 深度摄像头和 SLAM 运动跟踪构建现实场景表面几何网格，利用这些与现实场景相匹配的几何网格，我们就能进行虚实交互，如遮挡、碰撞、物理模拟等，以便营造更加逼真的虚实融合体验。

　　使用空间感知功能必须首先开启项目的空间感知特性，在 Unity 菜单中，依次选择 Edit → Project Settings → Player，选择 Universal Windows Platform settings（UWP 设置）选项卡，并依次选择 Publishing Settings → Capabilities 功能设置区，勾选 SpatialPerception 功能特性，如图 6-4 所示。

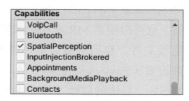

图 6-4　在工程中勾选
SpatialPerception 复选框

　　在开启空间感知特性后，我们还需要在配置文件中激活空间感知系统，默认的 HoloLens 2 配置文件没有激活空间感知系统。在层级（Hierarchy）窗口中，选择 MixedRealityToolkit 对象，在打开的属性（Inspector）窗口中将使用的主配置文件选择为 DefaultHoloLens2ConfigurationProfile，然后单击其后的 Clone 按钮克隆该配置文件，选择 Spatial Awareness 子配置文件，勾选 Enable Spatial Awareness System（开启空间感知系统）复选框，将 Spatial Awareness System Type（空间感知系统类型）下拉菜单项选择为 MixedRealitySpatialAwarenessSystem，如图 6-5 所示。

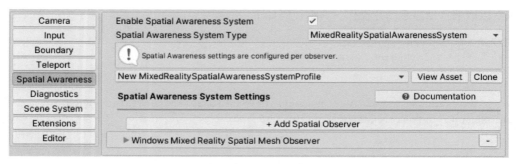

图 6-5　配置空间感知功能

MRTK 空间感知系统需要底层特定硬件设备关联的数据提供者服务，还需要添加一个空间网格观察者（Spatial Observer）才能获取这些场景的几何网格数据。在图 6-5 中，单击 Add Spatial Observer 按钮添加一个空间网格观察者，将 Type 属性下拉菜单选择为 WindowsMixedRealitySpatialMeshObserver，如图 6-6 所示，Supported Platform（支持平台）属性选择为 Windows Universal。

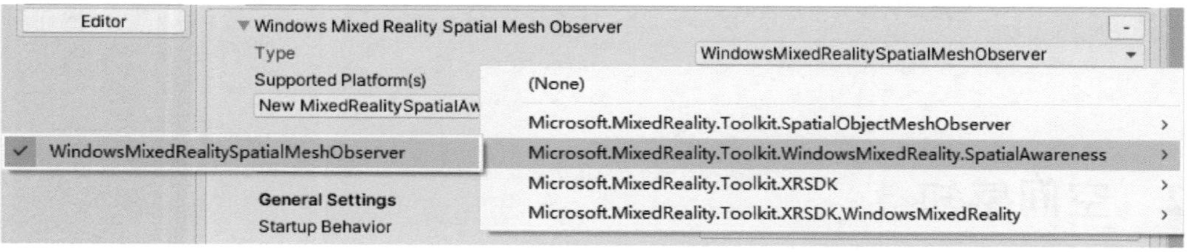

图 6-6　添加空间数据观察者

对于 WMR（Windows Mixed Reality，Windows 混合现实）平台的空间网格观察者，MRTK 提供了 MixedRealitySpatialAwarenessMeshObserverProfile 配置文件，实际由 Windows-MixedRealitySpatialMeshObserver 类执行具体的操作，我们可以直接使用默认的配置文件和参数，也可以根据 MR 应用需求定制各参数值。在需要自定义参数值时，首先应克隆一份默认的配置文件，然后根据需求调整各参数值，配置文件属性分为常规设置（General Settings）、物理设置（Physics Settings）、LoD 设置（Level of Detail Settings）、显示设置（Display Settings）4 部分，具体的属性及其描述如表 6-1 所示。

表 6-1　空间网格观察者配置文件属性及其描述

属 性 名 称	描　　述
Startup Behavior（启动行为）	空间网格观察者的启动方式有 2 个可选项：自动启动（Auto Start）和手动启动（Manual Start）。选择自动启动时，网格观察者会在应用初始化后运行，而手动启动方式则需要以代码的方式在需要的时候手动启动
Update Interval（更新周期）	网格更新周期，单位为秒，建议的取值范围为 [0.1,5.0]

续表

属 性 名 称	描　　述
Is Stationary Observer（是否静态观察者）	该属性用于指定网格观察者的原点位置，这会影响最终环境感知的范围，如果勾选该属性，网格观察者原点以设备启动时设置的世界坐标原点为中心点，由 Observer Shape 属性和 Observation Extents 定义环境可感知范围，即定义了一个以启动时设备的世界坐标原点为中心的感知范围，超出这个范围的现实空间将不被感知（如使用者离开这个感知范围后，现实环境也不再被感知）。不勾选该属性，网格观察者将以使用者设备位置为原点，当使用者移动时，定义的环境可感知范围会整体跟随移动，可以确保环境能被持续感知
Observer Shape（观察者形状）	该属性与 Observation Extents 属性联合定义了网格观察者可感知的环境形状和范围，有 3 个可选项：世界空间轴对称长方体（Axis Aligned Cube）、用户本地空间轴对称长方体（User Aligned Cube）、球体（Sphere）。世界空间轴对称长方体与世界坐标轴保持一致；用户本地空间轴对称长方体与用户本地坐标轴保持一致；球体是一个定义在世界空间坐标原点的球体，Observation Extents 属性下的 X 参数定义了该球体的半径
Observation Extents（观察扩展）	网格观察者可感知的环境范围，单位为米
Physics Layer（物理层）	物理层掩码用于加速射线检测，建议使用 MRTK 保留的 31:Spatial Awareness
Recalculate Normals（重计算法线）	是否重计算法线，这在某些返回场景几何网格时不返回法线的平台上非常重要，HoloLens 2 设备不需要勾选该选项
Physics Material（物理材质）	用于物理模拟的物理材质
Level of Detail（细节级别）	用于设置空间场景几何网格的 LoD 类型，有 4 个可选项：粗糙（Coarse）、中等（Medium）、精细（Fine）、自定义（Custom）。选择粗糙时构建的场景几何网格很稀疏，通常用于导航或者平面检测，但对性能消耗小；选择中等时生成中等场景几何网格；选择精细时生成稠密场景几何网格，通常用于虚实遮挡，但对性能消耗大；选择自定义时可以与 Triangles/Cubic Meter 属性一同定义网格密度，平衡网格质量与性能
Triangles/Cubic Meter（每立方米三角形数量）	每立方米空间生成的三角形数量，Level of Detail 属性选择自定义时有效
Display Option（显示选项）	场景几何网格显示模式，有 3 个可选项：无（None）、显示（Visible）、遮挡（Occlusion）。选择无时不会渲染网格；选择显示时使用 Visible Material 属性指定的材质渲染网格；选择遮挡时使用 Occlusion Material 材质实现遮挡效果。
Visible Material（可见材质）	指定场景几何网格渲染材质
Occlusion Material（遮挡材质）	指定场景几何网格遮挡材质

　　经过以上操作，我们已经激活了空间感知系统，设置好了数据提供者，在使用默认配置参数时，编译运行后可以看到覆盖于真实环境表面的场景几何网格。需要注意的是，在选择

自定义设置的配置文件参数时，Display Option 属性选择为 None 值时并不会停止场景几何网格的感知和生成，只是由于网格并不会被渲染而不可见而已，实际还是在不断地感知和更新网格数据[①]。Display Option 属性的选择将影响场景几何网格的行为表现，效果如图 6-7 所示。

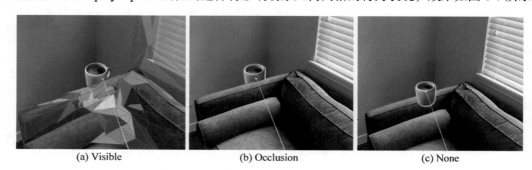

(a) Visible   (b) Occlusion   (c) None

图 6-7 **Dispaly Option 属性用于设置对场景几何网格行为表现的影响**

6.3　空间感知代码操作

当使用 HoloLens 2 设备的空间感知特性时，我们通常都希望获取检测到的场景几何表面网格数据、进行射线检测放置虚拟物体、控制网格可见性等。在第 2 章中，我们已经对获取空间感知系统数据提供者进行过简单介绍，在本节中将进一步阐述如何通过代码操作空间感知网格数据。

所有空间网格观察者都需要执行 IMixedRealitySpatialAwarenessMeshObserver 接口，在配置文件中，我们可以同时设置多个空间网格观察者。操作空间网格数据，首先需要获取相应的空间网格数据观察者，在 MRTK 中，有 3 种方式可以获取空间网格数据观察者，代码如下：

```
//第 6 章 /6-3.cs
//方法 1
var spatialAwarenessService = CoreServices.SpatialAwarenessSystem;
var dataProviderAccess = spatialAwarenessService as IMixedRealityDataProvider
Access;
var meshObserver =
dataProviderAccess.GetDataProvider<IMixedRealitySpatialAwarenessMeshObserver>();

//方法 2
var meshObserver =
CoreServices.GetSpatialAwarenessSystemDataProvider
<IMixedRealitySpatialAwarenessMeshObserver>();
//方法 3，直接通过观察者名获取观察者
var meshObserverName = "Spatial Object Mesh Observer";
```

---

① 开发者应当特别关注该情况下的设备性能消耗。

```
var spatialObjectMeshObserver =
dataProviderAccess.GetDataProvider<IMixedRealitySpatialAwarenessMeshObserver>
(meshObserverName);
```

获取空间网格观察者后，最常见的操作是开启或者暂停空间网格数据获取，针对不同的空间网格观察者，也有 3 种方式进行操作，代码如下：

```
// 第 6 章 /6-4.cs
// 方法 1，处理第 1 个空间网格观察者
var observer =
CoreServices.GetSpatialAwarenessSystemDataProvider
<IMixedRealitySpatialAwarenessMeshObserver>();
observer.Suspend();
observer.Resume();
observer.ClearObservations();

// 方法 2，处理指定空间网格观察者
var meshObserverName = "Spatial Object Mesh Observer";
CoreServices.SpatialAwarenessSystem.ResumeObserver
<IMixedRealitySpatialAwarenessMeshObserver>(meshObserverName);
CoreServices.SpatialAwarenessSystem.SuspendObserver
<IMixedRealitySpatialAwarenessMeshObserver>(meshObserverName);
CoreServices.SpatialAwarenessSystem.ClearObservations
<IMixedRealitySpatialAwarenessMeshObserver>(meshObserverName);

// 方法 3，处理所有空间网格观察者
CoreServices.SpatialAwarenessSystem.ResumeObservers();
CoreServices.SpatialAwarenessSystem.SuspendObservers();
CoreServices.SpatialAwarenessSystem.ClearObservations();
```

通过使用 ToF 深度摄像头，MRTK 可以快速获取用户面前物理世界的深度（距离）信息，即 HoloLens 2 设备不需要移动就可以快速获取物理世界物体表面的形状信息。利用 ToF 深度摄像头获取的深度信息（一个一个离散的深度点），MRTK 就可以将这一系列的表面点转换成几何网格。为方便操作和语义区分，MRTK 并不会将所有表面点转换成一个几何网格，而是会依照一定的规则划分到不同的几何网格中，每个几何网格都有一个唯一的 ID 值进行区分，因此，MRTK 重建的三维环境包含很多几何网格，这些几何网格也描述了用户所在物理环境的性质。ToF 速度很快，因此，HoloLens 2 设备对物理环境的重建速度也可以达到毫秒级水平，进行物体表面、平面检测也非常快。我们可以通过遍历的方法获取某个空间网格观察者所感知到的所有几何网格数据，典型代码如下：

```
// 第 6 章 /6-5.cs
foreach (SpatialAwarenessMeshObject meshObject in observer.Meshes.Values)
{
    Mesh mesh = meshObject.Filter.mesh;
    // 后续操作
}
```

在代码 6-4.cs 中，调用 Suspend() 和 SuspendObservers() 方法并不会清除已感知到的几何
网格数据，只是暂停环境的感知和几何网格数据的生成。如果需要动态地切换已生成几何网
格数据的显隐，则典型的代码如下：

```csharp
//第 6 章 /6-6.cs
// 需要引入 Microsoft.MixedReality.Toolkit.SpatialAwareness 命名空间
IMixedRealityDataProviderAccess dataProviderAccess = CoreServices.
SpatialAwarenessSystem as IMixedRealityDataProviderAccess;
if (dataProviderAccess != null)
{
    IReadOnlyList<IMixedRealitySpatialAwarenessMeshObserver> observers =
dataProviderAccess.GetDataProviders<IMixedRealitySpatialAwarenessMeshObserver>();
    foreach (IMixedRealitySpatialAwarenessMeshObserver observer in observers)
    {
        // 显示
        observer.DisplayOption = SpatialAwarenessMeshDisplayOptions.Visible;
        // 隐藏
        observer.DisplayOption = SpatialAwarenessMeshDisplayOptions.None;
// 环境遮挡
        observer.DisplayOption = SpatialAwarenessMeshDisplayOptions.Occlusion;
    }
}
```

除了显隐几何网格，我们还可以动态地切换 HoloLens 2 设备的空间感知状态，一个完整
的示例代码如下：

```csharp
//第 6 章 /6-7.cs
using Microsoft.MixedReality.Toolkit;
using System.Linq;
using Microsoft.MixedReality.Toolkit.SpatialAwareness;
using UnityEngine;

public class SpatialMapToggler : MonoBehaviour
{
    public void ToggleSpatialMap()
    {
        if (CoreServices.SpatialAwarenessSystem != null)
        {
            if (IsObserverRunning)
            {
                CoreServices.SpatialAwarenessSystem.SuspendObservers();
                CoreServices.SpatialAwarenessSystem.ClearObservations();
            }
            else
            {
                CoreServices.SpatialAwarenessSystem.ResumeObservers();
```

```
                }
            }
        }
        private bool IsObserverRunning
        {
            get
            {
            var observers=((IMixedRealityDataProviderAccess)CoreServices.
SpatialAwarenessSystem).GetDataProviders<IMixedRealitySpatialAwarenessObserver>();
                return observers.FirstOrDefault()?.IsRunning == true;
            }
        }
    }
```

在代码 6-7.cs 中，根据第 1 个数据提供者的当前状态（假设项目中只有一个数据提供者）动态地切换空间感知状态，控制空间感知进程，当切换到暂停状态时还清除了生成的网格数据。

MRTK 还提供了感知几何网格的添加、更新、移除事件，我们可以通过在空间感知系统中进行事件注册而获取事件通知，利用这些事件就可以对几何网格的变化情况进行相应处理，典型的操作代码如下：

```
// 第 6 章 /6-8.cs
using Microsoft.MixedReality.Toolkit;
using Microsoft.MixedReality.Toolkit.SpatialAwareness;
using UnityEngine;

namespace Davidwang
{
    using SpatialAwarenessHandler =
IMixedRealitySpatialAwarenessObservationHandler<SpatialAwarenessMeshObject>;
    public class MySpatialMeshHandler : MonoBehaviour, SpatialAwarenessHandler
    {
        private bool isRegistered = false;
        private void RegisterEventHandlers()
        {
            if (!isRegistered && (CoreServices.SpatialAwarenessSystem != null))
            {
                CoreServices.SpatialAwarenessSystem.RegisterHandler
<SpatialAwarenessHandler>(this);
                isRegistered = true;
            }
        }
        private void UnregisterEventHandlers()
        {
            if (isRegistered && (CoreServices.SpatialAwarenessSystem != null))
            {
```

```
                        CoreServices.SpatialAwarenessSystem.UnregisterHandler<Spatial
AwarenessHandler>(this);
                isRegistered = false;
            }
        }

        public virtual void OnObservationAdded(MixedRealitySpatialAwareness
EventData<SpatialAwarenessMeshObject> eventData)
        {
            // 新加的几何网格
            Debug.Log($" 网格 ID:{eventData.Id}");
        }
        public virtual void OnObservationUpdated(MixedRealitySpatialAwareness
EventData<SpatialAwarenessMeshObject> eventData)
        {
            // 已更新的几何网格
            Debug.Log($" 网格 ID:{eventData.Id}");
        }
        public virtual void OnObservationRemoved(MixedRealitySpatialAwareness
EventData<SpatialAwarenessMeshObject> eventData)
        {
            // 已移除的几何网格
            Debug.Log($" 网格 ID:{eventData.Id}");
        }
    }
}
```

我们也可以在运行时动态地开启或者关闭整个空间感知系统，典型代码如下：

```
// 第 6 章 /6-9.cs
// 需要引入 Microsoft.MixedReality.Toolkit 命名空间
if (needDisable)
{
    CoreServices.SpatialAwarenessSystem.Disable();
}
else
{
    CoreServices.SpatialAwarenessSystem.Enable();
}
```

6.4　开发环境中测试空间感知

空间感知功能需要 HoloLens 2 设备不断地采集环境信息，在开发测试阶段，每次真机部署测试都会耗费大量时间，不利于快速测试迭代，为此，MRTK 提供了专门用于开发环境的空间网格观察者（SpatialObjectMeshObserver）类，通过预先采集的环境信息网格数据，可以在不离开 Unity 开发环境的情况下测试空间感知功能，这是非常实用的功能，大大提高了开发速度，特别是对那些需要现场测试的 MR 应用。

在开发环境中测试空间感知功能的基本流程与 6.2 节一致，不同之处有 3 处：

（1）在添加新的空间网格观察者后，将其 Type 属性选择为 SpatialObjectMeshObserver，如图 6-8 所示。

图 6-8　将 Type 属性设置为 SpatialObjectMeshObserver

（2）将 Supported Platform 属性选择为 Windows Editor。

（3）本步为可选步骤，可以直接使用 MRTK 内置的空间环境信息网格数据进行测试，如果需要某特定场景的环境数据，则需要开发人员预先采集环境信息网格数据。首先克隆 Spatial Object Mesh Observer（空间对象网格观察者）下的配置文件，将 Spatial Mesh Object（空间网格对象）属性设置为预先采集的环境信息网格数据，然后根据需要设置其余属性参数，在 Unity 编辑器中运行测试时即可加载指定的网格数据。

预先采集的环境信息网格数据通常为 obj 格式模型文件，这些模型文件可以使用已采集好的网格数据，也可以使用 HoloLens 2 设备门户随时采集生成，具体操作步骤如下：

（1）打开 HoloLens 2 设备，缓慢扫描空间环境。

（2）通过设备门户连接 HoloLens 2 设备，在左侧菜单栏中依次选择 Views → 3D View，打开空间感知操作界面。

（3）单击 Spatial Mapping（空间映射）栏下的 Update 按钮，将 HoloLens 2 设备扫描的环境信息网格数据上载到设备门户。

（4）当数据上载完后单击 Spatial mapping 栏下的 save 按钮将其保存为 obj 格式模型文件。

6.5　射线检测

射线投射（Ray Casting），通常我们根据它的作用称为射线检测。射线检测是在 3D 数字世界里选择某个特定物体常用的一种技术，如在 3D、VR 游戏中检测子弹命中敌人情况或者从地上捡起一支枪，这都要用到射线检测，射线检测是在 3D 数字空间中选择虚拟物体的最基本方法，HoloLens 2 设备中的手势操作、凝视操作也都使用了射线检测功能。HoloLens 2 设备感知到环境后会生成场景几何网格数据，获取这些网格数据后我们也需要做射线检测以便确定目标位置，这样才能将虚拟物体放置到真实场景表面上。

射线检测的基本思路是在三维空间中从一个点沿一个方向发射出一条无限长的射线[①]，在射线的方向上，一旦与添加了碰撞器的物体发生碰撞，则会产生一个碰撞检测对象，因此，可以利用射线实现子弹击中目标的检测，也可以用射线来检测发生碰撞的位置，例如，我们可以从 HoloLens 2 设备摄像机(渲染虚拟场景的摄像机)所在的位置和前向方向构建一条射线，与生成的场景几何网格进行碰撞检测，如果发生碰撞则返回碰撞的位置，这样就可以在检测到的位置上放置虚拟物体了，射线检测原理如图 6-9 所示。

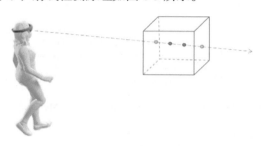

图 6-9　射线检测示意图

在具体实施中，MRTK 利用 Unity 提供的 Physics.Raycast() 系列方法进行射线检测，该系列方法包括多个重载，但使用方式完全一致，下面笔者以其中一个 Raycast() 方法为例进行讲解，该方法的原型如下：

```
//第 6 章 /6-10.cs
public static bool Raycast(Vector3 origin, Vector3 direction, out RaycastHit
hitInfo, float maxDistance = Mathf.Infinity, int layerMask = DefaultRaycastLayers,
QueryTriggerInteraction queryTriggerInteraction = QueryTriggerInteraction.UseGlobal);
```

该方法中各参数的描述如表 6-2 所示。

表 6-2　Raycast() 方法中各参数的描述

参 数 名 称	描　　述
origin	世界空间中的射线起点
direction	世界空间中的射线方向
hitInfo	该值为 RaycastHit 类型对象，发生碰撞时，该对象会保留与碰撞相关的信息
maxDistance	定义射线最大长度，单位为米
layerMask	层掩码，用于加速碰撞检测
queryTriggerInteraction	定义是否与触发器发生碰撞

在 Unity 中，layerMask 使用了 4 字节（32 位）来区分碰撞层，系统保留了低 8 位，而高 24 位供开发人员使用。区分碰撞层的策略可以将虚拟对象隔离在不同的层中，只针对某一层

---

① 事实上使用时通常会限制一个最远作用距离，如 10m。

或者某几层进行碰撞检测时可以大大地提高检测效率。

MRTK 生成的场景几何网格所在的物理层默认为 31:Spatial Awareness，即使用最高位作为碰撞层区分的标志，在使用 Raycast() 方法时只针对该层进行碰撞检测即可[①]。当然，开发者也可将场景几何网格设置为任何可用的物理层，如何获取场景几何网格所在层掩码的示例代码如下：

```
// 第 6 章 /6-11.cs
private static int mPhysicsLayer = 0;
private static int GetSpatialMeshMask()
{
    if (mPhysicsLayer == 0)
    {
        var spatialMappingConfig = CoreServices.SpatialAwarenessSystem.
ConfigurationProfile as MixedRealitySpatialAwarenessSystemProfile;
        if (spatialMappingConfig != null)
        {
            foreach (var config in spatialMappingConfig.ObserverConfigurations)
            {
                var observerProfile = config.ObserverProfile as
MixedRealitySpatialAwarenessMeshObserverProfile;
                if (observerProfile != null)
                {
                    mPhysicsLayer |= (1 << observerProfile.MeshPhysicsLayer);
                }
            }
        }
    }
    return mPhysicsLayer;
}
```

在代码 6-11.cs 中，通过 observerProfile.MeshPhysicsLayer 属性获取场景几何网格所在的物理层掩码，然后将其左移对应位以便其在射线检测方法中使用，针对场景表面的射线检测方法如下：

```
// 第 6 章 /6-12.cs
public static Vector3? GetPositionOnSpatialMap(float maxDistance = 10)
{
    RaycastHit hitInfo;
    var cameraTransform = Camera.main.transform;
    if (UnityEngine.Physics.Raycast(cameraTransform.position, cameraTransform.
forward, out hitInfo, maxDistance, GetSpatialMeshMask()))
    {
        return hitInfo.point;
```

① 只针对场景几何网格进行射线检测可以防止射线与场景中的虚拟对象发生碰撞，有利于寻找到真实环境物体的表面。

```
    }
    return null;
}
```

当碰撞发生时，与碰撞相关的信息会存储在 RaycastHit 结构体中，这些信息包括碰撞发生的位置、距离、碰撞对象、刚体对象等，通过这些信息我们就能详细了解碰撞情况，进行后续如虚拟对象放置、可视化凝视点效果等操作。

6.6　场景理解和语义

HoloLens 2 设备的空间感知可以利用专用硬件加速，MRTK 也提供了非常方便的方法来获取、处理场景几何网格数据，除此之外，MRTK 还集成了场景理解（Scene Understanding）功能，即感知场景网格语义（区分获取的网格数据所代表的场景类型，如地板、墙面、顶棚等）。

HoloLens 2 设备通过空间感知获取的场景几何网格数据可以实现对场景表面的建模（仅限于表面，HoloLens 2 设备无法对摄像头感知范围之外的区域建模），这对现实虚实碰撞、遮挡非常重要，但这些数据是非结构性的传感器数据，并不便于人类理解和直观使用。得益于计算机视觉和机器学习技术的发展，人们已经能够通过特定方法将这些非结构性的网格数据转换为更高层次的环境语义，以方便使用。

在 MRTK 中使用环境理解功能需要导入额外的功能特性模块，打开 MRFT 工具（Mixed Reality Feature Tool，混合现实特性工具），勾选 Platform Support → Mixed Reality Scene Understanding，将该功能模块添加到 Unity 工程中，如图 6-10 所示。

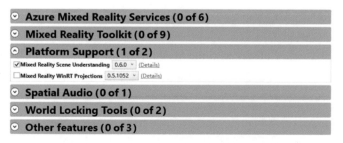

图 6-10　导入场景理解功能模块界面

6.6.1　场景理解基础

将场景理解功能模块导入 Unity 工程后，需要在空间感知（Spatial Awareness）配置文件下进行配置，单击 Add Spatial Observer 按钮添加一个空间观察者服务，将其 Type 属性设置为 WindowsSceneUnderstandingObserver、将 Supported Platform 属性设置为 Windows Universal，如图 6-11 所示。

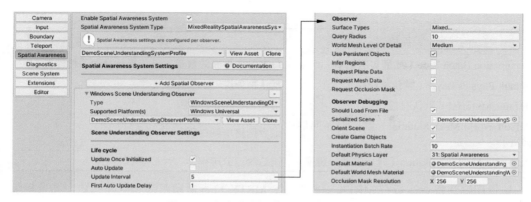

图 6-11　添加场景理解空间观察者服务

在 HoloLens 2 设备平台，空间感知会随着用户对环境的探索持续进行，生成的场景几何网格数据也会不断地修正和融合，场景理解观察者服务将这些非结构化的网格数据输出为抽象的场景理解语义，这些语义内容即可供高层次的 MR 应用使用，场景理解观察者配置文件中各属性的描述如表 6-3 所示。

表 6-3　场景理解配置文件中各属性的描述

属 性 名 称	描　　述
Update Once Initialized（初始化后即更新）	是否在应用完成初始化后即开始执行场景理解
Auto Update（自动更新）	是否自动更新场景理解
Update Interval（更新间隔）	场景理解更新频率，单位为秒
First Auto Update Delay（首次自动更新延时）	第一次执行场景理解更新的延时
Surface Types（表面类型）	表面类型，由 SpatialAwarenessSurfaceTypes 枚举描述
Query Radius（获取半径）	获取场景表面的空间半径
World Mesh Level of Detail（世界网格 LoD）	获取的场景网格 LoD 层级，可以选择 Coarse（粗糙）、Medium（中等）、Fine（精细）、Unlimited（不限制）、Custom（自定义）5 种之一
Use Persistent Objects(使用持久化对象)	在场景理解更新时保留上次环境理解语义结果
Infer Regions（推测区域）	推测填充暂未观察到的场景表面间隙
Request Plane Data（请求平面数据）	生成场景表面各类型平面数据
Request Mesh Data（请求网格数据）	生成场景表面各类型网格数据
Request Occlusion Mask（请求遮挡掩码）	生成场景平面遮挡纹理
Should Load From File（应从文件加载）	从文件中加载场景表面网格
Serialized Scene（序列化场景）	场景表面序列化文件
Orient Scene（场景方向）	将场景对齐到已检测最大平面的法向方向
Create Game Objects（创建游戏对象）	生成已检测到的表面类型的游戏对象

续表

属性名称	描　述
Instantiation Batch Rate（批量实例化率）	每次渲染平面的数量，设置得越高越消耗性能
Default Physics Layer（默认物理层）	默认物理层
Default Material（默认材质）	平面 / 网格渲染材质
Default World Mesh Material（默认世界网格材质）	世界网格渲染材质
Occlusion Mask Resolution（遮挡纹理分辨率）	遮挡纹理分辨率

场景理解观察者运行在 MRTK 运行时中，MRTK 负责运动跟踪和空间感知，场景理解观察者利用这些数据信息生成场景语义并提供给上层应用程序使用，如图 6-12 所示。场景理解输出的场景语义由空间对象（SpatialObject）管理，每个空间对象代表一个语义（如地面、墙、顶棚等），每个空间对象都由网格（Meshes）、平面（Quads）组成。场景语义形成由以空间对象为根的树形层次结构，理解场景语义的树形层次结构有利于我们正确使用和操作。

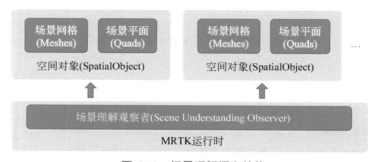

图 6-12　场景理解语义结构

构成场景语义的每个单元（空间对象、网络、平面）都有独立的 ID，可以独立进行更新，单元之间也可以相互引用，因此，只要持有场景语义的根节点，我们就可以遍历所有的场景单元。空间对象是一个表达场景语义的单元，空间对象有自己的三维坐标，但不包含任何网格数据，空间对象引用其他场景单元，如网格或者平面。当一个新的空间对象由场景理解观察者输出之后，我们可以很容易地获取该空间对象的所有场景单元。

> **提示**
>
> 　　对场景几何网格进行处理以便生成场景语义是一项高度计算密集型的操作，这个过程非常耗时，对一个中等尺寸空间（10m×10m）的计算可能需要几秒，而对一个大型尺寸空间（50m×50m）的计算则可能会高达几分钟，因此，默认 HoloLen 2 设备不会开启场景理解功能，该功能应该只在确实有需要的时候由应用程序启动，并在合适的时机关闭。

空间对象包含环境理解观察者输出的语义类型，其值由 SpatialAwarenessSurfaceTypes 枚举描述，语义分类如表 6-4 所示。

表 6-4　SpatialAwarenessSurfaceTypes 枚举类型

枚 举 名 称	描　　　　　述
背景（Background）	背景是所有已推断类型之外的一种类型
墙（Wall）	物理墙壁，通常认为墙壁不可移动
地板（Floor）	地板是地面的一种表达，所有可行走的表面都会归纳成地板
顶棚（Ceiling）	室内的顶棚
平台（Platform）	平台是不同于地板的一种大块平整表面，通常是桌面、工作台面或者大的水平表面
世界表面（World）	世界表面是一个保留的待分类的网格数据，通常设置了 EnableWorldMesh 更新标志的网格会被归纳成世界表面
推测（Inferred）	对暂未观察到的场景表面的类型进行推测
未知（Unknown）	暂未分类的网格，所有未被处理的网格都会被归纳成未知类型。未知类型与背景类型的区别是背景类型为一种除去其他所有分类的类型，是已处理过的网格类型

网格单元使用三角网格表达任意的空间几何结构，并提供顶点（Vertex）和顶点索引（Index）数据，三角网格环绕方向为顺时针方向。平面单元表达三维空间中的二维平面，类似于 ARCore 或者 ARKit SDK 中的平面，虽然名为平面，但其实平面单元可以表达复杂的二维平面形状，如中间有空洞的多边形平面。平面单元是二维结构，而网格单元是三维结构，空间对象可以同时包括平面单元和网格单元，但此时这两种表达是等效的，只是一个在二维空间中，而另一个在三维空间中。

6.6.2　场景理解使用

使用场景理解观察者服务，和使用其他服务一样，基本使用流程如下：

（1）注册场景理解处理类。

（2）实现空间感知接口，获取场景语义数据。

（3）遍历空间对象，获取感兴趣的语义表面。

（4）操作网格单元或者平面单元。

使用场景理解观察者首先需要将本处理脚本注册到 MRTK 中，这样才可以得到空间感知 IMixedRealitySpatialAwarenessObservationHandler 接口的事件消息，然后通过该接口提供的事件就可以获取场景理解的添加、更新、移除事件，典型的操作代码如下：

```
//第 6 章 /6-13.cs
public class SceneUnderstandingController : MonoBehaviour,
IMixedRealitySpatialAwarenessObservationHandler<SpatialAwarenessSceneObject>
{
    private IMixedRealitySceneUnderstandingObserver observer;
```

```csharp
    protected bool isRegistered = false;
    void Start()
    {
        observer = CoreServices.GetSpatialAwarenessSystemDataProvider<IMixedR
ealitySceneUnderstandingObserver>();
        if (observer == null)
        {
            Debug.LogError(" 找不到场景理解观察者 !");
            return;
        }
    }
    void OnEnable()
    {
        RegisterEventHandlers<IMixedRealitySpatialAwarenessObservationHandler
<SpatialAwarenessSceneObject>, SpatialAwarenessSceneObject>();
    }
    void OnDisable()
    {
        UnregisterEventHandlers<IMixedRealitySpatialAwarenessObservationHandl
er<SpatialAwarenessSceneObject>, SpatialAwarenessSceneObject>();
    }
    void OnDestroy()
    {
        UnregisterEventHandlers<IMixedRealitySpatialAwarenessObservationHandl
er<SpatialAwarenessSceneObject>, SpatialAwarenessSceneObject>();
    }
    protected virtual void RegisterEventHandlers<T, U>()
    where T : IMixedRealitySpatialAwarenessObservationHandler<U>
    where U : BaseSpatialAwarenessObject
    {
        if (!isRegistered && (CoreServices.SpatialAwarenessSystem != null))
        {
            CoreServices.SpatialAwarenessSystem.RegisterHandler<T>(this);
            isRegistered = true;
        }
    }
    protected virtual void UnregisterEventHandlers<T, U>()
        where T : IMixedRealitySpatialAwarenessObservationHandler<U>
        where U : BaseSpatialAwarenessObject
    {
        if (isRegistered && (CoreServices.SpatialAwarenessSystem != null))
        {
            CoreServices.SpatialAwarenessSystem.UnregisterHandler<T>(this);
            isRegistered = false;
        }
    }
```

```
    public void OnObservationAdded(MixedRealitySpatialAwarenessEventData
<SpatialAwarenessSceneObject> eventData)
    {
        // 空间对象添加
    }
    public void OnObservationUpdated(MixedRealitySpatialAwarenessEventData
<SpatialAwarenessSceneObject> eventData)
    {
        // 空间对象更新
    }
    public void OnObservationRemoved(MixedRealitySpatialAwarenessEventData
<SpatialAwarenessSceneObject> eventData)
    {
        // 空间对象移除
    }
}
```

通过 IMixedRealitySpatialAwarenessObservationHandler 接口，我们可以从接口事件获取添加、更新、移除的空间对象，通过空间对象就可以获取所有的网格单元和平面单元，典型的代码如下：

```
// 第 6 章 /6-14.cs
public void OnObservationAdded(MixedRealitySpatialAwarenessEventData
<SpatialAwarenessSceneObject> eventData)
{
    if (eventData.SpatialObject.Quads.Count > 0)
    {
        var prefab = Instantiate(InstantiatedPrefab);
      prefab.transform.SetPositionAndRotation(eventData.SpatialObject.
Position, eventData.SpatialObject.Rotation);
        float sx = eventData.SpatialObject.Quads[0].Extents.x;
        float sy = eventData.SpatialObject.Quads[0].Extents.y;
        prefab.transform.localScale = new Vector3(sx, sy, .1f);
        if (InstantiatedParent)
        {
            prefab.transform.SetParent(InstantiatedParent);
        }
    }
    else
    {
        foreach (var quad in eventData.SpatialObject.Quads)
        {
            // 设置平面颜色
        quad.GameObject.GetComponent<Renderer>().material.color =
ColorForSurfaceType(eventData.SpatialObject.SurfaceType);
        }
```

```
        foreach (var mesh in eventData.SpatialObject.Meshes)
        {
            // 场景网格
        }


    }
}
```

通过场景理解观察者对象，我们还可以将场景理解语义数据保存成文件[①]，供其他应用测试使用，还可以在运行时动态地修改需要获取的数据、表面数据类型、生成遮挡和碰撞体等，典型的代码如下：

```
// 第 6 章 /6-15.cs
public void SaveScene()
{
    observer.SaveScene("SceneUnderstandingFileName");
}
 public void ToggleFloors()
{
    var surfaceType = SpatialAwarenessSurfaceTypes.Floor;
    if (observer.SurfaceTypes.HasFlag(surfaceType))
    {
        observer.SurfaceTypes &= ~surfaceType;
    }
    else
    {
        observer.SurfaceTypes |= surfaceType;
    }
    ClearAndUpdateObserver();// 清空观察者之前生成的空间对象
}
```

场景理解语义对空间规划、空间分析、导航、物理模拟等非常重要，也是很多智能应用程序的基础，本节我们阐述了在 MRTK 中使用场景理解的一般流程和代码操作，利用这些知识可以搭建简单的场景语义应用程序，同时 MRTK 也提供了名为 SceneUnderstandingExample 的场景语义使用示例工程，读者可以进一步了解更深层次的技术细节。

6.7　空间感知和场景理解的应用

HoloLens 2 设备的空间感知和场景理解能力可以真正地融合虚拟数字世界和现实客观世界，精确地对齐虚拟世界与现实世界，利用这种能力，可以营造出令人叹为观止的虚实融合

---

① 场景理解语义文件保存在设备应用程序目录下，可以通过设备门户获取，存储路径如：User Folders\LocalAppData\[AppName]\LocalState\PREFIX_yyyyMMdd_hhmmss.bytes，其中 [AppName] 为应用程序包名，PREFIX 为保存时的文件名前缀。

体验，这种体验不仅表现在虚实交互方面，还表现在虚拟对象的行为特性可以更自然地与用户的预期保持一致。利用空间感知和场景理解，我们可以将虚拟对象放置在合理的真实场景表面上，这比悬浮在空中的对象更让人信服。我们也可以利用场景几何网格遮挡虚拟对象，解决虚拟对象飘浮在镜头前方的问题。我们还可以利用场景几何网格生成碰撞器，使用物理引擎模拟虚拟对象的物理行为，以使虚拟对象有着与真实对象一样的物理行为表现。

HoloLens 2 设备对环境的感知是渐近式的，随着用户对环境探索的进行，HoloLens 2 设备对环境的感知也会不断更新进而愈加准确，在有限空间里，HoloLens 2 设备提供的空间映射数据与真实环境数据误差非常小，可以认为是可信的，但由于各种原因，空间映射数据也存在各种类型的缺陷，主要有以下 4 类。

（1）空洞：空间映射几何网格中存在空洞。

（2）幻象：空间映射数据中存在虚假的场景几何表面网格数据，这些数字场景表面在现实环境中不存在。

（3）虫洞：一些环境场景表面由于材质、纹理的不同而被 HoloLens 2 设备误划分到不同的三维空间位置从而导致场景几何网格位置信息不正确。

（4）偏移：HoloLens 2 设备感知的环境表面与实际的环境表面位置有偏差，从而导致生成的几何网格数据突出或者凹陷。

虽然存在不足，但在大部分时间里，我们仍然认为 HoloLens 2 设备提供的空间映射数据是正确的（在一些场合也需要对上述 4 类缺陷进行专门处理），并且经常被用于虚拟物体放置、虚实遮挡、物理模拟、导航和路径规划，如图 6-13 所示。

图 6-13　空间映射常用于虚拟物体放置、虚实遮挡、物理模拟、导航与路径规划

6.7.1　虚拟物体放置

得益于空间映射和场景理解语义数据，我们可以以更加自然和熟悉的方式操作虚拟物体，如正确地将台灯放置在桌子上、将油画悬挂于墙上，而不会造成诡异的悬空景象。将虚拟物体约束（或者吸附）到场景表面更符合一般视觉原则，同时，还简化了 3D（空间中的点）到 2D（面上的点）的映射，从而使用者可以更方便、快捷、准确地操作虚拟对象，并且符合使用者的操作预期，也更加自然。

约束到场景表面的前提是空间映射数据的高可信度，由于空间映射数据缺陷的存在，返回不可靠结果时会大大削弱沉浸感并带来严重的负面影响，因此，在实践中，我们通常使用多个射线检测而不是一个射线检测以便确定位置，通过多个射线的检测结果不仅可以排除异常数据，还可以平滑参数，产生令人信服的结果。平滑也可用于时间轴（或者简单地设置最大及最小范围），如限制虚拟物体的移动速度就可以防止虚拟物体由于某些原因突然移近或者移远。

空间映射网络形状和法向有助于指导虚拟对象的放置，如虚拟椅子不应该穿透墙壁而应该放置于地面上，我们可以通过碰撞检测和场景理解解决这个问题，相同的原则可以应用到所有与此类似的场合中。另外，需要特别关注那些细小的模型部分，如椅子腿上的碰撞器的形状，可以适当地调大椅子腿上的碰撞器的形状以防止其陷入场景几何网格空洞中。

在一些场合下，可以使用自动放置，利用场景理解生成的场景语义可以更好地服务于自动放置，除非那些对位置不敏感的虚拟对象，自动放置也应当施加一些约束以确保其放置位置符合预期，如自动在墙壁上放置电灯开关，应当约束开关的高度，防止放置得过高而产生用户无法操作的问题。

成功的场景表面放置离不开成功的场景感知和空间映射，对于在 HoloLens 2 设备完成环境感知之前放置虚拟对象的问题，要么完全禁止该行为，要么引导用户先完成环境检测。另外，在 MR 应用中，用户对深度的感知比较困难，在放置虚拟物体时合适的视觉反馈可以帮助用户了解虚拟物体与场景表面的位置关系，也可以指示放置行为的可行性，如当用户将沙发放置到墙壁上时，采用红颜色标识放置位置可以提示该行为不可行，但在空间映射网格有缺陷时，如空洞，应当以明确的视觉反馈告知用户不能放置的原因并引导用户执行下一步操作。

6.7.2 遮挡

当将虚拟物体叠加到真实场景中时，虚拟物体与真实场景间存在一定的空间位置关系，即遮挡与被遮挡的关系，正确实现虚拟物体与真实环境的遮挡关系，需要基于对真实环境 3D 结构的了解，感知真实世界的 3D 结构、重建真实世界的数字 3D 模型，然后基于深度信息实现正确的遮挡。

空间映射生成的场景几何表面网格的主要用途之一就是实现正确的虚实遮挡，正确的虚实遮挡能极大地提高虚拟物体的真实感，虚实遮挡还可以帮助用户形成虚实物体间更好的空间认知，如当一个虚拟对象被一面墙遮挡后，我们就能对虚拟物体所处空间位置有个直观的印象。同时遮挡还可以排除远离用户的虚拟对象的视觉干扰，从而可以构建更简洁干净的虚实环境。

当然，遮挡有时也可能并不是我们所期望的，如一个需要交互的菜单被真实环境中的某个物体表面所遮挡，这会影响用户进一步操作，这时，可以通过改变被遮挡部分的渲染模式实现区分，但又不影响功能。

6.7.3 物理模拟

使用空间映射数据处理物理模拟是另一个非常重要的应用，如当一个虚拟的小球从桌面掉落时，我们希望它能与地板发生碰撞并能被反弹，就像一个真实的弹性小球一样运动，而不是穿透地板消失不见。物理模拟可以营造出非常真实的虚实对象交互，利用空间感知生成的场景几何网格和场景理解语义，对不同的空间对象类型赋予不同的物理材质就能实现真实感非常强的物理模拟。

由于之前提到的空间感知生成的场景表面几何网格的缺陷，在 MR 应用中使用物理模拟需要关注这些问题并妥善处理，另外，在使用物理模拟时可能需要暂停空间感知的更新，因为更新可能会导致几何网格突然发生变化。

6.7.4 导航和路径规划

MR 应用可以利用空间映射数据进行路径规划和导航，如一个虚拟智能体，我们希望它能像真实的人一样穿梭在大厅与各房间中，而不是像超人一样穿墙破障直来直往。通过路径规划和导航，也可以将用户引导到其希望到达的位置，如通过提前扫描并保存共享的医院场景地图，可以引导病患找到其想去往的科室。

如前所述，由于生成的场景表面几何网格数据的缺陷，路径规划和导航面临对可行走表面的可靠检测和对环境变化适应的挑战，网格数据需要进行简化和平滑等处理才能适用于实时的计算要求。

需要注意的是，Unity 内置的 NavMesh 不能用于 MR 应用的导航，因为 HoloLens 2 设备中的环境映射需要在运行时动态地建立，而不是静态的地图。

第 7 章

手势操作与交互

得益于新一代 HPU 性能的增强及算法的持续优化，HoloLens 2 设备在手部跟踪、手势检测、眼动跟踪方面有了巨大的提升，能够实时检测手部 25 个关节点及单击、抓取、保持等基本手势，精度更高、速度更快，并且支持本能交互，日渐趋近理想的虚实交互状态，本章我们着重阐述 HoloLens 2 设备中的手势操作交互。

7.1　手势输入配置

在 HoloLens 2 设备的 MR 应用中进行手势操作首先需要设置手势输入配置文件，以便 MR 应用能够利用 HoloLens 2 设备的手势检测跟踪能力进行手势交互。在第 2 章中，我们已经对 MRTK 输入配置文件设置进行了简要的叙述，输入配置文件的设置决定了 HoloLens 2 设备检测外部数据输入的能力，错误的输入设置无法正确使用输入数据，甚至可能会导致应用崩溃。对于 HoloLens 2 设备的配置文件设置，不提倡从头开始进行逐一设置[①]，我们建议使用 MRTK 提供的 HoloLens 2 设备默认配置文件（DefaultHoloLens2ConfigurationProfile）作为起始点做减法配置，因为默认的配置文件设置得非常全面，有很多设置其实可以去掉以提高性能。

MRTK 提供的默认 HoloLens 2 输入配置文件针对 HoloLens 2 硬件充分适配，正常使用时我们可以不必改动诸如输入动作（Input Actions）、控制器（Controllers）、手势（Gestures）等子配置节点参数，仅需修改与我们实际使用非常相关的部分属性。

> **提示**
>
> MRTK 默认的配置文件都经过严格测试和适配，功能健壮稳定，初学者在完全掌握相关知识之前，不建议随意修改参数，错误的参数设置可能导致 MR 应用出现的问题难以排查。

---

① 除非开发人员对配置文件非常熟悉，清楚地了解每个配置项的功能及作用。

7.1.1　输入数据提供者

输入数据提供者（Input Data Providers）直接与 HoloLens 2 设备硬件驱动通信，获取底层硬件数据输入，对于手势操作，必须添加 Windows Mixed Reality Device Manager 数据提供者，由其负责手势检测、跟踪及其他类型数据输入。如果需要使用手部关节，如手部菜单、自定义手部动作，则需要添加 Hand Joint Service 数据提供者，这两个数据提供者即可提供所有与手势操作交互相关的数据输入来源，我们可以直接使用 MRTK 实现好的 HoloLens 2 设备数据提供者代码逻辑，典型配置如图 7-1 所示，其中 Input Simulation Service 数据提供者只是为了方便在 Unity 编辑器中进行手势模拟测试，而不对实际部署的 MR 应用产生影响。

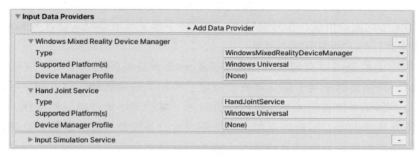

图 7-1　输入数据提供者配置

7.1.2　手部跟踪

在进行手部关节（Hand Joint、Articulated Hand）跟踪时，可以可视化跟踪的手势（渲染一个数字手部模型），MRTK 提供了默认的手势可视化方案，我们也可以通过 Hand Tracking 配置设置自定义手势渲染网格，如图 7-2 所示。

图 7-2　配置手势可视化效果

Hand Tracking 配置各参数属性和描述如表 7-1 所示。

表 7-1　**Hand Tracking 各参数的属性和描述**

属 性 名 称	描　　　述
关节预制体（Joint Prefab）	手部关节的预制体，默认为一个小方块
手掌预制体（Palm Prefab）	手掌掌心的预制体，默认为一个三轴坐标系
指尖预制体（Fingertip Prefab）	手指指尖的预制体，默认为一个小球
手部网格预制体（Hand Mesh Prefab）	手部网格的预制体，默认为灰白相间的网格
手部网格渲染模式（Hand Mesh Visualization Modes）	控制手部网格渲染模式
手部关节渲染模式（Hand Joint Visualization Modes）	控制手部关节渲染模式

手部网格渲染模式与手部关节渲染模式通常用于在 MR 应用运行时通过代码动态控制手部网格和手部关节的渲染情况，在开发阶段，建议将手部关节渲染模式设置为 Editor，不然在 Unity 编辑器中运行时手部关节将不可见。

渲染虚拟手部模型可以直观查看当前 HoloLens 2 设备检测到的手势，这在开发过程中进行功能测试，特别是测试与手部位置或者特定手势相关的功能时非常方便，可以直观地查看虚拟对象与手部相对位置的关系，也可以实时地了解特定手势检测的精确性，方便后续手势设计，但需要注意的是，手势可视化也会消耗大量设备资源，除特定场合外建议在最终发布应用时关闭手势可视化特性以节约资源（将手部网格渲染模式和手部关节渲染模式设置为 Nothing）。

7.1.3　手部指针

手势交互指针由开发人员在指针（Pointers）子配置中设置，在 MR 应用运行时，当手势控制器检测到手势输入时会依据所在硬件平台自动创建手势交互指针，并通过指针协调器确保多个手势交互指针正常工作。HoloLens 2 设备支持多种指针，如凝视、手部射线、单击、拖曳等，如图 7-3 所示。

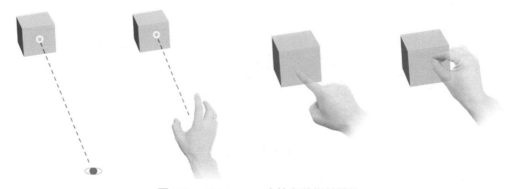

图 7-3　**HoloLens 2 支持多种指针操作**

对于手势交互，在 Pointers 子配置中，我们也可以配置多个指针选项，通常有默认指针

（DefaultControllerPointer，用于手部射线）、单击指针（PokePointer，用于指尖单击）、拖曳指针（ConicalGrabPointer，用于近端拖曳）3 种类型，如图 7-4 所示。

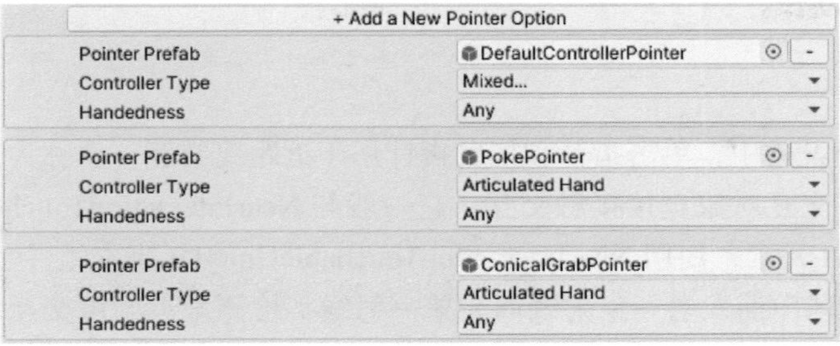

+ Add a New Pointer Option		
Pointer Prefab	⊕DefaultControllerPointer	⊙ -
Controller Type	Mixed...	▼
Handedness	Any	▼
Pointer Prefab	⊕PokePointer	⊙ -
Controller Type	Articulated Hand	▼
Handedness	Any	▼
Pointer Prefab	⊕ConicalGrabPointer	⊙ -
Controller Type	Articulated Hand	▼
Handedness	Any	▼

图 7-4　常用手势指针面板

每个指针都有 3 个属性参数，其中 Pointer Prefab 属性用于指定指针光标、执行代码的预制体，当指定手势被激活时即可自动实例化该预制体；Controller Type 属性用于指定该指针所适用的平台特性，如单击指针只适用于手部关节（Articluated Hand）手势，只有控制器检测到手部关节时才会被激活；Handedness 属性用于指定该指针所适用的左右手，可以是左手、右手、双手，当该属性被指定为 None 值时，关联的指针将不可用。

指针根据其作用距离可分为远指针和近指针两类，默认指针为远指针，它通过发射射线与远端对象交互，而单击指针与拖曳指针则为近指针，只能通过近距离"接触"操作虚拟对象。在实际使用时，我们可以直接使用预定义的指针预制体，也可以通过修改指针预制体实现个性化显示效果，甚至可以通过实现 IMixedRealityPointer 接口自定义专属的指针类型。

7.2　指针概述

指针是 HoloLens 2 设备人机交互中非常重要的概念，使用者主要通过指针操作虚拟对象。当一个控制器检测到特定类型的输入时会根据配置设定自动实例化相应的指针；在每一帧中，焦点提供者（Focus Provider）都会查询当前所有有效的指针（同一时刻可能会有多个有效活跃指针，如双手操作时），并对每个指针执行射线检测或者碰撞检测逻辑，确定该指针的交互对象（确定对象获得焦点），触发相应事件；当控制器发现特定类型输入丢失时，则会负责销毁相应的指针，以便释放资源。

1. 默认指针

在 HoloLens 2 设备中，默认指针（DefaultControllerPointer）实际由 ShellHandRayPointer 指针具体执行，它会根据检测到的使用者手部位置，从手掌中心位置向前发射一条射线，利用射线检测原理与场景中的对象交互，因此其常用于远距离交互，也称为远指针。通常 ShellHandRayPointer 指针与 Object Manipulator 脚本组件配合用于远端对象交互。MRTK 提供的所有指针均位于 Assets/MRTK/SDK/Features/UX/Prefabs/Pointers 目录下，打开

DefaultControllerPointer 预制体，可以看到其上挂载的 ShellHandRayPointer 脚本组件，其中 Pointer Extent 属性用于设置射线最大的作用距离，单位为米。Pointer Action 属性用于指定对象被射线击中时的动作。

2. 单击指针

在 HoloLens 2 设备中，单击指针和拖曳指针用于近距离交互，也称为近指针。单击指针利用食指指尖与可交互对象直接接触交互，它一般与 NearInteractionTouchable 脚本组件配合使用（对于 UnityUI 元素，使用 NearInteractionTouchableUnityUI 脚本组件）。单击指针使用球形射线（从一个半球向前发射一束射线而非单一射线）检测最近的可交互对象，通常用于按钮单击、接触事件触发。

打开 PokePointer 预制体可以看到其上挂载的 PokePointer 脚本组件，其中 Touchable Distance 属性用于指定单击戳中的最大距离（指尖与交互对象发生接触的最大距离），单位为米；Sphere Cast Radius 属性用于指定发射射线的半球半径，单位为米；Poke Layer Masks 属性用于指定单击指针可以交互的对象所在的层掩码及优先级（单击指针只与这些层掩码对象交互）。

3. 拖曳指针

拖曳指针利用拇指与食指（及其他手指）的捏合手势与可交互对象直接接触交互，它一般与 NearInteractionGrabbable 脚本组件配合使用，根据交互体验，新版拖曳指针（Conical Grab Pointer）替换了原球形指针（Sphere Pointer），它用一个圆锥体而非球体判定交互对象，更符合自然使用体验。

打开 ConicalGrabPointer 预制体可以看到其上挂载的 SpherePointer 脚本组件，各属性参数意义如图 7-5（b）所示。

（1）Near Object Sector Angle 属性用于指定圆锥展开的角度。

（2）Sphere Cast Radius 属性用于指定圆锥体底部发射射线球体的半径。

（3）Near Object Margin 属性用于指定圆锥体底部小球表面到虚拟对象的最大距离，单位为米，因此，最远可检测对象的距离为 Sphere Cast Radius + Near Object Margin。

（4）Near Object Smoothing Factor 属性用于指定平滑因子，当拖曳指针检测到一个可交互对象时，圆锥检测半径会由小变大，计算公式为（Sphere Cast Radius + Near Object Margin）×（1 + Near Object Smoothing Factor），这样处理的目的是为了防止已检测对象由于手部抖动而脱离检测范围，从而提高拖曳稳定性。

（5）Ignore Colliders Not in FOV 属性用于指定是否忽略不在视场角内的对象，由于检测手部的传感器与呈现全息场景的光波导显示设备检测范围并不一致，为避免那些不在视场角内的对象被误操作，我们可以启用该属性功能，FOV 与显示区域的关系如图 7-5（a）所示。

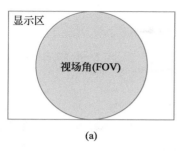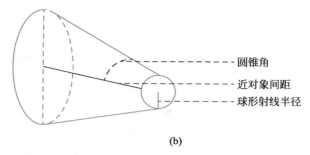

图 7-5　拖曳指针常用属性含义示意图

从上述指针的工作原理可以看到，一个可交互的虚拟对象一定需要挂载碰撞器（Collider）组件，没有挂载碰撞器组件的对象无法参与射线检测或者碰撞检测，因此无法交互。

7.3　指针基本操作

为方便开发者处理指针事件，MRTK 提供了 PointerHandler 脚本组件，该组件可以直接挂载到场景中的游戏对象上，其有 2 个属性：Is Focus Required 属性用于指定是否需要游戏对象获取焦点才能触发事件，不勾选该属性时场景中的所有指针操作都可以触发游戏对象事件，勾选该属性时只有游戏对象获取焦点时才会触发事件；Mark Events As Used 属性用于设置事件消息是否继续传递，由于事件可以形成串式订阅，当不勾选该属性时，在本游戏对象处理完之后事件消息会传递到另一个事件订阅者，勾选该值时，在本对象处理完后事件将不再传递，即事件消息分发到此停止。PointerHandler 组件包含 4 个事件，具体如表 7-2 所示。

表 7-2　PointerHandler 组件事件

事 件 名 称	描　　述
OnPointerDown	当指针单击按下时
OnPointerUp	当指针单击后抬起时
OnPointerClicked	当指针单击时
OnPointerDragged	当指针拖动时

利用 PointerHandler 脚本组件，我们可以非常轻松地处理与指针相关的操作，如在一个游戏对象上挂载该脚本后，通过添加 OnPointerClicked 事件，就可以实现在指定位置生成新的游戏对象，代码如下：

```
//第7章/7-1.cs
public GameObject PrefabToSpawn;
public void Spawn(MixedRealityPointerEventData eventData)
{
    if (PrefabToSpawn != null)
```

```
    {
        var result = eventData.Pointer.Result;
        var spawnPosition = result.Details.Point;
        var spawnRotation = Quaternion.LookRotation(result.Details.Normal);
        Instantiate(PrefabToSpawn, spawnPosition, spawnRotation);
    }
}
```

在指针事件参数中，Pointer.Result 结构体包含了通过射线或者其他方法获取的场景中已获得焦点的游戏对象，以及发生碰撞的位置与方向信息，因此我们可以得到指针与游戏对象相交的位置及方向，这也是获取指针命中点的准确姿态的通用方法。需要注意的是，Pointer.Result 不会返回空值，如果场景中没有对象被选择，则其位置即为指针定义时最远作用距离所在的位置，方向与指针射线方向相反。

提示

因为手势操作与输入相关，同时为方便开发者使用，MRTK 也提供了工具类，本章各代码清单默认引入 Microsoft.MixedReality.Toolkit; Microsoft.MixedReality.Toolkit.Input; Microsoft.MixedReality.Toolkit.Utilities 命名空间，如果在开发中发现找不到对应类或者接口，需检查命名空间。

除了借助于 PointerHandler 脚本组件，我们也可以直接通过代码操作指针。由于使用者通过指针与 MR 应用对象交互，通过控制指针，我们就能全局性地控制使用者的操作行为，如我们可以通过关闭远指针、单击指针、拖曳指针来关闭对应的操作行为，代码如下：

```
// 第 7 章 /7-2.cs
// 关闭远指针
PointerUtils.SetHandRayPointerBehavior(PointerBehavior.AlwaysOff);
// 只关闭右手远指针
PointerUtils.SetHandRayPointerBehavior(PointerBehavior.AlwaysOff, Handedness.
Right);
// 恢复远指针
PointerUtils.SetHandRayPointerBehavior(PointerBehavior.Default);
// 保持远指针一直开启
PointerUtils.SetHandRayPointerBehavior(PointerBehavior.AlwaysOn);
// 关闭单击指针
PointerUtils.SetHandPokePointerBehavior(PointerBehavior.AlwaysOff);
// 关闭拖曳指针
PointerUtils.SetHandGrabPointerBehavior(PointerBehavior.AlwaysOff);
```

我们也可以通过遍历获取当前激活的所有指针，代码如下：

```
// 第 7 章 /7-3.cs
void GatherAllActivePointer()
```

```
    {
        var pointers = new HashSet<IMixedRealityPointer>();
        foreach (var inputSource in CoreServices.InputSystem.DetectedInputSources)
        {
            foreach (var pointer in inputSource.Pointers)
            {
                if (pointer.IsInteractionEnabled && !pointers.Contains(pointer))
                {
                    pointers.Add(pointer);
                }
            }
        }
        foreach (var pointer in pointers)
        {
            Debug.Log(pointer.PointerName);
        }
    }
```

对于需要实时监控指针变化情况的场合，我们也可以通过订阅主指针变化事件来获取主指针的变化情况，代码如下：

```
// 第 7 章 /7-4.cs
  private void OnEnable()
  {
      var focusProvider = CoreServices.InputSystem?.FocusProvider;
      focusProvider?.SubscribeToPrimaryPointerChanged(OnPrimaryPointerChanged,
true);
  }

  private void OnPrimaryPointerChanged(IMixedRealityPointer oldPointer,
IMixedRealityPointer newPointer)
  {
      if(oldPointer != null && newPointer != null)
          Debug.Log("原指针名 :"+oldPointer.PointerName+"，现指针名："+newPointer.
PointerName);
  }

  private void OnDisable()
  {
      var focusProvider = CoreServices.InputSystem?.FocusProvider;
      focusProvider?.UnsubscribeFromPrimaryPointerChanged(OnPrimaryPointerChanged);
      // 清空原事件处理
      OnPrimaryPointerChanged(null, null);
  }
```

> **提示**
>
> 为提高性能和防止代码执行异常，对事件的订阅与取消订阅通常成对出现，在需要时订阅事件，在不需要时取消事件订阅。

指针输入事件处理机制与其他输入事件处理机制基本一致，都由 MRTK 识别和处理，不同之处在于，指针输入事件只能由与触发该事件指针类型相同的指针处理，包括获取焦点的游戏对象事件或者全局事件，而其他输入事件则可由所有活跃状态的指针处理。其处理流程如下：

（1）MRTK 输入系统识别一个输入事件。

（2）MRTK 向所有全局注册了该事件的接口函数分发事件消息。

（3）MRTK 输入系统查询所有与触发该事件指针类型相同的并且处于获得焦点状态的游戏对象，利用 Unity 事件系统触发这些游戏对象上挂载的符合条件的组件处理方法处理指针事件，如果在处理指针输入事件时，指针输入事件被标记为已使用（MarkEventsAsUsed 的值为 true）时结束该事件处理，事件消息不再向下传递。如果没有找到符合条件的处理组件，Unity 事件系统则会向该游戏对象的父对象冒泡以便传递事件消息。

（4）如果没有注册该事件的全局函数或者没有找到符合处理条件的游戏对象，输入系统则会回调预设置的回调函数。

除使用 MRTK 提供的组件处理指针输入事件，MRTK 也定义了 4 个有关指针输入事件的处理接口，我们可以通过实现其中的一个或者多个自定义事件的处理逻辑，MRTK 定义的指针输入事件处理接口如表 7-3 所示。

表 7-3　MRTK 定义的指针事件处理接口

接 口 名 称	事 件	描 述
IMixedRealityFocusChangedHandler	OnBeforeFocusChange() OnFocusChanged()	当游戏对象焦点发生变化时触发
IMixedRealityFocusHandler	OnFocusEnter() OnFocusExit()	当第 1 个指针进入获得焦点的游戏对象和最后一个指针退出获得焦点的游戏对象时触发
IMixedRealityPointerHandler	OnPointerDown() OnPointerClicked() OnPointerUp() OnPointerDragged()	当指针按下、单击、抬起、拖曳时触发
IMixedRealityTouchHandler	OnTouchStarted() OnTouchUpdated() OnTouchCompleted()	当单击指针接触开始、更新、结束时触发

通过实现以上接口，我们就能自定义指针输入事件的处理逻辑，但需要注意的是，IMixedRealityFocusChangedHandler 和 IMixedRealityFocusHandler 接口事件应当由触发该事件

的对象处理，不会进行全局事件消息分发。下面我们对自定义的指针输入事件处理进行演示，代码如下：

```
// 第 7 章 /7-5.cs
public class PointerEventsHandler : MonoBehaviour, IMixedRealityFocusHandler,
IMixedRealityPointerHandler
{
    private Color color_IdleState = Color.cyan;
    private Color color_OnHover = Color.red;
    private Color color_OnSelect = Color.blue;
    private Color color_OnDrag = Color.yellow;
    private Material material;
    private void Awake()
    {
        material = GetComponent<Renderer>().material;
    }
    void IMixedRealityFocusHandler.OnFocusEnter(FocusEventData eventData)
    {
        material.color = color_OnHover;
    }
    void IMixedRealityFocusHandler.OnFocusExit(FocusEventData eventData)
    {
        material.color = color_IdleState;
    }
     void IMixedRealityPointerHandler.OnPointerDown( MixedRealityPointerEventData
eventData)
    { }
    void IMixedRealityPointerHandler.OnPointerUp( MixedRealityPointerEventData
eventData)
    { }
    void IMixedRealityPointerHandler.OnPointerDragged( MixedRealityPointerEventData
eventData)
    {
        material.color = color_OnDrag;
    }

    void IMixedRealityPointerHandler.OnPointerClicked(MixedRealityPointerEven
tData eventData)
    {
        material.color = color_OnSelect;
    }
}
```

代码 7-5.cs 所示脚本由于继承自 MonoBehaviour，所以可以直接挂载到游戏对象上以便接收并处理指针输入事件。

7.4 手势操作

在 HoloLens 2 设备中，手势操作可分为两类：近端操作和远端操作 [1]。近端操作指近距离的单击、按压、拖曳等操作，需要使用者的手指或者手掌与被操作对象接触；远端操作则是通过凝视、手部射线的方式对距离较远的对象进行单击、拖曳操作。得益于配备的第二代 HPU，HoloLens 2 设备对手势检测速度更快、检测手势更多，可以实时跟踪使用者手势的状态，实现本能交互。

在 MR 应用中使用手势操作首先需要确保正确地输入配置（正确设置输入配置文件的各种参数），被操作对象挂载了碰撞器（Collider）组件，然后区分近端操作和远端操作挂载对应手势操作脚本组件，获取手势输入事件消息，处理手势事件。

7.4.1 近端操作

近端操作可分为接触（包括单击）和拖曳两类，通常单击指针与 NearInteractionTouchable 脚本组件配合触发指针接触（Touch）事件，而拖曳指针与 NearInteractionGrabbable 脚本组件配合触发拖曳（Drag）事件，但需要注意的是，在触发相应指针输入事件后，我们仍然需要使用其他脚本或者组件监听和处理这些事件。

MR 场景中的虚拟对象也可以分成两类：一类是 2D 平面对象，它们没有厚度（或者厚度属性不重要），如菜单、对话框、2D 面板；另一类是 3D 虚拟物体，它们会占据一定空间。对应这两种类型对象，MRTK 提供了 NearInteractionTouchable 和 NearInteractionTouchableVolume 两个脚本组件分别用于处理单面接触（2D）和体接触（3D）情况，前者只能用于单面触发指针输入事件的对象（如菜单），而后者则可以从各个方向、各个角度触发指针输入事件。

1. 单面接触

单面接触非常适合只需单面进行交互的对象，下面我们对其使用进行演示，在 Unity 场景中新建一个 Quad 对象，命名为 SingleSurfaceTouch，将其碰撞器修改为 Box Collider，并为其挂载 NearInteractionTouchable 脚本组件，此时 SingleSurfaceTouch 对象就能正确地触发指针输入事件了。

NearInteractionTouchable 脚本组件中 Events To Receive 属性用于指定事件处理接口，如果选择 Touch，则只能通过 IMixedRealityTouchHandler 接口接收事件，如果选择 Pointer，则只能通过 IMixedRealityPointerHandler 接口接收事件；Local Forward 属性用于指定触发面的法线（Unity 编辑器场景中 2D 对象白色的箭头指向），只能从该方向触发手势操作输入事件。

在添加 NearInteractionTouchable 脚本组件后，可以通过其 Fix Bounds、Fix Center 按钮根据游戏对象尺寸重新计算可接触面尺寸与位置，以便实现正确的碰撞。

---

① 近端操作也称为近程操作、接近操作，远端操作也称为远程操作。

至此，我们已能够正确地触发单面指针输入事件，但并没有接收和处理事件的逻辑，这时可以通过实现 IMixedRealityTouchHandler 或者 IMixedRealityPointerHandler 接口自定义处理逻辑，代码如下：

```
// 第 7 章 /7-6.cs
public class TouchGestures : MonoBehaviour, IMixedRealityTouchHandler
{
    public void OnTouchStarted(HandTrackingInputEventData eventData)
    {

        Debug.Log(" 接触点位置 :"+eventData.InputData.ToString());
    }
    public void OnTouchCompleted(HandTrackingInputEventData eventData) { }
    public void OnTouchUpdated(HandTrackingInputEventData eventData) { }
}
```

MRTK 提供了 PointerHandler 指针事件处理组件，可以方便地接收和处理指针输入事件，也提供了交互功能更丰富的 Interactable 脚本组件，该组件实现了所有基本的指针输入事件接口，因此能够捕获所有指针输入事件，我们可以根据自己的需求处理感兴趣的指针事件。

在添加 Interactable 脚本组件后，该组件提供了一个默认的 OnClick() 事件，我们也可以通过其属性面板下方的 Add Event 按钮添加事件接收者（Receiver），通过其 Event Receiver Type（事件接收者类型）属性下拉菜单选择事件类型，如图 7-6 所示。

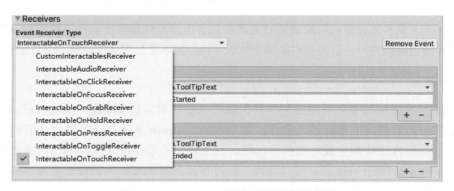

图 7-6　Interactable 组件支持的事件类型

通过事件类型名称，可以非常清楚地了解各类事件接收器处理的输入事件，如本节中我们需要处理指针输入中的接触事件，则选择 InteractableOnTouchReceiver 事件类型，然后添加事件处理逻辑函数即可。

与实现自定义事件处理不同，MRTK 提供的 Interactable 组件不能提供事件参数，因此，如果需要更详细的输入事件信息则需要通过实现相应接口自定义处理。

2. 体接触

体接触非常适合于需要从各角度、各方向接触触发事件的场合，如 3D 虚拟对象，通常希望能从各个角度进行操作。体接触使用方法与单面接触使用方法相同，在 Unity 场景中新创建一个立方体对象，为其挂载 NearInteractionTouchableVolume 脚本组件，该脚本组件会依据游戏对象碰撞体的尺寸自动计算触发空间大小，其使用方法与 NearInteractionTouchable 脚本组件的使用方法基本一致。

另外，对使用 Unity 画布（Unity UI Canvas）的 UI 对象，需要使用 NearInteraction-TouchableUnityUI 脚本组件，这是 MRTK 专为 Unity UI 对象触发指针输入事件而设计的组件，其使用方法与其他两个组件基本一致。

除了可以在编辑状态静态地添加各脚本组件，我们也可以在运行时动态地添加脚本组件并处理指针输入事件，代码如下：

```
// 第 7 章 /7-7.cs
void Start()
{
    var touchable = gameObject.AddComponent<NearInteractionTouchableVolume>();
    touchable.EventsToReceive = TouchableEventType.Pointer;
    var material = gameObject.GetComponent<Renderer>().material;
    var pointerHandler = gameObject.AddComponent<PointerHandler>();
    pointerHandler.OnPointerDown.AddListener((e) => material.color = Color.green);
    pointerHandler.OnPointerUp.AddListener((e) => material.color = Color.magenta);
}
```

代码 7-7.cs 演示了在游戏对象激活时为其添加各组件及注册事件监听，在实际开发中更一般的做法是通过按钮为另一个游戏对象动态地添加操作脚本及处理事件逻辑，但方法与此一致。

3. 拖曳

拖曳操作的使用与体接触的使用非常类似，当游戏对象挂载 NearInteractionGrabbable 脚本组件后即可触发相应的指针输入事件，如 **OnPointerDown** 事件，该组件也会依据游戏对象的碰撞体的形状自动计算生成可操作的区域，只是触发的指针输入事件不同，拖曳事件只能通过 **IMixedRealityPointerHandler** 接口处理。通过在运行时动态地为游戏对象添加与近端拖曳相关的脚本组件并处理拖曳事件的演示代码如下：

```
// 第 7 章 /7-8.cs
public void MakeNearDraggable(GameObject target)
{
    var nearGrabable = target.AddComponent<NearInteractionGrabbable>();
    nearGrabable.ShowTetherWhenManipulating = true;
    var pointerHandler = target.AddComponent<PointerHandler>();
    pointerHandler.OnPointerDown.AddListener((e) =>
    {
```

```
          //ConicalGrabPointer 也使用 SpherePointer 脚本
          if (e.Pointer is SpherePointer)
          {
              target.transform.parent = ((SpherePointer)(e.Pointer)).transform;
          }
      });
      pointerHandler.OnPointerUp.AddListener((e) =>
      {
          if (e.Pointer is SpherePointer)
          {
              target.transform.parent = null;
          }
      });
  }
```

与上述指针输入事件一样，我们也可以通过实现 IMixedRealityPointerHandler 接口自定义事件处理逻辑，但 MRTK 提供了更简单的 ObjectManipulator 脚本组件，该组件能以一般方式自动处理近距离拖曳事件[①]。

7.4.2　远端操作

在 HoloLens 2 设备上，MRTK 使用默认指针（DefaultControllerPointer）处理远端手势操作，该指针会从检测到的使用者的手掌中心向前发射一条射线，通过射线检测以便确定交互对象。在 MRTK 中没有专门用于远端交互的脚本组件，但我们可以通过实现 IMixedRealityFocusChangedHandler 或者 IMixedRealityFocusHandler 接口处理远端指针交互事件，典型代码如下：

```
// 第 7 章 /7-9.cs
public class FarOperation : MonoBehaviour, IMixedRealityFocusChangedHandler,
IMixedRealityFocusHandler
{
    void IMixedRealityFocusChangedHandler.OnBeforeFocusChange(FocusEventData
eventData)
    {  }
    void IMixedRealityFocusChangedHandler.OnFocusChanged(FocusEventData
eventData)
    {
        Debug.Log(" 指针名: "+eventData.Pointer.PointerName);
    }
    void IMixedRealityFocusHandler.OnFocusEnter(FocusEventData eventData)
    {
        Debug.Log(" 当前获得焦点的对象: "+eventData.NewFocusedObject.name);
```

---

① ObjectManipulator 脚本组件的相关信息可查阅第 4 章内容。

```
        eventData.Use();
    }
    void IMixedRealityFocusHandler.OnFocusExit(FocusEventData eventData)
    { }
}
```

当然，更简单的方法是使用 MRTK 提供的 ObjectManipulator 脚本组件，在游戏对象上挂载该组件后，需要勾选 Allow Far Manipulation（允许远端操作）复选框（默认为勾选状态），然后即可远端操作对象，并且支持单手、双手操作，详情可参阅第 4 章相关内容。

HoloLens 2 设备对手势操作提供了非常好的支持，MRTK 也提供了很多简单易用的组件和接口，除了提供功能支持，还提供非常好的视觉反馈主题和效果，利用 MRTK 提供的基础，我们可以非常容易地实现简单易用、本能直观的手势操作。

7.5　手部跟踪

HoloLens 2 设备可以同时检测并跟踪双手，并能实时跟踪每只手的 25 个关节点。在每个检测到的手部中，食指尖（Index Finger）和手掌心（Palm）这两个位置很特别，食指尖常用于单击、触碰操作，MRTK 对其进行了专门处理，手掌心用于确定整个手部姿态（但手掌心不属于 25 个手部关节点之一）。在 MRTK 中，手部关节由 TrackedHandJoint 枚举类型描述，其各关节名称及位置如图 7-7 所示。

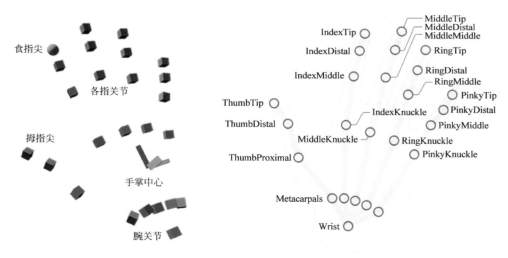

图 7-7　MRTK 手部各关节位置及名称

通过配置文件，我们可以设置每个关节点显示的预制体（默认使用立方体，如果不设置预制体，MRTK 则会生成空对象），也可以设置手部网络显示风格，但需要注意的是，手部检测跟踪需要每帧更新手部状态，复杂的关节点和手部网格显示渲染会消耗大量的资源，除非

必要，建议关闭关节点和手部网格渲染显示，可以在配置文件中关闭，也可以在运行时动态
关闭，代码如下：

```
//第 7 章 /7-10.cs
public void SetHandTrackingVisualization()
{
    var mainProfile = MixedRealityToolkit.Instance.ActiveProfile;
    var handTrackingProfile = mainProfile.InputSystemProfile.HandTrackingProfile;
    //不渲染手部关节
    handTrackingProfile.HandJointVisualizationModes = 0;
    //渲染手部关节
    handTrackingProfile.HandJointVisualizationModes = SupportedApplicationModes.
Player;
    //不渲染手部网格
    handTrackingProfile.HandMeshVisualizationModes = 0;
    //渲染手部网格
    handTrackingProfile.HandMeshVisualizationModes = SupportedApplicationModes.
Player;
}
```

7.5.1　获取手部姿态

MRTK 提供了 3 种获取食指尖与手掌姿态的方法：第一种方法是实现 IMixedReality-
SourceStateHandler 接口，在检测到手部时通过 OnSourceDetected 事件获取相关信息，代码如下：

```
//第 7 章 /7-11.cs
public class GetHandPose : MonoBehaviour, IMixedRealitySourceStateHandler
{
    public void OnSourceDetected(SourceStateEventData eventData)
    {
        var hand = eventData.Controller as IMixedRealityHand;
        if (hand != null)
        {
            if (hand.TryGetJoint(TrackedHandJoint.Palm, out MixedRealityPose
jointPose))
            {
                // 获取手部姿态后的操作
            }
        }
    }
    public void OnSourceLost(SourceStateEventData eventData)
    { }
}
```

由于手部姿态的影响（如遮挡、超出检测范围），当检测不到手部状态时，TryGetJoint()

方法的返回值为 false，这时骨骼关节点值为 null，而手部姿态为 MixedRealityPose. ZeroIdentity。我们也可以使用 TryGetJointTransform() 方法获取手部姿态，代码如下：

```csharp
//第7章/7-12.cs
public class GetHandPose : MonoBehaviour, IMixedRealitySourceStateHandler
{
    public void OnSourceDetected(SourceStateEventData eventData)
    {
        var handVisualizer = eventData.Controller.Visualizer as
IMixedRealityHandVisualizer;
        if (handVisualizer != null)
        {
         if (handVisualizer.TryGetJointTransform(TrackedHandJoint.Palm, out
Transform jointTransform))
            {
                // 获取手部姿态后的操作
            }
        }
    }
    public void OnSourceLost(SourceStateEventData eventData)
    { }
}
```

利用上述方法只能获取第一只被检测到的手部信息，不能同时获取两只手的姿态。MRTK 还提供了另一种获取手部姿态的方法，代码如下：

```csharp
//第7章/7-13.cs
private void GetHandPose()
{
    if (HandJointUtils.TryGetJointPose(TrackedHandJoint.Palm, Handedness.
Right, out MixedRealityPose pose))
    {
        // 获取手部姿态后的操作
    }
}
```

使用这种方法可以获取指定的手部状态，也可以同时获取两只双手的状态，并且使用更简捷。

7.5.2　获取手部关节

利用 MRTK，我们不仅可以获取食指尖和手掌姿态，也可以获取每个手部关节点的姿态信息，代码如下：

```csharp
//第7章/7-14.cs
private void GetHandJoint()
```

```
{
        var handJointService = CoreServices.GetInputSystemDataProvider<IMixedReal
ityHandJointService>();
        if (handJointService != null)
        {
            Transform jointTransform = handJointService.RequestJointTransform(Tra
ckedHandJoint.MiddleTip, Handedness.Right);
            // 另一种方法
            HandJointUtils.TryGetJointPose(TrackedHandJoint.MiddleTip, Handedness.
Right, out MixedRealityPose pose);
        }
    }
```

上述方法用于主动获取指定手部关节点的姿态，我们还可以通过 IMixedRealityHand-
JointHandler 接口获取每一帧更新的指定手部关节点的姿态，需要注意的是，这种方法的更新
频率很高，只适合有特定需求的应用，代码如下：

```
// 第 7 章 /7-15.cs
// 需引入 System.Collections.Generic 命名空间
public class MyHandJointEventHandler : IMixedRealityHandJointHandler
{
    void IMixedRealityHandJointHandler.OnHandJointsUpdated(InputEventData<IDi
ctionary<TrackedHandJoint, MixedRealityPose>> eventData)
    {
        if (eventData.Handedness == Handedness.Right)
        {
            if (eventData.InputData.TryGetValue(TrackedHandJoint.MiddleTip,
out MixedRealityPose pose))
            {
                //...
            }
        }
    }
}
```

> **提示**
>
> 　　由于各种原因，获取手掌姿态或者手部关节点姿态都有可能返回 null 值，因此，开
> 发人员需要时刻关注和处理所有异常数据。

7.5.3　获取手部网格

在启用手部网格渲染后（默认不开启），我们也可以利用 IMixedRealityHandMeshHandler
接口获取每一帧更新的手部网格数据，代码如下：

```
// 第 7 章 /7-16.cs
public class MyHandMeshEventHandler : IMixedRealityHandMeshHandler
{
    public Mesh myMesh;
    public void OnHandMeshUpdated(InputEventData<HandMeshInfo> eventData)
    {
        if (eventData.Handedness == Handedness.Left)
        {
            myMesh.vertices = eventData.InputData.vertices;
            myMesh.normals = eventData.InputData.normals;
            myMesh.triangles = eventData.InputData.triangles;
            if (eventData.InputData.uvs != null && eventData.InputData.uvs.Length > 0)
            {
                myMesh.uv = eventData.InputData.uvs;
            }
            //...
        }
    }
}
```

7.5.4 手部关节使用演示

MRTK 预定义了很多手势，可以非常方便地使用，但通过手部关节点的姿态信息，我们也可以自定义手势，实现一些独特或者炫酷的效果，代码如下：

```
// 第 7 章 /7-17.cs
private float flatHandThreshold = 45.0f;
// 手掌向上的法线与摄像头前向射线之间的夹角
private float facingCameraTrackingThreshold = 80.0f;
// 是否要求手指打开
private bool requireFlatHand = true;
private bool IsPalmMeetingThresholdRequirements()
{
    MixedRealityPose palmPose;
    if (requireFlatHand)
    {
        MixedRealityPose indexTipPose, ringTipPose;
        Handedness handedness = Handedness.Left;
        if (HandJointUtils.TryGetJointPose(TrackedHandJoint.IndexTip,
Handedness.Right, out indexTipPose) &&
            HandJointUtils.TryGetJointPose(TrackedHandJoint.RingTip,
Handedness.Right, out ringTipPose) &&
            HandJointUtils.TryGetJointPose(TrackedHandJoint.Palm, Handedness.
Right, out palmPose)
            )
```

```
            {
                var handNormal = Vector3.Cross(indexTipPose.Position - palmPose.
Position,
                    ringTipPose.Position - indexTipPose.Position).normalized;
                handNormal *= (handedness == Handedness.Right) ? 1.0f : -1.0f;

                if (Vector3.Angle(palmPose.Up, handNormal) > flatHandThreshold)
                {
                    return false;
                }
            }
        }
    if (HandJointUtils.TryGetJointPose(TrackedHandJoint.Palm, Handedness.
Right, out palmPose))
        {
            float palmCameraAngle = Vector3.Angle(palmPose.Up, CameraCache.Main.
transform.forward);
            return palmCameraAngle < facingCameraTrackingThreshold;
        }
        return false;
    }
```

在代码中，我们首先获取了手部关节点的姿态，然后求取手掌心到食指指尖的向量和食指指尖到无名指指尖的向量，并取这两个向量叉乘的结果，判断当前活动手部为左手还是右手。如果是右手则结果不变，如果为左手，则结果乘以 -1，以此得到一个参考向量，随后根据手掌法向量与该参考向量的角度与预设阈值比较，实现自定义手掌打开或者翻转的手势，算法示意图如图 7-8 所示。

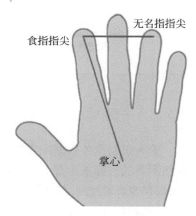

图 7-8　手势算法示意图

通过自定义手势，我们能实现很多炫酷的手势效果，但自定义手势也需要遵循一定的设计原则，防止手势交叉或者大面积重叠，尽量使用简单、识别准确率高的手势，以使自定义手势符合本能交互原则并带来不一样的科技体验。

7.6　手势录制和回放

MRTK 支持以动画序列（按时间线序列）的形式录制头部和手部跟踪数据，这些数据可以以二进制格式保存或者以 JSON 格式通过网络传输，然后可以被回放。输入数据录制功能在以下场合非常有用：

（1）创建交互、操作过程的自动测试模板，如录制那些重复进行、耗时的操作，并利用录制的数据加速测试过程。

（2）用户教育，如录制操作手势，引导新手用户操作按钮和其他对象。

（3）重现问题，录制系统以固定时间长度录制动作（如录制 30s 动作，则只会保留最近 30s 的操作记录，新的记录会覆盖超时记录，形成存储循环），当在 MR 应用使用的过程中出现问题时，我们可以通过录制系统回放动作，重现问题，这可以大大加速问题的排除。

在 MR 应用中使用手势录制和回放功能，首先必须在输入系统输入数据提供者的子配置文件中添加 Input Recording Service（输入录制服务）和 Input Playback Service（输入回放服务）两个数据提供者（默认已添加），如图 7-9 所示。其中输入录制服务中的参数用于设定手部关节点与头部的移动（单位为米）和旋转阈值（单位为度），防止录制重复无效的数据，从而降低录制的数据量。

▼ Input Data Providers			
+ Add Data Provider			
▼ Input Recording Service			-
Type	InputRecordingService		▼
Supported Platform(s)	Windows Universal		▼
Ch7_MRTK_RecordingProfile		▼	View Asset	Clone
Script	≣ MixedRealityInputRecordingProfile		⊙
Joint Position Threshold	0.001		
Joint Rotation Threshold	0.02		
Camera Position Threshold	0.002		
Camera Rotation Threshold	0.02		
▼ Input Playback Service			-
Type	InputPlaybackService		▼
Supported Platform(s)	Windows Universal		▼
Device Manager Profile	(None)		▼

图 7-9　添加输入录制服务和输入回放服务面板

7.6.1　手势录制

输入录制服务依据配置文件中的设定从设备传感器（如设备摄像头、IMU 传感器）中录制使用者的头部或手部关节点数据，并将这些数据存放在一个内部缓存区中，在合适的时机（如保存或者通过网络传输）将这些数据压缩成二进制或者编码成 JSON 格式供上层应用使用，其原理如图 7-10 所示。

图 7-10　输入录制系统工作原理示意图

在使用时，我们可以直接调用输入录制服务中的 StartRecording() 和 StopRecording() 方法开始输入数据录制或者停止录制，但需要注意的是，StopRecording() 方法不会清空缓存区中已保存的记录，如果需要，则可以通过 DiscardRecordedInput() 方法清空缓存区中的数据。

　　输入录制服务默认记录 30s 输入数据，最新数据会覆盖超时数据，因此可以重复利用存储空间，如果需要，则可以通过其 RecordingBufferTimeLimit 属性设置录制时长，或者通过 UseBufferTimeLimit 属性设置成不限时（设置成不限时，录制数据会快速累积，需要关注内存的使用）。

　　当调用 SaveInputAnimation() 方法时，录制数据会被压缩成二进制文件并保存，我们也可以将其编码成 JSON 格式保存。输入录制服务压缩或者编码的数据有固定的格式，如果开发者需要自定义解析这些文件，则可以查阅 MRTK 官方文档了解具体的录制格式。

　　除此之外，我们也可以自定义输入数据录制，下面我们以录制手部关节点为例进行演示，代码如下：

```
// 第 7 章 /7-18.cs
// 需要引入 System.IO 命名空间
private static readonly int jointCount = Enum.GetNames(typeof(TrackedHandJoint)).
Length;
public TrackedHandJoint ReferenceJoint { get; set; } = TrackedHandJoint.
IndexTip;
public string OutputFileName { get; } = "ArticulatedHandPose";
private Vector3 offset = Vector3.zero;
private Handedness recordingHand = Handedness.None;
private void RecordHandStart(Handedness handedness)
{
    HandJointUtils.TryGetJointPose(ReferenceJoint, handedness, out
MixedRealityPose joint);
    offset = joint.Position;
    recordingHand = handedness;
}
public void RecordHandStop()
{
    MixedRealityPose[] jointPoses = new MixedRealityPose[jointCount];
    for (int i = 0; i < jointCount; ++i)
    {
        HandJointUtils.TryGetJointPose((TrackedHandJoint)i, recordingHand, out
jointPoses[i]);
    }
    ArticulatedHandPose pose = new ArticulatedHandPose();
    pose.ParseFromJointPoses(jointPoses, recordingHand, Quaternion.identity,
offset);
    recordingHand = Handedness.None;
    var filename = String.Format("{0}-{1}.json", OutputFileName, DateTime.
UtcNow.ToString("yyyyMMdd-HHmmss"));
    StoreRecordedHandPose(pose.ToJson(), filename);
}

private static void StoreRecordedHandPose(string data, string filename)
```

```
{
    string path = Path.Combine(Application.persistentDataPath, filename);
    using (TextWriter writer = File.CreateText(path))
    {
        writer.Write(data);
    }
    //Debug.Log($"{filename}: {data}");
}
```

代码 7-18.cs 逻辑非常清晰，主要用于获取手部关节点的数据，然后编码成 JSON 格式保存。

7.6.2 手势回放

手势回放是手势录制的逆过程，是指从外部存储器上读取二进制文件或者读取 JSON 文件中的手势输入数据进行回放的过程，其原理如图 7-11 所示。

图 7-11 输入回放原理示意图

使用输入回放服务时，我们首先需要调用 LoadInputAnimation() 方法加载手势输入数据，然后使用 Play()、Pause()、Stop() 方法进行回放、暂停、停止操作。

在 Unity 编辑器中，MRTK 也提供了一个录制和回放输入数据工具（Input Simulation，输入模拟器），可以通过菜单 Mixed Reality Toolkit → Utilities → Input Simulation 打开该工具，在运行状态时，可以录制手势输入数据，通过保存的录制数据也可以回放手势操作。

7.7 手部菜单

手部菜单（Hand Menu）是依赖于场景中检测到的手部并附着于手部附近的菜单，手部菜单对那些经常使用，并且所占面积比较小的菜单非常有用，可以迅速调出和收回，不影响场景中的其他对象，效果如图 7-12 所示。

得益于 MRTK 强大的解算器，创建和使用手部菜单非常简单，在 Unity 层级（Hierarchy）窗口中新建一个空对象，命名为 HandMenu，然后在该对象下创建子对象 myMenu（该子对象即为需要展示的菜单，我们可以使用所有 UX 工具，也可以创建自定义菜单），取消 myMenu 对象的激活属性（默认不显示该子对象），这里需要注意的是，myMenu 的 Transform 组件各属性要归零（Scale 属性除外），不然则会产生位置偏差。为 HandMenu 对象挂载 HandConstraintPalmUp 解算器（该解算器会自动添加 SovlerHandler 和 HandBounds 脚本组件），将 SolverHandler 脚本组件中的 Tracked Target Type 属性设置为 Hand Joint；将 Tracked

Handness 属性设置为 Both；将 Tracked Hand Joint 属性设置为 Palm，如图 7-13（a）所示，现在解算器就可以实时跟踪双手手部关节了。为完成手部菜单自动显示和隐藏，我们通过设置 HandConstraintPalmUp 脚本组件的 On First Hand Detected 和 On Last Hand Lost 事件完成 myMenu 的显隐，如图 7-13（b）所示。

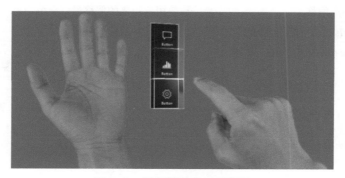

图 7-12　手部菜单效果示意图

图 7-13　解算器属性和显隐事件设置

至此，我们已经实现了手部菜单，运行测试时可以看到菜单出现在手掌内侧安全区，效果如图 7-12 所示。

HandConstraintPalmUp 解算器是专用于手部位置关系解算的组件，其重要属性和描述如表 7-4 所示。

表 7-4　HandConstraintPalmUp 解算器的主要属性和描述

属 性 名 称	描　　　述
Safe Zone（安全区）	安全区
Safe Zone Buffer（安全区缓冲）	手部菜单与安全区的距离缓冲
Update When Opposite Hand Near（当另一只手靠近时更新）	当另一只手靠近时，解算器是否更新。在双手有叠加时，勾选该复选框可以提高跟踪的稳定性
Hide Hand Cursors On Activate（菜单激活时取消光标）	当手部菜单激活时取消光标显示
Rotation Behavior（旋转行为）	跟踪时菜单的行为，可以设置为 Look At Main Camera 和 Look At Tracked Object

续表

属性名称	描　述
Offset Behavior（旋转偏移）	设置旋转偏移值，可以相对于 Look At Camera Rotation 和 Tracked Object Rotation
Forward Offset（距离偏移）	菜单与使用者距离的偏移量，单位为米
Safe Zone Angle Offset（安全区角度偏移）	菜单与安全区的旋转偏移量，单位为度
Facing Camera Tracking Threshold（面向摄像机角度阈值）	手掌法线方向与摄像机前向射线之间的夹角，单位为度
Require Flat Hand（要求手掌打开）	是否要求展开手指
FlatHandThreshold（手掌打开阈值）	手指弯曲程度（测试掌心、食指指尖、无名指指尖三点形成的三角形法线与手掌法线之间的夹角，单位为度）
Follow Hand Until Facing Camera（菜单是否跟随手部旋转）	菜单是否跟随手部旋转直到面向摄像机
Follow Hand Camera Facing Threshold（跟随旋转阈值）	菜单跟随手部旋转的最大角度，单位为度
Use Gaze Activation（凝视激活）	是否激活凝视
Eye Gaze Proximity Threshold（凝视距离阈值）	凝视平面与激活对象之间的距离，单位为米
Head Gaze Proximity Threshold（头部视点距离阈值）	头部视点与激活对象之间的距离，用于 HoloLens 1

在创建手部菜单时，为防止使用者使用手势操作其他物体时意外地弹出手部菜单，一般需要勾选 HandConstraintPalmUp 解算器组件的 Require Flat Hand 和 Use Gaze Activation 属性，即要求手掌打开并保持掌心朝上，并且需要凝视手部才能激活手部菜单。为方便开发者使用，该组件还提供了 4 个常用事件，如表 7-5 所示，利用这 4 个事件，可以控制手部菜单的行为表现。

表 7-5　HandConstraintPalmUp 解算器的主要事件

事件名称	描　述
OnHandActivate	满足所有手势条件时触发
OnHandDeactivate	手势条件从满足到不满足时触发
OnFirstHandDetected	检测到第 1 个手部时触发
OnLastHandLost	检测到的手部全部丢失时触发

HandConstraintPalmUp 类继承自 HandConstraint 类，因此，它也继承了 HandConstraint 类安全区的概念。手部菜单跟随在手部附近，而在使用 HoloLens 2 设备时，使用者使用手势操作虚拟对象，因此，如果手部菜单呈现的位置处理得不好就会发生使用者手部与菜单位置重叠。这会导致两种操作情况：一种情况是导致操作手部菜单的手与菜单跟随的手的位置重叠，进而影响 HoloLens 2 设备对手部的检测（HoloLens 2 设备很难准确检测重叠的手部），甚至会出现操作混乱；另一种情况是手部菜单与其本身所跟随的手部发生交互，这会导致意外的

操作。安全区的设立就是为了确保手部菜单出现在安全的区域，在这些区域内的菜单不容易发生上述两种意外操作。

　　HandConstraintPalmUp 脚本组件中的 Safe Zone 属性用于设置安全区，该属性有 5 个可选值：UInar Side、Radial Side、Above Finger Tips、Below Wrist、Atop Plam，这 5 个值中的 Atop Plam 区域悬浮于手掌上方，但与手掌有一定的距离，可以防止手部菜单与其所跟随的手部发生接触，其他 4 个区域位置如图 7-14 所示，建议使用手掌内侧(UInar Side)区域放置手部菜单。

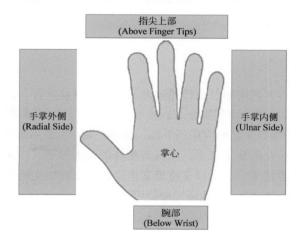

图 7-14　手部安全区域位置示意图

　　HandConstraintPalmUp 脚本组件中的 Follow Hand Until Facing Camera 属性用于跟踪手部的旋转并在手掌面向用户时显示手部菜单，否则隐藏菜单，Follow Hand Facing Camera Facing Threshold 属性即为显示 / 隐藏手部菜单的手部旋转角度阈值。

　　通过手部状态激活的手部菜单在使用时非常方便，但在实际使用时，我们也可能会需要将手部菜单锁定到世界空间中（不再跟随手部状态），这时就需要停用 HandConstraintPalmUp 解算器，典型的做法不是直接禁用该组件，而是通过控制 SolverHandler 组件的 UpdateSolver 属性值实现，勾选该值（或者通过代码将该值设置为 true）即为启用 HandConstraintPalmUp 解算器，反之则是停用，这样做的好处是可以保持 HandConstraintPalmUp 解算器处在激活状态，而不是来回初始化（这可能会导致解算结果出错）。

　　当手部菜单被锁定到世界空间后，我们也可以通过调用 HandConstraintPalmUp 组件的 startWorldLockReatachCheckCorroutine() 方法使之重新跟随到手部（前提是满足手部菜单的呈现条件），该操作不管 SolverHandler 组件的 UpdateSolver 属性值是否为 true 都有效。

第 8 章

语音与交互

在自然社会中，人与人之间的信息传递绝大部分通过语言进行，但到目前为止，人与机器的交互主要还是依赖非自然的中间媒介。近些年来，语音交互开始慢慢普及起来，VUI(Voice User Interface，语音用户接口) 已经应用到手机、智能音箱、车载系统等多种智能设备，相比于传统输入模式，语音命令解放了双手，而且有更高的输入效率。HoloLens 2 设备即是一个具备了语音交互能力的智能平台，不仅支持英文语音，也支持中文语音，而且其话筒阵列具有出色的降噪功能，可以在嘈杂的工业环境中使用语音命令。

8.1　语音命令

HoloLens 2 设备是一台独立智能终端，其运行的 Windows 10 全息操作系统具有优秀的语音识别能力，在机器学习、自然语言理解技术的帮助下，可以达到离线、实时、准确率非常高的语音识别效果。

在 MRTK 中，语音输入与其他数据输入方式不一样，语音输入没有相应的控制器，也不会创建指针，在输入配置文件中设定好语音命令关键词后，MRTK 会实时监听声频输入，当识别到与设定语音关键词一致的语音命令时会直接触发相应事件，应用程序可以捕获这些事件并进行处理。

在 MR 应用中使用语音命令需要满足 3 个条件：打开话筒功能特性、设置语音命令关键词、监听并处理语音命令事件。

在 MRTK 中使用语音输入（语音命令或语音识别）都需要在输入配置文件中的输入数据提供者配置添加 Window Speech Input 语音输入提供者（默认已添加），如图 8-1 所示。

图 8-1　添加语音输入数据提供者面板

8.1.1　打开话筒功能特性

语音输入需要使用 HoloLens 2 设备的话筒功能特性，在 Unity 菜单中，依次选择 Edit →

Project Settings → Player，选 择 Universal Windows Platform settings（UWP 设置）选项卡，并依次选择 Publishing Settings → Capabilities 功能设置区，勾选 Microphone 功能特性，如图 8-2 所示。

图 8-2　在工程中勾选 Microphone 复选框

8.1.2　设置语音命令关键词

使用语音命令功能，首先必须在配置文件中进行语音命令关键词注册，打开 MRTK 输入系统配置文件下语音（Speech）子配置文件，通过 Add New Speech Command（添加新语音命令）按钮添加需要使用的语音命令关键词，MRTK 同时支持中文、英文识别，示例如图 8-3 所示。

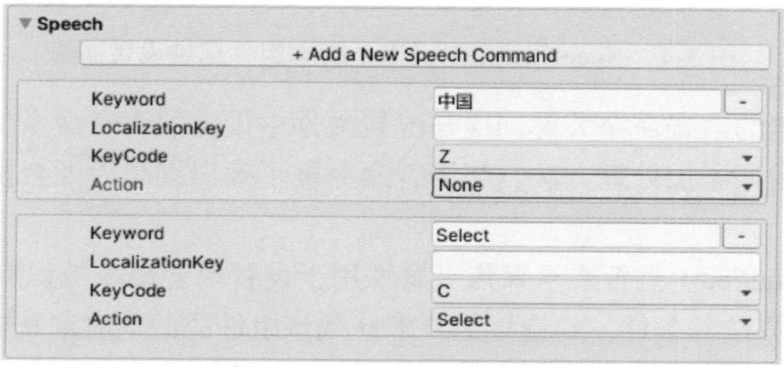

图 8-3　添加语音命令关键词面板

在语音命令关键词设置面板中，Keyword 属性用于设置需要识别的语音命令关键词，LocalizationKey 属性用于设置本地化后覆盖 Keyword 值的可选值（在全球部署 MR 应用时非常有用 [①]），KeyCode 属性用于设置与该语音命令功能一致的键盘输入（即键盘输入可以触发与该语音命令一样的输入事件），Action 属性用于设置识别语音命令关键词后的动作。

鉴于当前语音识别技术现状，建议语音命令关键词设置时不要使用生僻词、近音词、连音词，这些词会降低识别准确率，进而影响使用体验。

8.1.3　监听并处理事件

在配置文件中设置好语音命令关键词之后，MRTK 即会实时地监听语音输入，并在识别到符合设定条件的语音命令时触发对应事件。如前所述，语音输入没有对应控制器，因此，在需要使用语音输入相关事件时，首先要注册事件处理脚本类，这样 MRTK 才能将事件消息分发到处理脚本类。

为方便开发者使用，MRTK 提供了 SpeechInputHandler 脚本组件，该组件已经实现了脚本

[①]　假如将 Keyword 值设置为"选择"，将 LocalizationKey 值设置为 Select，当 MR 应用部署在中国时，可以使用中文语音命令"选择"，而当部署到英国时，则可以使用英文语音命令 Select。

处理类注册和事件注册，我们可以直接将其挂载到场景中的对象上使用，并通过该组件右下方的"+"号添加语音命令处理逻辑，设置好的属性界面如图 8-4 所示。

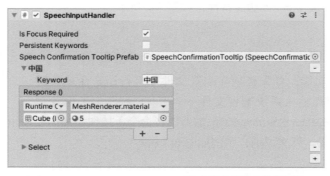

图 8-4　SpeechInputHandler 脚本组件属性设置面板

在该组件中设置的语音命令关键词应与配置文件中设定的语音命令关键词保持一致，并为每个语音命令关键词添加处理方法，当语音命令被正确识别之后即会执行该语音命令对应的方法。

（1）Is Focus Required（是否要求聚焦）属性用于设置语音命令被识别后执行 SpeechInputHandler 组件中对应方法的条件，勾选该值要求挂载该组件的游戏对象获取焦点时才能触发设定方法，不勾选时则全局监听，一旦语音命令被识别就会执行与之相对应的方法而不管游戏对象处于什么状态。

（2）Persistent Keywords（持久关键词）属性用于在多场景切换时保留语音命令关键词及其处理方法。

（3）Speech Confirmation Tooltip Prefab（语音确认提示预制体）属性用于实现一个额外的视觉提示效果，当语音命令识别成功时显示额外的视觉提示有助于增强使用者信心，我们可以直接使用 MRTK 提供的视觉提示预制体 [①]，也可以使用自定义的视觉效果。

8.1.4　自定义语音命令处理逻辑

MRTK 提供的 SpeechInputHandler 脚本组件可以非常方便地处理语音命令事件，除此之外，我们也可以通过实现 IMixedRealitySpeechHandler 接口自定义处理逻辑，代码如下：

```
// 第 8 章 /8-1.cs
public class SpeechTestHandler : BaseInputHandler, IMixedRealitySpeechHandler
{
    protected override void Start()
    {
        base.Start();
```

---

① 位于：Assets/MRTK/SDK/Features/UX/Prefabs/Tooltips/SpeechConfirmationTooltip.prefab。

```
    base.IsFocusRequired = false;
    }
    void IMixedRealitySpeechHandler.OnSpeechKeywordRecognized(SpeechEventData
speechData)
    {
        Debug.Log("识别的语音命令 " + speechData.Command.Keyword.ToLower());
        // 后续操作
    }
    protected override void RegisterHandlers()
    {
        CoreServices.InputSystem?.RegisterHandler<IMixedRealitySpeechHandler>
(this);
        Debug.Log("注册成功！");
    }
    protected override void UnregisterHandlers()
    {
        CoreServices.InputSystem?.UnregisterHandler<IMixedRealitySpeechHandle
r>(this);
        Debug.Log("取消注册成功！");
    }
}
```

在代码 8-1.cs 中，我们继承了 BaseInputHandler 类，通过重载其 RegisterHandlers() 方法对本处理类进行注册以便接收语音命令事件消息，通过重载 UnregisterHandlers() 方法在不需要时取消注册以释放资源，通过 Start() 方法调用基类方法以便完成基本的初始化相关工作。同时，我们还实现了 IMixedRealitySpeechHandler 接口，利用其 OnSpeechKeywordRecognized 事件捕获语音命令事件，以进行后续操作。

由于 BaseInputHandler 继承自 MonoBehaviour 类，所以我们可以直接将该语音命令处理脚本挂载到场景中的游戏对象上，这样即可接收和处理语音命令事件了。

> **提示**
>
> 在 HoloLens 2 设备中使用中文语音时，需要确保在其操作系统语音设置面板中设置使用中文或者中英文混合。由于语音命令与输入相关，本章代码清单默认引入 Microsoft.MixedReality.Toolkit.Input 命名空间。

8.2 语音识别

除了使用固定的语音命令，MRTK 也支持录制语音输入并将其转换成文字，这样可以大大提高 MR 应用文字录入的速度。MRTK 语音识别器直接调用了 Unity 语音识别器（DictationRecognizer），而 Unity 语音识别器又调用了 Windows 平台的语音识别 API。

与语音命令使用一样，在 HoloLens 2 设备上使用语音识别需要满足 3 个条件：打开话筒和因特网客户端功能特性（可参见 8.1.1 节）、在配置文件中添加语音识别数据提供者、监听并处理语音识别事件。

8.2.1 添加语音识别数据提供者

打开 MRTK 输入系统配置文件下输入数据提供者子配置文件，通过 Add Data Provider（添加数据提供者）按钮添加 Windows Dictation Input 数据提供者（默认已添加），将其 Type 属性设置为 Microsoft.MixedReality.Toolkit.Windows.Input → Windows Dictation Input Provider，如图 8-5 所示。

8.2.2 监听并处理事件

与语音命令相似，在配置文件中设置好语音识别数据提供者之后，MRTK 即会实时地监听语音输入，并在识别语音时触发相应事件。为方便开发者使用，MRTK 提供了 DictationHandler 脚本组件，该组件已经实现了处理类注册和事件注册，我们可以直接将其挂载到场景中的对象上使用，设置好的属性界面如图 8-6 所示。

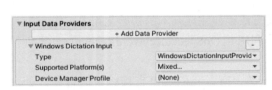

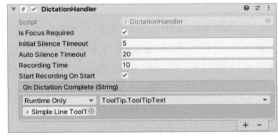

图 8-5　添加语音识别数据提供者面板　　　图 8-6　SpeechInputHandler 脚本组件属性设置面板

该组件提供了 4 个事件，其描述如表 8-1 所示。

表 8-1　DictationHandler 组件事件

事 件 名 称	描　　述
OnDictationHypothesis	实时的识别结果，未经过语音识别系统最后核对的初步结果
OnDictationResult	单句语音的识别结果，是一个完整的识别语句
OnDictationComplete	整个输入语音的识别结果
OnDictationError	异常或者识别错误

与语音命令设置一样，Is Focus Required（是否要求聚焦）属性用于设置输入语音被识别后执行 DictationHandler 脚本组件中对应方法的条件，勾选该值要求挂载该组件的游戏对象在获取焦点时才能触发设定方法，不勾选时则全局监听，一旦语音输入被识别就会执行与之相对应的方法而不管游戏对象处于什么状态。

Initial Silence Timeout（初始无语音输入超时）属性用于指定由于没有语音输入时的默认语音时长，单位为秒。

Auto Silence Timeout（自动无语音输入超时）属性用于指定最大的无输入时长，单位为秒。

Recording Time（录制时长）属性用于指定最大语音识别录入时长，单位为秒。

Start Recording OnStart（开始即录制）属性用于指定是否在游戏对象加载后开始语音识别。

8.2.3　自定义语音命令处理

MRTK 提供的 DictationHandler 脚本组件可以非常方便地处理语音识别输入，与语音命令相似，我们也可以通过实现 IMixedRealityDictationHandler 接口自定义语音识别输入处理逻辑，代码如下：

```
// 第 8 章 /8-2.cs
public class DictationTestHandler : BaseInputHandler, IMixedRealityDictationHandler
{
    private IMixedRealityDictationSystem dictationSystem;
    protected override void Start()
    {
        base.Start();
        dictationSystem = CoreServices.GetInputSystemDataProvider<IMixedRealit
yDictationSystem>();
        Debug.Assert(dictationSystem != null, " 找不到语音识别数据提供者 ");
        StartRecording();
    }
    protected override void RegisterHandlers()
    {
        CoreServices.InputSystem?.RegisterHandler<IMixedRealityDictationHandl
er>(this);
    }
    protected override void UnregisterHandlers()
    {
        CoreServices.InputSystem?.UnregisterHandler<IMixedRealityDictationHan
dler>(this);
    }
    void IMixedRealityDictationHandler.OnDictationHypothesis(DictationEventDa
ta eventData)
    {
        Debug.Log(" 预测识别字符："+eventData.DictationResult);
    }

    void IMixedRealityDictationHandler.OnDictationResult(DictationEventData
eventData)
    {
        Debug.Log(" 识别字符：" + eventData.DictationResult);
    }
```

```
    void IMixedRealityDictationHandler.OnDictationComplete(DictationEventData
eventData)
    {
        Debug.Log("完整识别字符: " + eventData.DictationResult);
        // 获取输入语音片段
        AudioClip audio = dictationSystem.AudioClip;
    }

    void IMixedRealityDictationHandler.OnDictationError(DictationEventData
eventData)
    {
        Debug.Log("识别出错: " + eventData.DictationResult);
    }
    public void StartRecording()
    {
        if (dictationSystem != null)
        {
            dictationSystem.StartRecording(gameObject);
        }
    }
    public void StopRecording()
    {
        if (dictationSystem != null)
        {
            dictationSystem.StopRecording();
        }
    }
    protected override void OnDisable()
    {
        StopRecording();
        base.OnDisable();
    }
}
```

代码 8-2.cs 的处理方式与代码 8-1.cs 的处理方式极为相似，我们继承了 BaseInputHandler 类，通过重载其 RegisterHandlers() 方法对本处理类进行注册以便接收语音输入事件消息，通过重载 UnregisterHandlers() 方法在不需要时取消注册，通过重载 OnDisable() 方法释放资源，通过 Start() 方法调用基类方法以便完成基本的初始化相关工作。同时，我们还实现了 IMixedRealityDictationHandler 接口，利用其 4 个事件处理语音识别工作。

MRTK 识别系统提供了 StartRecording() 同步监听方法，该方法可以有很多参数，如监听语音识别的游戏对象、监听语音输入时长、输入话筒对象等，也提供了对应的 StartRecordingAsync()、StopRecordingAsync() 异步监听、停止方法，在开发时我们可以根据情况选用。

由于 BaseInputHandler 继承自 MonoBehaviour 类，所以我们可以直接将该语音输入识别处理脚本挂载到场景中的游戏对象上，这样即可接收和处理语音输入识别事件了。

第 9 章
眼动跟踪与凝视交互

HoloLens 2 设备配置有 2 个向内的红外传感器用于跟踪使用者的眼球运动，然后通过 HPU 解算出使用者的视线方向和凝视点，因此可以提供除手势、语音之外的另一种自然交互手段——凝视，凝视交互由于跟踪使用者的眼球运动，所以对外部环境要求更低，提供了在手势、语音不便使用的情况下的另一种交互解决方案。

9.1 眼动校准

在 HoloLens 1 设备中，用户可以通过设置瞳距（InterPupillary Distance，IPD）优化全息图像位置的准确性和使用舒适性。HoloLens 2 设备配置有 2 个红外传感器用于检测用户眼球，通过 HPU 实时计算，不仅能测量使用者的瞳距，还能实时跟踪使用者眼球的运动，解算出用户视线的方向和凝视点，实现更准确的虚拟对象放置，提高呈现质量，还可以实现凝视交互操作，并且这是一个由硬件实现的功能特性，开发人员无须进行任何操作就可能获取相应的数据。

凝视交互对眼动跟踪精准性要求很高，但由于个体差异，如头部大小、眼窝深浅、佩戴 HoloLens 2 设备位置等因素影响，没有一种适合所有人的通用配置，因此，HoloLens 2 设备提供了眼动跟踪校准程序，用于获取准确的与使用者眼睛相关的数据，如瞳距、眼球位置、眼球与设备摄像头的位置关系、眼球运动等数据。

经过校准后的与使用者眼睛相关的数据能大大地提高眼动跟踪的精度，通常，在以下情况，使用者需要进行眼动校准：

（1）使用者第一次使用设备时。

（2）使用者之前没有完成校准流程或者校准失败。

（3）使用者之前的校准数据由于超期被删除后。

HoloLens 2 设备支持多个用户使用，也不必每次使用前都进行眼动校准，事实上，HoloLens 2 设备可以存储最多 50 个人的眼动校准数据（当有更多数据时，新数据会覆盖旧数据），用户只需要在第一次使用时进行校准，再次使用时设备会自动使用之前的校准数据，而且眼动校准并不是必须进行的流程，HoloLens 2 设备具备自动测量使用者瞳距及眼球位置的能力，但如果 MR 应用需要使用眼动跟踪数据（如凝视交互）时则必须进行校准。如果 MR 应用没有使用眼动跟踪、凝视功能，HoloLens 2 设备不会弹出眼动跟踪校准提示，如果 MR 应用使用了眼动跟踪、凝视功能，并且此时使用者没有进行眼动校准则会弹出眼动校准提示。

HoloLens 2 设备眼动校准程序可以自动触发，如用户第一次使用时（或者更简单地向上掀起面镜再合上时），这时会自动弹出要求进行眼动校准的提示。眼动校准程序也可以手动触发，在 HoloLens 2 设备的开始菜单中依次选择 All Apps → Settings → System → Calibration → Eye Calibration → Run Eye Calibration 即会打开眼动校准程序。眼动校准过程很简单，在打开眼动校准程序之后，按照要求集中注意力凝视视野中出现的图案即可，在程序运行完之后会评估校准过程，如果不成功则需要再进行一次，直到成功。

在 HoloLens 2 设备中，眼球位置会在眼动校准过程中进行计算，眼球位置数据对提高全息呈现质量很重要，如果用户没有进行眼动校准（或者眼动校准没有成功），HoloLens 2 设备则无法直接获取眼球位置数据，这样便会影响全息呈现的效果和使用体验。自动眼球定位（Auto Eye Position，AEP）功能会在没有用户眼球位置数据的情况下在后台启动，并开始自动检测使用者的眼球运动，经过 20 ～ 30s 时间会解算出使用者的眼球位置数据并提供给显示系统，但自动眼球定位数据不会持久化地保存，这意味着换一个使用者、设备关机后这些数据都会丢失，再次使用设备时则会再次进行计算。

自动眼球定位功能延后了对眼动校准的需求，在这种情况下，只有当 MR 应用程序需要获取眼动跟踪数据并且此时没有该用户的眼动校准数据时才会弹出眼动校准提示，这样处理对用户更加友好，用户更容易接受眼动校准，同时也降低了对弹出提示的需求。

当然，我们也可以手动关闭眼动校准程序，不再自动弹出眼动校准提示，在 HoloLens 2 设备的开始菜单中依次选择 All Apps → Settings → System → Calibration，取消勾选其后的复选框即可 ①。

眼动校准数据存储在 HoloLens 2 设备的存储器中，我们可以通过在 HoloLens 2 设备的开始菜单中依次选择 All Apps → Settings → Privacy → Eye Tracker，在打开的功能面板中清除这些数据，但由于眼动校准数据对全息呈现质量很重要，如果关闭或者清除这些数据会对渲染效果产生负面影响。

眼动校准过程对正常使用者而言并不难，但眼动校准在以下情形下也会失败：

（1）不按照校准程序指示操作。

（2）HoloLens 2 设备的前面板有污渍或者没有闭合到位。

（3）红外传感器镜头上有污渍。

（4）使用者佩戴了影响眼动校准的眼镜，如太阳镜、高反光眼镜、防红外眼镜等。

（5）过度的眼部化妆或者假睫毛。

（6）头发或者过厚的眼镜镜片阻挡了红外传感器发射的红外线。

（7）眼部疾病或者手术造成的眼球震颤、弱视、眼帘狭窄等。

---

① 以这种方式关闭眼动校准程序对老用户有效，当新用户使用 HoloLens 2 设备时还是会自动弹出眼动校准提示。

如果有以上情形并造成了眼动校准失败，可对照原因进行排除，也可以尝试关闭该功能并重新启动新的校准流程。

在使用凝视交互功能时，为提高眼动跟踪和凝视功能的准确性，MRTK 要求必须先进行眼动校准，因此，在使用这些功能之前，开发人员需要先检测这些功能是否可用，我们可以在代码中通过凝视输入提供者（Gaze Input Provider）获取当前用户眼动校准情况（通过 EyeGazeProvider.IsEyeCalibrationValid 属性），IsEyeCalibrationValid 属性值可能有 3 种情况：null 表示没有检测到该用户眼动校准数据；false 表示该用户眼动校准数据不可用；true 表示该用户眼动校准数据可用。获取用户眼动校准情况的代码如下：

```
// 第 9 章 /9-1.cs
private bool? GetEyeCalibration()
{
    bool? calibrationStatus = CoreServices.InputSystem?.EyeGazeProvider?.
IsEyeCalibrationValid;
    return calibrationStatus;
}
```

9.2　眼动跟踪配置

在 HoloLens 2 设备中准确使用眼动跟踪功能除了进行眼动校准之外，还需要在 MRTK 中进行相应设置，主要包括 3 类设置工作：启用凝视输入（GazeInput）功能特性、添加凝视数据提供者（Eye Gaze Data Provider）、设置眼动跟踪参数。

9.2.1　启用凝视输入功能特性

眼动跟踪与凝视交互需要使用凝视输入功能特性，在 Unity 菜单中，依次选择 Edit → Project Settings → Player，然后选择 Universal Windows Platform settings（UWP 设置）选项卡，并依次选择 Publishing Settings → Capabilities 功能设置区，勾选 GazeInput 功能特性，如图 9-1 所示。

图 9-1　在工程中勾选 GazeInput 复选框

与使用话筒等输入设备一样，使用眼动跟踪功能也需要获得用户授权，在开启凝视输入功能特性后，MR 应用第一次启动时会弹出授权确认提示，用户可以选择授权也可以拒绝授权，当用户拒绝授权后所有的眼动跟踪和凝视交互功能将不可用，当然，用户此时还可以通过在 HoloLens 2 设备的系统开始菜单中依次选择 All Apps → Settings → Privacy → Apps 给相应的 MR 应用程序授权。

9.2.2 添加凝视数据提供者

在 MRTK 中，打开输入系统配置文件下的输入数据提供者子配置文件，通过 Add Data Provider 按钮添加 Windows Mixed Reality Eye Gaze Provider 数据提供者（默认已添加），将其 Type 属性设置为 Microsoft.MixedReality.Toolkit.WindowsMixedReality.Input → Windows Mixed Reality Eye Gaze Data Provider、将 Supported Platform(s) 属性设置为 Windows Universal，如图 9-2 所示。

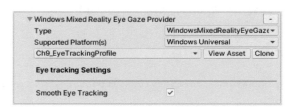

图 9-2　添加凝视数据提供者

该配置文件中 Smooth Eye Tracking（平滑眼动跟踪）属性用于指定是否平滑眼动输入信号，因为眼动幅度可能会比较大，如果不平滑输入信号，则会出现凝视点跳跃现象。

9.2.3 设置眼动跟踪参数

在 MRTK 中，凝视输入没有专门的指针，但可以使用默认指针（DefaultControllerPointer）处理凝视输入与场景对象的交互，我们还可以设置凝视光标呈现样式及其他参数。打开输入系统配置文件下的指针（Pointers）子配置文件，在凝视设置（Gaze Settings）配置中，可以设置凝视提供者类型（Gaze Provider Type）及凝视光标预制体，如图 9-3 所示。

图 9-3　凝视参数设置面板

与 HoloLens 1 设备只使用头部凝视（Head Gaze）不同（凝视光标一直在视野正中心），HoloLens 2 设备还支持眼动跟踪和眼球凝视，但我们也可以通过勾选 Use Head Gaze Override（使用头部凝视覆盖）复选框只使用头部凝视，或者通过勾选 Is Eye Tracking Enabled（是否启用眼动跟踪）复选框强制使用眼动跟踪，但这两个选项不能同时勾选。

由于凝视输入没有专门的指针，为方便设置其参数，MRTK 在场景中的 Main Camera 游戏对象（MixedRealiyPlayspace → Main Camera）上挂载了 Gaze Provider 脚本组件，如图 9-4 所示。

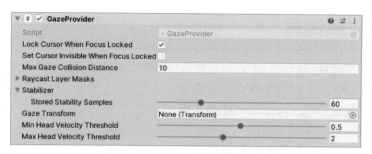

图 9-4　Gaze Provider 参数设置面板

　　该组件有丰富的凝视输入参数可供我们设置，凝视交互本质上也是利用了射线与场景中的对象进行碰撞以便检测交互，其 RayCast Layer Masks（射线检测层掩码）属性用于设置可以与凝视输入进行射线检测的游戏对象层。由于眼动幅度可能很大，为防止出现凝视点跳跃，通常通过多个凝视点平滑凝视点的变化，其 Stored Stability Samples（存储稳定采样点）属性即指定了采样用于平滑的凝视点的数量，该值越大则凝视点移动得越平滑，但过大的值会引起迟滞感。MRTK 默认以场景对象 CameraCache.Main 的姿态（位置与旋转）作为凝视射线出发点的姿态，但我们也可以通过 Gaze Transform（凝视变换）属性将凝视射线出发点姿态设置为其他对象。

　　Gaze Provider 脚本组件的其余属性及描述如表 9-1 所示。

表 9-1　Gaze Provider 组件的属性及描述

属 性 名 称	描　　　述
Lock Cursor When Focus Locked（锁定焦点时锁定光标）	当焦点被锁定时也锁定凝视光标，不再随眼动而移动
Set Cursor Invisible When Focus Locked（锁定焦点时隐藏光标）	当焦点被锁定时隐藏凝视光标
Max Gaze Collision Distance（最大凝视碰撞距离）	最大凝视射线碰撞距离，单位为米
Min Head Velocity Threshold（最小头部速度阈值）	最小头部运动速度阈值
Max Head Velocity Threshold（最大头部速度阈值）	最大头部运动速度阈值

　　与 MRTK 其他模拟功能一样，凝视交互功能也可以在 Unity 编辑器中进行模拟，在模拟时，既可以以场景中摄像机的位置作为眼球的位置、摄像头前向方向作为凝视方向，也可以以鼠标输入点作为凝视点。

　　在编辑器中启用凝视输入模拟功能需要在输入系统配置文件下的输入数据提供者子配置文件中添加输入模拟服务（Input Simulation Service），然后设置其 Eye Gaze Simulation（眼动凝视模拟）配置下的 Default Eye Gaze Simulation Mode（默认眼动凝视模拟模式）属性参数，该属性可以设置为 Disable、Camera Forward Axis、Mouse，分别表示关闭凝视输入模拟、使用摄像头前向方向为凝视方向、使用鼠标点为凝视点，如图 9-5 所示。

图 9-5　设置凝视模拟参数

9.3 凝视功能使用

通过 9.2 节，我们已经设置好了凝视交互的相关配置，在 MRTK 中使用凝视交互的最简单的方法是使用其提供的 EyeTrackingTarget 脚本组件。下面我们进行简单演示，在 Unity 场景中创建一个 Cube 立方体对象，并为其挂载 EyeTrackingTarget 脚本组件，设置一个或几个事件即可使用凝视输入功能，如图 9-6 所示。

EyeTrackingTarget 组 件 中 的 Select Action （选择动作）属性用于指定通过凝视输入选择对象后触发的动作（预先设置的输入动作）；Voice

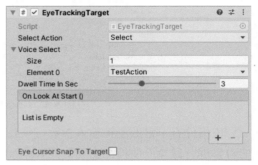

图 9-6　EyeTrackingTarget 脚本组件面板

Select（语音命令选择）属性用于指定可以触发凝视输入选择行为的语音命令动作（凝视交互通常需要与语音命令或者手势配合使用，通过凝视输入使对象获得焦点，然后通过语音命令或者手势执行交互，该属性即用于指定触发选择行为的语音命令动作）；Dwell Time In Sec（凝视时间）属性用于指定凝视对象多少秒后触发 OnDwell 事件；Eye Cursor Snap To Target Center （凝视光标对齐目标中心）属性用于指定是否将光标定位到目标对象中心。

EyeTrackingTarget 组件可以触发 7 类事件，各事件描述如表 9-2 所示。

表 9-2　EyeTrackingTarget 组件的事件描述

事 件 名 称	描　　述
OnLookAtStart	凝视点聚焦到对象时触发
WhileLookingAtTarget	凝视点停留在对象上时触发，在凝视点停留期间每帧都会触发该事件
OnLookAway	凝视点离开对象时触发
OnDwell	凝视对象指定时间（该时间由 Dwell Time In Sec 属性指定）后触发
OnSelected	选择凝视对象时触发（通常通过语音命令动作触发选择行为）
OnTapDown	RaiseEventManually_TapDown() 方法被调用时触发
OnTapUp	RaiseEventManually_TapUp() 方法被调用时触发

这些事件中，OnTapDown 和 OnTapUp 通常只用于 HoloLens 1 设备。EyeTrackingTarget 脚本组件实现了 IMixedRealitySpeechHandler 接口，因此我们可以将凝视输入与语音命令配合使用，通过凝视聚焦某个游戏对象，然后通过语音命令选择该对象或者执行后续操作。

9.4 获取凝视数据

在 MR 应用运行时，我们可以通过 CoreServices.InputSystem.EyeGazeProvider 属性获取眼动跟踪和凝视输入相关数据，典型的使用代码如下：

```
//第9章/9-2.cs
public class GazeData : MonoBehaviour,IMixedRealityFocusHandler
{
    IMixedRealityEyeGazeProvider gazeProvider;
    private readonly float defaultDistanceInMeters = 10;
    Material sharedMaterial;
    void Start()
    {
        gazeProvider = CoreServices.InputSystem.EyeGazeProvider;
        sharedMaterial = gameObject.GetComponent<MeshRenderer>().sharedMaterial;
    }
    void GetGazeData()
    {
        if (gazeProvider.IsEyeTrackingEnabledAndValid)
        {
        // 获取未击中目标时凝视点的位置
            var targetPosition =gazeProvider.GazeOrigin +gazeProvider.GazeDirection.
normalized * defaultDistanceInMeters;
            var hitInfo = gazeProvider.HitInfo;
            if (hitInfo.collider != null)
            {
                var targetPos = hitInfo.point;
                var targetNormal = hitInfo.normal;
                var targetDistance = hitInfo.distance;
            }
        }
    }
    void IMixedRealityFocusHandler.OnFocusEnter(FocusEventData eventData)
    {
        sharedMaterial.color = Color.red;
    }
    void IMixedRealityFocusHandler.OnFocusExit(FocusEventData eventData)
    {
        sharedMaterial.color = Color.green;
    }
}
```

  示例代码逻辑非常清晰，通过实现 IMixedRealityFocusHandler 接口，我们就可以在游戏对象获取焦点时修改其材质及颜色，除此之外，我们还可以获取很多与凝视输入相关的数据，具体如表 9-3 所示。

  在实际使用中，凝视输入通常与语音命令、远端手势配合使用，因此，我们可以通过实现 IMixedRealitySpeechHandler 和 IMixedRealityPointerHandler 接口，处理凝视输入、语音命令、手势操作事件，实现更自由的对象交互。

表 9-3　常用凝视输入数据

数 据 名 称	描　　　述
IsEyeTrackingEnabled	是否正在使用眼动跟踪，如果值为 true 则表示是
IsEyeCalibrationValid	眼动校准是否有效，值 null 为无眼动校准数据，值 true 为眼动校准数据有效，值 false 为眼动校准数据无效
IsEyeTrackingEnabledAndValid	是否正在进行眼动跟踪并且跟踪数据有效
IsEyeTrackingDataValid	眼动跟踪数据是否有效，值 true 为有效，但也可能由于数据超时、用户未授权等原因造成数据无效，这时返回值为 false
GazeOrigin	凝视射线起点，如果此时未使用眼动跟踪，则此数据表示头部凝视射线的起点
GazeDirection	凝视射线方向，如果此时未使用眼动跟踪，则此数据表示头部凝视射线的方向
HitInfo, HitPosition, HitNormal	用于描述凝视射线碰撞检测结果的相关信息，如果此时 IsEyeGazeValid 的属性值为 false，则是头部凝视射线碰撞检测结果相关信息

　　如果只想处理眼动跟踪与凝视输入相关事务，可以使用 BaseFocusHandler 类，该类只处理与眼动凝视相关任务，只有眼动跟踪和凝视输入是主要输入指针（Primary Pointer）时才会被激活，从而可以防止用户使用手部射线或者头部凝视意外激活某些功能。该类主要包括 OnEyeFocusStart 事件（凝视开始）、OnEyeFocusStay 事件（保持凝视，每帧都会触发）、OnEyeFocusStop 事件（凝视结束）、OnEyeFocusDwell 事件（凝视指定时间后触发）等，我们可以通过继承该类实现更具体的凝视交互操作。

第 10 章

光影与特效

光影是影响物体感观非常重要的因素，在现实生活中，人脑通过对光影的分析，可以迅速定位物体的空间位置、光源位置、光源强弱、物体三维结构、物体之间的空间位置关系、周边环境等，光影还会影响人脑对物体表面材质属性的直观感受，如粗糙度、金属质感、塑料质感，在 MR 应用中也一样，光影效果直接影响 MR 虚拟物体的真实感。本章我们主要学习在 MR 中实现光照估计、环境光反射、悬浮灯光、接近灯光、阴影、MRTK 标准着色器等相关知识，提高 MR 应用中虚拟物体渲染的真实性。

10.1 光照

在现实世界中，光扮演了极其重要的角色，没有光万物将失去色彩，没有光世界将一片漆黑。在 3D 数字世界中亦是如此，3D 数字世界本质上是一个使用数学精确描述的真实世界的副本，光照计算是影响这个数字世界可信度的极其重要的因素。

如图 10-1（a）所示是无光照条件下的球体（并非全黑是因为设置了环境光），这个球体看起来与一个 2D 圆形并无区别，如图 10-1（b）所示是有光照条件下的球体，立体形象已经呈现，有高光、有阴影。这只是一个简单的示例，事实上我们视觉感知的环境就是通过光与物体材质的交互而产生的。

(a)　　　　　　　　　　　(b)

图 10-1　光照影响人脑对物体形状的判断

3D 数字世界渲染的真实度与 3D 数字世界所使用的光照模型有直接关系，越高级的光照模型对现实世界模拟得越好，场景看起来就越真实，当然计算开销也越大，特别是对实时渲染的应用来讲，一个合适的折中方案很关键。

10.1.1 光源

顾名思义，光源即是光的来源，常见的光源有阳光、月光、星光、灯光等。光的本质其实很复杂，它是一种电磁辐射但却有波粒二相性（我们在此不会深入去研究光学，那将是一件非常复杂且枯燥的工作，在计算机图形学中，只需了解一些简单的光学属性及其应用）。在实时渲染时，通常把光源当成一个没有体积的点，用 L 来表示由其发射光线的方向，使用辐照度（Irradiance）来量化光照强度。对平行光而言，它的辐照度可以通过计算在垂直于 L 的单位面积上单位时间内穿过的能量来衡量。在图形学中考虑光照，我们只要想象光源会向空间中发射带有能量的光子，然后这些光子会与物体表面发生作用（反射、折射、透射和吸收），最后的结果是我们可以看到物体的颜色和各种纹理。

10.1.2 光与材质的交互

当光照射到物体表面时，一部分能量被物体表面吸收，另一部分被反射，如图 10-2 所示，对于透明物体，还有一部分光穿过透明体，产生透射光。被物体吸收的光能转化为热能，只有反射光和透射光能够进入人的眼睛，产生视觉效果。反射和透射产生的光波决定了物体呈现的亮度和颜色，即反射和透射光的强度决定了物体表面的亮度，而它们含有的不同波长的光的比例决定了物体表面的色彩，所以物体表面的光照颜色由入射光、物体材质，以及材质和光的交互规律共同决定。

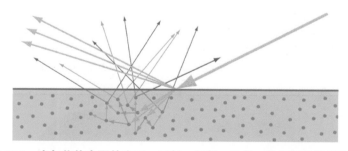

图 10-2　光与物体表面的交互，反射、折射、散射、次表面散射示意图

物体材质可以认为是决定光如何与物体表面相互作用的属性。这些属性包括表面反射和吸收的光的颜色、材料的折射系数、表面光滑度、透明度等。通过指定材质属性，我们可以模拟各种真实世界的表面视觉表现，如木材、石头、玻璃、金属和水。

在计算机图形学的光照模型中，光源可以发出不同强度的红、绿和蓝光，因此可以模拟各种光色。当光从光源向外传播并与物体发生碰撞时，其中一些光可能被吸收，而另一些光则可能被反射（对于透明物体，如玻璃，有些光线透过介质，但这里不考虑透明物体）。反射的光沿着新的反射路径传播，并且可能会击中其他物体，其中一些光又被吸收和反射。光线在完全吸收之前可能会击中许多物体，最终，一些光线会进入我们的眼睛，如图 10-3 所示。

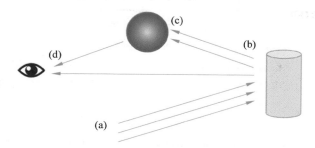

图 10-3　入射到眼睛中的光是光源与世界环境进行多次交互后综合的结果

根据三原色理论，眼睛的视网膜包含了 3 种光感受器，每种光感受器对特定的红光、绿光和蓝光敏感（有些重叠），进入人眼的 RGB 光会根据光的强度将其相应的光感受器刺激到不同的强度。当光感受器受到刺激（或不刺激）时，神经脉冲从视神经向大脑发射脉冲信号，大脑综合所有光感受器的脉冲刺激产生图像（如果闭上眼睛，光感受器细胞就不会受到任何刺激，默认大脑会将其标记为黑色）。

在图 10-3 中，假设圆柱体表面材料反射 75% 的红光，75% 的绿光，而球体反射 25% 的红光，吸收其余的红光，也假设光源发出的是纯净的白光。当光线照射到圆柱体时，所有的蓝光都被吸收，只有 75% 的红光和绿光被反射出来（中等强度的黄光）。这束光随后被散射，其中一些进入眼睛，另一些射向球体。进入眼睛的部分主要刺激红色和绿色的锥细胞并达到中等程度，观察者会认为圆柱体表面是一种半明亮的黄色。其他光线向球体散射并击中球体，球体反射 25% 的红光并吸收其余部分，因此，稀释后的红光（中高强度红色）被进一步稀释和反射，所有射向球体的绿光都被吸收，剩余的红光随后进入眼睛，刺激红锥细胞并达到一个较低的程度，因此观察者会认为球体是一种暗红色的球，这就是光与材质的交互过程。

光与物体材质交互的过程是持续性的，即光线在环境中会持续地被反射、透射、吸收、衍射、折射、干涉，直到光线全部被吸收并转化为热量，完整模拟这个过程目前还不现实（需要庞大的算力），因此，为了简化光与材质交互的计算，人们建立了一些数学模型来替代复杂的物理模型，这些模型被称为光照模型（Illumination Model）。

10.1.3　光照模型

光照模型，也称为明暗模型，用于计算物体某点的光强和颜色值，从数学角度而言，光照模型在本质上是一个或者几个数学公式，使用这些公式来计算物体某点的光照效果。

根据光照模型所关注的重点和对光线交互的抽象层次不同，光照模型又分为局部光照模型和全局光照模型：局部光照模型只关注从光源所发射的光线到物体的一次交互，常用于实时渲染；全局光照模型关注的光照交互层级更多，因此计算量更大，通常用于离线渲染。局部光照模型包括环境光（Ambient）、Lambert、Blinn、Phong、PBR，详见表 10-1，它们的渲染效果如图 10-4 所示。

表 10-1 MRTK 支持的光照模型

光照模型名称	描　　述
Ambient	所有物体表面使用相同的常量光照，常用于模拟环境光照的效果
Lambert	该模型包含了环境光与漫反射两种光照的效果
Phong	该模型包含了环境光、漫反射和高光反射 3 种光照的效果
Blinn-Phong	该模型包含了环境光、漫反射和高光反射 3 种光照的效果，改进自 Phong 模型，可以实现更柔和的高光效果，并且计算速度更快
PBR	该光照模型基于真实的光线与材质交互的物理规律，通常采用微面元理论，因此，表现出来的效果更真实，但需要注意的是，PBR 虽然是基于物理的光照模型，但并不是完全使用物理公式进行计算的，也采用了部分经验公式，所以，并不是说 PBR 光照模型就完全可信，当前主流的渲染引擎基本支持 PBR，MRTK 提供的标准着色器未使用 PBR

Ambient　　Lambert　　Blinn　　Phong　　PBR

图 10-4 不同光照模型对物体光照计算的效果图

在开发 HoloLens 2 设备的 MR 应用时，为提高性能，建议使用 MRTK 标准着色器（MRTK Standard Shader）替换 Unity 提供的标准着色器渲染全息场景[①]，MRTK 标准着色器为提高渲染性能只使用了场景中设置的第 1 个方向光（Directional Light），不计算点光（Point Light）和聚光灯（Spot Light）光照，在计算方向光时，也只考虑方向光的方向（Direction）、颜色（Color）、强度（Intensity）这 3 个参数而忽略其他参数，因此在实际使用时，场景中只能设置 1 个方向光（设置多个方向光时也只有第 1 个起作用）。

MRTK 不支持全局光照，但支持球谐光照（Spherical Harmonics）模拟虚拟元素对环境光照的反应，利用球谐光照，能够很好地对空间中的一个模型所受到的环境光进行采样和还原，使用球谐函数进行预计算兼顾了效率与光照效果。

MRTK 着色器也支持光照贴图（Lightmapping），光贴贴图只适合于模拟静态光照效果，在使用时，选择场景中使用静态光照的对象，勾选静态（Static）属性后 MRTK 即会进行光照贴图采样替代光照计算。

10.1.4 悬浮灯光

MRTK 标准着色器虽然不支持点光源和聚光源，但支持两种 MR 特色的光源：悬浮灯光

---

① 与 MRTK 标准着色器相关的内容可参见本章第 2 节。

（Hover Light）和接近灯光（Proximity Light）。悬浮灯光的效果类似于悬浮于物体表面的点光源，通常用于远距离射线交互，典型的例子就是手部射线和凝视中使用的灯光效果。MRTK 默认的光标预制体（DefaultCursor.prefab）上就挂载了 HoverLight 脚本组件，打开 HoverLight 脚本，可以看到该脚本对光源数量的定义，代码如下：

```
// 第 10 章 /10-1.cs
private const int hoverLightCountLow = 2;
private const int hoverLightCountMedium = 4;
private const string hoverLightCountMediumName = "_HOVER_LIGHT_MEDIUM";
private const int hoverLightCountHigh = 10;
private const string hoverLightCountHighName = "_HOVER_LIGHT_HIGH";
```

从定义可以看到，MRTK 默认支持 2 个悬浮灯光，最多支持 10 个，这能满足绝大部分使用需求，悬浮灯光的光照计算采用逐像素的方式对光照进行计算，过多地使用悬浮灯光会严重影响性能，如果确实需要使用超过 10 个悬浮灯光，则需要修改 2 处定义：1 是修改 HoverLight 脚本代码[1]，将其 hoverLightCountHigh 变量设置为需要使用的灯光数值；2 是修改 MRTK 标准着色器[2]，将其 HOVER_LIGHT_COUNT 预定义修改为需要的灯光数值，需要注意的是，修改悬浮灯光最大使用数量后需要重启 Unity 引擎才能起作用，代码如下：

```
// 第 10 章 /10-2.cs
#if defined(_HOVER_LIGHT_HIGH)
#define HOVER_LIGHT_COUNT 10
// 修改为
#if defined(_HOVER_LIGHT_HIGH)
#define HOVER_LIGHT_COUNT 12
```

使用 HoverLight 脚本组件时，还可以设置光照半径（Radius）和光照颜色（Color）参数，但是 MRTK 标准着色器默认并没有打开悬浮灯光渲染开关，在希望悬浮灯光起作用时，必须勾选 Hover Light 复选框，如图 10-5 所示。在标准着色器中，还可以选择覆盖 HoverLight 脚本组件所指定的灯光颜色，实现全局光照效果控制。

图 10-5　标准着色器必须打开 Hover Light 开关才能进行悬浮灯光计算

---

① 默认位置：MRTK/Core/Utilities/StandardShader/HoverLight.cs。

② 默认位置：MRTK/Core/StandardAssets/Shaders/MixedRealityStandard.shader。

10.1.5 接近灯光

接近灯光的作用类似于探照灯光效果，通常用于近距离交互，典型的例子就是手势操作中的指尖灯光（FingerCursor.prefab），控制接近灯光的是 ProximityLight 脚本组件，该脚本组件也可以设置近、远距离时灯光的半径、灯光颜色等参数。同样，MRTK 标准着色器需要打开接近灯光渲染开关才能使用接近灯光效果，必须勾选 Proximity Light 复选框，如图 10-5 所示。在标准着色器中，还可以选择覆盖 ProximityLight 脚本组件所指定的灯光颜色、Subtractive 模式、指定双面照明等。

MRTK 标准着色器默认支持 2 个接近灯光光照计算，用于左右手同时进行的交互操作，接近灯光计算也采用逐像素的方式进行计算，过多地使用接近灯光也会影响性能。与悬浮灯光一样，在确实需要时，我们也可以通过修改 2 个地方使用多于 2 个接近灯光，修改接近灯光最大使用数量后需要重启 Unity 引擎才能起作用，代码如下（将最大接近灯光数量修改为 4）：

```
// 第 10 章 /10-3.cs
// 修改 MixedRealityStandard.shader 中的 PROXIMITY_LIGHT_COUNT 定义
#define PROXIMITY_LIGHT_COUNT 4

// 修改 ProximityLight.cs 脚本中的 proximityLightCount
private const int proximityLightCount = 4;
```

10.2 MRTK 标准着色器

与传统应用不同，HoloLens 2 设备的显示技术属于近眼显示技术，而且区分左右眼，即有两个显示屏幕。由于人眼对视觉信息的高度敏感性，为产生立体 3D 视觉效果，左眼与右眼渲染的虚拟物体也需要符合人眼自然立体视觉的两视点（Two Viewpoints）原则，因此要求左眼与右眼中渲染的虚拟物体对象不能完全相同。为解决这个问题，Unity 提供了 3 种解决方案：Single Pass、Multi-Pass、Single-Pass Instanced。

Single Pass 技术按照两视点原则，区分左右眼分别进行渲染，这种方式最简单，但对每个视点进行渲染需要一个完整的渲染管线流程，工作量是单渲染模式的两倍，性能消耗也是单渲染模式的两倍，但仔细分析，由于人眼瞳距相对距离很小，有些渲染工作的结果是可以共享的，两次渲染完全没有利用这个特性。

Multi-Pass 技术的核心思想是将与视点无关的任务从渲染流程中分离，如视锥体裁减、阴影等工作，尽量共享对视觉影响小的任务结果，从而降低性能开销。Multi-Pass 技术能部分减轻两视点渲染压力，但仍然不够彻底。

Single-Pass Instanced 技术利用了现代 GPU 可以直接从顶点着色器导出渲染目标阵列索引的功能特性，通过其单通道双带宽（Single-Pass Double-Wide）特性，无须对渲染场景切片并发送到渲染目标，只进行一次渲染，然后通过顶点着色器导出渲染目标阵列索引并直接分发到渲染目标，从而大大优化渲染性能。该技术还利用现代 GPU 的 GPU Instancing 特性，将 CPU 的 Drawcall 数减少一半，从而节省大量 CPU 的执行时间。

所以在 HoloLens 2 设备上开发 MR 应用时，工程设置中的 Stereo Rendering Mode 属性应当选择 Single-Pass Instanced 值。

MRTK 标准着色器完整支持 HoloLens 2 设备所使用的 Single-Pass Instanced 渲染模式，其目标是取代 Unity 提供的标准着色器以便成为 UWP 平台使用的高性能渲染着色器，MRTK 标准着色器使用 Blinn-Phong 光照模型加速光照计算，Blinn-Phong 光照模型的效果比较柔和，可以融合菲涅尔反射（Fresnel）和 IBL（Image Based Lighting，基于图像的光照）HDR（High Dynamic Range，高动态范围）背景图像光照采样，不考虑物理光照能量守恒原则，在渲染性能上比 Unity 提供的标准着色器要好得多，可以大大减轻 CPU 和 GPU 渲染压力。

MRTK 标准着色器在提供了与 Unity 标准着色器几乎相同渲染效果的前提下进行了大量优化，并且也是利用了变体着色器特性（Shader Variant Feature）的超级着色器（Uber Shader），它能根据开发者所使用的设置屏蔽未使用参数的影响，生成精减且高效的着色器变体，极大地提升了着色器性能，因此，建议在进行 MR 应用开发时只使用 MRTK 提供的标准着色器。

MRTK 标准着色器是一个万能着色器，我们可以利用该着色器渲染任何材质的外观表现，如木板、玻璃、金属、橡胶等，但由于渲染时对资源使用方式的不同，MRTK 将渲染模式（Rendering Mode）分为不透明（Opaque）、镂空（CutOut）、渐变（Fade）、透明（Transparent）、叠加（Additive）、自定义（Custom）共 6 种类型，各渲染模式的区别如表 10-2 所示。

表 10-2　MRTK 标准着色器渲染模式

渲染模式名称	描　　述
不透明（Opaque）	常见渲染模式，也是默认渲染模式，用于渲染不透明的物体对象
镂空（CutOut）	用于渲染镂空对象，如铁丝网，这类对象要么是完全不透明部分，要么是完全透明部分，不存在半透明部分，常用于植物枝叶、网状结构的渲染
渐变（Fade）	通过控制 Alpha 通道来控制渲染对象的显隐，常用于渲染虚拟对象的渐入和渐出，该渲染模式与透明渲染模式的区别是该模式会整体起作用，包括高光、反射都会渐变
透明（Transparent）	透明渲染常用于渲染透明塑料或者玻璃，使用该渲染模式时高光和反射不受纹理 Alpha 通道的影响
叠加（Additive）	叠加渲染模式常用于粒子特效，它将所有同位置像素的颜色值进行简单相加并作为最终结果，无须进行对象排序
自定义（Custom）	自定义渲染模式，可以完全控制颜色的混合方式和深度值的使用，使用该模式需要深入了解图像渲染管线的工作原理

MRTK 标准着色器可控制渲染时的对象剔除模式（Cull Mode），共有 3 种可设置值：值 off，关闭剔除，即以双面渲染的方式渲染对象，这种模式会导致渲染性能开销增加一倍；值 Front，前面剔除，只渲染对象背面；值 Back，后面剔除，只渲染对象可见面。

为模拟 PBR 渲染中所使用的金属度贴图（Metallic）、光滑度贴图（Smoothness）、发光贴图（Emissive）、遮挡贴图（Occlusion）效果并同时提高内存的使用效率，MRTK 将这 4 个灰度贴图（Greyscale）放到 1 张贴图的 R、G、B、A 通道里进行采样，这张贴图称为通道贴图（Channel Map）。该贴图可以通过使用图像处理软件（如 PhotoShop）生成，也可以使用 MRTK 自带的纹理合并器（Texture Combiner）工具制作，具体操作如下：

在 Unity 菜单中，依次选择 Mixed Reality Toolkit → Utilities → Texture Combiner 打开纹理合并器，将符合条件的各类灰度贴图依次设置到 R、G、B、A 各通道中（通道中的贴图类型需一一对应），完成之后单击纹理合并器窗口下部的 Save Channel Map 按钮以便生成通道贴图（该工具还可以从使用这 4 种贴图的 Unity 标准着色器中直接提取出上面所述 4 种贴图并赋值到相应通道中）。通道贴图制作完成后，在使用时，只需将该通道贴图赋给标准着色器的 Channel Map 属性，MRTK 运行时即会在相应的通道里采样并进行对应计算，只使用一张通道贴图渲染的模型效果如图 10-6 所示。

随着 Unity 引入可编程渲染管线概念，其将渲染管线拆分为高清渲染管线（High Definition Render Pipeline，HDRP）和通用渲染管线 [Universal Render Pipeline，URP，通用渲染

图 10-6　只使用一张通道贴图实现的极富细节感染力的模型渲染

管线在 Unity 2018 中又称为轻量级渲染管线（Lightweight Render Pipeline，LRP）]，加上原始使用的渲染管线，共有 3 种类型的渲染管线，MRTK 标准着色器工作于 Unity 默认的原始渲染管线上。

Unity 默认的渲染管线为原始使用的管线，HDRP 专为高性能台式计算机设计，URP 则是专为资源有限平台服务的管线，这 3 种渲染管线的着色器互不兼容，因此，默认情况下，MRTK 标准着色器并不能用于 URP 管线，但 MRTK 提供了将默认标准着色器转换为 URP 着色器的工具 [①]。在 Unity 菜单中，依次选择 Mixed Reality Toolkit → Utilities → Upgrade MRTK Standard Shader for Universal Render Pipeline 即可将 MRTK 标准着色器转换为 URP 管线着色器，但由于着色器与底层平台耦合度高，并不是每个 Unity 版本都能正确无误地完成转换（经测试，Unity 2019.4.13f1 和 URP v7.3.1 版本可以进行正确转换），因此在转换之前先进行测试很重要。

10.2.1　模型切割

利用 MRTK 标准着色器几乎可以实现所有常见的渲染需求，而且，针对行业应用，MRTK 还实现了很多开箱即用的功能特性，如模型切割、轮廓线、模板测试、顶点挤出等，非常方便开发者使用。

模型切割在工业领域使用得非常广泛，可以通过切割模型表面查看内部结构，是一种常

---

① 为提高渲染性能，建议在 HoloLens 2 设备上使用 URP 渲染管线。

见的工业模型操作方式，MRTK 提供了 3 种模型切割方法，可以使用平面切割（Plane Clip）、球体切割（Sphere Clip）、长方体切割（Box Clip）共 3 种切割模式。

切割算法的核心思想是区分模型顶点与切割面 / 体之间的位置关系，对不同位置的顶点使用不同的渲染策略。具体处理过程如下：首先将模型与切割面 / 体转换到同一坐标系下（通常为方便计算，将平面切割和球体切割统一转换到世界坐标系下，而将长方体切割转换到长方体本地坐标系下），然后计算各顶点与切割面 / 体的关系。对平面切割，根据平面法线向量 n 与平面中心点到待渲染顶点方向向量 d 做点乘，计算顶点到平面的距离，根据计算结果的正负性将模型顶点划分成平面内侧和外侧两部分；对球体切割，计算球心到待渲染顶点的距离并与球体半径相比较，根据比较结果将模型顶点划分为球体内和球体外两部分；对长方体切割，通过判断待渲染顶点究竟是位于长方体内还是位于长方体外将模型顶点划分为内外两部分。得到模型顶点划分后就可以使用不同的渲染策略对模型的不同顶点部分进行区别渲染，如渲染成透明、半透明、变色等（MRTK 标准着色器默认不渲染被切割后的顶点）。

为方便开发者使用，MRTK 还提供了 ClippingPlane.cs、ClippingBox.cs、ClippingSphere.cs 共 3 个脚本组件，由这 3 个脚本组件负责具体的顶点划分计算，简化开发人员使用，下面以平面切割的使用为例进行阐述。

（1）在 Unity 层级（Hierarchy）窗口中新建一个需要被切割的模型对象 Sphere，并将渲染设置为双面渲染（Cull Mode 设置为 off）[①]。

（2）在层级窗口中新建一个空对象 ClippingPlane，然后在属性（Inspector）窗口将其 Transform 下的 Rotation.Z 属性设置为 90°，使其垂直于地面，并为其挂载 ClippingPlane 脚本组件，将第 1 步中的切割对象 Sphere（需要有 Mesh Renderer 组件）拖曳到 ClippingPlane 脚本组件下的 Renderers 属性上以便建立切割平面与切割对象之间的相对空间位置关系，实现正确的模型顶点划分计算。

（3）经过以上两步，已经可以实现模型切割了，本步骤为可视化一个平面，方便直观查看，与切割功能无关。在层级窗口中的 ClippingPlane 对象下新建一个 Quad 对象，将其 Transform 下的 Rotation.X 属性调整为 90°（除 Scale 值，其余参数归零），使其与 ClippingPlane 对象方向保持一致，为 Quad 对象赋一个材质（该材质使用 MRTK 标准着色器，将 Renderering Mode（渲染模式）参数设置为 Additive，将 Albedo 参数设置为纯黑色填充），这时我们即可直观地看到切割平面，移动该平面就可以对切割对象进行正确切割了。

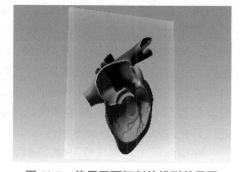

图 10-7　使用平面切割的模型效果图

平面切割实现的效果如图 10-7 所示，球体切割与长方体切割的使用符合同样的步骤流程，不再赘述。

---

① 使用模型切割功能时通常会关闭模型的剔除模式，即需要使用双面渲染。

10.2.2　轮廓线

标示轮廓线是一种常见且标识效果非常好的选择整个模型或者部分模型的技术，在 MR 应用中也常用于远距离、凝视选择虚拟对象的视觉反馈。MRTK 提供了 MeshOutline 和 MeshOutlineHierarchy 两个脚本组件用于渲染轮廓线，其中 MeshOutlineHierarchy 脚本组件还支持对子对象的轮廓线渲染，MRTK 轮廓线渲染效果如图 10-8 所示。

图 10-8　使用轮廓线渲染效果图

MeshOutline 和 MeshOutlineHierarchy 两个脚本组件都提供了轮廓线材质属性和线宽属性可供设置，但所使用材质必须为 MRTK 标准着色器材质，并且需要将着色器的 Depth Write（深度写入）参数设置为 off、勾选 Vertex Extrusion（顶点挤出）复选框、设置 Extrusion Value（挤出值）参数，然后根据实际情况可选性地设置 Use Smooth Normals（平滑法向量）属性（该属性用于平滑模型表面法线，配合 MeshSmooth 脚本组件可现实更好的视觉效果）。

MRTK 标准着色器使用了不同于全屏的后处理（Post Processing）技术的方法实现轮廓线效果，其优势是性能要好得多，对资源使用更加高效，但该方法也存在对非密闭模型效果不理想和深度测试问题，其中深度测试问题不可避免（由于禁用了深度值写入，会导致模型叠加不正常）。在实际使用时，我们可以根据特定模型效果表现的需要，采用一些技术弥补部分问题，MRTK 也提供了一个 MeshSmooth 脚本组件用于自动平滑模型表面法线，可以有效闭合渲染的轮廓线，如图 10-9 所示，但该脚本会复制模型顶点数据，从而增加资源消耗，因此建议只在需要时使用该脚本组件。

图 10-9　使用 MeshSmooth
组件平滑模型表面法线效果

在实际使用轮廓线效果时，通常并不是使用静态的轮廓线呈现，而是根据使用者的手部射线或者凝视输入动态地触发该效果，典型的应用场景是模型对象获得焦点时渲染轮廓线，失去焦点时不渲染，为实现该效果，我们可以通过实现 IMixedRealityFocusHandler 接口来处理获得焦点和失去焦点事件，代码如下：

```
// 第 10 章 /10-4.cs
// 需引入 UnityEngine.Events;Microsoft.MixedReality.Toolkit.Input;
Microsoft.MixedReality.Toolkit.Utilities; 命名空间
public class FocusHandler : MonoBehaviour, IMixedRealityFocusHandler
{
    [SerializeField]
    private bool markEventsAsUsed = false;
    MeshOutline meshOutLine;
    void Start()
    {
        meshOutLine = GetComponent<MeshOutline>();
    }
public bool MarkEventsAsUsed
    {
        get { return markEventsAsUsed; }
        set { markEventsAsUsed = value; }
    }
    public void OnFocusEnter(FocusEventData eventData)
    {
        if (!eventData.used)
        {
            meshOutLine.enabled = true;
            if (markEventsAsUsed)
            {
                eventData.Use();
            }
        }
    }
    public void OnFocusExit(FocusEventData eventData)
    {
        if (!eventData.used)
        {
            meshOutLine.enabled = false;
            if (markEventsAsUsed)
            {
                eventData.Use();
            }
        }
    }
}
```

在使用代码 10-4.cs 获取焦点事件后，我们就可以简单地通过使能（enabled）属性控制 MeshOutline 或者 MeshOutlineHierarchy 脚本组件的开启与关闭，从而控制轮廓线的渲染与否。

10.2.3 挤出与模板测试

MRTK 标准着色器可以实现顶点挤出，即将顶点沿其法线方向移动一段距离，营造面片飞散的效果，利用该功能，我们可以实现爆炸、表层面片剥离后查看内部结构等效果。使用时，在 MRTK 标准着色器中，勾选 Vertex Extrusion（顶点挤出）属性复选框以便开启顶点挤出特性，通过设置 Extrusion Value（挤出值）参数确定顶点沿法线方向的偏离程度，如果法线不平滑则会导致挤出的面片离散得不均匀，这时可以通过勾选 Use Smooth Normals（使用平滑法向量）平滑法线功能修复法线。

如果在 MR 应用运行时，通过脚本代码动态设置 Extrusion Value 参数就可以非常简单地实现面片爆炸动态效果，如图 10-10（a）所示。

模板缓冲区是一个与颜色缓冲区尺寸和分辨率完全一致的缓冲区，用于实现如镜面反射、透明门洞等特殊效果。使用模板缓冲区实现期望的效果分成两步：第一步标识模板区；第二步利用第一步标识的模板区做模板测试以便实现期望的效果。其原理是利用一个遮罩对象将特定区域标识为模板区（如标识为数字 1），将需要渲

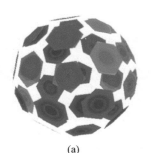

(a)   (b)

图 10-10 顶点挤出和模板测试效果图

染的模型的模板测试功能打开，并只渲染由遮罩对象标识过的区域，效果如图 10-10（b）所示。

MRTK 标准着色器支持模板测试，在具体使用时，操作如下：

（1）使用 MRTK 标准着色器渲染模型对象，勾选 Enable Stencil Testing（开启模板测试）属性复选框，并将 Stencil Reference 参数设置为 1、将 Stencil Comparison 参数设置为 Equal、将 Stencil Operation 参数设置为 Keep，如图 10-11（a）所示。

（2）新建一个 Quad 对象作为遮罩对象，在其材质所使用的 MRTK 标准着色器中，勾选 Enable Stencil Testing（开启模板测试）属性复选框，并将 Stencil Reference 参数设置为 1、将 Stencil Comparison 参数设置为 Always、将 Stencil Operation 参数设置为 Replace，如图 10-11（b）所示。

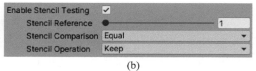

(a)   (b)

图 10-11 模型对象和遮罩对象模板测试着色器的参数设置

完成后，Quad 遮罩对象即可实现对待渲染模型的遮挡透视（Quad 对象内模型可见，Quad 对象外模型不渲染）。

除了上述功能特性，MRTK 标准着色器还支持 GPU 实例化（GPU Instancing）、实例颜色（Instanced Color）、三向贴图（Triplanar Mapping）、远端纹理加载（Remote Texture Loading）、逐像素裁减纹理、抗锯齿、法线贴图拉伸等，使用时可查阅官方文档。

10.3　环境反射

MR 应用的特点是虚实融合，由于环境的复杂性和人脑对环境的敏感性，完全实现虚实融合非常困难，这不仅有理论上的困难，也有工程实施上的困难。在 MR 应用中，实现虚拟物体对真实环境的反射（光照）可以极大地增强虚拟对象的真实感，有效提升 MR 应用的沉浸体验。

10.3.1　立方体贴图

立方体贴图（Cubemap）由于其独特的性质通常用于环境映射，也常被用作为具有反射属性的物体的反射源，在 Unity 天空盒的实现中就使用了立方体贴图，天空盒也常被称为环境贴图。立方体贴图是一个由 6 个独立的正方形纹理组成的纹理集合，包含了 6 个 2D 纹理，每个 2D 纹理为立方体的一个面，6 个纹理共组成一个有贴图的立方体，如图 10-12 所示。

在图 10-12（a）中，沿着虚线箭头方向可以将这 6 个面封闭成一个立方体，形成一个纹理面向内的贴图集合，这也是立方体贴图名字的由来。立方体贴图最大的特点是构成了一个 720° 全封闭的空间，因此如果组成立方体贴图的 6 张纹理选择连续无缝贴图就可以实现 720° 无死角的纹理采样，形成完美的天空盒效果。

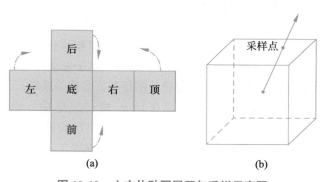

图 10-12　立方体贴图展开与采样示意图

与 2D 纹理采样所使用的 UV 坐标不同，立方体贴图需要一个 3D 查找向量进行采样，查找向量是一个原点位于立方体中心点的 3D 向量，如图 10-12（b）所示，在 3D 查找向量与立方体相交处的纹理就是需要采样的纹理。在 GLSL、HLSL、Cg、Metal 中都定义了立方体贴图采样函数，可以非常方便地进行立方体贴图的采样操作。

立方体贴图因其 720° 封闭的特性常常用来模拟在某点处的周边环境实现反射、折射效果，如根据赛车位置实时更新立方体贴图可以模拟赛车车身对周边环境的反射效果。在 MR 应用中，我们也利用同样的原理实现虚拟物体对真实环境的反射。立方体贴图需要 6 个无缝的纹理，使用静态纹理可以非常好地模拟全向场景，但静态纹理不能反映动态的物体变化，如赛车车身对周围环境的反射，如果使用静态纹理将不能反射路上行走的人群和闪烁的霓虹灯，这时就需要使用实时动态生成的立方体贴图，这种方式能非常真实地模拟赛车对环境的反射，但性能开销比较大，需要谨慎使用。

10.3.2　环境反射与光照估计

　　MRTK 并没有对真实环境反射提供直接的支持，但微软公司提供了一个独立的环境光照工具，可用于 MR 应用，该工具名为 Mixed Reality Light Capture[①]，其以 Unity 工具包的形式提供，可直接导入工程中使用，该工具支持 MRTK 标准着色器。

　　该光照工具利用立方体贴图和反射探头（Reflection Probe）实现对环境的反射和光照的计算，在 MR 应用初始化完成后，光照工具利用 HoloLens 2 设备主摄像头捕获一张当前真实环境的图片，由于只有单张环境某一个方向的图片，无法形成完整的立方体贴图，因此需要拉伸该图片以生成一个不精确的立方体贴图，在生成立方体贴图后，光照工具还会在合适的位置自动生成一个反射探头并将生成的立方体贴图赋予该反射探头，至此就可以实现对现实环境的反射了。

　　由于是由单张图片拉伸形成的立方体贴图，反射会很粗糙，因此，当 HoloLens 2 设备转动时，光照工具会再次捕捉环境图片，并与之前的立方体贴图进行融合，随着使用者探索环境的进行，生成的立方体贴图会更加准确。并且，光照工具还会跟踪 HoloLens 2 设备的移动，当移动距离超过预设值后，会重新生成新的立方体贴图以反映环境的变化。

　　在捕获环境图片后，光照工具还会根据预设参数和 HoloLens 2 设备的旋转计算场景中的光源方向和颜色，并利用该光源对虚拟物体进行光照计算，以提高虚拟物体光照的真实性。需要注意的是，在使用光照工具时，由于它使用 HoloLens 2 设备的主摄像头捕获环境图片，因此会打断其他使用主摄像头的任务，如视频录制。

　　在导入光照工具后，在 Unity 窗口菜单中，依次单击 Mixed Reality Toolkit → Lighting Tools → Create Light Capture Object 即会在场景中生成一个名为 LightCapture 的对象，并且该对象上挂载了 LightCapture 脚本组件，光照工具就是利用该脚本组件进行环境反射与光照计算的，其具体参数如表 10-3 所示。

表 10-3　LightCapture 参数及描述

参数名称	描　述
贴图分辨率（Map Resolution Resolution）	立方体贴图的每一面纹理的分辨率
是否使用单贴图（Single Stamp Only）	是否只在设置初始化完成后进行一次环境图片捕捉
贴图拉伸倍率（Stamp FoV Multiplier）	环境图片拉伸倍率，可用于调整图片覆盖面积，越大的倍率覆盖面积越大，但反射图像就会越模糊
图片过期距离（Stamp Expire Distance）	当 HoloLens 2 设备移动该距离后，会重新捕捉环境图片进行更新，设置为 0 时表示不更新环境图片

---

　　① 下载网址为 https://github.com/microsoft/MRLightingTools-Unity/releases。

续表

参 数 名 称	描　述
使用方向光（Use Directional Lighting）	是否使用方向光，通过计算捕获的环境图片中最亮颜色部位获取场景中的光源方向，并应用到光照计算中
最大光照颜色饱和度（Max Light Color Saturation）	在计算出场景方向光后，通过平均环境图片中20%最亮部分颜色作为方向光的颜色值，该值用于设置方向光颜色饱和比率
每秒转动角度（Light Angle Adjust Per Second）	当环境图片被更新后，为防止光照发生突变，方向光的方向会进行平滑更新，该参数用于设置方向光的方向每秒所转动的角度

在添加完 LightCapture 对象后，HoloLens 2 设备即会自动进行环境反射和光照计算，实现的效果如图 10-13 所示。

图 10-13　环境反射与光照估计效果图

10.4　阴影

阴影在现实生活中扮演着非常重要的角色，通过阴影我们能直观地感受到光源位置、光源强弱、物体离地面的高度、物体轮廓等，并迅速地在大脑中构建环境空间信息，如图 10-14 所示。阴影还会影响人们对空间环境的判断，是构建立体空间信息的重要参考因素。

在 MR 应用中，如果放置在真实世界中的虚拟物体具有与真实物体一样的阴影将极大地提高虚拟物体的可信度，但由于 HoloLens 2 设备的光波导显示成像技术只能以叠加的方式进行显示（无法削弱或者使真实环境光变暗，渲染的虚拟物体叠加并覆盖在真实环境之上），因此无法使用常规生成阴影的手段产生阴影（光波导显示技术无法呈现黑色，传统方式生成的阴影不可见），目前还没有成熟的能在 HoloLens 2 设备上产生实时阴影的技术方案。

图 10-14　光照与阴影影响人脑对空间环境的认知和理解

在 HoloLens 2 设备中，为实现阴影效果，我们使用一种称为负阴影（Negative Shadows）的替代方案生成阴影，所谓负阴影即是保持本应是阴影的区域不变，却将非阴影区域变亮，通过对比形成阴影效果，为呈现软阴影的过渡效果，也需要对阴影与非阴影的界线边缘区域进行平滑过渡。

如果 MR 应用中的虚拟物体是刚体，不发生形变，且不能脱离 MR 平面（放置于某个真实平面上，不在 Y 轴方向上下移动），我们则可以采用预先制作负阴影的方法实现阴影效果，显然，这种方式生成的阴影不能在运行时发生动态改变，如果虚拟物体脱离放置平面，则会出现明显的视觉瑕疵。

所谓预先制作阴影，就是在虚拟物体下预先放置一个平面，平面渲染纹理是与虚拟物体匹配的负阴影纹理，以此来模拟阴影。因为这个阴影是使用贴图纹理的方式实现的，所以最大的优势是不浪费计算资源，其次是阴影可以根据需要预先处理成硬阴影、软阴影、超软阴影、斑点阴影等类型，自主性强；其缺点是阴影一旦设定后在运行时不能依据环境光照的变化而发生变化，无法对环境进行适配。

在 HoloLens 2 设备中使用负阴影，首先需要制作一张与虚拟模型对应的负阴影纹理，可以通过 Photoshop 等图像处理软件制作这张纹理图片，很显然，我们需要将非阴影区变得更明亮，阴影区则需要镂空透明，通常这张纹理图应该是带 Alpha 通道的 PNG 格式阴影纹理图，如图 10-15 所示。

图 10-15　制作一张带 Alpha 通道的 PNG 格式阴影纹理图 [①]

---

① 此处为了满足纸质书籍印刷的需要，将透明背景色替换成了绿色，不然印刷后无法呈现纹理阴影效果。

为使阴影区与非阴影区过渡得更自然，在使用 PhotoShop 制作负阴影纹理图片时，建议使用的内发光与外发光参数如图 10-16 所示。

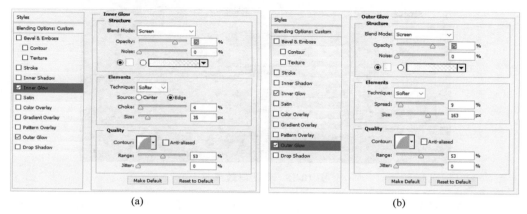

(a)　　　　　　　　　　　　　　　(b)

图 10-16　使用 Photoshop 制作负阴影纹理时内发光和外发光的参数建议值

在制作完成负阴影贴图后，将其导入 Unity 工程中。新建一个材质，命名为 ARShadow，材质使用 MRTK 标准着色器，并将其渲染模式（Rendering Mode）选择为 Transparent 以实现透明效果，纹理则使用制作好的负阴影图片。

在层级（Hierarchy）窗口中新建一个空对象，命名为 ARPlane，并将虚拟物体模型作为子对象放置在其下。在 ARPlane 对象下创建一个 Quad 子对象，将其 Transform 下的 Rotation.X 属性调整为 90°，使其水平平铺，并将上文制作好的 ARShadow 材质赋给它，调整 Quad 对象与模型对象的相对位置关系，使阴影与虚拟物体匹配，如图 10-17 所示。

图 10-17　调整虚拟物体模型与制作好的阴影的相对位置关系

通过预先制作阴影的方法，避免了在运行时实时计算阴影，没有阴影计算的性能开销，并且可以预先设置阴影的类型，在真实场景中的效果如图 10-18 所示，可以看到，这种方式在模拟普通环境下的阴影时非常用效。

图 10-18 负阴影效果图

但正如前文所说，这种产生阴影的方式的缺点也非常明显：无法在运行时动态改变，不能适配变化的环境，使用阴影的虚拟物体不能脱离其所在的放置平面而悬空，因此，只是一种目前状态下的阴影生成替代方案。

第 11 章　3D 文字与音视频

人类对世界的感知主要来源于视觉信息，长期以来形成的先验知识使我们能在毫秒级的时间内形成周围环境的三维地图，除此之外，听觉也起着非常重要的作用，在真实世界中，我们不仅利用视觉信息，也利用听觉信息来定位并跟踪 3D 物体。为了达到更好的沉浸式体验效果，在 MR 应用中也应当真实还原现实世界的 3D 音效，即 MR 应用不仅包括虚拟物体的位置定位，还应该包括声音的 3D 定位。本章主要学习在 MR 应用中使用 3D 文字、声频和播放视频的相关知识。

11.1　3D 文字

文字是全息场景非常重要的组成部分，常用于对象描述、说明、操作指示，MR 应用中，我们可以使用 3 种方案渲染文字：UI Text、3D Text Mesh、Text Mesh Pro。UI Text 借助于 Unity Canvas（画布）渲染文字；3D Text Mesh 则使用独立网格渲染文字；Text Mesh Pro 使用有向距离场（Signed Distance Field，SDF）技术提高文字的渲染质量，可同时处理 UI 和 3D 文字渲染工作。从本质上讲，在 MR 应用中渲染文字需要使用文字纹理，文字纹理图与其他所有纹理图一样，也会随距离的变化出现采样过滤而导致纹理模糊的问题，对中文汉字而言，文字纹理图文件的大小与其容纳的文字数量相关，文字数量越多纹理体积越大。Text Mesh Pro 使用的有向距离场技术类似于图形中的矢量图，可以在放大或缩小时保证不模糊，因此渲染的文字质量更高。

11.1.1　文字单位换算

在 Unity 坐标系中，1 单位为 1m，导入的对象默认为 100% 缩放值，因此，Unity 中的 1 单位在 HoloLens 2 设备中也是 1m。3D Text Mesh 默认字体大小为 13，对应 Unity 中的 1 单位（高为 1m）；UI Text 默认字体大小为 14，但由于使用 Unity Canvas 的缘故，其相当于 Unity 中的 10 单位（高为 10m）；Text Mesh Pro 渲染 3D 文字时，默认大小为 36，其相当于 Unity 中的 2.5 单位（高为 2.5m），渲染 UI 文字时，默认大小也是 36，但相当于 Unity 中的 25 单位（高为 25m）。

基于以上比例的文字尺寸与 Unity 坐标单位的换算关系很不直观，因此，人们使用点（Point）的概念来描述 3D 空间中的文字大小，将 3D 空间中的 1m 定义为 2835 点，从而就很容易将文字字体大小与 Unity 中的缩放值（Scale）关联起来。如 3D Text Mesh 中默认字体大小为 13，因此，13/2835=0.005 则描述了普通文字展示与 3D 文字展示呈现相同效果时的缩放关系，由此我们可以总结 UI Text、3D Text Mesh 和 Text Mesh Pro 中各文字对象的缩放值，如表 11-1 所示。

表 11-1　3 种文字渲染方式的缩放值

渲 染 方 式		默认文字大小	Scale 值
3D Text Mesh		13	0.005
UI Text		14	0.0005
Text Mesh Pro	渲染 3D 文字	36	0.005
	渲染 UI 文字	36	0.0005

通过以上比例，我们就能获得与常规文字 1∶1 的显示效果，也方便我们操作场景中的文字对象，获得连续一致的设计和使用体验，但由于文字显示大小受字体类型及导入方式影响，相同大小的文字最终呈现的效果也会略有差异。

由于 Text Mesh Pro 能提供更好的文字渲染质量，而且相同情况下所需要的字体纹理更小，建议使用这种方式渲染 UI 与 3D 文字。另外，MRTK 也提供了很多预设好的 UI 和 3D 文字预制体，可以实现清晰、高质量的文字渲染。

11.1.2　中文字体制作

Unity 默认不带中文字体，因此无法显示中文字符，在需要显示中文汉字时，我们可以从互联网上下载 Unity 使用的中文字体，也可以自己创建可供 Unity 使用的中文字体。如前所述，在 Unity 中渲染文字的实质是使用文字纹理贴图，创建 Unity 中文字体也即是创建一张包含中文汉字的纹理贴图，但由于中文汉字非常多，如果都渲染到一张贴图中会导致这张贴图非常大（运行时占用大量内存），因此，我们通常会根据需要创建一张包含常见汉字的贴图以节约资源。

创建 Unity 中文字体需要使用字符文件和常规字体文件，字符文件即纹理贴图所需要包含的汉字的文本文件，常规字体文件（Windows 系统所有字体文件存放在系统安装盘 Fonts 目录下，如 C:\Windows\Fonts）用于渲染汉字字符。下面我们以使用微软雅黑字体为例，创建一个包含 7000 个中文汉字的 Unity 中文字体。

Text Mesh Pro 自带 Unity 字体创建器（Text Mesh Pro 插件可以使用 Unity 包管理器安装，从 Unity 菜单中依次选择 Window → Package Manager 打开包管理器进行安装），在安装 Text Mesh Pro 插件后，可以通过 Unity 菜单栏 Window → TextMeshPro → Font Asset Creator 打开字

体创建面板，如图 11-1 所示。

　　创建面板中 Source Font File 属性为使用的常
规字体、Atlas Resolution 属性为生成字体纹理贴
图的分辨率、Character File 属性为需要生成的汉
字字符，设置完成后单击 Generate Font Atlas 按钮
生成字体文件，然后保存生成的字体文件即可在
Unity 中使用。

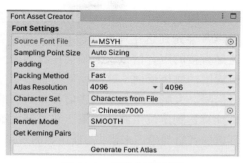

图 11-1　字体创建面板

11.2　3D 声频

　　在前面的章节中，我们学习了如何定位并追踪用户（实际是用户头部）的位置与方向，
然后通过将全息影像叠加到真实环境中营造虚实融合的效果，在用户移动时，通过 VIO 和
IMU 更新用户的位置与方向信息、更新投影矩阵，这样就可以把虚拟物体固定在空间的某点
上，从而达到以假乱真的视觉体验。

　　3D 空间音效处理的目的是还原声音在真实世界中的传播特性，进一步提高 MR 应用虚实
融合的真实度。事实上，3D 音效在电影、电视、电子游戏中被广泛应用，但在 MR 中对 3D
空间声音的处理有其特别之处，类似于电影中所采用的技术并不能很好地解决 MR 中 3D 音效
的问题。

　　在电影院中，观众的位置是固定的，因此可以通过在影院的四周加装上音响设备，通过
设计不同位置音响设备上声音的大小和延迟，就能给观众营造逼真的 3D 声音效果。经过大量
的研究与努力，人们根据人耳的结构与声音的传播特性也设计出了很多新技术，可以只用两
个音响或者耳机就能模拟出 3D 音效，这种技术叫双耳声（Binaural Sound），它的技术原理如
图 11-2 所示。

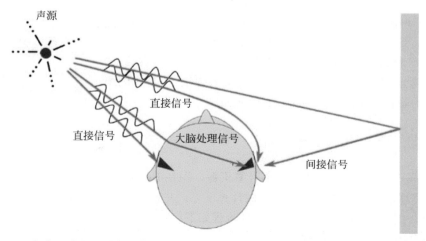

图 11-2　大脑通过双耳对来自声源的直接信号与间接信号进行分析，可以计算出声源位置

在图 11-2 中，从声源发出来的声音会直接传播到左耳和右耳，但因为左耳离声源近，所以声音会先到达左耳再到达右耳，由于在传播过程中的衰减，左耳听到的声音要比右耳大，这是直接的声音信号，大脑会接收到两只耳朵传过来的信号。同时，从声源发出的声音也会被周围的物体反射，这些反射与直接信号相比有一定的延迟并且音量更小，这些是间接的声音信号。大脑会采集到直接信号与所有的间接信号并比较从左耳与右耳采集的信号，经过分析计算达到定位声源的效果。在了解大脑的工作模式后，就可以通过算法控制两个音响或者耳机的音量与延迟来模拟 3D 声源的效果，让大脑产生出虚拟的 3D 声音场景。

11.2.1　3D 声场原理

3D 声场，也称为三维声频、虚拟 3D 声频、双耳声频等，它是根据人耳对声音信号的感知特性，使用信号处理的方法对到达两耳的声音信号进行模拟，重建复杂的空间声场。通俗地说就是通过数学的方法对声音信号到达耳朵的音量大小与延迟进行数字建模，模拟真实声音在空间中的传播特性，让人产生听到三维声频的感觉。

不仅用户的周边环境对声音传播有影响，当人耳在接收到声源发出的声音时，人的耳郭、耳道、头盖骨、肩部等对声波的折射、绕射和衍射及鼓膜接收的信息都会被大脑捕获，大脑通过计算、分析、经验来对声音的方位、距离进行判断。与大脑工作原理类似，在计算机中通过信号处理的数学方法，构建头部相关传输函数 HRTF（Head Related Transfer Functions），通过多组滤波器来模拟人耳接收到声源的"位置信息"，其原理如图 11-3 所示。

目前 3D 声场重建技术已经比较成熟，人们不仅知道如何录制 3D 声频，还知道如何播放这些 3D 声频，让大脑产生逼真的 3D 声场信息，实现与真实环境相同的声场效果，然而，目前大多数 3D 声场重建技术都假设用户处于静止状态（或者说与用户的位置无关），而在 MR 应用中，情况却有很大不同，MR 应用的用户是随时移动的，这意味着用户听到的 3D 声音也需要调整，这一特殊情况导致目前的 3D 声场重建技术在 MR 应用时失效。幸运的是，MRTK 已经考虑到这个问题，并为 MR 应用开发提供了 3D 空间声频 API，称为微软空间音效（Microsoft Spatializer）。

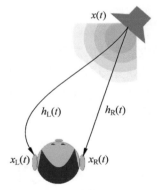

图 11-3　通过信号处理的数学方法可以模拟 3D 音效

11.2.2　3D 空间音效简单使用

微软空间 3D 音效算法会消耗很多计算资源，但在 HoloLens 2 设备中有专用硬件模块负责 3D 音效解算，可以有效地缓解 CPU 的计算压力，并且 MRTK 提供了简洁的使用界面，使用非常简单，在项目中添加 3D 音效的一般流程如下：

（1）打开项目空间感知特性。

（2）设置微软空间音效。

（3）创建混音器。

（4）设置声频源组件属性（Audio Source）。

（5）开启计算机耳机立体音效（可选）。

下面对照流程进行详细阐述。

1. 打开项目空间感知特性

3D 音效只能用在三维环境中，因此，必须确保 HoloLens 2 设备能感知真实三维环境，在 Unity 菜单中，依次选择 Edit → Project Settings → Player，选择 Universal Windows Platform settings（UWP 设置）选项卡，并依次选择 Publishing Settings → Capabilities 功能设置区，勾选 SpatialPerception 功能特性，如图 11-4 所示。

图 11-4　在工程中勾选 SpatialPerception 复选框

2. 设置微软空间音效

在 Unity 菜单中，依次选择 Edit → Project Settings → Audio，打开声频设置面板，在 Spatializer Plugin（空间音效插件）下拉菜单中选择 MS HRTF Spatializer，如图 11-5 所示。

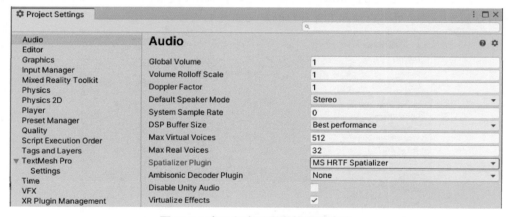

图 11-5　在工程中设置微软空间音效

3. 创建混音器

3D 音效必须使用混音器，在 Unity 菜单中，依次选择 Window → Audio → Audio Mixer 打开混音器面板，单击 Mixers（混音器）右侧的 "+" 号添加一个混音器，该新建混音器会自动创建一个名为 Master 的 Groups（组），如图 11-6 所示，该混音器默认会存储在项目根目录（Project 窗口根目录）下，在第 4 步中我们将会用到该混音器。

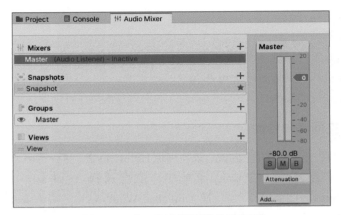

图 11-6　在工程中设置微软混音器

4. 设置声频源组件属性

声频源组件（Audio Source）需要挂载于空间对象上，因此我们先在场景中新建一个立方体（cube）对象，并将其位置调整到摄像头可见区域。选择该立方体对象，在属性（Inspector）窗口中为该对象挂载 Audio Source 组件，将其 AudioClip 属性设置为一个声频文件、将 Output 属性设置为第 3 步中所创建的 Master 混音器，勾选 Spatialize 复选框，将 Spatial Blend 设置为 1，如图 11-7 所示，其余更多声频源组件参数的意义如表 11-2 所示。

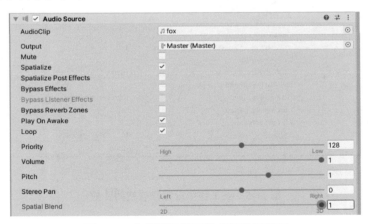

图 11-7　声频源组件属性参数设置界面

提示

在设置声频源组件属性参数时，应当先勾选 Spatialize 复选框，再将 Spatial Blend 滑块拖动到 3D 值（1），如果在未勾选 Spatialize 复选框时先将 Spatial Blend 滑块拖动到 3D 值则 Unity 会使用默认的内置空间音效器（Panning Spatializer）而不是使用 MS HRTF Spatializer。

表 11-2　声频源组件的主要属性

属 性 名 称	描　　述
声频剪辑（AudioClip）	指定播放的声频文件
声频输出（Output）	设置声频输出目标，为空时输出到声频监听器（AudioListener），也可以设置到具体的声频混音器（AduioMixer）
静音（Mute）	使用静音不会卸载声频数据，只是停止声频输出，取消静音可以恢复当前声频播放
空间音效开关（Spatialize）	设置是否使用空间音效
空间音效后处理效果（Spatialize Post Effects）	设置空间音效究竟是滤波器使用前还是使用后起作用
音源滤波开关（Bypass Effects）	作用在当前声频源的声频滤波器开关
监听器滤波开关（Bypass Listener Effects）	作用在当前监听器的声频滤波器开关
回音混淆开关（Bypass Reverb Zones）	执行回音混淆效果开关
加载即播放开关（Play On Awake）	对象加载后立即播放声频
循环播放开关（Loop）	是否循环播放声频
播放优先级（Priority）	本声频源在整个场景的所有声频源中的播放优先级
音量（Volume）	音量设置
音调（Pitch）	播放声频时速度的变化量，默认值为 1，表示以正常速度播放。当默认值小于 1 时，慢速播放；当默认值大于 1 时，快速播放，速度越快，音调越高
声道占比（Stereo Pan）	左右声道占比，默认值为 0，表示左右均值，当默认值小于 1 时，左声道占比高；当默认值大于 1 时，右声道占比高
空间混合（Spatial Blend）	指定声频源是 2D 音源（0）、3D 音源（1）、二者插值的复合音源
混响区混音（Reverb ZoneMix）	声频源混合到混响区中的音量，0 ～ 1 为线性区（与音量属性类似），1 ～ 1.1 为增强范围区，最高将混响信号增强 10dB。在模拟从近场到远处声音的过渡时，与基于距离的衰减曲线结合使用非常有用

在上述设置完成后展开 3D Sound Settings（3D 声音设置）卷展栏，将 Volume Rolloff（音量衰减）设置为 Linear Rolloff（线性衰减）、将 Min Distance（最小距离）设置为 0.1、将 Max Distance（最大距离）设置为 4，其他 3D 音效参数意义如表 11-3 所示。

表 11-3　声频源组件 3D 音效的主要属性

属 性 名 称	描　　述
多普勒级别（Doppler Level）	决定多少多普勒效应将被应用到这个声频信号源（如果设置为 0 则无效果）
扩散（Spread）	设置 3D 立体声或多声道音源在扬声器空间的传播角度

续表

属性名称	描述
音量衰减模式（Volume Rolloff）	有 3 种衰减模式：Logarithmic Rolloff（对数衰减），接近声频源时声音响亮，远离声频源时声音成对数下降；Linear Rolloff（线性衰减），声频源音量成线性衰减；Custom Rolloff（自定义衰减），根据设置的衰减曲线调整声频源音量衰减行为
最小距离（Min Distance）	最小距离，在最小距离内声音会保持最响亮
最大距离（Max Distance）	最大距离，声音停止衰减距离，超过这一距离，音量保持为衰减曲线末音量，不再衰减

5. 开启计算机耳机立体音效

本步骤为可选步骤，如果希望在开发计算机中测试 3D 音效则需要开启计算机的立体声功能，在 Windows 10 系统桌面底部的工具栏右侧，用鼠标右击声音图标，在弹出的级联菜单中依次选择"空间音效（用于耳机的 Windows Sonic）→用于耳机的 Windows Sonic"开启计算机耳机立体音效功能，如图 11-8 所示。

图 11-8　开启计算机耳机立体音效

在完成上述操作后，我们就可以直接在 Unity 编辑器中体验 3D 音效了，使用耳机（注意耳机不要戴反，一般耳机上会标有 R 与 L 字样代表右耳与左耳），或者直接发布到 HoloLens 2 设备上体验。围绕立方体转动、调整与立方体的距离都可以感受到空间定位的声频效果。

11.2.3　运行时启用和禁用 3D 音效

MRTK 使用 AudioSource 声频源组件设置和播放声音，因此，在 MR 应用运行时我们就可以方便地通过设置 AudioSource 声频源组件参数实现声频的 2D、立体声、3D 空间音效的切换，典型代码如下：

```
// 第 11 章 /11-1.cs
using UnityEngine;
[RequireComponent(typeof(AudioSource))]
public class ToogleAudio : MonoBehaviour
```

```
{
    private AudioSource mSourceObject;
    private bool mIsSpatialized = false;

    public void Start()
    {
        mSourceObject = gameObject.GetComponent<AudioSource>();
        mSourceObject.spatialBlend = 1;
        mSourceObject.spatialize = true;
    }

    public void ToogleAudioSpatialization()
    {
        if (mIsSpatialized)
        {
            mIsSpatialized = false;
            mSourceObject.spatialBlend = 0;
            mSourceObject.spatialize = false;
        }
        else
        {
            mIsSpatialized = true;
            mSourceObject.spatialBlend = 1;
            mSourceObject.spatialize = true;
        }
    }
}
```

代码 11-1.cs 所示脚本应与 AudioSource 组件挂载于同一个场景对象上，通过按钮事件切换声频的 2D、立体声、3D 空间音效。其中 spatialBlend 属性用于控制音效的 2D 声与立体声（Stereo）混合，在将 spatialize 属性值设置为 true 时，声音音量会根据设置的衰减曲线衰减，而当将 spatialize 属性值设置为 false 时，则音量只会在最大值与无音量之间切换；spatialize 属性用于控制音效的三维空间化，实现 3D 空间音效。

11.2.4　UX 元素音效 3D 化

在 MRTK 中，空间 UX 元素默认不使用 3D 空间音效，一些 UX 元素挂载了静态 AudioSource 组件，如按钮，而另一些 UX 元素则会在运行时动态生成 AudioSource 组件，如滑动条。对于静态挂载了 AudioSource 组件的 UX 元素，我们只需根据 11.1.2 节的内容进行设置并调整好各属性参数，而对于动态生成 AudioSource 组件的 UX 元素，我们可以根据 11.1.3 节的内容修改音效脚本，设置并调整好各属性参数。

无论使用哪种方式，最重要的是将 AudioSource 组件下的 Output 属性设置为指定的混音器、开启 Spatialize、将 SpatialBlend 滑动到 3D 状态，并根据需要设置声音的衰减类型和曲线。

11.2.5 使用回响营造空间感

在实际生活中，我们不仅能听出声音的远近和方向，还能通过声音了解周边环境，这就是回响，如在开阔空间、密闭小屋、大厅等各种不同环境中听同一种声音的感受会非常不一样。通过前述章节，我们已经能够实现 3D 空间音效，能正确地反映出声音的远近和方向，但这些声音无法反映周边环境。本节我们将阐述在 Unity 中实现回响的一般方法，由于影响回响的因素非常多，在开始之前，我们先了解回响的基本原理和术语。

声波在空气中传播时，除了透过空气进入人耳外，还会经由墙壁或环境中的介质反射后进入耳内，混合成我们听到的声音，这就产生了一个复杂的反射组合。声波的混合分为以下3 个部分。

（1）直达音：从声源直接传入耳朵的声波称为直达音（Direct Sound），直达音随着传播距离的增加其能量会逐渐减弱，这也是离我们越远的声源声音会越小的原因。

（2）早期反射音：声波在传播时遇到介质会不断反射，如果仅经过 1 次反射后就进入人耳我们称其为早期反射音（Early Reflections），早期反射音会帮助我们了解所处空间的大小与形状，如图 11-9 所示。

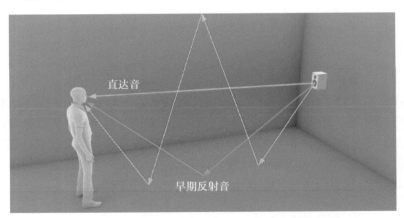

图 11-9　早期反射音有助于我们了解所处空间的大小和形状

（3）后期混响：声波会在环境中不断地反射，反射音随着时间的不断增加形成更多也更密集的反射音，这些反射音会密集到人耳无法分辨，这种现象称为后期混响（Late Reverb）。

直达音、早期反射音、后期混响混合成我们最终听到的声音，人脑会根据经验将听到的声音与空间环境关联起来，从而形成空间环境感知。在使用计算机进行模拟时，我们将输入的纯净声频称为干音，而将经过回响混音后的声频称为湿音，最终这两种声频都会同时输出到混音器中混合成最终播放出来的声音。

在 Unity 中实现回响效果并不困难，按 11.1.2 节所示方法创建一个 Master 混音器，然后在

Group 栏下的 Master 混音器组上右击，在弹出的菜单中选择 Add child group（添加子组）新添加一个组，命名为 RoomEffectGroup，如图 11-10 所示。

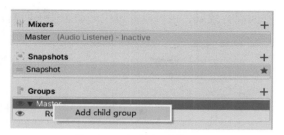

图 11-10　添加新的声频组

选择 RoomEffectGroup 组，在右侧展开的面板中，单击其最下方的 Add 按钮，在弹出的菜单中选择 SFX Reverb 回响特效组件，如图 11-11 所示。

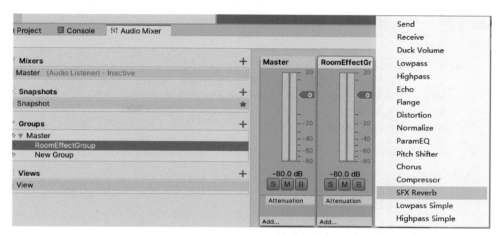

图 11-11　添加 SFX Reverb 音效组件

在属性（Inspector）窗口打开的 SFX Reverb 属性面板中可以调整各干湿声频的参数，其中 Dry Level 参数用于设置输入干声频的音量，因为最后回响混音后的湿音会输出到 Master 混音器，该值可以设置为最小值（-10000mB）；Room 参数用于设置低频声音在房间中的传播效果，该值可以设置为最大值（0.0mB）；Decay Time 参数设置声音反射时延，单位为秒，通过该值能感知到空间大小；Reflections 和 Reflect Delay 参数用于设置早期反射音信息；Reverb 和 Reverb Delay 参数用于设置后期混响信息。属性窗口中的每个参数都与真实声音传播的一个特性相关联，在需要时，可以查阅相关声频处理资料了解更多详细信息，图 11-12 所示参数设置仅供参考。

在完成音效回响效果设置后，我们可以直接将 RoomEffectGroup 组赋给 AudioSource 组件的 Output 属性，这样就可以体验到带回响的

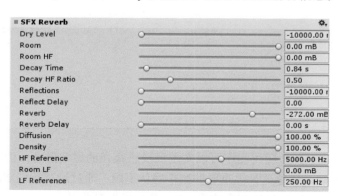

图 11-12　SFX Reverb 参数设置参考值

空间混音效果，也可以通过代码动态使用回响效果，典型的使用代码如下：

```csharp
// 第 11 章 /11-2.cs
using UnityEngine;
using UnityEngine.Audio;

[RequireComponent(typeof(AudioSource))]
public class ToogleAudio : MonoBehaviour
{
    public AudioMixerGroup RoomEffectGroup;
    public AudioMixerGroup MasterGroup;
    private AudioSource mSourceObject;
    private bool mIsSpatialized = false;

    public void Start()
    {
        mSourceObject = gameObject.GetComponent<AudioSource>();
        mSourceObject.spatialBlend = 1;
        mSourceObject.spatialize = true;
    }

    public void SwapSpatialization()
    {
        if (mIsSpatialized)
        {
            mIsSpatialized = false;
            mSourceObject.spatialBlend = 0;
            mSourceObject.spatialize = false;
            mSourceObject.outputAudioMixerGroup = MasterGroup;
        }
        else
        {
            mIsSpatialized = true;
            mSourceObject.spatialBlend = 1;
            mSourceObject.spatialize = true;
            mSourceObject.outputAudioMixerGroup = RoomEffectGroup;
        }
    }
}
```

11.2.6　3D 音效设计原则

　　MR 应用程序可以实现沉浸感很强的虚实融合，但相比真实物体对象，虚拟对象的操作缺乏触感这种很重要的操作确认手段，通过触感我们能感知到身体部位与物体对象的接触程度、物体对象的质地等，而这些在虚拟对象操作时均无法提供，因此，为达到更好的使用体验，

MR 应用应当通过其他途径弥补操作触觉确认缺失，在所有方法中，音效是一个非常不错的选择，我们可以通过合理使用音效提示用户各操作阶段发生的事情，让使用者得到听觉上的反馈，强化对操作的确认。除此之外，我们还可以利用声音通知使用者某些事件的发生，通过视觉与听觉的结合，提高 MR 应用使用者的满意度。

在 MR 应用中使用声音的一般原则如表 11-4 所示。

表 11-4　MR 应用中使用声音的一般原则

类　型	描　述
通知与事件	在应用状态发生变化（如任务完成、收到信息）时应当通过声音提醒用户，在 MR 应用中，一些虚拟对象有时会超出用户的视野范围，合理使用 3D 音效可以帮助用户确认对象位置； 对于伴随用户移动的虚拟对象，如一只虚拟宠物狗，"沙沙"的 3D 脚步声将会帮助用户跟踪这些对象的位置； 事件发生时可根据事件类型制定不同的声音方案，如事件成功，则可使用积极的声音，事件失败则可使用比较消极的声音，对于不能区分成功与失败的事件则应当使用中性声音
触发时机	声音使用应符合大众审美，并且保持一致性，每类声音用于表达某种意义，不可混合乱用； 将最重要的声音音量调高，同时暂时性地降低其他声音音量； 使用声音延时，防止在同一时间触发过多声音
手势交互	以按钮操作为例，按钮事件符合传统 PC 按钮的基本机制，在按钮按下时触发短促、低频的声音，在按钮释放时触发积极、高频的声音以传达不同操作阶段，MRTK 中标准按钮默认使用了声音
本能交互	在本能交互中，由于触觉的缺失，声音提示就显得更加重要，通常，接触虚拟物体时应以低频声音为宜，释放操作应以积极高频声音为宜，而拖曳则应使用更低频的类似"沙沙"声表达，拖曳声音音量应由拖曳速度决定，当拖曳暂停时，声音也应当暂停
语音命令交互	语音命令通常都应当提供视觉反馈，但可以通过声音强化语音命令识别或者执行结果，使用中性或者积极的声音表达执行确认，使用积极的声音表示执行成功，使用消极的声音表示语音识别或者执行失败
声音依赖	不要过分依赖声音，用户可能由于隐私、环境或者听力问题而无法感知声音

具有空间特性的对象所发出的声音也应当具有空间效果（3D），包括 UX 元素、视觉提示、虚拟物体发出的声音。3D 化 UX 元素声音可以强化使用者的空间感知，对虚拟对象的触摸、拖曳、释放的声音 3D 化则可以营造更自然的交互体验；3D 音效有助于用户了解视野之外发生的事件的空间位置和距离。

由于 3D 音效需要消耗计算资源，对不具有空间特性的对象使用 3D 音效则不会对提升用户体验产生任何有利影响，如旁白、简单事件提示音，同时应注意，在 MR 应用中，应当确保任何时候都不能有多于两个的 3D 空间音效同时播放，这可能会导致性能问题。

声音随距离的衰减在 MR 应用中应用得非常广，衰减类型和曲线可以调节声音衰减效果，通常而言，线性衰减能适应绝大部分声音的衰减需求，我们也可以通过调整衰减曲线营造不同的衰减效果。信息提示类声音更应关注声音的有效性而非距离，无须使用衰减。

11.3 3D 视频

视频播放是一种非常方便且高效的展示手段，在 MR 应用中播放视频也是一种常见的需求，如在一个展厅中放置的虚拟电视上播放宣传视频，或者在游戏中为营造氛围而设置的虚拟电视视频播放，本节我们将学习如何在 MR 场景中播放视频。

11.3.1 VideoPlayer 组件

VideoPlayer 组件是由 Unity 提供的一个跨平台视频播放组件，这个组件在播放视频时会调用运行时系统本地的视频解码器，即其本身并不负责视频的解码，因此开发人员需要确保在特定平台上视频编码格式能被支持。VideoPlayer 组件不仅能播放本地视频，也能够通过 http/https 协议播放远端服务器视频，而且支持将视频播放到摄像头平面（Camera Plane，包括近平面和远平面）、作为渲染纹理（Render Texture）、作为材质纹理、作为其他组件的 Texture 属性纹理，因此，可以方便地将视频播放到摄像头平面、3D 物体、UI 界面上，功能非常强大。VideoPlayer 组件界面如图 11-13 所示。

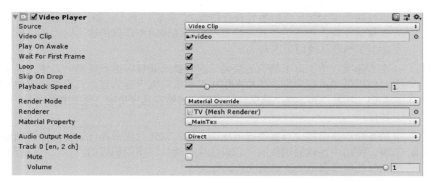

图 11-13　Video Player 组件面板

VideoPlayer 组件主要属性意义如表 11-5 所示。

表 11-5　VideoPlayer 组件主要属性意义

属 性 名 称	描　　述
Source（视频源）	视频源，其下拉菜单包括两个选项：Video Clip 与 URL。选择 Video Clip 时，可以将项目内的视频直接赋给 Video Clip 属性。当选择 URL 时，可以使用视频的路径定位视频（如使用 http:// 或者 file://），我们既可以在编辑状态时为其设置固定的地址信息，也可以在运行时通过脚本代码动态地修改这个路径以便达到动态控制视频加载的目的

续表

属 性 名 称	描 述
Play On Awake（加载即播放）	是否在场景加载后就播放视频，如果不勾选该项，应当在运行时通过脚本控制播放视频
Wait For First Frame（等待第一帧）	该选项主要用于同步视频播放与场景进度，特别是在游戏场景中，如果勾选，Unity 则会在游戏开始前等待视频源加载显示，如果取消勾选，则可能会丢弃前几帧以使视频播放与游戏的其余部分保持同步，在 MR 中建议不勾选，不勾选时视频会跳帧播放
Loop（循环）	循环播放
Skip On Drop（跳帧同步）	是否允许跳帧以保持与场景同步，建议勾选
Playback Speed（播放速度）	视频播放速度倍率，如设置为 2，视频则以 2 倍速播放，范围为 [0,10]
Render Mode（渲染模式）	定义视频的渲染模式。其下拉菜单中包括 4 个选项：Camera Far Plane（相机远平面）、Camera Near Plane（相机近平面）、Render Texture（渲染纹理）、Material Override（材质复写）、API Only（仅 API）。各渲染模式功能如下。 （1）Camera Far Plane：将视频渲染到相机的远平面，其 Alpha 值可设置视频的透明度。 （2）Camera Near Plane：将视频渲染到相机的近平面，其 Alpha 值可设置视频的透明度。 （3）Render Texture：将视频渲染为渲染纹理，通过设置 Target Texture 定义 Render Texture 组件渲染到其图像的 Render Texture。 （4）Material Override：将视频渲染到物体材质上。 （5）API Only：仅能通过脚本代码将视频渲染到 VideoPlayer.texture 属性中
Audio Output Mode（音轨输出模式）	定义音轨输出，其下拉菜单包括 4 个选项：None（无）、Audio Source（声频源）、Direct（直接）、API Only（仅 API）。选择 None 时不播放音轨；选择 Audio Source 时可以自定义声频输出；选择 Direct 时，会直接将视频中的音轨输出；选择 API Only 时，只能使用脚本代码控制音轨的设置
Mute（静音）	是否禁音
Volume（音量）	声频音量

除此之外，VideoPlayer 组件还有很多供脚本调用的方法、属性和事件，常用的主要如表 11-6 所示，其他方法在使用时读者可以查阅相关文档说明。

注意

Source 属性设置时，在广域网中使用 http:// 定位视频源在某些情况下可能无法获取视频文件，这时应该使用 https:// 定位。HTTPS 是一种通过计算机网络进行安全通信的传输协议，经由 HTTP 进行通信，利用 SSL/TLS 建立安全信道，加密数据包，在某些平台必须使用该协议才能获取视频源。

表 11-6   VideoPlayer 组件的方法、属性和事件

名　　称	类　　型	描　　述
EnableAudioTrack	方法	启用或禁用音轨，需要在视频播放前设置
Play	方法	播放视频
Pause	方法	暂停视频播放
Stop	方法	停止视频播放，与暂停视频相比，停止视频播放后，再次播放视频会从头开始
isPlaying	属性	视频是否正在播放
isLooping	属性	视频是否是循环播放
isPrepared	属性	视频是否已准备好（如加载是否完成可供播放）
errorReceived	事件	发生错误时回调
frameDropped	事件	丢帧时回调
frameReady	事件	新帧准备好时回调，这个回调会非常频繁，需要谨慎使用
loopPointReached	事件	视频播放结束时回调
prepareCompleted	事件	视频资源准备好时回调
started	事件	视频开始播放后回调

　　VideoPlayer 组件还有很多其他方法、属性和事件，利用这些方法属性可以开发出功能强大的视频播放器。如前所述，VideoPlayer 组件会调用运行时本地系统中的原生解码器解码视频，因此为确保在特定平台视频可正常播放，需要提前了解运行系统的解码能力，通常，不同的操作系统对视频的原生解码支持并不相同，在 UWP 平台，支持的视频格式：.asf、.avi、.dv、.mv4、.mov、.mp4、.mpg、.mpeg、.ogv、.vp8、.webm、.wmv，但需要注意的是，即使视频后辍格式相同也不能确保一定能解码，因为同一种格式会有若干种编码方式。在 HoloLens 2 设备上播放视频，需要对视频进行导入设置，具体操作为选择导入项目中的视频文件，在属性（Inspector）窗口打开的导入设置中选择 UWP 平台，勾选 Override for Windows Store Apps 和 Transcode 复选框，将 Codec 属性设置为 H264、将 Bitrate Mode 属性设置为 Low、将 Spatial Quality 属性设置为 Medium Spatial Quality，如图 11-14 所示。

　　由于 MR 中的场景是真实环境，以虚拟物体或者 UX 元素作为视频播放承载物是最好的选择，视频渲染模式一般使用 Material Override，用于在模型的特定区域播放视频。

　　下面以在 MRTK 提供的 Slate 面板中播放视频为例：在场景中添加 Slate 面板的 UX 元素，调整好该面板位置，在 Unity 层级（Hierarchy）窗口中展开 Slate 对象，单击并选择其 ContentQuad 子对象，在属性（Inspector）窗口展开的属性面板中添加 VideoPlayer 组件，设置其视频剪辑（Video Clip）属性，并根据需要设置其他参数，运行后即可看到视频播放效果。由于视频附着于空间对象上，因此视频播放也呈现空间特性。

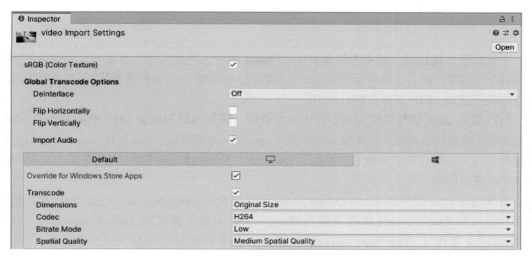

图 11-14　设置视频格式界面

也可以使用脚本代码的方式控制视频的加载、播放、暂停等操作，典型的操作代码如下：

```
// 第 11 章 /11-3.cs
using UnityEngine;
using UnityEngine.Video;
[RequireComponent(typeof(VideoPlayer))]
public class VideoController : MonoBehaviour
{
    private VideoPlayer mVideoPlayer;
    void Start()
    {
        mVideoPlayer = gameObject.GetComponent<VideoPlayer>();
    }
    public void Play()
    {
        mVideoPlayer.Play();
    }
    public void Pause()
    {
        mVideoPlayer.Pause();
    }
    public void Stop()
    {
        mVideoPlayer.Stop();
    }
}
```

11.3.2 视频音效空间化

在直接播放视频时，如果不勾选禁音（Mute）属性，声频可以同步播放，但播放的声频并不具备空间定位能力，即声音不会呈现空间特性，在 MR 中实现视频音轨 3D 空间化功能需要与前文所述的空间声频组件配合使用。

仍以 Slate 面板播放视频为例，在 11.3.1 节中，通过挂载和设置 VideoPlayer 组件，我们已经实现了视频播放功能，选择 Slate 面板的 ContentQuad 子对象，为其挂载 AudioSource 组件，并按照 11.1.2 节所述正确地设置 Output、Spatialize、Spatial Blend 属性，但其 AudioClip 属性留空不设置声频源。

将 VideoPlayer 组件的 Audio Output Mode 属性设置为 Audio Source、勾选 Track 0[2 ch] 复选框，并将其 Audio Source 属性设置为 ContentQuad 对象上挂载的 AudioSource 组件（确保 Audio Source 组件与 VideoPlayer 组件挂载于同一个场景对象上），如图 11-15 所示。

图 11-15　设置视频播放中的音轨从 AudioSource 输出

通过以上设置，在使用 VideoPlayer 组件播放视频时，其音轨将从视频文件中剥离并输出到 AudioSource 组件进行混音处理，因此自然就可以利用 AudioSource 组件的所有音效功能，如混音、回响、距离衰减等，从而实现 3D 空间音效。

第 12 章　空间锚点与 Azure 云服务

HoloLens 2 设备是一个 MR 混合现实平台，它提供了最基础的硬件管理和软件功能支持，如同新安装了操作系统的 PC，虽然能够正常运行，但没有提供直接的应用服务，用户还需要安装各类应用软件才能处理特定的应用事项。由于 HoloLens 2 设备是一个全新的平台，MR 软件开发与传统软件开发有很多不一样的地方，例如高级的自然语言处理、人脸检测、持久化空间定位等，对开发人员素质要求更高，但这些功能特性很多又是在 MR 应用中非常常见的需求，为简化 MR 应用程序高级功能特性的开发，微软公司推出了 Azure 云服务。

Azure 本身是一个完整的云平台，并非只为 HoloLens 2 服务，它可以托管现有应用程序，提供很多高级功能特征，从而大大简化应用程序的开发。Azure 云服务集成了开发、测试、部署和管理应用程序所需的各类云服务资源，同时也提供了云计算，对于 HoloLens 2 这类硬件资源受限但又有密集计算需求的 MR 应用非常合适。

12.1　Azure 云服务概述

计算机与互联网已成为当今社会最重要的基础设施之一，信息服务设备也已经成为商业运营中最重要的必要设施，拥有强大处理能力、高可靠性的云服务应运而生，云服务提供全天候的硬件资源与软件应用，降低了信息服务的运作成本，并且随着 5G 通信、小型设备、可穿戴设备的发展，云服务的功能特性也得到极大的加强，使用者可以在任何地方随时调用资源，用完之后释放又可供再分配，避免了资源浪费，降低了对小型和可穿戴设备的硬件要求。

Azure 云服务是微软公司基于其云计算操作系统的云服务技术，它使用微软全球数据中心的储存、计算能力和网络基础服务，主要目标是为开发者提供一个平台，帮助简化开发可运行在云服务器、数据中心、边端设备、Web 和 PC 上的应用程序。Azure 以云技术为核心，提供了软件＋服务＋计算的服务能力，能够将处于云端的开发者个人能力同微软全球数据中心网络托管的服务（例如存储、计算和网络基础设施服务）紧密结合起来。

对于 HoloLens 2 设备上的 MR 应用开发而言，Azure 云服务提供了对 MR 的持久化存储、计算机视觉、空间定位点、云渲染、自然语言理解、人脸检测识别、3D 对象检测、机器学习等开发门槛高、计算密集的功能特性的支持，一方面扩展了 HoloLens 2 设备的应用领域，另一方面也极大地增强了 HoloLens 2 设备的处理、渲染能力。有了 Azure 云服务，MR 应用开发可以从 HoloLens 2 设备本身硬件资源有限的思维逻辑中摆脱出来，利用云存储、云计算、云功能进行应用设计、开发，不仅能加快应用开发进程，也能实现只依赖单台 HoloLens 2 设备无法实现的功能。

Azure 云服务功能强大，本章只对 HoloLens 2 上 MR 应用中非常重要的几个云服务功能进行阐述，在掌握一般流程后，再参考微软公司的官方技术文档，其他云服务功能的使用也可以遵照同样的处理流程进行处理。

12.2　空间锚点

到目前为止，前面章节中的所有 MR 应用案例都存在一个问题，即应用运行中的数据不能持久化保存。在应用启动后所检测的空间环境、加载的虚拟物体、设备姿态等都会在应用关闭后丢失。在很多应用场景下，这种模式是可以被接受的，每次打开应用都会是一个崭新的应用，不受前一次操作的影响；但对一些需要连续间断性进行的应用或者多人共享的应用来讲，这种模式就有很大的问题，这时更希望应用能保存当前状态，在下一次进入时能恢复到中断前的状态，接着进行下一步操作而不是从头再来，或者希望能与别人一起共享 MR 体验，而不仅局限于本机设备。

本节将主要学习 MR 应用如何持久化地保存数据及跨设备多人共享 MR 体验。在持久化存储与共享 MR 体验技术的实施过程中，空间锚点（Spatial Anchor）起到了非常大的作用。空间锚点连接着虚实，是持久化存储与共享的最关键因素，是场景恢复的基础，空间锚点也简称为锚点。

在 HoloLens 2 设备中使用锚点时必须确保开启空间感知特性（SpatialPerception 功能），在 Unity 菜单中，依次选择 Edit → Project Settings → Player，选择 Universal Windows Platform settings（UWP 设置）选项卡，并依次选择 Publishing Settings → Capabilities 功能设置区，勾选 SpatialPerception 复选框，如图 12-1 所示。

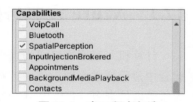

图 12-1　在工程中勾选 SpatialPerception 复选框

12.2.1　锚点概述

锚点是 AR、MR 技术中最重要的概念之一，任何需要锚定到现实空间、现实 2D 图像、现实 3D 物体、人体、人脸的虚拟对象都需要通过特定的锚点连接，持久化存储、共享 AR/MR 体验也必须通过锚点才能实现。

1. 锚点

锚点（Anchor）的原意是指不让船舶漂移的固定锚，这里用来指将虚拟物体固定在

AR/MR 空间上的一种技术。由于跟踪所使用的 IMU 传感器的特性，误差会随着时间积累，所以需要通过视觉检测技术修正误差，此时，如果已存在于空间中的虚拟对象不进行同步校正则会出现偏差，锚点的功能即是绑定虚拟物体与 MR 的空间位置。被赋予锚点的对象将被视为固定在空间上的特定位置，并自动进行位置校正，锚点可以确保物体在空间中看起来保持相同的位置和方向，将虚拟物体固定在 AR/MR 场景中，如图 12-2 所示。

图 12-2　连接到锚点上的虚拟对象就像是固定在现实世界空间中一样

2. 锚点的工作原理

在 AR/MR 应用中，摄像头和虚拟物体在现实世界空间中的位置会在帧与帧之间更新，即虚拟物体在现实世界空间中的姿态每帧都会更新。由于 IMU 传感器的误差积累，虚拟物体会出现漂移现象，为解决这个问题，需要使用一个锚点将虚拟对象固定在现实空间中。如前所述，这个锚点的姿态信息偏差必须能用某种方式消除以确保锚点的姿态不会随着时间的变化而发生变化。消除这个偏差的就是计算机视觉技术，通过计算机视觉计算可以消除 IMU 运动跟踪误差，从而将锚点保持在空间中相同的位置与方向，这样，连接到该锚点的虚拟对象也就不会出现漂移。一个锚点上可以连接一个或多个虚拟对象，锚点和连接到它上面的物体看起来会保持它们在现实世界中的放置位置，随着锚点姿态在每帧中进行调整以适应现实世界空间的更新，锚点也将相应地更新虚拟物体姿态，确保这些虚拟物体能够保持它们的相对位置和方向，即使在锚点姿态调整的情况下也能如此。

一般来讲，在虚拟对象之间、虚拟对象与可跟踪对象之间、虚拟对象与现实世界空间之间存在相互关系时，可以将一个或多个物体连接到一个锚点以便保持它们之间的相互位置关系。

有效使用锚点可以提升 AR/MR 应用的真实感和性能，连接到锚点附近的虚拟对象会在整个 MR 体验期间看起来严格地保持它们的位置和彼此之间的相对位置关系，而且借助于锚点有利于减少 CPU 开销。

锚点使用图像的方式进行位姿校正[①]，这就要求图像有比较好的特征，具有丰富且能辨别不重复的纹理、不透明反光的环境最有利于 SLAM 算法进行跟踪。因此，在非重复富纹理、

---

① 事实上，保存锚点时会一同保存锚点空间附近的图像特征点信息。

非透明不反光的环境中使用锚点能更好地进行重定位、恢复、识别。

3. 锚点使用注意事项

（1）尽可能复用锚点。在大多数情况下，应当让多个相互靠近的虚拟物体使用同一个锚点，而不是为每个虚拟物体创建一个新的锚点。如果虚拟物体需要保持与现实世界空间中的某个可跟踪对象或位置之间独特的空间关系，则需要为该对象创建新锚点。因为锚点将独立调整姿态以响应 MR 在每一帧中对现实世界空间的估算，如果场景中的每个虚拟物体都有自己的锚点，则会带来很大的性能开销。另外，独立锚定的虚拟对象可以相对彼此平移或旋转，从而破坏虚拟物体的相对位置关系，因此会破坏 MR 场景体验。

例如，假设 MR 应用允许用户在房间内布置虚拟家具。当用户打开应用时，HoloLens 2 设备开始跟踪周围环境，用户在桌面上放置一盏虚拟台灯，然后在地板上放置一把虚拟椅子，在此情况下，应将一个锚点连接到桌面平面，将另一个锚点连接到地板平面。如果用户向桌面添加另一盏虚拟台灯，此时则可以重用已经连接到桌面平面的锚点。这样，两盏台灯看起来都粘在桌面平面上，并保持它们之间的相对空间关系，椅子也会保持它相对于地板平面的位置。在 Unity 中，可以为父对象设置一个锚点，这样，所有的子对象都会共用这个锚点。

（2）保持物体靠近锚点。锚定物体时，最好让需要连接的虚拟对象尽量靠近锚点，避免将虚拟物体放置在离锚点几米远的地方，以防止由于 MRTK 应用更新世界空间坐标而产生意外的旋转运动。如果确实需要将虚拟物体放置在离现有锚点几米远的地方，应该创建一个更靠近此位置的新锚点，并将物体连接到新锚点。

（3）销毁未使用的锚点。为提升应用性能，通常需要将不再使用的锚点分离销毁。因为每个可跟踪对象都会产生一定的 CPU 开销，MRTK 不会主动释放具有连接锚点的可跟踪对象，从而造成无谓的性能损失。

（4）在环境纹理丰富的地方使用锚点。在 HoloLens 2 设备中使用锚点，通常是为了解决持久化存储和体验共享的问题，MRTK 提取锚点信息时会对其周边环境进行特征提取以进行重定位，丰富纹理的背景环境有助于特征提取和匹配，从而提高重定位成功率。

12.2.2 本地锚点

为持久化地存储应用进程数据，MRTK 也提供了创建、序列化锚点功能。本地锚点本质上是将 MR 场景的空间状态信息转换为可存储可传输的形式（序列化）保存到文件系统或者数据库中，当使用者再次加载这些场景状态信息后即可恢复应用进程。锚点不仅保存了空间点的位置状态信息，还保存了场景特征点云信息，在使用者再次加载这些状态数据后，MR 应用可以通过保存的特征点云信息与当前用户摄像头获取的特征点云信息进行对比及匹配，从而更新当前用户的坐标，确保两个坐标系的匹配。

如图 12-3 所示，设备①的 MR 应用在启动完进行环境扫描、虚拟物体放置等相关操作后，可以将其当前应用场景中的空间点位置信息、环境特征点信息、设备姿态信息序列化并保存到文件系统或数据库系统中。稍后，设备①或者设备③可以加载这些信息以恢复设备①之前的应用进程，重新定位设备、还原虚拟物体。设备①也可以将锚点状态信息、环境特征点信息、设备姿态信息序列化后通过网络传输给设备②，设备②接收并加载这些信息后也可以恢复设备①之前的应用进程，从而达到共享体验的目的。

　　不管是将场景锚点状态、设备姿态信息存储到文件系统还是通过网络传输给其他设备，都需要对数据进行序列化，在读取数据后需要进行反序列化还原信息，如图 12-4 所示。

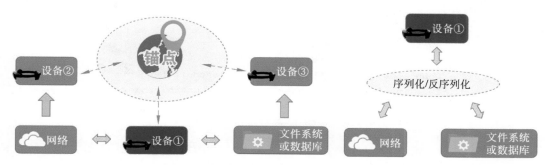

图 12-3　通过锚点共享场景信息示意图　　　　图 12-4　锚点保存信息示意图

提示

　　序列化是将结构对象转换成字节流的过程，序列化使对象信息更加紧凑，更具可读性，同时降低错误发生的概率，有利于通过网络传输或者在文件和数据库中持久化保存。反序列化即是根据字节流中保存的信息恢复对象状态及描述信息，重建对象的过程。

　　MRTK 利用 WorldAnchorManager 组件处理本地锚点的持久化存储，该组件有添加锚点 AttachAnchor（GameObject, String）、移除锚点 RemoveAnchor（GameObject）、移除所有锚点 RemoveAllAnchors() 共 3 种方法，可以对锚点进行管理。该组件还可以设置是否跨 Session（会话）使用锚点、输出调试信息等，非常方便使用。

　　持久化存储锚点的基本流程：使用 WorldAnchorManager 组件为某个游戏对象添加锚点，然后使用 WorldAnchorStore 存储该锚点，在需要使用锚点进行定位时使用 WorldAnchorStore 加载锚点，并在不需要时使用 WorldAnchorManager 组件移除锚点。典型代码如下：

```
// 第 12 章 /12-1.cs
// 引入 UnityEngine.XR.WSA 和 UnityEngine.XR.WSA.Persistence 命名空间
public class AnchorMaker : MonoBehaviour
{
    public WorldAnchorManager worldAnchorManager;
    bool awaitingStore = true;
    WorldAnchorStore store = null;
    bool savedRoot;
    string[] anchors;
```

```csharp
void Awake()
{
    Debug.Log("启动时加载锚点...");
    WorldAnchorStore.GetAsync(StoreLoaded);
}


void Update()
{
    if (!awaitingStore)
    {
        awaitingStore = true;
        anchors = this.store.GetAllIds();
        Debug.Log("锚点加载中，锚点数量: " + anchors.Length);
        for (int index = 0; index < anchors.Length; index++)
        {
            Debug.Log(anchors[index]);
        }
        LoadGame();
    }


}
private void StoreLoaded(WorldAnchorStore store)
{
    this.store = store;
    awaitingStore = false;
}
private void LoadGame()
{
    // 将游戏对象变换到锚点处
    this.savedRoot = this.store.Load("rootGameObject", this.gameObject);
    if (!this.savedRoot)
    {
        Debug.Log("未找到锚点");
    }
}
private void SaveGame()
{
    WorldAnchor anchor = this.gameObject.GetComponent<WorldAnchor>();
    if (!this.savedRoot && anchor != null)
    {
        this.savedRoot = this.store.Save("rootGameObject", anchor);
        Debug.Log("保存锚点: " + this.savedRoot);
    }
    else
    {
        Debug.Log("锚点已存储: " + this.savedRoot);
    }
```

```
    }

    public void OnManipulationEnded()
    {
        WorldAnchor anchor = this.gameObject.GetComponent<WorldAnchor>();
        if (anchor == null)
        {
            string name = worldAnchorManager.AttachAnchor(this.gameObject);
            Debug.Log("添加锚点：" + name);
        }
        else
        {
            if (anchor.name != null)
            {
                Debug.Log("更新锚点：" + anchor.name);
            }
        }
        SaveGame();
    }
    public void OnManipulationStarted()
    {
        if (anchors != null)
        {
            foreach (string a in anchors)
            {
                Debug.Log("删除锚点：" + a);
                store.Delete(a);
            }
            this.savedRoot = false;
        }
    }
}
```

从代码 12-1.cs 中可以看到，WorldAnchorStore 类是持久化锚点存储的关键类，它确保了锚点信息可以跨 Session 使用，因此能够实现锚点的持久化保存功能。每个锚点都是一个需要 MRTK 独立跟踪的空间点，为保持其位置不变，MRTK 需要对它进行特殊处理，因此过多地使用锚点会导致性能下降。可以在游戏对象根对象所在位置建立一个锚点，这样，其子对象也会被锚定。

代码 12-1.cs 中，在对象交互开始（游戏对象空间位置将发生变化）时删除所有锚点（锚点创建后不可修改），并在交互结束时创建新的锚点，然后使用 WorldAnchorStore 对象保存锚点。当 MR 应用关闭并重启后，通过加载之前保存的锚点可以看到，挂载在锚点上的游戏对象会出现在它最终被锚定的地方。

12.2.3　本地锚点持久化与传输

使用 WorldAnchorStore 对象实现持久化锚点时，由于开发人员并不能干预锚点的存取过程，该方式只适合于本机，无法将锚点信息共享给其他设备。本节将利用 WorldAnchor-TransferBatch 对象自定义锚点进行处理，如可以将锚点信息存储到文件系统或者通过网络发送给其他设备，由此实现锚点在不同设备间共享。

为实现该功能，一台 HoloLens 2 设备先扫描环境以便创建一个锚点，然后将锚点信息序列化并保存或者传输到其他设备；其他 HoloLens 2 设备获取锚点信息，反序列化锚点信息，并尝试重定位该锚点，如果成功，则可以依此重建虚拟环境，由此实现 MR 体验共享。在不同设备间使用锚点时，为提高重定位的成功率，创建锚点的 HoloLens 2 设备应当充分扫描环境以获取足够多的环境信息，具体代码如下：

```csharp
//第12章/12-2.cs
using System.Collections;
using System.Collections.Generic;
using UnityEngine;
using UnityEngine.XR;
using UnityEngine.XR.WSA.Sharing;
using System.IO;
#if WINDOWS_UWP
using Windows.Storage;
#endif

public class LocalWorldAnchor : MonoBehaviour
{
    public GameObject rootGameObject;
    private UnityEngine.XR.WSA.WorldAnchor gameRootAnchor;
    private int retryCount = 3;      // 解析锚点重试次数
    private Byte[] importedData;     // 存储的锚点数据
    void Start()
    {
        gameRootAnchor = rootGameObject.GetComponent<UnityEngine.XR.WSA.
WorldAnchor>();
        if (gameRootAnchor == null)
        {
            gameRootAnchor = rootGameObject.AddComponent<UnityEngine.XR.WSA.
WorldAnchor>();
        }
    }

    // 导出锚点
    public void ExportGameRootAnchor()
    {
        WorldAnchorTransferBatch transferBatch = new WorldAnchorTransferBatch();
```

```
            transferBatch.AddWorldAnchor("gameRoot", this.gameRootAnchor);
            WorldAnchorTransferBatch.ExportAsync(transferBatch, OnExportDataAvailable,
OnExportComplete);
        }
        private void OnExportDataAvailable(Byte[] data)
        {
            StartCoroutine(SaveDataToDisk(data));
            //TransferDataToClient(data); 通过网络传输到其他设备
        }
        IEnumerator SaveDataToDisk(Byte[] data)
        {
            string filename = "SavedWorldAnchorID.txt";
            string path = Application.persistentDataPath;
#if WINDOWS_UWP
            StorageFolder storageFolder = ApplicationData.Current.LocalFolder;
            path = storageFolder.Path.Replace('\\', '/') + "/";
#endif
            string filePath = Path.Combine(path, filename);
            File.WriteAllText(filePath, data.ToString());

            Debug.Log($"成功将世界锚点保存到：'{filePath}'");
            yield return 0;
        }
        private void OnExportComplete(SerializationCompletionReason completionReason)
        {
            if (completionReason != SerializationCompletionReason.Succeeded)
            {
                Debug.Log("序列化成功！");
            }
            else
            {
                Debug.Log("序列化数据失败！");
            }
        }
        // 导入锚点
        public void ImportWorldAnchor()
        {
            StartCoroutine(GetDataFromDisk());
        }
        IEnumerator GetDataFromDisk()
        {
            string filename = "SavedWorldAnchorID.txt";
            string path = Application.persistentDataPath;
#if WINDOWS_UWP
            StorageFolder storageFolder = ApplicationData.Current.LocalFolder;
            path = storageFolder.Path.Replace('\\', '/') + "/";
#endif
```

```
            string filePath = Path.Combine(path, filename);
            string worldAnchor = File.ReadAllText(filePath);
            importedData = System.Text.Encoding.Default.GetBytes(worldAnchor);
            WorldAnchorTransferBatch.ImportAsync(importedData, OnImportComplete);
            yield return 0;
        }
        private void OnImportComplete(SerializationCompletionReason
completionReason, WorldAnchorTransferBatch deserializedTransferBatch)
        {
            if (completionReason != SerializationCompletionReason.Succeeded)
            {
                Debug.Log("序列化失败 : " + completionReason.ToString());
                if (retryCount > 0)
                {
                    retryCount--;
                 WorldAnchorTransferBatch.ImportAsync(importedData,
OnImportComplete);
                }
                return;
            }
            this.gameRootAnchor = deserializedTransferBatch.LockObject("gameRoot",
this.rootGameObject);
        }
    }
```

代码 12-2.cs 将锚点信息序列化并存储到文件系统，当然，锚点信息也可以直接通过网络发送到其他设备。在代码中，首先确保使用锚点的游戏对象挂载了 WorldAnchor 组件，在需要锚定该对象时创建世界锚点（World Anchor），然后将锚点信息序列化后存储到文件系统中；在需要恢复锚点信息时，从文件系统中读取锚点信息并反序列化，然后使用 LockObject() 方法将游戏对象挂载到该锚点上。

12.2.4　云锚点

顾名思义，存储在云端服务器上的锚点称为云锚点，借助于云锚点，可以让同一环境中的多台 HoloLens 2 设备 /ARKit 设备 /ARCore 设备同步共享 MR 体验。每台设备都可以将云锚点添加到其应用中，通过读取、渲染连接到云锚点上的 3D 对象，就可以在同样的空间位置看到相同的虚拟内容。同样，每台设备也都可以创建云锚点并托管到云端，其他设备也可以同步这些锚点从而实现 MR 体验共享。

锚点信息与其周围真实环境密切关联，在生成云锚点时，设备会将锚点信息及其周边的真实环境特征信息从设备本地端发送到 Azure 云服务器上，这些数据上传后会被处理成稀疏的点云图，并存储在云端，这个过程称为锚点托管。当有设备向服务器请求云锚点时，该设备会将其摄像头图像中的真实环境特征信息发送到 Azure 服务器，服务器则会尝试将这些图像特征信息与存储在云端的稀疏点云图进行匹配，如果匹配成功，则返回该位置的云锚点信息，利用锚点信息，请求设备即可恢复连接到该锚点上的 3D 对象，由于锚点信息与其周围的真实环境信息相互关联，因此恢复的锚点也会位于真实环境中相同的位置，并保持相同的方向，这个过程称为锚点解析。

> **提示**
>
> 　　在使用云锚点时，最重要的是多台设备之间坐标系的转换，通过解析锚点，可以解算出请求锚点的设备与云锚点所在世界坐标系的位置关系，利用这个关系可以正确地恢复云锚点在不同设备坐标系之间的转换关系。

　　通过本地锚点能实现 HoloLens 2 设备本身 MR 体验的持久化存储，使用世界锚点能实现 HoloLens 2 设备之间的 MR 体验共享，Azure 云服务空间点 [①]（Azure Spatial Anchor）则能更稳健地实现 HoloLens 2 设备、支持 ARKit 的 iOS 设备、支持 ARCore 的安卓设备之间的 MR 体验共享。相比之下，云锚点使多用户互动的 MR 应用开发变得更简单，如多用户虚拟象棋对战；当使用多个云锚点时，利用 Azure 云服务，还可以实现路径导航，这对很多室内应用都有非常重要的价值；云锚点为持久化存储锚点，当创建云锚点后，不同时间段、不同设备都可以在同样的真实环境空间中看到相同位置上的虚拟对象。Azure 云服务对云锚点提供了非常好的支持，本节将阐述使用 Azure 云服务实现云锚点的详细步骤。

　　使用 Azure 云服务中的云锚点，首先需要在个人 Azure 云服务中创建空间定位点资源（假定读者已注册了个人 Azure 账号）：登录 Azure 门户 [②]，在界面左栏中选择"创建资源"，并在随后打开的右侧页面中检索"空间定位点"，如图 12-5 所示。

图 12-5　创建资源、检索"空间定位点"

---

① 在 Azure 中称为空间定位点，本书根据其作用亦将其称为云锚点。

② 网址为 https://portal.azure.com/。

　　在检索结果中选择"空间定位点"服务，然后选择"创建"，正常填写资源名称、资源组、位置，中国区建议选择东南亚区（Southeast Asia），如图 12-6 所示，最后单击"创建"按钮开始创建云锚点资源。

图 12-6　设置云锚点资源信息

　　当资源创建完成后，在"部署完成"界面中单击"转到资源"按钮即可查看云锚点资源信息，将"账户域"和"账户 ID"信息保存下来以备使用，如图 12-7 所示。

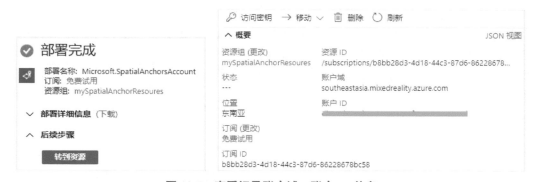

图 12-7　查看记录账户域、账户 ID 信息

　　在左侧栏中选择"设置"→"访问密钥"，将主密钥也保存下来备用，如图 12-8 所示。

图 12-8　查看记录云锚点密钥信息

　　至此，Azure 云锚点服务创建完成，云端的设置工作也完成了。接下来，按正常流程创建 MRTK Unity 工程并做好相应配置。由于生成云锚点时需要 AR Foundation 工具包，在 Unity 菜单中，依次选择 Window → Package Manager 打开包管理器窗口，然后在左侧列表中选择 AR Foundation 工具包并在随后的右侧面板中单击 Install 按钮进行安装 [①]。

　　使用 Azure 云锚点服务时，需要在工程中添加 Azure 空间锚点 SDK（AzurespatialAnchors SDK），由于 Azure 空间锚点的 SDK 工具包目前并非由 Unity 官方提供，因此首先需要在清单文件（manifest.json）中加入包源地址并且在 Unity 中进行注册。在 Windows 文件管理器中打开 Unity 工程文件路径，使用 Visual Studio 2019 打开项目清单 Packages/manifest.json 文件，在该文件行首 "{" 后添加服务注册配置，代码如下：

```
// 第 12 章 /12-3.cs
{   //manifest.json 文件原首行
"scopedRegistries": [
    {
"name": "Azure Mixed Reality Services",
"URL": "https://api.bintray.com/npm/microsoft/AzureMixedReality-NPM",
"scopes": [
"com.microsoft.azure.spatial-anchors-sdk"
      ]
    }
  ],
...
```

　　添加完以上配置后，Unity 就能正确解析和定位所使用的服务了，但我们并没有指定所需要的工具包，因此需要将所使用的包名和版本添加到依赖项（dependencies）中，将 Azure 空间锚点工具包（Azure Spatial Anchors 工具包）添加到依赖项中，代码如下：

```
// 第 12 章 /12-4.cs
"dependencies": {   //manifest.json 文件原依赖项声明行
"com.microsoft.azure.spatial-anchors-sdk.Windows": "2.7.2",
...
```

　　完成所有配置后，保存文件，返回 Unity 软件，Unity 将会自动加载 Azure 空间锚点工具包 [②]。在菜单中依次选择 Window → Package Manager，打开包管理器窗口，可以在该管理器中进行工具包的升级、卸载管理。

　　在 MR 中使用 Azure 云锚点的基本使用流程如图 12-9 所示。

　　（1）用户 A 开启 Session，创建云锚点，关闭 Session。

　　（2）用户 B 开启 Session，根据云锚点 ID 进行检索、重定位、使用云锚点，根据需要决

---

　　① 建议选择标记为 Verified 的稳定版本。

　　② 除直接编辑 manifest.json 清单文件外，也可以使用混合现实特性工具（Mixed Reality Feature Tool）添加云锚点 SDK。

定是否删除云锚点，关闭 Session。

用户 A 和用户 B 可以是同一台设备，也可以是不同设备，同时设备本身、设备之间也可以通过文件系统或者网络通信传递云锚点信息。

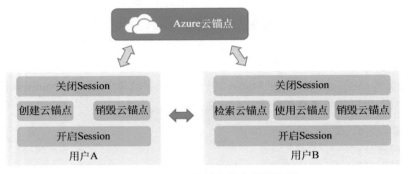

图 12-9　Azure 云锚点基本使用流程

使用 Azure 云锚点时需要使用 SpatialAnchorManager 组件，典型的使用代码如下：

```csharp
// 第 12 章 /12-5.cs
using System;
using System.Collections.Generic;
using System.IO;
using System.Threading.Tasks;
using UnityEngine;
using Microsoft.Azure.SpatialAnchors;
using Microsoft.Azure.SpatialAnchors.Unity;
#if WINDOWS_UWP
using Windows.Storage;
#endif
public class AzureSpatialAnchorController : MonoBehaviour
{
    [HideInInspector]
    public string currentAzureAnchorID = "";   // 云锚点 ID
    private SpatialAnchorManager cloudManager;
    private CloudSpatialAnchor currentCloudAnchor;
    private AnchorLocateCriteria anchorLocateCriteria;
    private CloudSpatialAnchorWatcher currentWatcher;

    private readonly Queue<Action> dispatchQueue = new Queue<Action>();
    void Start()
    {
        cloudManager = GetComponent<SpatialAnchorManager>();
        cloudManager.AnchorLocated += CloudManager_AnchorLocated;
        anchorLocateCriteria = new AnchorLocateCriteria();
    }
```

```
void Update()
{
    lock (dispatchQueue)
    {
        if (dispatchQueue.Count > 0)
        {
            dispatchQueue.Dequeue()();
        }
    }
}
void OnDestroy()
{
    if (cloudManager != null && cloudManager.Session != null)
    {
        cloudManager.DestroySession();
    }

    if (currentWatcher != null)
    {
        currentWatcher.Stop();
        currentWatcher = null;
    }
}
//region Azure 云锚点处理方法
public async void StartAzureSession()
{
    if (cloudManager.Session == null)
    {
        await cloudManager.CreateSessionAsync();
    }
    await cloudManager.StartSessionAsync();
    Debug.Log("开启云锚 Session 成功! ");
}

public async void StopAzureSession()
{
    cloudManager.StopSession();
    await cloudManager.ResetSessionAsync();
    Debug.Log("关闭云锚 Session 成功! ");
}

public async void CreateAzureAnchor(GameObject theObject)
{
    theObject.CreateNativeAnchor();
    CloudSpatialAnchor localCloudAnchor = new CloudSpatialAnchor();
    localCloudAnchor.LocalAnchor = theObject.FindNativeAnchor().GetPointer();
    if (localCloudAnchor.LocalAnchor == IntPtr.Zero)
```

```
        {
            Debug.Log(" 无法创建本地锚点 ");
            return;
        }
        localCloudAnchor.Expiration = DateTimeOffset.Now.AddDays(7);
        while (!cloudManager.IsReadyForCreate)
        {
            await Task.Delay(330);
            float createProgress = cloudManager.SessionStatus.RecommendedForCreateProgress;
            QueueOnUpdate(new Action(() => Debug.Log($" 请缓慢移动以采集更多环境信
息, 当前进度: {createProgress:0%}")));
        }

        bool success;
        try
        {
            await cloudManager.CreateAnchorAsync(localCloudAnchor);
            currentCloudAnchor = localCloudAnchor;
            localCloudAnchor = null;
            success = currentCloudAnchor != null;

            if (success)
            {
                Debug.Log($" 云锚点 ID: '{currentCloudAnchor.Identifier}' 创建成功 ");
                currentAzureAnchorID = currentCloudAnchor.Identifier;
            }
            else
            {
                Debug.Log($" 创建云锚点 ID: '{currentAzureAnchorID}' 失败 ");
            }
        }
        catch (Exception ex)
        {
            Debug.Log(ex.ToString());
        }
    }

    public void RemoveLocalAnchor(GameObject theObject)
    {
        theObject.DeleteNativeAnchor();
        if (theObject.FindNativeAnchor() == null)
        {
            Debug.Log(" 本地锚点移除成功 ");
        }
        else
        {
            Debug.Log(" 本地锚点移除失败 ");
```

```
        }
    }

    public void FindAzureAnchor(string id = "")
    {
        if (id != "")
        {
            currentAzureAnchorID = id;
        }
        List<string> anchorsToFind = new List<string>();
        if (currentAzureAnchorID != "")
        {
            anchorsToFind.Add(currentAzureAnchorID);
        }
        else
        {
            Debug.Log(" 无须查找的云锚点 ID");
            return;
        }

        anchorLocateCriteria.Identifiers = anchorsToFind.ToArray();
        if ((cloudManager != null) && (cloudManager.Session != null))
        {
            currentWatcher = cloudManager.Session.CreateWatcher(anchorLocateC
riteria);
            Debug.Log(" 开始查找云锚点 ");
        }
        else
        {
            currentWatcher = null;
        }
    }

    public async void DeleteAzureAnchor()
    {
        await cloudManager.DeleteAnchorAsync(currentCloudAnchor);
        currentCloudAnchor = null;
        Debug.Log(" 云锚点移除成功 ");
    }

    public void SaveAzureAnchorIdToDisk()
    {
        string filename = "SavedAzureAnchorID.txt";
        string path = Application.persistentDataPath;
#if WINDOWS_UWP
        StorageFolder storageFolder = ApplicationData.Current.LocalFolder;
        path = storageFolder.Path.Replace('\\', '/') + "/";
```

```
#endif
        string filePath = Path.Combine(path, filename);
        File.WriteAllText(filePath, currentAzureAnchorID);
        Debug.Log($" 保存文件成功！ ");
    }


    public void GetAzureAnchorIdFromDisk()
    {
        string filename = "SavedAzureAnchorID.txt";
        string path = Application.persistentDataPath;
#if WINDOWS_UWP
        StorageFolder storageFolder = ApplicationData.Current.LocalFolder;
        path = storageFolder.Path.Replace('\\', '/') + "/";
#endif
        string filePath = Path.Combine(path, filename);
        currentAzureAnchorID = File.ReadAllText(filePath);
    }


    public void ShareAzureAnchorIdToNetwork()
    {
        // 通过网络传输云锚点
    }


    public void GetAzureAnchorIdFromNetwork()
    {
        // 通过网络接收云锚点
    }
    #endregion

    private void CloudManager_AnchorLocated(object sender, AnchorLocatedEventArgs
args)
    {
        if (args.Status == LocateAnchorStatus.Located || args.Status ==
LocateAnchorStatus.AlreadyTracked)
        {
            currentCloudAnchor = args.Anchor;

            QueueOnUpdate(() =>
            {
                Debug.Log($" 云锚点定位成功 ");
                gameObject.CreateNativeAnchor();
                if (currentCloudAnchor != null)
                {
                    // 利用锚点信息变换游戏对象的位姿
                    gameObject.GetComponent<UnityEngine.XR.WSA.WorldAnchor>().
SetNativeSpatialAnchorPtr(currentCloudAnchor.LocalAnchor);
```

```
                }
            });
        }
        else
        {
            QueueOnUpdate(new Action(() => Debug.Log($"锚点 ID:  '{args.
Identifier}' 定位失败，定位状态为 '{args.Status}'")));
        }
    }
    private void QueueOnUpdate(Action updateAction)
    {
        lock (dispatchQueue)
        {
            dispatchQueue.Enqueue(updateAction);
        }
    }
}
```

在代码 12-5.cs 中，首先在 Start() 方法中获取 SpatialAnchorManager 组件，然后将其 AnchorLocated 事件设置到云锚点重定位处理方法。

在代码中，使用 StartAzureSession() 方法开启了 Azure 云 Session，使用 StopAzureSession() 方法关闭了 Azure 云 Session，通过 CreateAzureAnchor() 方法创建了云锚点，通过 FindAzureAnchor() 方法在 Azure 中根据指定的云锚点 ID 检索了锚点（检索结果通过重定位事件处理方法 CloudManager_AnchorLocated() 处理），在不需要云锚点时，使用 DeleteAzureAnchor() 方法销毁了云锚点。

当使用同一台设备操作时，也可以将云锚点信息存储到文件系统（SaveAzureAnchorIdToDisk() 方法），在需要的时候从文件系统中加载（GetAzureAnchorIdFromDisk() 方法）。当使用不同设备时，也可以通过网络传输云锚点信息（未实现的方法 ShareAzureAnchorIdToNetwork() 与 GetAzureAnchorIdFromNetwork()）。

通过代码 12-5 中的 AzureSpatialAnchorController 类就可以使用 Azure 云锚点了，具体操作如下：

在 Unity 层级（Hierarchy）窗口中新建一个 Cube 对象，命名为 AnchorParent，将 SpatialAnchorManager 组件挂载到该对象上，将 Azure 云服务器上创建的空间点资源所在域、账户 ID、主密钥对应的设置定位到该组件对象的 Account Domain、Account Id、Account Key 属性中。将 AzureSpatialAnchorController.cs 脚本也挂载到该对象上，然后在场景中通过按钮事件驱动 Session 开启、锚点创建等方法即可使用 Azure 云锚点。

Azure 空间锚点 SDK 完成了绝大部分云锚点的处理工作（如坐标变换、空间特征点提取、锚点信息格式生成与解析等），提供给开发人员的使用界面非常简洁，大大降低了使用难度。

利用 Azure 云锚点可以支持 HoloLens 2 设备、ARKit 的 iOS 设备、ARCore 的安卓设备，因此可以实现不同硬件设备之间的 MR 体验共享，轻松实现第三方视角、投屏展示等实际开发需求。

12.3 远程渲染

由于 HoloLens 2 设备硬件资源的限制，其本地渲染能力约为 25 万～ 50 万个多边形，限制了精细模型的展示。Azure 云服务提供远程渲染功能，使用 Azure 远程渲染（Azure Remote Rendering，ARR）服务可以在云端渲染高质量、高精细的交互式 3D 内容，实现只依赖本机设备无法渲染的高精模型展示。

通过将模型文件提交到云服务器上，使用云端硬件资源进行渲染，然后将渲染结果以数据流的形式传输到 HoloLens 2 设备端进行展示，可以极大地提高 HoloLens 2 设备展示高精度、复杂模型的能力，这对工业模型展示非常有帮助。

Azure 远程渲染体系结构和工作流都相对简单，HoloLens 2 设备通过调用云渲染 SDK API 在云端启动渲染，传输当前渲染摄像机的参数，云端服务器根据摄像机参数对模型进行渲染，一旦服务器渲染完成，则将渲染结果以 3D 数据流的形式传输到 HoloLens 2 设备端，HoloLens 2 设备对渲染结果进行输出展示。由于 Azure 云服务器集群强大的 CPU 和 GPU 计算能力，几千万甚至上亿个多边形的渲染都可以实时完成，可以满足复杂模型的实时渲染、操作需求。当然，大数据量的传输需要大带宽通信服务的支持。

使用 Azure 云服务中的云渲染功能，首先需要在个人 Azure 云服务中创建远程渲染资源（假定读者已注册个人 Azure 账号），登录 Azure 门户 [①]，在界面左栏中选择"创建资源"，并在随后打开的右侧页面中检索"远程渲染"，如图 12-10 所示。

图 12-10 创建资源、检索"远程渲染"

在检索结果中选择"远程渲染"服务，然后选择"创建"，正常填写资源名称、资源组、位置，中国区建议选择东南亚区（Southeast Asia），如图 12-11 所示，最后单击"创建"按钮开始创

---

① 网址为 https://portal.azure.com/。

建远程渲染资源。

图 12-11　设置远程渲染资源信息

当资源创建完成后，在部署完成界面中单击"转到资源"按钮即可查看远程渲染资源信息，将"账户域"和"账户 ID"保存下来以备使用，如图 12-12 所示。

图 12-12　查看记录账户域、账户 ID 信息

在左侧栏中选择"设置"→"访问密钥"，将主密钥也保存下来备用，如图 12-13 所示。

图 12-13　查看记录远程渲染密钥信息

至此，Azure 远程渲染资源创建完成，云端的设置工作也完成了。接下来，按正常流程创建 MRTK Unity 工程并做好相应配置。使用 Azure 云渲染服务，需要添加 Azure 远程渲染 SDK（AzureRemoteRendering SDK v1.0.0），由于 Azure 远程渲染 SDK 工具包目前并非由 Unity 官方

提供，因此首先需要在清单文件（manifest.json）中加入包源地址并且在 Unity 中进行注册。在 Windows 文件管理器中打开 Unity 工程文件路径，使用 Visual Studio 2019 打开工程清单文件 Packages/manifest.json，在该文件行首"{"后添加服务注册配置，代码如下：

```
// 第 12 章 /12-6.cs
{  //manifest.json 文件原首行
"scopedRegistries": [
    {
"name": "Azure Mixed Reality Services",
"URL": "https://api.bintray.com/npm/microsoft/AzureMixedReality-NPM",
"scopes": [
"com.microsoft.azure.remote-rendering"
    ]
    }
  ],
...
```

添加完以上配置后，Unity 就能正确解析和定位所使用的服务了，但我们并没有指定所需要的工具包，因此还需要将所使用的包添加到依赖项（dependencies）中，将 Azure 远程渲染工具包（Azure Remote Rendering 工具包）添加到依赖项中，代码如下：

```
// 第 12 章 /12-7.cs
"dependencies": {  //manifest.json 文件原依赖项声明行
"com.microsoft.azure.remote-rendering": "1.0.0",
...
```

完成所有配置后，保存文件，返回 Unity 软件，Unity 将会自动加载 Azure 远程渲染工具包[①]，在菜单中依次选择 Window → Package Manager，打开包管理器窗口，可以在该管理器中进行工具包的升级、卸载管理。

使用 Azure 远程渲染时需要使用 ARRServiceUnity 组件，典型的使用代码如下：

```
// 第 12 章 /12-8.cs
using System;
using System.Collections;
using System.Collections.Generic;
using System.Threading.Tasks;
using UnityEngine;
using Microsoft.Azure.RemoteRendering;
using Microsoft.Azure.RemoteRendering.Unity;
using Quaternion = UnityEngine.Quaternion;
using System.Globalization;
#if UNITY_WSA
```

---

① 除可直接编辑 manifest.json 清单文件外，也可以使用混合现实特性工具（Mixed Reality Feature Tool）添加远程渲染 SDK。

```
using UnityEngine.XR.WSA;
#endif

[RequireComponent(typeof(ARRServiceUnity))]
public class RemoteRendering : MonoBehaviour
{
    public string AccountDomain = "Southeastasia.mixedreality.azure.com";
    public string AccountAuthenticationDomain = "domain";
    public string AccountId = "account id";
    public string AccountKey = "account key";

    public uint MaxLeaseTimeHours = 0;
    public uint MaxLeaseTimeMinutes = 10;
    public RenderingSessionVmSize VMSize = RenderingSessionVmSize.Standard;
    private readonly string LastSessionIdKey = "Microsoft.Azure.RemoteRendering.
Quickstart.LastSessionId";
    private string _sessionId = null;

    // 如果有 SessionId, Azure 则可以重用
    [SerializeField]
    public string SessionId
    {
        get
        {
#if UNITY_EDITOR
            _sessionId = UnityEditor.EditorPrefs.GetString(LastSessionIdKey);
#else
            _sessionId = PlayerPrefs.GetString(LastSessionIdKey);
#endif
            return _sessionId;
        }
        set
        {
#if UNITY_EDITOR
            UnityEditor.EditorPrefs.SetString(LastSessionIdKey, value);
#else
            PlayerPrefs.SetString(LastSessionIdKey, value);
#endif
            _sessionId = value;
        }
    }

    public string ModelName = "builtin://Engine";      // 模型名称
    public RemoteFrameStats Stats;                     // 输出 Azure 远程渲染进程信息
    private ARRServiceUnity arrService = null;
    private GameObject modelEntityGO = null;
```

```csharp
#if UNITY_WSA
    private WorldAnchor modelWorldAnchor = null;
#endif

    private void Awake()
    {
        RemoteUnityClientInit clientInit = new RemoteUnityClientInit(Camera.
main);
        RemoteManagerUnity.InitializeManager(clientInit);
        arrService = GetComponent<ARRServiceUnity>();
        arrService.OnSessionStatusChanged += ARRService_OnSessionStatusChanged;
        if (Stats != null)
        {
            Stats.Initialize(arrService);
        }
    }
    private void Start()
    {
        AutoStartSessionAsync();
    }
    private void LateUpdate()
    {
        // 更新 Session 状态
        arrService.CurrentActiveSession?.Connection.Update();
    }
    private void OnDestroy()
    {
        DisconnectSession();
        arrService.OnSessionStatusChanged -= ARRService_OnSessionStatusChanged;
        RemoteManagerStatic.ShutdownRemoteRendering();
    }

    private void CreateFrontend()
    {
        if (arrService.Client != null)
        {
            return;
        }
        SessionConfiguration accountInfo = new SessionConfiguration();
        accountInfo.AccountKey = AccountKey.Trim();
        accountInfo.AccountId = AccountId.Trim();
        accountInfo.RemoteRenderingDomain = AccountDomain.Trim();
        accountInfo.AccountDomain = AccountAuthenticationDomain.Trim();
        arrService.Initialize(accountInfo);
    }

    private void ARRService_OnSessionStatusChanged(ARRServiceUnity service,
RenderingSession session)
```

```
        {
            LogSessionStatus(session);
        }
        private async void LogSessionStatus(RenderingSession session)
        {
            if (session != null)
            {
                var sessionProperties = await session.GetPropertiesAsync();
                LogSessionStatus(sessionProperties.SessionProperties);
            }
            else
            {
                var sessionProperties = arrService.LastProperties;
                LogMessage($"Session 中止: Id={sessionProperties.Id}");
            }
        }
        private void LogSessionStatus(RenderingSessionProperties sessionProperties)
        {
            Debug.Log($"SessionID: '{sessionProperties.Id}' 状态: {sessionProperties.
Status}。Size:{sessionProperties.Size}" +
                (!string.IsNullOrEmpty(sessionProperties.Hostname) ? $", Hostname:
'{sessionProperties.Hostname}'" : "") +
                (!string.IsNullOrEmpty(sessionProperties.Message) ? $", Message:
'{sessionProperties.Message}'" : ""));
        }
        private void LogMessage(string message, bool error = false)
        {
            if (error)
            {
                Debug.LogError(message);
            }
            else
            {
                Debug.Log(message);
            }
            if (Stats != null)
            {
                Stats.SetLogMessage(message, error);
            }
        }
        public void DisconnectSession()
        {
            if( arrService.CurrentActiveSession?.ConnectionStatus == ConnectionStatus.
Connected )
            {
                DestroyModel();
                arrService.CurrentActiveSession.Disconnect();
```

```
        }
    }

    private async Task LoadModel()
    {
        Entity modelEntity = arrService.CurrentActiveSession.Connection.CreateEntity();
        modelEntityGO = modelEntity.GetOrCreateGameObject(UnityCreationMode.
DoNotCreateUnityComponents);
        var sync = modelEntityGO.GetComponent<RemoteEntitySyncObject>();
        sync.SyncEveryFrame = true;
        PlaceModel();
        modelEntityGO.transform.localScale = Vector3.one;
        var loadModelParams = new LoadModelFromSasOptions(ModelName, modelEntity);
        var async = arrService.CurrentActiveSession.Connection.LoadModelFromS
asAsync(loadModelParams, (float progress) =>
        {
            LogMessage($"加载模型：{progress.ToString("P2", CultureInfo.
InvariantCulture)}");
        });
        await async;
    }
    private void PlaceModel()
    {
#if UNITY_WSA
        if (modelWorldAnchor != null)
        {
            DestroyImmediate(modelWorldAnchor);
            modelWorldAnchor = null;
        }
#endif
        if (modelEntityGO != null)
        {
            modelEntityGO.transform.position = Camera.main.transform.position
+ Camera.main.transform.forward * 2;
            modelEntityGO.transform.rotation = Quaternion.LookRotation(Camera.
main.transform.forward);
#if UNITY_WSA
            modelWorldAnchor = modelEntityGO.AddComponent<WorldAnchor>();
#endif
        }
    }
    public void DestroyModel()
    {
        if (modelEntityGO == null)
        {
            return;
```

```
        }
#if UNITY_WSA
        if (modelWorldAnchor != null)
        {
            DestroyImmediate(modelWorldAnchor);
            modelWorldAnchor = null;
        }
#endif
        DestroyImmediate(modelEntityGO);
    }
    public async void AutoStartSessionAsync()
    {
        try
        {
            CreateFrontend();
            RenderingSessionProperties props = default(RenderingSessionProperties);
            bool hasSessionId = !string.IsNullOrEmpty(SessionId);
            string sessionId = SessionId;
            if (hasSessionId)
            {
                try
                {
                    props = await arrService.OpenSession(SessionId);
                }
                catch (RRSessionException sessionException)
                {
                    LogMessage($" 打开 Session 失败： {sessionException.Context.
ErrorMessage}", true);
                }
                catch (RRException generalException)
                {
                    LogMessage($" 通用打开错误：{generalException.ErrorCode}",
true);
                }
                finally
                {
                    SessionId = null;
                }
            }
            if (props.Status != RenderingSessionStatus.Ready)
            {
                if(hasSessionId)
                {
                    LogMessage($"SessionID: {sessionId} 状态：{props.Status}");
                }
```

```
                    props = await arrService.StartSession(new
RenderingSessionCreationOptions(VMSize, (int)MaxLeaseTimeHours, (int)
MaxLeaseTimeMinutes));
                    if (props.Status != RenderingSessionStatus.Ready)
                    {
                        LogMessage($"创建 Session 失败：{props.Status}.", true);
                        return;
                    }
                }
                SessionId = arrService.CurrentActiveSession.SessionUuid;
                if (!enabled)
                {
                    return;
                }
            }
            catch (RRSessionException sessionException)
            {
                LogMessage($"创建 session 失败：{sessionException.Context.
ErrorMessage}", true);
            }
            catch (RRException generalException)
            {
                LogMessage($"通用创建错误：{generalException.ErrorCode}", true);
            }
            ConnectAndLoadModel();
        }
        public async void ConnectAndLoadModel()
        {
            try
            {
                if (arrService.CurrentActiveSession?.ConnectionStatus != ConnectionStatus.
Disconnected)
                {
                    return;
                }
                ConnectionStatus res = await arrService.CurrentActiveSession.
ConnectAsync(new RendererInitOptions());
                if (arrService.CurrentActiveSession.IsConnected)
                {
                    _ = LoadModel();
                }
                else
                {
                    LogMessage($"无法连接服务：{res}.", true);
                }
            }
            catch (RRSessionException sessionException)
```

```
        {
            LogMessage($" 无法连接服务: {sessionException.Context.ErrorMessage}",
true);
        }
        catch (RRException generalException)
        {
            LogMessage($" 通用连接错误: {generalException.ErrorCode}", true);
        }
    }
}
```

在代码 12-8.cs 中，首先通过 RemoteManagerUnity 类初始化远程渲染客户端，然后在 Start() 方法中创建了云，以便渲染前端，调用 API 函数打开会话（Session），随后连接云端服务器加载模型，并在 LateUpdate() 方法中将本地端操作状态实时发送到云服务器，完成本地端与服务器端操作状态同步。在不需要远程渲染时，销毁模型，断开与服务器端的连接，关闭会话。

实际使用时，在 Unity 层级（Hierarchy）窗口中新建一个空对象，将 RemoteRendering.cs 脚本文件挂载到该对象上（Unity 会同时自动挂载 ARRServiceUnity 组件），将 Azure 云服务器上创建的远程渲染资源所在域、账户 ID、主密钥对应的设置挂载到该脚本对象的 Account Domain、Account Id、Account Key 属性中，Account Authentication Domain 属性与 Account Domain 属性值保持一致。完成后，在 Unity 编辑器中单击 Play 按钮启动运行，等待远程渲染会话启动和加载模型[①]，随后即可看到通过远程渲染的发动机模型。

本节只是简单地演示了 Azure 远程渲染功能，使用了 Azure 远程渲染默认提供的发动机模型，在实际使用时，首先需要上传待渲染的模型文件（支持 FBX 和 GLTF 两种格式），但服务器不能直接处理 FBX 或者 GLTF 模型格式，需要转换为 Azure 云服务所需要的专属二进制格式，然后才能在 HoloLens 2 设备端使用远程渲染功能，详细信息可查阅 Azure 官方文档[②]。

12.4　小结

本章重点对 Azure 云服务中的云锚点和远程渲染功能的使用进行了详细介绍，通过对这两个功能的使用流程的对比可以看到，云锚点和远程渲染功能的使用流程基本一致，其实所有 Azure 云服务功能的使用流程都基本一致：

（1）在 Azure 云服务门户上开通相应功能，进行功能设置，保存账户 ID、服务器域和功能特性密钥。

（2）通过编辑 manifest.json 清单文件（或者使用 Mixed Reality Feature Tool 工具，MRFT）在 Unity 中导入与所使用功能特性一致的 SDK。

---

① 远程资源准备和初始化需要较长时间，请耐心等待。

② Azure 模型转换：https://docs.microsoft.com/zh-cn/azure/remote-rendering/quickstarts/convert-model。

（3）利用 SDK 提供的功能组件，开启会话、创建资源、使用功能、销毁资源、关闭会话。

Azure 云服务包括云存储、云计算、云渲染、云虚拟机、多媒体支持等，依托于 Azure 云服务，微软公司将技术密集型、计算密集型、存储密集型的人工智能、物体检测、自然语言处理、机器视觉、空间定位、持久化存储等功能特性部署到云上，借助于其高稳定性、高安全性、高集成性为个人和企业提供服务，极大地便利了高级功能的开发，降低了开发难度，缩短了开发周期。

针对 HoloLens 2 设备使用频度较高的空间定位服务[①]、自然语言处理服务[②]、机器视觉服务[③]，MRTK 也专门提供了使用教程，在本章学习的基础上，读者应该很快就能通过教程学会如何使用，由于篇幅的原因，本书不再一一详细阐述。

---

① 空间定位服务的网址为 https://docs.microsoft.com/zh-cn/windows/mixed-reality/develop/unity/tutorials/mr-learning-asa-01。

② 自然语言处理服务的网址为 https://docs.microsoft.com/zh-cn/windows/mixed-reality/develop/unity/tutorials/mrlearning-speechsdk-ch1。

③ 机器视觉服务的网址为 https://docs.microsoft.com/zh-cn/windows/mixed-reality/develop/unity/tutorials/mr-learning-azure-03。

提 高 篇

　　本篇为在 HoloLens 2 设备上进行 MR 应用开发的高级主题篇，主要从高层次对 HoloLens 2 设备的 MR 开发中的设计原则及性能优化进行讲解，提升开发人员对 MR 应用开发的整体把握能力。本篇不仅将讨论 MR 应用与普通应用的区别，也将指出在 MR 应用开发中应该注意的事项，提出在 MR 应用开发中应该遵循的基本原则，并对如何排查 MR 应用性能问题及基本性能优化原则进行比较深入的探究。

　　提高篇包括以下章节。

　　第 13 章　设计指南

　　MR 应用是一种全新形态的软件程序，有着与传统普通应用完全不一样的操作及使用方法，本章对开发 MR 应用的设计原则与设计指南进行讲解，着力提高 MR 应用的用户体验。

　　第 14 章　性能优化

　　MR 是计算密集型应用，而 HoloLens 2 设备是移动可穿戴设备，软硬件资源非常有限，本章主要对 MR 开发时的性能问题排查及优化技术进行讲解，着力提升 MR 应用的性能。

第 13 章 设计指南

MR 是一种全新的应用形式，不同于以往任何一种通过矩形框（电视机、智能手机、屏幕）来消费的视觉内容，MR 是一个完全没有形状束缚的媒介，环境显示区域完全由使用者自行控制。

AR 眼镜是划时代的革命性产品，其深度融合虚实的特性大大地延伸了人类对世界的认知。这一新奇的应用形式也带来了人机交互方式的深刻变革，开发 MR 应用也与开发传统应用在形式与操作交互方式上完全不同，在设计及开发 MR 应用时需要充分考虑这种差异。

13.1 MR 应用设计挑战

随着 AR 眼镜产品的推广普及，MR 应用在带来更强烈视觉刺激的同时，对普通用户长久以来形成的移动设备操作习惯也形成了一种挑战。因为 MR 应用与普通应用无论在操作方式、视觉体验还是功能特性方面都有很大的区别，目前用户形成的移动设备操作习惯无法适应 MR 应用，另外还需要扩展很多特有的操作方式，例如用户空间手部动作的识别、凌空对虚拟对象的操作等，这些都是传统移动设备操作中所没有的。如何以用户习惯的、低成本的方式平滑过渡到 MR 应用中，这对开发设计人员来讲构成了一个比较大的挑战，在设计 MR 应用时应当充分考虑这方面的需求，用一种合适的方式引导用户采用全新的操作手段去探索 MR 世界，而不应在这方面让用户感到困惑。不仅如此，对习惯于传统应用开发的设计人员而言，这些挑战还包括以下几个方面。

1. 3D 化思维

相比于传统 PC 和手机应用，MR 应用与之最大的区别是显示方式的变革。传统应用的所有图像、文字、视频等信息均排布在一个 2D 屏幕内，人与机器存在天然的隔离，WIMP（Window、Icon、Menu、Pointer）是其典型的操作方式，而 MR 应用则完全打破了传统屏幕信息的显示模式，显示内容彻底摆脱了屏幕的限制，并与真实的现实世界融为一体，人机交互也向着更自然、更直观的 3D 形式演进。因此，设计 MR 应用首先需要将思维从传统的 2D 模式转换到 3D 模式，在设计之初就应当充分考虑应用的交互空间（包括空间大小、平面类型、遮挡关系）、输入方式（语音、手势、控制器、眼动）、信息呈现方式（3D 模型、2D 界面、

UX 元素）、音效（空间音效、界面反馈音效、背景音效）、融合方式（叠加、遮挡、跟随）等。

　　3D 思维应该贯穿整个应用开发周期，而不仅局限于界面设计，因为世界本身就是三维的，MR 应用将人也置于应用之中，而不再将其当成旁观者，这就需要在 MR 应用开发中跳出传统应用的 2D 思维模式，以一种全新的视角重新审视 MR 应用的开发与设计。

> **提示**
>
> 　　为描述方便，本章所有 MR 应用均指运行在 AR 眼镜上的 3D 应用，而不包括运行在移动手机、平板电脑上的 AR 应用，虽然它们有很多相似点，但在具体形态上仍存在很大差异。

2. 人机交互

　　MR 应用与传统应用在人机交互上存在天壤之别，MR 应用的屏幕不可交互[①]，因此需要全新的人机交互形式，如本能交互、凌空手势、语音命令、凝视交互等。对于引入全新交互形式而言，有利方面是其更符合世界本原，因为在真实世界中我们也采用同样的交互形式，而不利方面是其与当前移动设备通用的交互模式不相容，用户需要一个过渡和适应期（也称为用户教育期）。

　　MR 应用交互也遵循经典的 WIMP 模型，借用其选中、焦点、触发等概念以降低用户的学习成本。客观上来讲，MR 应用的交互形式更符合自然世界的操作规则，如拖曳、双手缩放、语音控制，更符合人与世界的本能操作规则。人机交互方式的不同，也反过来影响 MR 应用的设计，如吸附在 AR 眼镜上的 UI 图标会使其完全不可操作，对物体操作的视觉反馈影响操作的信心和便捷性等，因此，在设计 MR 应用时，应当充分考虑 MR 应用与传统应用人机交互的不同，根据应用类型采取更有利于 MR 应用的人机操作设计。

　　用户操作习惯的转换固然是很难的，但对开发者而言，其有利的一点是现实世界本身就是 3D 的，以 3D 的方式观察物体这种交互方式也更加自然。设计良好的引导可以让用户快速学习和适应这种操作方式，如在图 13-1 中，当虚拟的鸟飞离视野时，如果能提供一个箭头指向，就可以引导用户转动头部或者身体继续追踪这只飞鸟的位置，这无疑会提高用户体验，降低操作方式转换的难度。

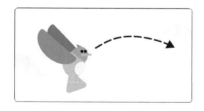

图 13-1　为虚拟对象提供适当的视觉指引

――――――――――

① MR 应用的屏幕指呈现全息图像的波导片，属于近眼显示类型，无法直接进行屏幕操作。

3. 呈现方式

传统应用使用屏幕呈现所有显示元素，而 AR 眼镜则采用光学显示方案，将虚拟元素"投射"到现实环境中，AR 眼镜通过在左右光学镜片上显示有细微差异的画面，再配合环境实物的参照、虚拟元素的运动与缩放，营造 3D 虚拟元素的距离感和空间感。

呈现方式的不同导致应用设计的不同，传统应用只需考虑屏幕尺寸、比例、像素密度，而 MR 应用由于其 3D 特性和光学显示方案的特点，通常还需要考虑虚实环境融合、显示差异、环境光照等因素，需要充分关注全息图像与现实环境的相互影响。

> **提示**
>
> 本章在描述中，虚拟元素指由 AR 眼镜"投射"在现实环境中的所有非真实对象，包括 UI 界面、3D 模型、UX 控件、文字等；虚拟物体一般指 3D 虚拟模型；虚拟对象指可操控的虚拟元素，如 UX 控件、3D 模型等；全息图像从光学投射角度描述渲染的虚拟元素，但有时并不那么严格，如虚拟元素与虚拟对象可能也会存在混用的现象。

4. 色彩运用

由于屏幕显示的一致性，在传统应用配色上，只要符合一定的设计准则，即可提供视觉效果良好的用户界面；而 MR 应用则有很大的不同，其应用背景是现实环境，MR 应用中显示的内容是直接叠加到现实环境色彩之上的，因此存在一个色彩融合的问题。测试结果显示，高饱和度的颜色在适应环境的过程中辨识度更高，纯饱和度的颜色由于只包含单一波长，因此在 AR 眼镜中所呈现的视觉效果更明亮；深色颜色和现实场景融合度更高，甚至能够融为一体，而纯黑色，在 AR 眼镜里表现为全透明形式，MR 应用也无法渲染纯黑色，白色与环境区分度最高，但大面积使用白色，用户在长时间使用时会产生视觉疲劳，也会对眼睛视力造成一定的伤害。

通常在 MR 应用中，高饱和度的蓝色、绿色、紫色、橙黄色或白色效果更好，不建议在应用中过多使用红色，因为红色的波长最长，在遇到多种介质如"雾气""水"等，很容易被吸收、散射，从而很难运用到室外场景，另外红色具有警示效果，容易让人产生误解。

在使用 MR 应用时，呈现效果在强背景光的情况下很不理想，即使高饱和度的色彩也很难在高强度光线下完美呈现，这种情况无法通过应用设计而解决。

5. 视觉效果

MR 应用融合了现实环境与虚拟元素，如果虚拟元素呈现的视觉效果不能很好地与现实统一，就会极大地影响综合沉浸效果，例如一只虚拟的宠物小狗放置在草地上，小狗的影子与真实物体的影子相反，这将会营造非常怪异的景象。

先进的光学显示技术及虚拟照明技术的发展有助于解决一些问题，可以使虚拟对象看起来更加真实，同时，3D 的 UI 设计也能加强 MR 的应用体验。3D UI 的操作如状态变化、功能选择反馈对用户的交互体验也非常重要，良好的 UI 设计可以有效地帮助用户对虚拟物体进行操作，如在进行空间感知扫描时，可视化的效果能让用户实时了解到环境检测的进展情况并了解哪些地方可以放置虚拟对象。

MR 应用需要综合考虑光照、阴影、实物遮挡等因素，动画、颜色等视觉效果的完善对用户的整体体验非常重要。

6. 环境影响

MR 应用建立在现实环境基础之上，如果虚拟元素渲染或行为不考虑现实环境约束，则将直接降低用户的使用体验。每个 MR 应用都需要拥有一个相应的物理空间与运动范围，过于狭小且紧凑的设计往往会让人感到不适。MR 应用有感知用户周边环境的能力，这非常符合三维的现实世界，也为应用开发人员准确地缩放虚拟对象提供了机会。

一些 MR 应用对环境敏感，而另一些则不是，如果对环境敏感的应用没有充分考虑环境的影响，则可能导致应用开发的失败，如图 13-2 所示，虚拟对象穿透墙壁会带来非常不真实的感觉，在应用开发时，应尽量避免此类问题。

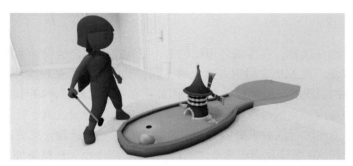

图 13-2 虚拟对象穿透墙壁会来带来非常不真实的感觉

13.2 MR 应用设计的一般原则

在 MR 应用开发时遵循一些设计原则，可以应对 MR 应用带来的挑战，并能为用户操作提供方便和提升应用的体验效果。总的来讲，MR 设计应当遵循表 13-1 所示的原则。

表 13-1 移动 MR 应用设计指南

体验要素	设计指南
操作引导	循序渐进地引导用户进行互动
	图文、动画、声频结合引导，能让用户更快上手操作，可通过声频烘托气氛，增强代入感
	告知用户应面对的朝向和移动方式，引导图表意清楚，明白易懂

续表

体验要素	设计指南
模型加载	避免加载时间过长，减少用户对加载时长的感知
	大模型加载提供加载进度图示，减少用户焦虑
交互	增加趣味性、实用性，提高用户互动参与度
	避免强制性地在用户环境中添加 MR 信息
	综合使用空间声频可以提升沉浸感
	提供多种交互方式，以便用户在某种交互失效或者不方便时使用替代方式
	操作手势应简单统一，符合用户使用习惯
状态反馈	及时对用户的操作给予反馈，减少无关的杂乱信息的干扰
模型真实感	充分运用光照、阴影、PBR 渲染、环境光反射、景深等技术手段提高模型真实质感，提高模型与环境的融合度
异常引导	在运行中出现错误时，通过视觉、文字、声音等信息告知用户，并允许用户在合适的时机重置应用
颜色搭配	充分了解 MR 应用颜色使用的一般原则，确保颜色搭配符合公众审美，确保颜色与环境融合

13.2.1　舒适性

通过眼睛获取的信息占人类感官接收到外部信息总量的 90%，视觉输入是非常重要的感观来源，而人眼是一个相当复杂的生物光学系统，人们之所以能看到色彩纷呈的景象，是因为眼睛接收了来自物体反射或散射的光，这些光线刺激视网膜上的感光细胞并最终在大脑成像。人眼能通过线性透视、物体尺寸先验信息、遮挡、阴影、景深快速了解周边场景的尺寸、物体位置、距离、形状、材质等。

在人眼获取外部信息时，有的可以通过单眼完成，而另外一些则可以通过双眼协同完成。在双眼协同时，视觉辐辏（Vergence，即双眼协同旋转相对角度以锁定注视点）和双眼视差（外部场景在双眼视网膜上的投影差异）可以快速形成对物体距离的判断和物体 3D 形状的印象。在长期的生物进化中，人脑与人眼配合得非常默契，人脑对人眼获取的信息非常依赖，也非常敏感，任何微小的信息不一致都会导致大脑的不适。

1. 视觉辐辏调节冲突

为获取观察对象的清晰影像，双眼眼球会协同发生相对转动以将关注点移动到观察对象上，同时，人眼还会通过调节晶状体的屈光度进行对焦（所谓的 Accommodation）。在自然状态下，视觉辐辏与对焦会根据物体的深度自动协同发生，但在使用 AR 眼镜设备时，双眼眼球会被迫转动将关注点移动到显示镜片上，同时调节晶状体并对焦到所观察的物体对象上，由于显示镜片与人眼之间的距离保持不变，而所观察的物体对象在深度上可以自由变化，当物体对象在深度方向移动时，就会造成视觉辐辏与对焦之间调节的冲突，这就是视觉辐辏调节冲突，即眼球转动与晶状体调节不一致，这种不一致就很容易导致视觉疲劳与晕眩[①]。

避免观察对象在深度上来回移动可以较好地缓解视觉辐辏调节冲突。另外，将虚拟对象保持在距离使用者 2m 左右（1.5 ~ 5m 的距离范围）的距离时，最符合人眼自然的观察状态，如图 13-3 所示。如果无法保持将虚拟对象放置在 2m 远的位置，切记不要来回切换深度，换而言之，观看 50cm 远的静态虚拟元素，比观看 50cm 远的前后不断移动的虚拟元素要舒适得多，因此，为帮助使用者获得最大舒适感，设计及开发人员在构建内容场景时，可以通过如调整虚拟对象大小、设置默认位置参数等方式，尽量将虚拟对象构建在 1.5 ~ 5m，并且不要在小于 40cm 的位置渲染全息影像。建议在 40cm 位置以内逐渐淡出虚拟内容渲染，并将渲染近裁剪平面放在 30cm 的位置，以避免任何更靠近人眼的对象被渲染。

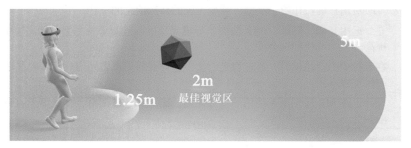

图 13-3　在最佳视觉区放置虚拟元素最符合人眼的自然观察状态

除虚拟物体的放置位置应避免在深度方向移动外，还需要注意尽量不要让使用者在多个深度值不同的虚拟元素之间切换焦点，如 UI 面板在深度上间距较远放置时会迫使使用者在不同的 UI 面板间切换焦点，从而加剧晕眩感；另外，对 HoloLens 2 设备新用户进行视觉校准也非常重要，这有利于设备了解使用者双眼的物理参数（如瞳距、眼球位置等）。

由于随着视距的降低，视觉辐辏调节冲突造成的不适感会呈指数级提升，因此，在距离 1m 以内的范围渲染虚拟元素时就需要格外小心，并对近距离交互进行审慎测试以确保使用者的舒适性。

2. 渲染帧率

人眼对运动侦测非常敏感，为营造沉浸式的虚实体验，最佳帧速率应当大于或等于 60fps[②]，特别是在使用者移动时，高于 60fps 的帧率可以流畅且稳定地呈现虚拟元素，而当帧率过低时，虚拟元素会出现卡顿和跳跃现象。为保持虚拟元素的稳定，以最低帧速率 60fps 进行渲染，可在两个方面帮助绘制稳定的全息影像：

一方面减轻视觉上的抖动。全息影像运动速度越快或者渲染速率越低，抖动就越明显，还会出现重影，保持 60fps 的帧率可帮助避免运动中全息影像的抖动。

---

① 简单而言，由于显示镜片上的图像与人眼之间的距离是固定的，而显示的对象却有深度信息，当人眼尝试协同这两者的关系时会失败，从而引发大脑的不适感。

② 帧每秒，即 Frame Per Second。

另一方面减小总体延迟。在运行应用逻辑线程和渲染线程的引擎中，相比于 60fps 帧率，以 30fps 帧率运行会额外增加 16.7ms 的延迟，减小延迟有助于降低预测误差，提高全息影像的稳定性。

HoloLens 2 设备会对使用者头部位置进行预测，通过算法调整渲染的图像，但由于资源限制，设备无法完全考虑图像渲染的差异，如运动视差等，帧率对全息影像的稳定性影响非常大。

3. 用户位移

由于物理空间的限制，若允许使用者在虚拟环境中的移动距离比其在实际空间中的移动距离更远，如虚拟场景很大，远超过可用物理空间，则必须实现某种形式的纯虚拟运动，而实施与使用者身体运动不相符的虚拟运动往往会造成晕动症，这主要源于人眼从真实环境中获取的视觉信息与从虚拟环境中获取的视觉信息的运动不一致。为避免此类问题：一方面应当让使用者完全控制其运动，包括虚拟元素，而不是使用程序化的自动运动方式，特别是虚拟元素的意外运动很容易造成视觉上的问题；另一方面由于人脑对重力的敏感性，应当避免使用者在垂直方向运动。

为避免使用者在大型场景中漫游时出现晕动症，在 HoloLens 2 中渲染大型场景并在有限的物理空间中漫游场景时可以按如下步骤进行操作。

（1）提供一个操作界面，使用者可以选择其想要到达的位置。

（2）当使用者选择目标位置时，将场景缩放到可见视野范围内。

（3）在保持选择的同时，允许使用者移动虚拟场景，这样可以方便其将移动目标点移动到其脚部位置。

（4）确认移动位置，场景恢复到原始大小，使用者移动到目标位置。

4. 文本清晰度

在虚拟场景中渲染清晰的文本有助于减轻使用者眼部酸痛感并提高舒适度，渲染清晰的文本受很多因素的影响，包括显示像素密度、亮度及对比度、透镜色差、文字字体属性、粗细、间距、前景及背景色等。一般而言，建议在可行的情况下尽可能地使用粗体和大号字体。

MRTK 提供了一个阅读模式，专用于增强渲染文字的清晰锐利度，但使用该模式时会降低显示的视场角，以此保证显示镜片显示的 1 像素与 MR 应用输出的 1 像素对应，在使用该模式时需要综合权衡。

5. 虚拟元素交互注意事项

对于包含大型对象或大量对象的混合现实体验，应当充分考虑使用者与虚拟元素进行交互所需的头部和颈部运动幅度。就头部运动而言，可以将体验分为 3 个类别：水平（从一侧到另一侧）、垂直（从上到下）、综合（同时包含水平和垂直运动）。需要移动对象或移动大型对象的体验应格外注意头部运动，特别是当头部需要沿水平轴和垂直轴进行频繁运动时。

在大部分情况下，应当将大多数交互限制在水平或垂直类别中，理想情况是使大部分交互体验发生在视野中心区域，避免使用可导致使用者需要不断调整视野或者非自然头部位置的交互（例如总是抬起头来查看关键的菜单）。

由于受人体头部运动舒适性的约束，应将频繁的交互设计于水平区域，而将垂直运动留给不常见的事件交互，例如，涉及需要进行较长时间水平头部运动的体验应限制将垂直的头部运动用于交互（例如向下查看菜单）。另外，为缓解频繁的头部运动所带来的不适，可以考虑将需要交互的对象放置在使用者周围而不仅放置在头部运动范围内来鼓励全身运动。

通常而言，为了避免眼睛和颈部酸痛，在虚拟场景设计时应避免过多的眼睛和颈部运动。根据人眼的自然视线范围，最佳视觉区为水平视线下 0° ～ 35°，如图 13-4 所示。

图 13-4　最佳视觉区范围

因此，根据人眼的视觉特性，对 MR 应用虚拟场景设计的基本原则如下：

（1）避免视线角度超过水平视线向上 10°（垂直运动）。

（2）避免视线角度超过水平视线向下 60°（垂直运动）。

（3）避免颈部旋转角度超过中心线 45°（水平运动）。

在使用 HoloLens 2 设备时，水平视线下 10° ～ 20° 空间为最理想视线角度范围，此时头部会略微下倾，符合人体自然的头部状态。除了需要充分关注使用者的头部与眼睛运动，还需要关注使用者的手部运动。如果使用者在整个体验过程中都需要抬手操作，则非常容易引起肌肉疲劳；如果使用者长时间内需要反复执行隔空敲击手势，也可能会产生疲劳感。因此，建议在设计应用时避免反复的手势输入，若确实有此需求，则可以考虑短暂的中场休息，或者混合使用手势与语音输入来与应用交互。

6. 进度指示器

在 MR 应用运行时，如果需要执行时间较长的操作（如加载比较大的模型文件），为缓解使用者的焦虑，通常应当设置进度指示器，以便及时地将应用的运行情况反馈给使用者，这对于良好的用户体验非常重要。进度指示器可以使用进度条、进度环、自定义进度指示器，如图 13-5 所示。

图 13-5　不同的进度指示器

进度条可以直观显示任务完成的百分比，通常使用在持续时间确定的场合，如加载模型时可以通过计算得出明确的持续时间，而且在 MR 中，使用进度条时应允许使用者操作场景中的其他可交互对象。

进度环通常在操作完成时间不确定的场合使用，如等待某个关键性的组件加载运行，一般情况下在操作完成之前应阻止使用者与场景的进一步交互。

除此之外，还可以自定义进度指示器，进度指示器的设计应符合使用者的使用习惯或者通用原则，可以使用类似进度条或者进度环的图形和动画，如无特殊需要最好不要设计使用者不熟悉的图标样式，这会让使用者感到困惑。

使用进度指示器，特别是进度环时，最好能给使用者提供一个当前 MR 应用正在进行任务处理的简单描述，如果使用者长时间无法看到任何内容则很可能以为应用已崩溃。可以使用公告板或空间标记提供当前应用状态的实时信息，也可以提供其他动画以缓解使用者的焦虑和困惑。

13.2.2　显示呈现

对 MR 应用而言，如果颜色、材质、透明度等运用得不好会使体验效果大打折扣，甚至导致应用完全失败，因此，对视觉呈现效果进行良好的设计格外重要，有时甚至比功能更重要。

1. 高亮渲染带来的问题

由于 HoloLens 2 设备光学显示系统的特性，白色可以获得更好的亮度和对比度，但通过研究和测试表明，大面积的高亮白色渲染可能带来严重的问题。

（1）眼疲劳：光学显示使用叠加光强度的方式呈现虚拟元素，大面积高亮、纯色的色彩渲染极易引发眼疲劳、眼酸痛。

（2）手势遮挡：在使用手势进行交互操作时，高亮白色会遮挡双手及其他对象，从而导致使用者难于感知手部位置，导致操作精度的下降，并引发使用者对手势操作的不良情绪。

（3）颜色不统一：在全息显示时，大面积高亮白色会给人突兀的感觉，从而割裂虚拟元素与现实环境之间的融合，而使用稍暗的颜色则可以大大降低这种影响。

2. 透明与半透明

由于波导光学显示方案的技术特点，白色会覆盖背景，而黑色则会透明，因此，如果想要虚拟物体更突出就需要让其更明亮，想要虚拟物体与环境融合得更好则需要调低其亮度。

对可操控的 UI 元素使用暗色背景，使其透明化，能更好融合于环境、降低眼疲劳并提高手势操作的准确性，但由于光学显示系统的显示特性，以透明或者半透明为背景的 UI 面板其可读性会减弱，而且当 UI 面板位于其他虚拟元素之前时，使用者就很难评估它们之间的深度关系从而造成操作困难或者感知混乱，因此，这是一个需要平衡取舍的问题。

从渲染管线的角度看，透明物体与半透明物体渲染都需要使用透明度（Alpha）混合，透明度混合需要对渲染对象排序，排序会消耗大量 CPU 性能，透明度混合也会消耗大量 GPU 性能（透明度混合会阻止深度测试，从而导致无法剔除被隐藏的表面，进而增加最终需要渲染颜色的计算量，增加填充率压力）。

为提高全息元素重投影或者全息元素的稳定性，应用程序每帧都会向渲染管线提交虚拟元素的深度信息，这就要求每个需要渲染的颜色像素都有对应的深度信息。由于深度缓冲区与帧缓冲区的大小一一对应，透明或者半透明区域只能有一个虚拟元素的深度信息可以写入深度缓冲区，这就导致其他虚拟元素深度信息的丢失，丢失深度信息又会反过来影响全息元素重投影，进而影响全息稳定性。

（1）使用不透明 UI 背景：默认情况下，透明与半透明虚拟对象不会向深度缓冲区写入深度信息，解决这一问题的方法可以将半透明对象贴近不透明对象、强制写入深度缓冲或者使用代理对象负责写入深度值等，但最好最简单的解决方法是不使用透明或者半透明 UI 面板背景，这可以确保文字、图标信息的可读性。

（2）减少透明对象的使用：在某些必须使用透明对象的情况下，最小化透明对象的使用范围，如在透明对象不可见时及时禁用对象，使用带不透明 Shader 的网格替代简单的 2D 带 Alpha 遮罩的四边形（Quad）等。

3. 材质

材质对渲染对象的真实性影响非常大，通过设置适当的材质，可以充分融合虚拟元素与真实环境，材质还提供对象交互的视觉反馈，对营造符合自然的交互起到非常大的帮助。MRTK 提供了标准着色器（MRTK Standard Shader），包含大量的各种类型的视觉反馈效果，如可以通过设置 Proximity Light 属性实现当使用者手指接近时，在对象表现营造类似于手电筒光照的效果。

HolographicBackplate 材质在 MR 应用的 UI 面板中应用得非常广泛，这种材质的一个特点是当使用者相对 UI 面板移动时会出现轻微的类似彩虹色的效果，UI 面板背景颜色会在预定义的色谱中出现轻微偏移，这会制造一种不影响内容阅读的动态视觉效果，而且这种色移还能比较好地补偿光学显示系统的色彩的不规则效果。

4. 尺寸

在 MR 中，虚拟物体的尺寸也是一个需要认真考虑的问题，HoloLens 2 设备提供了一个与真实世界一致的尺度系统，即虚拟世界的 1 单位相当于真实世界的 1m，因此，可以以真实物体的尺寸为参照处理虚拟物体的尺寸，如一个苹果的直径通常在 8cm 左右，而一张桌子通常高 80cm 左右，采用与真实世界一致的尺度符合人类的正常感知，而不会让人感觉尺寸怪异 [1]。

5. 文字

在 HoloLens 2 设备中可以使用各类高低分辨率的字体，但建议使用半加粗、加粗类型的字体，这类字体显示效果更好；最好不要使用纤细类型的字体，小号、纤细类型的字体在刷新时有可能会出现闪烁问题。过小的文字尺寸在距离较远时会导致很难辨析，字体建议使用 san-serif 字体格式，因为这种格式的字体相比其他字体需要的渲染像素数量更少。

在 MR 应用中，在近距离操作位置（45cm 左右）时，使用字号最小在视场角 0.4°～ 0.5° 左右（3.14 ～ 3.9mm），相当于 Unity 中 9 ～ 12pt 字号；在远处（2m 左右）时，使用字号最小在视场角 0.35°～ 0.4°（12.21 ～ 13.97mm），相当于 Unity 中 35 ～ 40pt 字号，如表 13-2 所示。

表 13-2　在不同距离使用的最小字号

距离	视场角	字高	Unity 中字号
45cm	0.4°　～ 0.5°	3.14 ～ 3.9mm	8.9 ～ 11.13pt
2m	0.35°　～ 0.4°	12.21 ～ 13.97mm	34.63 ～ 39.58pt

最小文字字号示意图如图 13-6 所示。

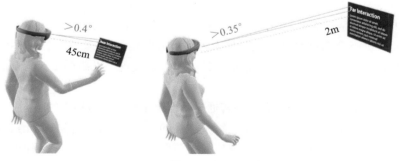

图 13-6　最小文字字号示意图

为达到更好的可读性，在 MR 应用中，在近距离操作位置（45cm 左右）时，使用字号建议在视场角 0.65°～ 0.8°（5.1 ～ 6.3mm），相当于 Unity 中 14.47 ～ 17.8pt 字号；在远处（2m 左右）时，使用字号建议在视场角 0.6°～ 0.75°（20.9 ～ 26.2mm），相当于 Unity 中

---

[1] 没有尺度的系统很难渲染与真实物体一致的尺寸，有可能将一只蚂蚁渲染成比水杯还大，从而引发人脑感知失配。

59.4 ～ 74.2pt 字号，如表 13-3 所示。

表 13-3　在不同距离建议使用的字号

距　　离	视 场 角	字　　高	Unity 中字号
45cm	0.65° ～ 0.8°	5.1 ～ 6.3mm	14.47 ～ 17.8pt
2m	0.6° ～ 0.75°	20.9 ～ 26.2mm	59.4 ～ 74.2pt

13.2.3　UX 设计

UX（User Experience，用户体验）指通过提高产品的可用性、易用性及人机交互过程的愉悦性提高使用者满意度的相关设计、布局。UX 设计包括传统的人机交互，并且延伸到所有与使用者感受相关的产品设计中。MR 应用是一种全新的应用形态，其优点是更符合本能的人机交互、更直观自然的呈现方式、与现实结合更紧密的虚实融合，在 UX 设计中应该充分利用这些有利因素，但也要充分了解 MR 应用在内容呈现、色彩运用上的不同，考虑虚拟物体、UI 元素的放置方式，使应用更符合现代审美和功能易用性的原则。

1. 颜色与渲染

在 MR 应用中，为达到更好的视觉体验，每个虚拟元素渲染的颜色、光照、材质都应该认真设计，这不仅是审美的需要，也是功能性的要求，如使用不同的颜色烘托不同的氛围，并进行功能性指示（通常红色指示功能不可用或有风险而绿色表示功能正常等），设计中应当充分权衡审美的适宜性和设备的特性约束。

在设计 UX 时，一定要切记，我们是在 3D 的空间中设计而不是在一个矩形框的显示器中展示内容，在 HoloLens 2 设备中呈现的是全息影像而不是扁平的 2D 图片，这非常重要。在 3D 空间中呈现内容，意味着使用者可以从 720° 任何角度观察虚拟元素，因此，非常有必要对虚拟元素进行全角度测试（包括从上方和下方观察），观察在不同的环境光照情况下虚拟元素的渲染表现、观察在第三方显示设计中的渲染表现，以确保设计元素能达到预期的渲染效果。

在 AR 眼镜设备上呈现虚拟元素与在普通显示器上呈现内容有很大的不同：

首先表现在全息光学显示系统上是一种叠加性的显示方式，即将虚拟元素叠加到从环境中采集的图像上，因此叠加白色则会使虚拟元素更明亮，而叠加黑色则会使虚拟元素透明化（事实上叠加光线中并没有黑色，因此也无法渲染黑色）。

其次使用者环境的不确定性，使用者可能在任何环境中使用 MR 应用，可能在环境光很强或者很弱的环境中使用，但 AR 眼镜中呈现的虚拟元素的清晰度和对比度很容易受到环境的影响，如为正常环境设计的渲染效果可能在强环境光的情况下清晰度和对比度大幅度下降，因此，很难设计一种能适合各种环境的渲染效果，但可以在设计时预测 MR 应用最可能的使用环境以使设计能满足大部分需求。

再次是 AR 眼镜设备属于边端设备，受限于性能，均匀性的静态光照更适合大部分使用场景，如果要使用动态光照，则需要非常关注性能消耗，并使用适合的 MR 应用、经过优化的 Shader 着色器。

在颜色运用上，由于全息设备叠加性的光学显示方式，颜色表现与在普通显示器上相比会有很大的不同，一些颜色即使在明亮的环境中也有很好的表现，而另一些颜色则会变淡甚至消失不见。通常冷色会更容易消散于环境光中，而暖色则能较好地叠加到环境光上。在设计 MR 中的 UX 时，在颜色使用上应当遵循的基本规律如表 13-4 所示。

表 13-4　在 MR 应用颜色使用中应当遵循的基本规律

要　　素	描　　述
亮色渲染	白色能非常好地叠加到环境光之上，拥有出色的清晰度和对比度，但白色的使用也需要适度，太白的颜色会显得很耀眼，建议使用的纯白色在（R:235、G:235、B:235）左右，如果是在带背景的 UI 面板上，则应当适度调低白色的使用
暗色渲染	由于光学显示的特性，暗色表现出透明性质，全黑色则是全透明，为使所采用的暗色表现出来，建议最黑颜色使用（R:16、G:16、B:16）
颜色一致性	为达到更好的效果，通常全息虚拟元素会渲染得比较明亮，这会使它在各种环境下都能有不错的适应性，但应当避免大面积鲜艳、纯色显示，这会让人感觉很不舒服
色域	光学显示系统有更好的色域表现力，即拥有广域色域，因此，相对于平面显示设备，光学显示系统色彩的表现效果会有很大差异
伽玛	平面显示设备与光学显示设备在颜色伽玛校正上很不一样，这些设备的差异经常会使颜色和阴影变得更暗、更亮或更不亮
颜色分离	颜色分离指色彩出现大片单色并有明显的分界线的现象，这通常出现在使用者双眼所跟踪的虚拟元素出现移动时

除此之外，还必须关注更技术性的问题。

（1）锯齿：由于有限显示分辨率的缘故，虚拟元素边缘不可避免地会出现锯齿现象，特别是那些高细节的贴图纹理，这种现象表现更明显。为降低锯齿效果，除对贴图采用各类过滤插值外，还可以考虑虚拟元素边缘渐隐，或者使用一些边缘暗色的纹理，这样会融合虚拟元素与环境，淡化锯齿现象，还可以考虑使用更高精度的模型，但这会增加性能的消耗。

（2）Alpha 通道：对那些全透明或者不需要渲染的部分，应当清除这些地方贴图纹理的 Alpha 通道的数值，因为 Alpha 数值的不确定性，会导致渲染时出现视觉效果问题。

（3）纹理软化：由于光学系统叠加显示的特性，尽量避免大面积过亮、纯色区域的使用，这通常都不会产生预期的视觉效果，而且可能带来相反的表现。

光照与颜色的合理使用会让虚拟元素看起来更自然、与环境融合得更好，并且能为使用者提供合适的氛围和功能指引，在使用光照与颜色时，需要关注以下因素。

（1）光晕：这里的光晕（Vignette）指暗化离使用者凝视点较远的虚拟元素，这会帮助使用者将注意力集中在视野中心，特别是当使用者从侧面或者倾斜的角度观察虚拟元素时，这会有效提升使用体验。

（2）强调：对那些可交互的虚拟元素，当使用者关注点聚焦到其上时，应当通过改变颜色、对比度、发光等方式进行适当的反馈以进行强调。

2. 尺寸与缩放

为营造沉浸的虚实环境，在 MR 场景中渲染虚拟对象时要尽量使其看起来真实、与现实世界真实对象视觉表现一致，良好的渲染应该让使用者容易理解对象的大小、位置、质感等。其中，虚拟对象尺寸又最影响人们对物体的感知，特别是对那些尺寸比较固定的对象（如办公桌椅、小轿车等），渲染的虚拟对象的尺寸会影响人们对物体定位的直观感受，如渲染过小，我们会认为物体放置得很远，渲染大了则会让人感觉物体离自己很近，而且更重要的是，渲染与真实物体尺寸一致的虚拟对象是 MR 应用的一个鲜明特性，这是以往使用矩形框显示器无法比拟的优势，营造沉浸感最好的方法就是使用与真实物体尺寸一致的虚拟模型，并在整个应用期间保持这个尺寸不变。HoloLens 2 设备会根据虚拟物体与观察者的距离自动成比例地缩放渲染，就像真实的物体一样，这种方式能极大地增强虚拟物体的可信度。

除尺寸一致外，为提升沉浸感，还可以根据所需渲染对象的大小初始化一个合适的距离，如展示一辆家用轿车，如果直接放置在离使用者很近的地方，则将迫使使用者转动头部或者后退以查看完整的车辆，如果根据车辆的大小计算出一个离使用者合适的放置距离，使车辆完整地呈现在使用者的视野范围内，这将大大地帮助使用者对车辆形成整体印象，在需要查看细节时，使用者会很自然地走近观察。当然，很明显，这种方式也有一个问题，即对大尺寸物体进行展示需要很大的现实空间。很多时候我们都是在室内使用 HoloLens 2 设备，室内空间总是有限的，无法满足大尺寸物体完整呈现的需求。一个可用的解决方案是对真实物理环境进行遮蔽，如将墙与天花板使用虚拟的草地或者天空遮蔽，营造出空旷的大空间效果，或者在墙上开一个"洞"，将大尺寸虚拟物体放置到"洞"后面。以展示一棵大尺寸的树为例，可以在墙上开一个"洞"，将树及其他虚拟对象渲染在"洞"里面，使用者通过打开的"洞"口向里观察，通过对比物就能对树的真实尺寸形成一个整体印象，这种方式避开了有限空间呈现大尺寸物体的问题。

另一种方式是通过脚本代码动态缩放虚拟对象，或者允许使用者自行缩放场景。人们可以通过缩放的方式模拟走近或者远离虚拟物体，而不实质性地进行身体移动，保持虚拟物体始终处在使用者视野的合适位置，但这种方式也有其弊端：

（1）对尺寸已知的物体，缩放对象会带来视觉冲突，进而造成错误的感知，如放大虚拟物体时，由于人体视觉的特性，人们还是会认为物体的放置位置没有改变，但视觉信号又显示虚拟对象离自己越来越近，这会让大脑形成虚拟对象正在急剧膨胀的印象。

（2）在一些情况下，缩放虚拟对象会带来视觉上突兀的间断，如放大到一定尺寸时对象会突然消失（被视锥体裁减掉），再缩小时对象又会突然出现，这会引起非常不舒适的感觉。

（3）对照真实物体表面，缩放对象还会造成对象在各轴向上移动（而不是越来越近/远）的错觉，这会放大不真实感。

（4）对尺寸未知（使用者不了解真实对象的尺寸）的对象，如尺寸任意的各种形状、UI 元素等，由于使用者没有虚拟对象尺寸的经验知识，缩放大小会营造虚拟对象远离/靠近的错觉。

13.2.4　3D 音效

人脑除了会依赖视觉信息感知周边环境外，还会利用双耳对声音进行 3D 定位，在 MR 应用中，也可以充分利用 3D 空间音效营造更加沉浸式的虚实体验，扩大使用者的感知范围，提供传统应用无法提供的独特体验。3D 音效可使人机交互变得更自然和自信，使虚拟元素的空间立体感更饱满，提供关于目标对象的其他额外信息，吸引使用者的注意力，提供更强烈的感知冲击力。使用声频还可以鼓励用户参与并增强体验。

声频可以帮助构建身临其境的 360° 环绕沉浸体验，但需要注意的是要确保声音增强这种体验，而不是分散注意力。在发生碰撞时使用声音效果或震动是确认虚拟对象与物理表面或其他虚拟对象接触的好方法，在沉浸式游戏中，背景音乐可以帮助使用者融入虚拟世界。

1. 3D 音效所扮的角色

在 MR 应用中，3D 音效也扮演着重要的角色。

（1）提高置信度：在现实生活中，人们通过融合各类感知器官对环境的感知信息整合从而形成最终对环境的印象，如人们通过视觉获取物体表面的凸凹光照信息、通过抚摸获取其粗糙不平的触觉信息、通过双耳获取声音在粗糙平面的混音信息，最终形成完整的对物体表面的印象。当从不同感知器官获取的信息不匹配时，如看起来凸凹不平的表面摸起来却很光滑，大脑的先验信息会受到质疑，使人们对物体的属性产生怀疑，这也说明大脑获取的各类感知信息会相互印证，印证通过后人们会确认物体的真实性。在 MR 应用中，如果来自视觉与来自听觉的感知信息能够相互印证，这会帮助人们确信眼前一切的真实性，从而提高虚实融合的置信度。

（2）扩大感知范围：通常人们只会关注其视野范围内的对象，但也可通过声音感知不在视野范围内的事件，这对于全场景感知的 MR 应用非常重要，如在游戏中，人们可以通过 3D 音效提醒玩家其他方向的敌人正在靠近，这是只凭视觉无法完成的任务。

（3）提供旁白：当使用者关注某个对象时，可以通过旁白提供该对象更详细的信息，这对某些文旅类、观展类应用非常有帮助，会大大地提高信息的使用效率。

2. 声频设计

与基于矩形框屏幕的应用相比，在 MR 应用中声频的设计与使用完全不一样。在 MR 应用中，声频设计的最一般原则是满足用户期望，成功的声频运用可以大大提高虚拟对象的可信度和真实感。

（1）空间音效：在 MR 应用中，很多时候需要使用空间音效（3D 音效），如果一个人形机器人正在移动，则该机器人应当发出特定的声音，如果没有就会造成大脑感知信息的不一致，从而产生对机器人真实性的质疑，而且不同于传统屏幕应用，在 MR 中，使用者可以从不同距离、不同角度、不同方向对机器人进行观察，因此音效也应当是空间性的，这就意味着需要对机器人的发声部位进行认真设计。

（2）使用多声源：由于声音的空间特性，所有发声的部位都应当设置声源，以确保声音的可信性，但过多的声源又会造成混乱。

（3）与视觉同步：声音效果与视觉效果应当紧密同步，每个动画和基于物理的运动都应当关注声音与视觉的同步。

3. 混音设计

在 MR 应用中，开发人员无法预测使用者的距离、视角，但仍然需要考虑各种可能性，以确保在各种情况下都能有令人信服的用户体验。

（1）衰减设置：对声源进行不同距离、角度的测试，力争音效的衰减效果能满足大部分使用场景。设置最大音效范围和衰减速率非常重要，如一只蜜蜂的声音衰减要比一头大象的脚步声衰减快得多。在某些场景中，声音的开始与结束不应突兀地出现或者消失（如旁白），一个渐变的过程更符合自然。

（2）层次感：对于多声源的对象，声音应当有层次感，如深沉的低频声源衰减得更慢，而尖细的声源衰减得更快，因而从远处只能听到主要的声源声音，而随着距离的接近，各类声源会加入进来从而丰富整个声场，给人丰富的声音层次感体验。

（3）聚束混音：聚束混音（Spotlight Mixing）是对空间声音计算的一种动态混合技术，当场景中的声源逐渐增多时，声音的混合会出现问题，聚束混音就是为了解决这类问题，它考虑了用户的头部姿势、眼睛注视或控制方向，以确定用户在任何给定时刻最感兴趣的内容并实时动态地调整音量，类似于声频聚光灯，聚光灯内的声源比它外面的声源的音量大。

设计良好的音效可以满足用户的期望并扩大使用者的感知范围，增强虚拟元素的可信度，但如果设计得不好，如声音太小则达不到效果，太大则会让人反感，保持某种平衡非常重要，通常而言，音量保持在 70% 左右的水平能满足大部分使用场景的需要。

13.2.5 视觉效果

VR 中的环境是由开发者定义的，开发人员能完全控制使用者所能体验到的各类环境，这也为使用者体验的一致性打下了良好的基础；但 MR 应用由于虚实结合的特性，使用的环境千差万别，这是一个很大的挑战。MR 应用必须足够"聪明"才能适应不同的环境，不仅如此，更重要的是 MR 的设计开发人员需要比其他应用开发人员更多地考虑这种差异，并且还需要形成一套适应这种差异的设计开发方法。

1. 真实环境

MR 应用设计者要想办法让使用者了解到使用该应用时的理想条件，还要充分考虑使用者的使用环境，从一个桌面到一个房间再到开阔的空间，用合适的方式让使用者了解使用该 MR 应用可能需要的空间大小。尽量预测使用者使用 MR 应用时可能带来的一些挑战，包括需要使用手势或者移动身体等。

特别要关注在公共场所使用 MR 应用而带来的更多挑战，包括大场景中的跟踪和景深遮挡的问题，还包括在使用者使用 MR 应用时带来的潜在人身安全问题或者由于使用者使用 MR 而出现的一些影响到他人正常活动的问题。

2. 增强环境

增强环境由真实的环境与叠加在其上的虚拟内容组成，MR 应用能根据使用者的移动来计算其相对位置，还会检测并捕获摄像头图像中的特征点信息及以此来计算其位置变化，再结合 IMU 惯性测量结果估测使用者的设备随时间推移而相对于周围环境的姿态（位置和方向）。通过将渲染 3D 内容的虚拟摄像头姿态与 MR 设备摄像头的姿态对齐，使用者就能够从正确的透视角度看到虚拟内容。渲染的虚拟图像叠加到光学显示系统上，看起来就像现实世界的一部分。

HoloLens 2 设备利用配备的 ToF 深度传感器和从设备摄像头获取的图像信息持续改进对现实环境的理解，它可以对当前场景进行几何重建，并能跟踪使用者的位置移动，但 HoloLens 2 设备使用的 SLAM 技术也受到以下环境因素的影响：

（1）无纹理的平面，如白色办公桌、白墙等。

（2）低亮度环境。

（3）极其明亮的环境。

（4）透明反光表面，如玻璃等。

（5）动态的或移动的表面，如草叶或水中的涟漪等。

（6）室外的阳光与红外线干扰。

当使用者在使用 MR 应用遇到上述环境限制时，需要设计友好的提醒以便使用者变更环境或者改进操作方式。

3. 视觉探索

当需要使用者移动时，可以使用视觉或声频提示来鼓励使用者进行屏幕外空间的探索。有时候使用者很难找到位于屏幕外的物体，可以使用视觉提示来引导使用者，鼓励使用者探索周边更大范围内的 MR 世界。例如，飞鸟飞离屏幕时提供一个箭头指引，使用户转动头部以便追踪其去向，并将其带回场景，如图 13-7 所示。

图 13-7　使用声音或视觉提示来鼓励使用者进行空间探索

4. 深度冲突

在设计应用时，应该始终考虑使用者的实际空间大小，避免发生深度上的冲突（当虚拟物体看起来与现实世界的物体相交时，如虚拟物体穿透墙壁），如图 13-8 所示。还要注意建立合理的空间需求和对象缩放，以适应使用者可能的各种环境，可以考虑提供不同的功能集，以便在不同的环境中使用。

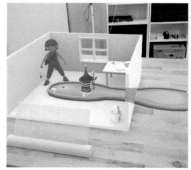

图 13-8　深度冲突会破坏使用者体验的沉浸感

5. 穿透物体

在使用者使用中，有可能会因为离虚拟物体太近而产生进入虚拟物体内部的情况，这会破坏虚拟物体的真实性并打破沉浸体验。当这种情况发生时，应当让使用者知道这种操作方式不正确，如距离过近，通常在摄像头进入物体内部时采用模糊图像的方式提示使用者。

13.2.6　真实感

通过利用阴影、光照、遮挡、反射、碰撞、物理作用、PBR（Physically Based Rendering，基于物理的渲染）等技术手段来提高虚拟物体的真实感，可以更好地将虚拟物体融入真实世界中，提高虚拟物体的可信度，营造更加自然真实的虚实环境。

1. 建模

在构建模型时，模型的尺寸应与真实的物体尺寸保持一致，如一把椅子的尺寸应与真实的椅子尺寸相仿，一致的尺寸更有利于在 MR 中提高真实感。在建模时，所有的模型应当在相同的坐标系下构建，建议全部使用右手坐标系，即 Y 轴向上、X 轴向右、Z 轴向外。模型原点应当构建在物体中心下部平面上，如图 13-9 所示。另外需要注意的是，在 MR 应用中，模型应当完整，所有面都应当有材质与纹理，以避免部分面出现白模的现象。

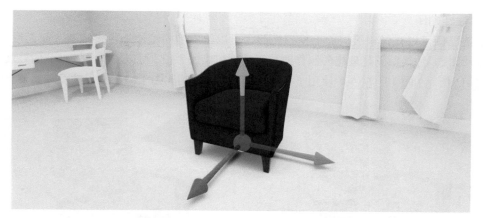

图 13-9　模型原点位置及坐标系示意图

2. 纹理

纹理是表现物体质感的一个重要因素，为加快载入速度，纹理尺寸不应过大，建议将分辨率控制在 2K 像素以内。带一点噪声的纹理在 MR 中看起来会更真实，重复与单色纹理会让人感觉虚假，带凸凹、裂纹、富有变化、不重复的纹理会让虚拟物体看起来更富有细节和更可信。

1）PBR 材质

在模型及渲染中使用 PBR 材质可以让虚拟物体更真实[①]，PBR 可以给物体添加更多真实的细节，但 PBR 要达到理想效果通常需要很多纹理，如图 13-10 所示，这些纹理共同作用并定义了物体的外观，可以强化在 MR 中的视觉表现。另外，在使用材质时，为提高性能，应当全部使用 MRTK 内置的标准着色器（Standard Shader），而不使用 Unity 内置着色器。

图 13-10　采用 PBR 渲染可以有效提升真实质感

---

① 事实上，为更高效地进行渲染，降低 GPU 压力，MRTK 并不直接提供 PBR 渲染，但提供了效率更高的仿 PBR 着色器，合理利用这些着色器能营造与 PBR 高度一致的渲染表现。

2）法线贴图

法线贴图可以在像素级层面上模拟光照，可以给虚拟模型添加更多细节，而无须增加模型顶点及面数。法线贴图是理想的制作照片级模型渲染的手段，可以添加足够细节的外观表现，如图 13-11 所示，图 13-11（a）使用了法线贴图，可以看到比图 13-11（b）的纹理细节更丰富。

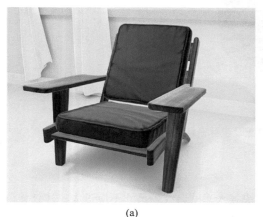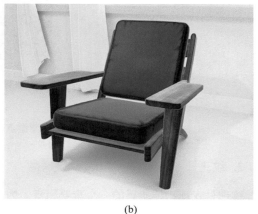

（a）　　　　　　　　　　　　　　　　　（b）

图 13-11　法线贴图能非常好的表现纹理细节

3）环境光遮罩贴图

环境光遮罩贴图是一种控制模型表面阴影的技术手段，使用环境光遮罩贴图，来自真实世界的光照与阴影会在模型表面形成更真实的阴影效果，更富有层次和景深外观表现。

3. 深度

透视需要深度信息，为营造这种近大远小的透视效果，需要在设计时利用视觉技巧让使用者形成深度感知以增强虚拟对象与场景的融合和真实感。如图 13-12 所示，在远处的青蛙要比在近处的青蛙小，这有助于使用者建立景深感知。

图 13-12　深度信息有助于建立自然的透视

通常使用者可能难以在混合现实体验中感知深度和距离，综合运用阴影、遮挡、透视、纹理、常见物体的比例，以及放置参考物体来可视化深度信息，可帮助建立符合人体视觉的透视效果。如青蛙从远处跳跃到近处时其比例、尺寸大小的变化，通过这种可视化方式表明空间深度和层次。开发人员可以采用阴影平面、遮挡、纹理、透视制造近大远小及物体之间相互遮挡的景深效果。

4. 光照

光照是影响物体真实感的一个重要因素，当使用者的真实环境光照条件较差时，可以采用虚拟灯光照明，为场景中的对象创建深度和真实感，也就是在昏暗光照条件下可以对虚拟物体进行补光，如图 13-13 所示，但过度的虚拟光照会让虚拟对象与真实环境物体形成较大反差，进而破坏沉浸感。

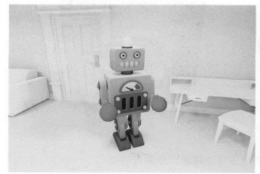

图 13-13　适度的补光可以营造更好的真实感

使用光照估计融合虚拟物体与真实环境，可以比较有效地解决虚拟物体与真实环境光照不一致的问题，防止在昏暗的环境中将虚拟物体渲染得太亮或者在明亮的环境中将虚拟物体渲染得过暗的问题，如图 13-14 所示。

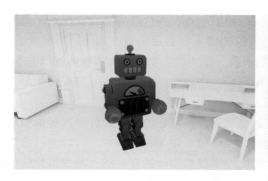

图 13-14　真实环境光照与虚拟光照不一致会破坏真实感

5. 阴影

在 MR 应用中，由于波导光学成像系统原理，不能采用通常的技术手段渲染阴影，但使用阴影是强化三维模型立体效果最简单有效的方法。模型有了阴影后立体感觉会更强烈并且可以有效地降低虚拟物体的漂浮感，如图 13-15 所示，图 13-15（a）所示是添加阴影效果后，模型的真实感比图 13-15（b）大幅提升。

在 MR 应用中，渲染阴影采用负阴影的方式，这需要一个阴影平面预先制作伪阴影，阴影平面通常位于模型下方，而且目前只能使用静态的方式预制作阴影。

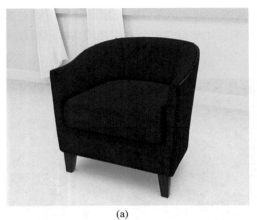 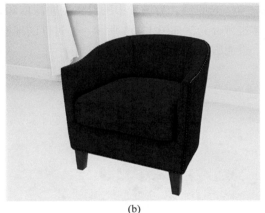

(a)   (b)

图 13-15　阴影的正确使用能营造三维立体感和增强可信度

6. 真实感

在 MR 体验中，应当想办法将虚拟对象融合到真实环境中，充分营造真实、逼真的物体形象。使用阴影、光照、遮挡、反射、碰撞等技术手段将虚拟物体呈现于真实环境中，可大大地增强虚拟物体的可信度，提高体验效果。

在 MR 场景中，虚拟物体的表现应当与真实的环境一致，如台灯应当放置在桌子上而不是悬浮在空中，而且也不应该出现漂移现象。虚拟物体应当利用阴影、光照、环境光遮罩、碰撞、物理作用、环境光反射等模拟真实物体的表现，营造虚拟物体与真实物体相同的观感，如在桌子上的球滚动到地板上时，应当充分利用阴影、物理作用来模拟空间与反弹效果，让虚拟物体看起来更真实。

真实感的另一方面是虚拟对象与真实环境的交互设计，良好的交互设计可以让虚拟对象看起来像真地存在于真实世界中一样，从而提升沉浸体验。在 MR 体验中，可以通过虚拟对象对阴影、光照、环境遮挡、物理和反射变化的反应来模拟物体的存在感，当虚拟物体能对现实世界的环境变化做出反应时将会大大地提高虚拟物体的可信度，如虚拟狮子对真实环境中灯光的实时反应可以显著提升其真实感。

13.2.7 跟踪丢失

由于各种原因（如环境昏暗、无纹理、环境重复纹理），HoloLens 2 设备 6 DoF 跟踪可能会失败，一旦出现跟踪失败问题，全息影像就会抖动或者漂移，所有涉及跟踪的功能，如空间感知、世界锚点、空间映射都将无法正常工作。为应对跟踪失败带来的问题，MRTK 的默认处理方式是停止全息影像的渲染、挂起逻辑循环、显示一个跟随的 UI 提示。为提高用户体验，也可以自定义这个 UI 所提示的图片和文字，缓解使用者的焦虑。具体操作方法为在 Unity 菜单中依次选择 Edit → Project Settings → Player 打开设置面板，单击 Windows Store 选项卡，展开 Splash Image 卷展栏，在 Windows Holographic → Tracking Loss Image 下设置需要显示的自定义图片。

13.3 MR 应用交互设计指南

AR 眼镜实现了虚拟世界与现实世界的融合，完成屏幕的"跨越"，人机交互设计也从二维平面迈向三维世界。目前，MR 应用的人机交互界面仍然处于早期发展阶段，各种理念和方法仍处于逐步形成与应用阶段，低成本地完成使用者从传统屏幕交互方式向 3D 自然交互的过渡是 MR 应用开发设计人员应当认真思考的问题。

13.3.1 指示光标

光标或指示图标为使用者的操作提供持续的操作点反馈，类似于 PC 界面中的鼠标，用于指示当前操作区域、对象、输入位置等，它不仅是使用者信息输入的着力点，也是 HoloLens 2 设备了解使用者关注点的重要途径，通过光标或指示图标使人机交互变得可视化、更直观、更高效。

在 MR 应用中，通常有 3 种类型的光标：指尖光标、射线光标、凝视光标，但这 3 种类型的光标在 HoloLens 1 代和 2 代中的支持情况并不相同，具体如表 13-5 所示。在使用 MRTK 开发时，其提供了非常直观的包围盒与调整点，可以协助使用拖放、缩放、平移完成相应操作。

表 13-5 指示光标支持情况

功　　能	HoloLens 1	HoloLens 2
手尖光标	不支持	支持
射线光标	不支持	支持
凝视光标	支持	支持

1. 指尖光标

为避免误操作和引起混淆，HoloLens 2 设备中只有食指可以使用指尖光标，同时，为营造更好的用户体验，指尖光标尺寸的大小会根据手指与 UI 面板的距离进行缩放，如图 13-16 所示。

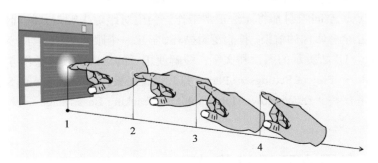

图 13-16　指尖光标会根据用户手指与操作目标的距离调整大小

2. 射线光标

射线可以允许使用者远距离操作虚拟元素，射线光标用于指示射线与虚拟元素的实时交互，以直观的方式反馈射线与虚拟元素的交互情况，射线光标如图 13-17（a）所示。

3. 凝视光标

凝视光标是一个点，通过头部运动控制光标位置。凝视光标需要与其他输入方式结合才能实现对虚拟元素的操作，如隔空敲击、语音命令、手势操作等，但在 HoloLens 2 设备中，凝视光标最好不要与隔空敲击手势结合使用，因为隔空敲击手势会与射线手势冲突而引发混乱。凝视光标如图 13-17（b）图所示。

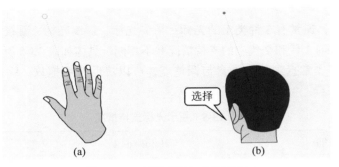

图 13-17　射线光标与凝视光标

除使用系统自带的光标图标，也可以使用自定义图标，但在使用自定义图标时，为防止使用者产生困惑或操作不便，通常应当遵循如表 13-6 所示的原则。

表 13-6　自定义图标遵循的原则

体验要素	遵循的原则
光标尺寸	光标不应大于操作目标
	根据使用场景决定光标缩放，但需要确保光标在很远的距离时也可清晰呈现，不因变得很小而不可见
	在缩放光标时，使用缩放动画平滑过渡
	切记勿喧宾夺主，遮挡虚拟元素
使用无方向指示光标	应使用圆形或者环形光标，而不是使用传统 PC 中的箭头光标，因为在 3D 环境中，箭头光标很容易让人误解为希望使用者转移关注点
	使用箭头光标的特例是指示交互操作，如在缩放虚拟元素时，可以短暂地使用箭头光标指导使用者进行操作
外观	在绝大部分场景下应使用圆形或环形光标
	使用适合应用体验的颜色与形状
	使用易于分辨的颜色
	透明的小光标在绝大多数场景下工作得很好
	注意光标的阴影与高亮效果，使用不恰当时很可能会遮挡虚拟元素并分散使用者的注意力
	光标应与环境中的表面对齐，与环境表面对齐的光标会给人很好的空间感知效果
	当光标处于可交互虚拟元素周边时，可以将光标吸附到可交互元素上，这会增强使用者操作虚拟元素的能力
视觉提示	当光标与可交互对象接触时，可以通过改变其形状或颜色提示使用者虚拟元素的可交互性，方便使用者操作
	在使用空间感知的应用中，光标应与环境的表面对齐，这会大大地增强虚实沉浸感
	关注光标落空（不与任何虚拟元素交互时）的表现，如可以预设一个距离呈现光标
操作反馈	可以通过改变光标图标的形状来表现不同的可操作类型
	只在必要时才将附加信息添加到光标，不然很容易造成使用者困惑
状态提示	使用光标显示使用者的输入状态或输入意向，如显示手部的虚拟数字模型，明确告知使用者系统已检测到其手部状态并为即将进行的操作做好了准备
	在使用者使用语音命令时，改变光标的颜色或者图标，给予使用者明确的反馈
	使用不同的光标图标和状态来表示不同的状态，如默认状态、已检测到虚拟物体的状态、虚拟物体可交互的状态、光标悬停在虚拟物体上的状态等，但在整个应用中，光标图标应保持统一

13.3.2　可交互对象

在传统应用中，通常使用按钮触发应用逻辑中的某个事件。在三维 MR 应用中，任何虚拟元素都可能是触发事件的可交互对象，如从桌子上的咖啡到悬浮在空中的气球。当然，也可以在 UI 中使用传统的按钮，而这些按钮的可视化形式也可以自行定义。

在 MR 应用中，可交互对象应当与不可交互对象区别开来，以便使用者能直观、便捷地了解所关注对象的交互性。

1. 视觉提示

MR 应用营造了与真实世界一样的虚拟体验，这也意味着使用者获取信息的主要来源为视觉信息输入，因此，需要让计算机和使用者都了解当前使用者的关注点，所以为每个可交互对象、使用者的输入状态提供不同的视觉提示变得非常重要，这不仅可以帮助使用者了解场景中哪些对象是可交互的，哪些是不可交互的，也能让计算机了解当前使用者的关注点及预交互对象。

2. 远程操作

使用者可以使用手部射线、凝视、控制器与距离较远的对象进行交互，通常建议对观察、悬停、按下（抓取）3 种使用者输入状态使用不同的视觉提示反馈，可以通过改变颜色、缩放对象、高亮对象等方式表达状态的改变，这有助于使用者了解当前操作的进展，增强操作自信，如图 13-18 所示。

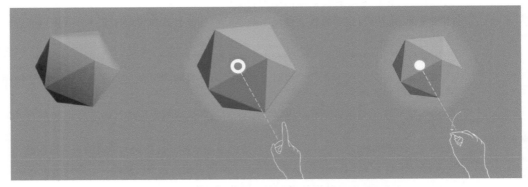

图 13-18　对使用者的远程操作状态进行视觉反馈

3. 接近操作

HoloLens 2 设备已支持手势跟踪和输入，利用它可以非常方便地以自然的方式与对象进行交互。从技术层面来讲，精确地对手势进行识别是一件非常复杂的任务，特别是对手部深度的判断可直接影响交互的主观感受，提供足够多的可视反馈来传达交互状态变得非常重要。通常而言，直接的手势操作可以分为以下阶段：默认（非交互状态）、悬停（手指接近可交互对象）、交互点（反映手指与对象的距离情况）、接触（手指与对象发生碰撞）、抓握（选择并抓握对象）、脱离（接触结束），以不同的颜色或者可视化方式表达上述的不同阶段非常有利于使用者对自己的操作进行直观判断。在接近操作时[①]，可以通过颜色、指尖照明、指尖光标、

---

① 近端操作、接近操作均翻译自术语 Near Manipulation，远程操作、远端操作均翻译自术语 Far Manipulation，本书中有时会混用这两个概念。

音效等方式表达使用者与对象交互状态的变化，如图 13-19 所示。

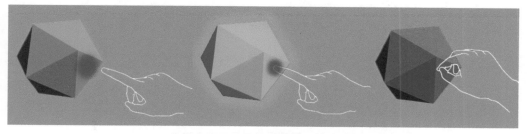

图 13-19　对使用者的接近操作状态变化进行视觉或音效反馈

4. 音效

正确地使用不同的音效表达不同的操作阶段能进一步改善使用者的体验，可以在接触开始、抓握、脱离接触时播放不同的音效，帮助使用者确认当前操作。

5. 语音命令

由于使用者可能在任何环境、状态下使用 MR 应用，在某些情况下使用者可能不方便使用某一种输入方式，这时提供另一种替代的交互选项就变得非常重要，一般情况下，除手势交互手段外，建议至少提供语音命令或者凝视操作支持。

6. 目标大小

目标对象的渲染大小会随其与使用者的距离发生改变，过小的目标对象非常不便于操作，为提高使用者操作的便捷性，对于使用近端手势操作的目标对象，建议最佳操作距离为 45cm、最佳查看角度大于 2°，物理尺寸不小于 1.6cm×1.6cm，如图 13-20 所示。对于直接交互的按钮，建议最小为 3.2cm×3.2cm 以便包含图标及文字。

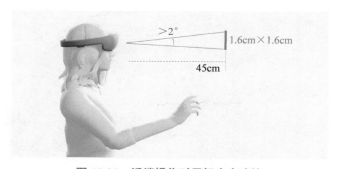

图 13-20　近端操作时目标大小建议

而对于使用手部射线进行远端交互的目标对象，建议目标对象距离为 2m，查看角度不小于 1°，最小尺寸为 3.5cm×3.5cm，如图 13-21 所示。

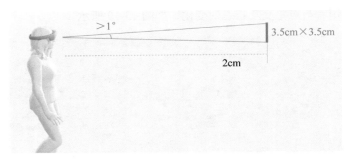

图 13-21　远端操作时目标大小建议

13.3.3　本能交互

　　HoloLens 2 设备将简单、本能交互这一理念贯穿于整个 MR 交互设计中，所谓本能交互即人在自然世界、社会中长期形成的与世界及与他人交互的固化交互模式，这种交互模式符合日常生活的行为习惯，是一种本能行为，如人们想喝水时，会很自然地用手端起桌上的水杯，这就是一种本能动作。由于技术发展的限制，长期以来，在数字世界中，人们使用的却并不是本能交互，如使用手机或平板运行 AR 应用，目前只能通过电子屏幕来放置、操作 3D 世界中的虚拟物体，这种操作模式实际上违反了人类长期以来形成的固有行为习惯。

　　HoloLens 2 设备力图解决这个问题，通过手势识别、眼动跟踪、自然语言输入尝试使本能交互在计算机平台实用化，为实现这一目标，从传感器、输入采集到多模式手势识别、自然语言翻译、眼球注视点等各方面、各层次做出了很多努力，也取得了比较好的效果，其中如手势识别准确率很高、使用体验非常出色。更出色的是，HoloLens 2 设备中手势交互几乎没有学习成本，因为设计时充分贯彻了本能交互这一理念，用户凭本能进行操作能很好地被系统所识别，如图 13-22 所示的本能手势操作。

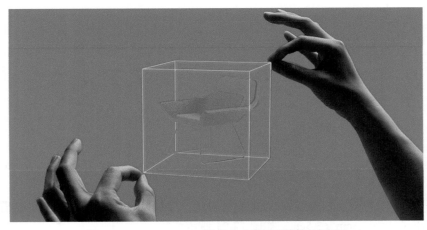

图 13-22　HoloLens 2 设备中本能手势操作示意图

在 MR 应用中，当前手势交互、眼动跟踪（凝视）、自然语言输入能满足大部分混合现实体验需求。通常而言，手势操作更适合常见场景，但当环境受限或者双手不便操作时自然语言输入和眼动跟踪就成为最佳选择，HoloLens 1 设备还提供了控制器，但控制器并不是本能交互的一部分。不同的交互方式所适应的场合及设计注意事项如表 13-7 所示。

表 13-7　常见交互方式适应场合及设计指南

交互方式	适用场合	设计指南
手势交互和控制器	适合大部分场景，对新用户友好，容易掌握，跨手部跟踪和 6 DOF 控制器使用一致性	提供视觉或者声音反馈，最好配合相应的动画效果
语音交互	无法使用手势操作时，需要进行一些学习	光标状态改变，提供声音反馈
凝视交互	活动空间受限、环境嘈杂，需要进行一些学习	提供进度指示器、声音和视觉反馈

13.3.4　手势交互

手势操作是对物体最自然和本能的操作方式，在 HoloLens 1 设备中引入了张开（Bloom）和隔空敲击（Air Tap）两种手势，在 HoloLens 2 设备中则极大地扩展了手势交互，不仅类型更多，而且操作也更自然。HoloLens 2 设备不要求用户记忆任何手势，可以只凭本能与虚拟物体交互，非常方便快捷。

但是，开发人员需要清楚，在真实世界中，人们操作真实物体有反馈感知，如触觉、震动、阻力等，通过这些反馈人们能感受到物体的材质、温度、质量、刚度，这有助于大脑形成直观的操作感受；而在 MR 应用中则没有这种反馈，因此在设计 MR 应用时，应该通过视觉、听觉表现帮助使用者执行手势，如希望用户使用拇指与食指两指捏合来抓取某个对象或控制点，该对象或控制点应该设计得小一些，如果希望用户使用五指完成抓取操作，则该对象或控制点应该相对较大以符合使用者的操作期望。通常类似于按钮、图标等较小的对象，则希望用户使用食指单手指操作，而大按钮则表示建议用户使用手掌来按压。

1. 接近操作

接近操作（近端操作、邻近操作、直接手势操作）是一种近距离操作对象的方法。接近操作是最自然的操作手势，就如同在真实世界中操作物体一样，如只需按下按钮就能将其激活、抓取对象、缩放对象等。接近操作对使用者友好，方便快捷，容易上手，所有的交互都围绕一个可以触摸或者抓取的可视元素构建。接近操作虽然具有非常好的用户友好性，但在 MR 设计中，仍然需要注意很多细节，更进一步地发扬其优势而不添加额外的约束。

在 HoloLens 2 设备中，使用者的手部被检测、识别并解析成左右手关节模型，双手 10 个手指都能进行实时跟踪，理想情况下，可将 5 个碰撞体附加到每个手部关节模型的 5 个指尖，但是实验显示，由于缺少触觉反馈，使用 10 个可碰撞指尖与虚拟元素进行交互容易发生意外，增加不可预测碰撞的发生，进而引发操作混乱。因此，通常建议只在食指上放置一个碰撞体，可碰撞的食指指尖仍可充当其他手指的多种触控手势的活动触摸点，例如单指按下、双指按下和五指按下，如图 13-23 所示。使用手指碰撞体时建议使用球形碰撞体，碰撞体的直径应与食指的粗细相匹配，以提高触控准确度。

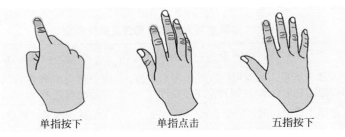

单指按下　　　　　　　　单指点击　　　　　　　　五指按下

图 13-23　使用食指碰撞体也可充当其他手指的多种触控手势触摸点

除了在食指指尖上挂载碰撞体外，还可以创建一个高级指尖光标实现更好的距离定位效果。通过附在食指上的一个圆环形光标，根据与交互对象的距离、角度，其方向和大小也可动态响应并发生相应的变化，实现操作距离提示效果，如食指移向虚拟元素时，该光标始终与虚拟元素的表面平行，在移动过程中会逐渐缩小其尺寸，一旦手指接触到表面，该光标会缩小为一个点，并触发触摸事件。借助交互式反馈，用户可以实现高精度的近距定位操作，例如，触发超链接或按下某个按钮，如图 13-24 所示。

指尖光标远　　　　　　　　指尖光标近　　　　　　　　指尖光标接触

图 13-24　使用指尖光标反馈操控状态

由于触感的缺失，操作虚拟元素时应当增强视觉和听觉的反馈以进行补偿。邻近着色器（指尖照明）是一种非常好的表达触控状态的方式，可以表达不同的触控状态，如悬停时可以将指尖光点投射到虚拟元素包围盒上；悬停接近时可以收缩指尖光点；接触开始时改变整个包围盒的颜色或者播放音效；接触结束时恢复包围盒颜色或者播放音效，如图 13-25 所示。

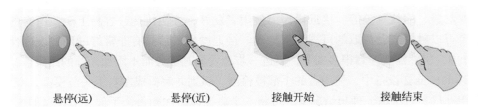

悬停(远)　　　　　　悬停(近)　　　　　　接触开始　　　　　　接触结束

图 13-25　使用邻近着色器表达触控状态变化

邻近着色器对 3D 物体对象的操作非常友好，但对 2D UI 组件的操作则显得比较生硬，通常对于可按按钮使用两种机制来解决触觉反馈问题:第一种机制是结合邻近着色器功能,可以在用户接近和接触到某个按钮时提供更好的邻近感;第二种机制是沉降,即在指尖接触到按钮后,利用沉降动画产生一种按钮被按下的真实感,确保按钮在深度轴上随指尖一起移动,如图 13-26 所示。当指尖达到指定的深度(按下按钮)时,或者在移出手指脱离该深度(松开按钮)时触发按钮事件,在触发按钮时,应该添加音效来增强反馈。

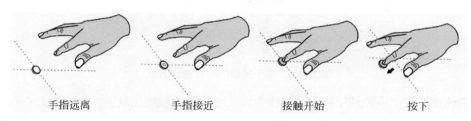

手指远离　　　　　手指接近　　　　　接触开始　　　　　按下

图 13-26　使用邻近着色器与沉降触发按钮

2D UI 面板是用于承载 Web 浏览器或其他 2D 应用内容的全息显示容器。直接操作 2D UI 面板的设计应尽量符合传统物理触摸屏交互的心理模型,降低使用者的学习成本和避免混淆,如使用食指按下触发面板中的超链接或者按钮、使用食指上下滑动内容、使用两根食指缩放面板中的内容。除了操作 UI 面板中的内容,在操作整个面板时也可以模拟 PC 中操作窗口的方法,如使用捏合手势拖曳面板标题栏进行移动、使用捏合手势拖曳面板的某个角进行缩放、使用捏合手势拖曳某个边进行拉伸等,如图 13-27 所示。

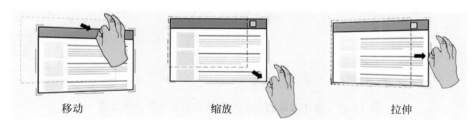

移动　　　　　　　　缩放　　　　　　　　拉伸

图 13-27　使用 PC 中的操作方式操作 2D UI 面板

在对 3D 对象操作时,使用包围盒的方式非常直观,利用邻近着色器提供的深度感能很好地把控操作状态。通常而言,对 3D 对象的操作根据操作精确度的不同也分为两种:一种是基于可视元素的操作(Affordance Based Manipulation),主要基于包围盒的面、边、角进行操作;另一种是基于手势运动的操作(Non-Affordance Based Manipulation)。

对第一种基于可视元素的操作,在包围盒上会显示各类控制点,通常抓取面时可以进行移动、抓取边棱控制点时可以进行相应旋转、抓取顶点控制点时可以进行缩放,如图 13-28 所示,这种方式比较精确,不容易出现意外的移动。

而利用第二种方式进行操作时,也会显示包围盒,但不会显示控制点,使用者直接使用手势与其进行交互,如使用一只手抓取边框时,被操作对象的平移和旋转与用户手部的运动和方向相关联;使用两只手抓取对象时,可以根据两只手的相对运动进行平移、旋转和缩放。

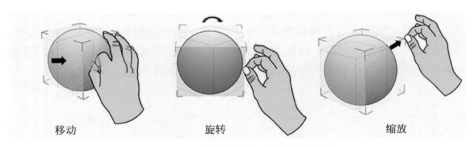

移动   旋转   缩放

图 13-28　基于视觉的手势操作方式

通常建议使用第一种基于视觉的操作方式，它能提供粒度比较细的控制能力；而第二种方式则更加灵活，更符合本能交互。在 MR 应用设计时，如果希望使用者通过精确的控制点进行操作，则应当提供相应的包围盒控制点；如果希望使用者使用本能交互，则不应当提供包围盒控制点，这时的对象通常要设计得大一些以方便操作，如图 13-29 所示。对于按钮，小的按钮仅限用户用一根手指点按它，而大按钮则表示建议用户用手掌进行操作。

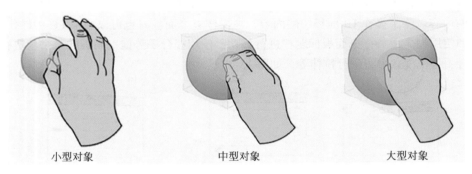

小型对象   中型对象   大型对象

图 13-29　操作对象的大小对使用者的交互产生的影响

2. 远程操作

远程操作（远端操作、手部射线操作）是指对远距离无法接触的 2D 内容和 3D 对象进行定位、选择和操作，在物理世界中，必须直接接触或者通过某种介质间接接触物体才能实施相应操作。但在 MR 应用中，可以使用手部射线进行远距离交互[①]，这是在 MR 空间中进行远程操作虚拟元素的独特技术，并不是人类与现实世界交互的自然方式，这种神奇的技术力量打破了现实世界的物理约束，不仅能让使用者享受到科技带来的愉悦体验，还能使交互更有趣、更高效。

在 HoloLens 2 设备中，手部射线从用户手掌中心位置发出，延伸到很远的距离[②]，在射线

---

① 类似蜘蛛侠使用蛛丝操作远距离物体。

② 可以在配置文件中设置最远射线作用距离。

末端使用圆环形图标指示射线与目标对象的交互位置,光标所指向的对象可以接受来自使用者的手势操作命令。通过使用隔空敲击手势触发手部射线后,可以看到射线及其与目标对象相交的视觉反馈,当射线与按钮或者其他可交互对象发生碰撞后,射线末端的圆形图标会发生变化以指示交互状态的变化,如图 13-30 所示。结合其他手势,如隔空敲击,可以操作非接触目标对象。

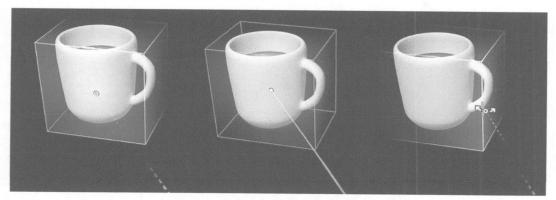

图 13-30　使用手部射线操作远端对象

手部射线发出的位置是手掌中心而不是某个手指指尖,这样设计的好处是可以腾出手指用于其他操控性手势,如捏合、抓握等,而且统一了远程和接近交互,使用完全相同的手势来操作不同距离的对象。在触发手部射线后,接近操作与远程操作会根据使用者与操作对象的距离自动切换:当操作对象在手臂长度范围内(大约 50cm)时,手部射线会自动关闭,切换成接近交互;当与操作对象的距离超过 50cm 时,则启用手部射线,切换到远程交互模式,如图 13-31 所示。

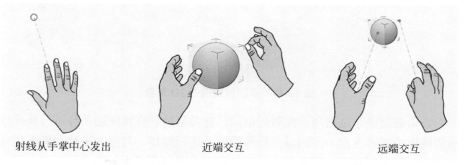

射线从手掌中心发出　　　　　近端交互　　　　　　　　远端交互

图 13-31　手部射线及其在近端接近交互与远端远程交互之间切换

与 2D UI 面板内容进行远程交互的设计思路是使用手部射线进行瞄准,并使用隔空敲击进行选择。当使用手部射线瞄准目标后,就可以通过隔空敲击来触发超链接或按钮,用一只手隔空敲击并拖动来滑动显示内容,使用两只手进行隔空敲击和拖动的相对运动进行缩放,如图 13-32 所示。除了操作 UI 面板中的内容，与接近操作一样，可以使用射线和隔空敲击拖曳面板标题栏进行移动，使用射线和捏合手势拖曳面板的某个角进行缩放，使用射线和捏合手势拖曳某个边进行拉伸等。

单击　　　　　　　　　滚动　　　　　　　　　缩放

图 13-32　手部射线操作 2D UI 面板内容

与接近操作一样，使用手部射线操作 3D 对象也可使用两种方式：基于可视元素的操作和基于手势运动的操作。

这两种操作方法的区别是基于可视元素的操作是指当手部射线指向目标对象后，目标对象显示其可交互的包围盒，使用者可以通过捏合拖曳的方式移动整个对象，将操作点放置在边棱中的控制点上旋转对象，将操作点放置在顶点的控制点上缩放对象，如图 13-33 所示。

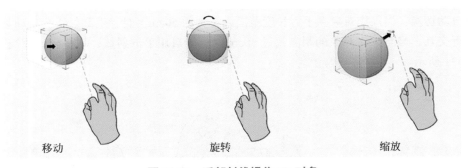

移动　　　　　　　　　旋转　　　　　　　　　缩放

图 13-33　手部射线操作 3D 对象

基于手势运动的操作是指当手部射线指向目标对象后，直接使用手势进行操作而不再需要精确地使用边棱或者顶点的控制点。如果用单手进行操作，对象的平移和旋转将与手的移动方向相关联；如果用双手进行操作，使用者则可以通过两只手的相对运动来平移、缩放和旋转对象。

手部射线也支持本能手势操作，在设计时应当设计不同的 UI 视觉元素引导用户进行操作，如一个小的控制点可能会促使用户使用拇指和食指进行捏合操作，而一个大的交互指示会引导使用者使用全部 5 指进行抓取，如图 13-34 所示。

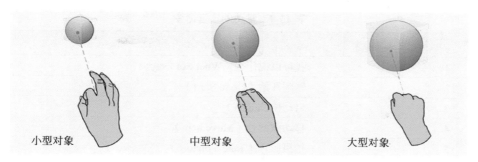

小型对象　　　　　中型对象　　　　　大型对象

图 13-34 手部射线本能操作 3D 对象

13.3.5 语音交互

HoloLens 2 设备的手势交互设计得非常出色，但在某些环境下可能不方便使用手势交互或者手势交互容易引发其他问题，如表 13-8 所示，这时就需要采用其他的交互方式。

表 13-8 不方便使用手势交互的场合

序　　号	场　　合
1	环境受限，没有足够的手势交互所需的空间
2	用户执行其他任务，双手非常繁忙
3	双手疲劳
4	由于佩戴手套而无法精确地跟踪双手
5	用户双手携带物品
6	社交场合下不允许大幅度的手势操作

语音命令输入也是一种非常自然的本能交互方式，语音命令对多级级联操作特别有用，不用逐级返回或者选择，而可以跨越多个命令层级，如可以直接从多级嵌套的级联操作中一步返回开始状态，而不用逐级返回。在 HoloLens 2 设备中，语音输入的识别引擎是一个离线引擎，该引擎运行于所有的 UWP 平台，识别引擎所识别的语言与当前设备配置的显示语言保持一致。

语音命令输入在 HoloLens 1 跟 HoloLens 2 中有些不同，在 1 代中，"选择（Select）"是个系统命令，即使该命令没有被手动添加到应用中也可以使用，在任何时候都可以使用；而在 2 代中，"选择（Select）"命令不再如此，因此，在 2 代中，若要使用该命令，首先需要将注视点光标移动到需要操作的按钮或者对象上，然后使用，使用完后，应使用隔空敲击手势退出交互状态。

常用的语音命令如表 13-9 所示。

表 13-9　常用的语音命令

序　号	命　令
1	我可以说什么（What can I say）
2	转到开始（Go to Start）
3	启动（Launch）
4	移动到此处（Move here）
5	拍摄照片（Take a picture）
6	开始录制（Start recording）
7	停止录制（Stop recording）
8	显示手部射线（Show hand ray）
9	隐藏手部射线（Hide hand ray）
10	增加亮度（Increase the brightness）
11	降低亮度（Decrease the brightness）
12	增加音量（Increase the volume）
13	降低音量（Decrease the volume）
14	静音（Mute）
15	取消静音（Unmute）
16	关闭设备（Shut down the device）
17	重新启动设备（Restart the device）
18	进入睡眠状态（Go to sleep）
19	现在时间（What time is it）
20	电池剩余电量（How much battery do I have left）

　　HoloLens 2 设备的语音命令输入采取所见即可说（See it, Say it）的模式，如朗读按钮上出现的文字即可使用语音命令触发按钮事件。在开发 MR 应用时，如果遵循相同的规则，则使用者就可以很容易了解控制应用行为所需要的语音命令。为更方便用户使用，在 1 代中，当使用者凝视可交互对象（如按钮）时，会弹出语音命令标签；而在 2 代中，则可以使用语音命令"我可以说什么（What can I say）"查看所凝视对象的语音命令、弹出语音命令标签，如果需要完整的语音命令列表，则可以随时使用"显示所有命令（Show all commands）"，该命令会列出当前应用的所有可用的语音命令。

　　使用语音命令结合凝视可以快速执行很多操作，这对 UI 面板或者 3D 对象都有效，当凝视一个虚拟元素时，使用"面向我""放大""缩小"语音命令即可快速进行操作。在 2 代设备中，由于强化了语义上下文关联，语音命令交互更加自然，如凝视一个 UI 面板时使用"移动到"，然后将关注点转动到另一个地方并输入"这里"，UI 面板会移动到目标位置。

　　语音命令是一种功能强大、方便控制系统和应用的方式，在开发 MR 应用时，可以添加任何语音命令以提高用户体验，考虑用户的口音或者方言，恰当地选择语音命令关键字有助于确保用户的命令得到清晰解析。一般而言，在设计语音输入命令时，需要遵循如表 13-10 所示的原则。

表 13-10 设计语音命令的一般原则

主 题	描 述
保持简短的关键词	由于当前的技术水平，语音识别对过短的语句的识别效果不佳，因此使用"播放动画"比"放"要好；过长的语句也不利于命令匹配，如"播放视频"比"播放当前选定的视频"要好
使用简单常见的词汇	不要使用生僻词、字作为关键词，这会导致识别效果大幅度下降，如"展开"比"撕裂"好
提供语音命令指示	开发人员应对应用中可以使用的语音命令及使用方式以视觉的形式给出提示，方便使用者使用语音输入进行交互
注意输入反馈	开发人员应该在使用者使用语音命令输入后给出明确的反馈，增强使用者的操作自信，无反馈的输入会让使用者感到困惑
了解语音识别的局限性	当前语音识别很难做到上下文关联，所以语音命令应当是独立的而不与上个命令相关联
确保命令具备非破坏性	确保语音命令可以执行的任何操作都是非破坏性的，并且可以很容易地撤销，以防在使用者附近说话的另一个人意外触发命令
使用确认	在使用语音操作时，对一些影响较大、不可信、破坏性的操作需要进行确认，确认通常分两种：一种是强制确认，当使用者使用语音删除一个对象时，可以强制要求使用者进行再次确认；另一种是弱确认，即提供一个相对不那么强的确认，当使用者尝试打开一个未经验证的网址时，可以以文字提示的方式告知该链接不安全，但不打断使用者的操作
避免使用发音相似的语音命令	避免使用多个听起来非常相似的语音命令，这会造成误操作
及时禁用语音输入	当应用处于非语音命令状态时，考虑禁用语音输入，这可以确保不与其他应用语音命令混淆
使用不同口音进行测试	针对主要的使用者群体，以不同地域的口音进行测试，确保在不同口音时语音识别的正确率
保持语音命令一致性	在应用中应保持特定命令的行为一致性，如"返回"命令用于返回上一步，则在整个应用中都应保持此行为，不能再使用"返回"执行退出应用程序操作
避免使用系统命令	系统保留了以下语音命令，如"你好小娜""选择""转到开始"，应用程序不应使用这些命令

使用视觉形式提示语音命令，使用者能了解他们可以说什么，当使用者使用语音命令输入时，应用程序应当给出清晰的反馈，告知应用已清楚使用的命令，这两个设计可以提高使用者使用语音命令输入的自信，图 13-35 显示了识别语音输入时光标变化的情况及如何将提示信息传达给用户。

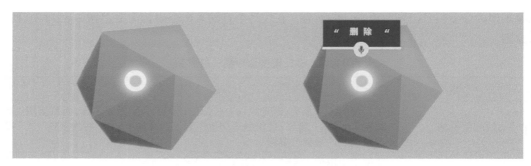

图 13-35　显示语音命令或对用户输入进行视觉提示

13.3.6　凝视交互

凝视交互是除手势、语音命令输入之外另一个非常自然的交互手段，特别是在手势、语音命令输入不可用的状态下，凝视交互就成为非常重要的交互手段了。凝视交互的特点是只需一直盯着目标即可。这种交互方式的优势是在手势和语音输入都失效的情况下仍然有用，如在环境和行动能力非常受限、现场嘈杂时，也可以与虚拟对象交互，使用者只需一直盯着要选择的目标，系统就会显示不同的停留反馈以便指导下一步操作。

当然凝视输入交互也存在难点，既有技术层面的问题，也有操作层面的问题，因此，建议只在手势操作与语音输入都失效的情况下使用。凝视输入的难点在于很难选择适当的停留时间，新手使用者可能需要较长的停留时间来适应操作，而老用户则希望快速且高效地进行操作。如果停留时间太短则会导致快速的输入响应从而让使用者眼花缭乱、错误操作；而如果停留时间太长，因为使用者必须长时间盯着目标，则会给使用者形成响应太慢且不流畅的感觉。

客观而言，凝视交互是一种相对不那么容易操作的交互方式，很难快速精准地完成预期操作行为，因此可以采取一些设计方法帮助用户使用凝视交互，在 MR 应用设计时，建议对停留反馈使用双状态方法，具体如表 13-11 所示。

表 13-11　凝视交互设计原则

主　题	描　述
初始延迟	当使用者开始看着目标时，系统不应立即响应，而应启动一个计时器，用于检测使用者意图，是有意盯着该目标，还是眼光仅仅扫过了目标，建议将区分时间设置在 150 ～ 250ms
停留反馈	在确定使用者是有意盯着该目标后，则开始显示停留反馈，告知使用者停留激活已启动
持续反馈	当使用者持续盯着目标时，显示一个连续进度指示器，这样使用者就知道自己必须始终盯着目标。具体而言，对于凝视输入，建议一开始显示一个较大的圆圈或球体，然后缓慢缩小，通过这种方式吸引使用者的视觉注意力，或者显示一个环形进度指示器，告知使用者停留状态及何时结束
完成	如果使用者一直注视着该目标（又注视了 650 ～ 850ms），并且进度指示器进度走完，则完成停留激活，选择或者执行被使用者注视的目标或操作

　　从技术角度而言，凝视交互又分为头部凝视和眼睛凝视两种。头部凝视光标固定在正前方，通过转动头部实现对操作目标的选择；眼睛凝视即为眼动跟踪，设备会跟踪眼球注视点，该功能只在 HoloLens 2 设备中才支持。

1. 头部凝视

　　由于传感器的精度限制，通常凝视对于大物体操作比小物体好，最低要求目标在视平面上的投影要大于 $1.0 \sim 1.5°$，最好在 3° 或以上（在距离 2m 远处的物体有 5 ~ 10cm 尺寸大小），这里描述中的投影与虚拟物体尺寸没有关系，如大尺寸的物体离使用者较远，而小尺寸的物体离使用者较近，在这种情况下，它们在视平面上的投影有可能完全一样，如图 13-36 所示。

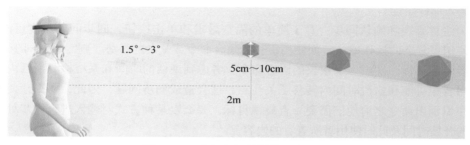

图 13-36　头部凝视的最佳物体尺寸

　　在应用设计时，应当对使用者的凝视予以反馈，如颜色变化、描边等，以明确告知使用者当前的应用状态，合适的视觉反馈非常有助于建立使用者的信心。

　　由于人眼特性和设备显示视场角的原因，使用者通常很难发现放置得过高或者过低的目标对象，过高或者过低放置的虚拟元素对头部凝视非常不友好，因此，通常应当将目标放置在与使用者眼睛同高的一定范围内。由于人眼注视点很小（通常是一个 10° 左右的圆锥），所以在放置多个目标对象，特别是 UI 对象时应当做好分组以免目标分得太散，将 UI 元素组合在一起而不是分散放置可以有效利用关注点链行为法则，提高使用者的操作效率。

2. 眼睛凝视

　　眼睛凝视（眼动跟踪）使用了设备对眼球的跟踪以便确认使用者的关注点，为提高精度通常要求使用者在使用设备上进行校准，以使设备了解使用者的眼球位置和瞳距等信息。眼睛凝视是一种全新的输入类型，对新手用户有一定的操作难度，因此，在设计应用时需要关注这方面问题。

　　眼睛凝视最大的优势是速度快、不费力。眼睛凝视在某些方面与头部凝视的行为方式有很大不同，因此具有许多独特的挑战，眼球的转动速度非常快，因此非常有利于在视野中快速定位，非常适合快速激活和选择。

　　眼睛凝视与头部凝视之间的区别还是比较大的，符合头部凝视的设计思路不一定也适合眼睛凝视，通常而言，一般的眼睛凝视设计应遵循以下原则。

（1）不显示光标：虽然在使用头部凝视时没有光标几乎不可能进行交互，但当使用眼睛凝视进行交互时，由于眼球运动速度快，使用光标很快就会分散注意力，让人厌烦，因此不要依靠光标来指示交互状态，而应当使用精细的视觉突出显示（如高亮对象、描边对象）。

（2）提供精细的悬停反馈：对头部凝视非常好的视觉反馈效果可能会在使用眼睛凝视时产生让人无所适从的困难。由于眼球的转动速度非常快，可快速扫过视野中的各个位置，快速且突然的对象状态的改变（变色、音效）可能会使对象产生闪烁，因此，在提供悬停反馈时，建议使用平滑淡入淡出显示（变色或者高亮），即使用一个过渡效果，经过 500 ～ 1000ms，慢慢高亮目标对象。因此，对新用户而言，可以有时间让其了解关注对象；而对于老用户，也可以快速地进行后续操作，而无须等到反馈达到最大强度，但在失焦时可以快速淡出，而不必像淡入那样缓慢。

（3）注意凝视和确认同步：对于简单的隔空敲击和单击按钮，同步问题难度可能较小，而若要使用更复杂的操作确认，如使用很长的语音命令或复杂的手势，则需注意同步。例如当使用者盯着目标，发出一个很长的语音命令，考虑到说话的时间和系统检测说话内容的时间，使用者很可能在这段时间内转移了关注点，这会造成同步问题，因此，要么让使用者意识到，在识别出命令之前他们需要一直凝视目标，要么以某种方式对输入进行同步处理，确定命令的开始时间及此时使用者所查看的内容。

第 14 章

性 能 优 化

性能优化是一个非常宽泛的主题，但性能优化又是必须探讨的主题，特别是对 HoloLens 2 这种移动穿戴式、资源有限的设备而言，性能优化起着举足轻重的作用，可能会决定应用的成败，但性能优化又是一个庞大的主题，要想深入理解性能优化需要对计算机图形渲染管线、CPU/GPU 协作方式、内存管理、计算机体系架构、代码优化有很好的掌握，只有在实践中才能逐步加深理解从而更好地优化性能。本章将对在 HoloLens 2 设备上开发 MR 应用的性能优化内容与技巧进行阐述。

14.1 性能优化基础

性能优化是一个非常综合、涉及技术众多的大主题。从计算机发明以来，人们就一直在积极追求降低内存消耗，提高单位指令性能，降低功耗，提高代码效率。虽然随着硬件技术特别是 CPU 性能按照摩尔定律飞速发展，PC 上一般应用代码的优化显得不再那么苛刻，但是对计算密集型应用而言，如游戏、实时三维仿真、AR/VR/MR，优化仍然是一个在设计、架构、开发、代码编写等各阶段都需要重点关注的事项。相对于 PC，HoloLens 2 设备在硬件性能上还有比较大的差距，而且其 CPU、GPU 等设计架构与 PC 完全不同，能使用的计算资源、存储资源、带宽都非常有限，功耗要求也很严格，因此，MR 应用的优化显得尤为重要。

MR 应用与游戏相似，是属于对 CPU、GPU、内存重度依赖的计算密集型应用，因此在开发 MR 应用时，需要特别关注性能优化，否则可能会出现卡顿、反应慢、掉帧、全息影像漂移等问题，导致 MR 体验变差甚至完全无法正常使用。

14.1.1 影响性能的主要因素

从 CPU 架构来讲，HoloLens 2 设备采用的 ARM 架构与 PC 常见的 x86、MIPS 架构有很大的不同（HoloLens 1 采用 x86 架构低功耗 CPU）。从处理器资源、内存资源、带宽资源到散热、功耗，相对来讲它们都受到更多的限制，因此 MR 应用要尽可能地使用更少的硬件及带宽资源。

从 GPU 架构来讲，HoloLens 2 设备采用骁龙 850 CPU，该 CPU 集成 Adreno 630 GPU，相对于 PC 的独立 GPU，性能上有不小差距。

从显示设备来讲，HoloLens 2 设备采用全新的光学显示系统，由于是近眼显示，刷新频率、单位面积像素密度也有更高要求，带来了更大挑战。

对 MR 应用而言，需要综合利用 CPU、GPU 等有限资源，让应用在预期的分辨率下保持一定的帧速运行，这个帧速至少要达到 30 帧每秒才能流畅不卡顿。为防止出现全息影像漂移和视觉迟滞问题，帧速要求保持在 60fps（fames per second）或以上。在 HoloLens 2 设备的各主要硬件中，CPU 主要负责场景加载、物理计算、运动跟踪、光照估计等工作；而 GPU 主要负责虚拟物体渲染、更新、特效处理等工作；HPU（Holographic Processing Unit，全息处理单元）主要负责眼动跟踪、手势检测、环境特征点提取、3D 空间声频计算等工作。具体来讲，影响 MR 应用性能的主要因素如表 14-1 所示。

表 14-1　影响 MR 应用性能的主要因素

类　　型	描　　述
CPU	过多的 Drawcall 复杂的脚本计算或者特效
GPU	过于复杂的模型、过多的顶点、过多的片元计算 过多的逐顶点计算、过多的逐片元计算 复杂的着色器、显示特效
HPU	过多的 3D 空间声频 复杂快速的手势
带宽	大尺寸、高精度、未压缩的纹理 高精度的帧缓存
设备	高分辨率的显示 高分辨率的摄像头 高刷新率的显示

表 14-1 虽然很笼统，但从宏观上指出了主要性能制约因素，针对这些引起性能问题的因素就可以有针对性地提出改进措施，对照优化措施如表 14-2 所示。

表 14-2　性能优化的主要措施

类　　型	描　　述
CPU	减少 Drawcall，采用批处理技术 优化脚本计算或者尽量少使用特效，特别是全屏特效
GPU	优化模型、减少模型顶点数、减少模型片元数 使用 LoD（Level of Detail）技术 使用遮挡剔除（Occlusion Culling）技术 控制透明混合、减少实时光照 控制特效使用、精减着色器计算
HPU	控制 3D 空间声频数量 不渲染手部网格和手部关节模型

续表

类　型	描　述
带宽	减少纹理尺寸及精度 合理缓存
设备	利用分辨率缩放 对摄像头获取数据进行压缩 降低屏幕刷新率

表 14-2 所列优化项是通用的优化方案，但对具体应用需要具体分析，在优化之前需要找准性能瓶颈点，针对瓶颈点的优化才能取得事半功倍的效果，才能有效地提高帧率。由于是在独立的 CPU 上处理脚本计算、在独立的 GPU 上处理渲染，总的耗时不是 CPU 花费时间加 GPU 花费时间，而是两者中的较长者。这个认识很重要，这意味着如果 CPU 负荷重、处理任务重，则仅优化着色器根本不会提高帧速率；如果 GPU 负荷重，则仅优化脚本和 CPU 特效也根本无济于事。而且，MR 应用在运行的不同阶段、不同的环境下表现也不同，这意味着 MR 应用有时可能完全是由于脚本复杂而导致帧率低，而有时又是因为加载的模型复杂或者过多而减速，因此，要优化 MR 应用，首先需要知道性能瓶颈在哪里，然后才能有针对性地进行优化，并且要对不同的应用类型进行特定的优化。

14.1.2　MR 应用常用调试方法

在 Unity 中使用 MRTK 开发 MR 应用时，有设计良好的输入模拟，大部分功能都可以使用 Unity 编辑器直接进行测试。除此之外，也可以使用 HoloLens 2 模拟器进行功能模拟，非常有利于快速查错和排错，但有些功能也必须依赖真机才能进行测试，这时就需要将计算机直接连接到真机进行联机排错，这是个耗时且费力的工作，对存疑的地方按下面的方法进行处理能加快调试过程，方便查找问题的原因，对结果进行分析，以便更有效地进行故障排除。

1. 控制台

将代码运行的中间结果输出到控制台是最常用的调试手段，即使在真机上运行程序也可以实时不间断地查看所有中间结果，这对理解程序内部执行或者查找出错点有很大的帮助，通常这也是在真机上调试应用的最便捷直观的方式。

2. 写日志

有时可能不太方便真机直接连接计算机进行调试（如装在用户机上试运行的应用），这时写日志反而就成了最方便的方式。可以将原本输出到控制台上的信息保存到日志中，再通过网络通信将日志发回服务器，以便及时地了解应用在用户机上的试运行情况。除了将日志记录成文本格式，甚至还可以直接将运行情况写入服务器数据库中，更方便查询统计。

3. 弹出

除了将应用的运行情况发送到控制台进行调试，也可以在必要时在真机上弹出运行情况报告，这种方式可以查看应用的实时运行情况，但这种方式不宜使弹出过频，应以弹出重要的关键信息为主，不然可能很快就会耗尽设备应用资源。通过在代码的关键位置弹出信息，可以帮助分析代码的运行流程，以便确定代码的关键部分是否正在运行及如何运行。

4. 代码断点

Unity 配合 VS 可以对 MR 应用脚本代码设置断点进行调试，设置断点调试方法可以精确地跟踪脚本代码的执行过程，获取执行过程中的所有中间变量值。这是一种对程序员非常友好的调试方式，只是过程稍烦琐，而且调试周期长。

14.1.3　MR 应用性能优化的一般原则

3D 游戏开发应用开发的优化策略与技巧完全适用于 MR 应用开发，如静态批处理、动态批处理、LoD、光照烘焙等优化技术全部可以应用到 MR 开发中，但 MR 应用运行在 HoloLens 2 这种边端设备上，这是比 PC 或者专用游戏机更苛刻和复杂的运行环境，而且边端设备的各硬件性能与 PC 或专用游戏机相比还有很大的差距，因此，对 MR 应用的优化比对 PC 游戏的优化要求更高。对移动设备性能进行优化也是一个广泛而庞大的主题，我们只取其中的几个代表性方面进行一般性的阐述。

在 MR 应用开发中，应当充分认识边端设备软硬件的局限性，了解图形渲染管线，使用一些替代性策略来缓解计算压力，如将一些物理数学计算采用动画或预烘焙的形式模拟、将实时光照效果使用纹理的形式模拟等。对资源受限设备需要谨慎使用的技术及优化方法如表 14-3 所示。

表 14-3　资源受限设备需要谨慎使用的技术及优化方法

谨 慎 使 用	替代或优化技术
全屏特效，如发光和景深	在对象上混合 Sprite 代替发光效果
动态的逐像素光照	只在主要角色上使用真正的凹凸贴图（Bumpmapping）；尽可能多地将对比度和细节烘焙进漫反射纹理贴图，将来自凹凸贴图的光照信息烘焙进纹理贴图
全局光照	关闭全局光，采用 Lightmaps 贴图，而不是直接使用光照计算；在角色上使用 Lightprobes，而不是真正的动态灯光照明；在角色上采用唯一的动态逐像素照明
实时阴影	关闭
光线追踪	使用纹理烘焙代替雾效；采用淡入淡出代替雾效
高密度粒子特效	使用 UV 纹理动画代替密集粒子特效
高精度模型	降低模型顶点数与面数；使用纹理来模拟细节
复杂特效	使用纹理 UV 动画替代，降低着色器的复杂度

总体而言，由于 HoloLens 2 设备硬件性能的限制，为获得更好的渲染效果和性能，在 MR 应用开发中，总渲染的三角形数以不超过 50 万个为佳，针对不同的场景复杂度，具体如表 14-4 所示。

表 14-4　不同场景复杂度最大对象三角形的数量

类　型	简单场景	中等场景	复杂场景
渲染对象数	1 ～ 3	4 ～ 10	> 10
每个对象三角形数	< 100 000	< 30 000	< 10 000
每个对象材质数	1 ～ 2	1 ～ 2	1 ～ 2

就图形渲染格式而言，相比 STEP、STL 等工业高精度模型，FBX、OBJ、GLB/glTF 2.0 等格式对渲染更友好，可以进行更多优化，如顶点数量、顶点属性、法线等，可以在不明显影响渲染效果的情况下，将几万的顶点数优化到几千，对性能提升起到非常大的帮助。

性能优化不是最后一道工序而是应该贯穿于 MR 应用开发的整个过程，并且优化也不仅是程序员的工作，它也是美工、策划的工作任务之一，当可以烘焙灯光时，美工应该制作烘焙内容而不是采用实时光照计算。

14.2　MR 应用性能调试工具

为帮助开发人员了解和分析 MR 应用运行时的性能情况，MRTK 提供了非常简单易用的性能诊断系统（Diagnostic System），HoloLens 2 设备也在其设备门户中提供了性能分析模块，VS 编辑器本身也带有非常强大的图形调试器，Intel 公司也提供了图形分析器，利用这些性能调试工具可以从各个层面查看 MR 应用的性能情况。对于 HoloLens 2 设备，诊断系统和设备门户性能分析模块使用最方便简单[①]，VS 图形调试器对 DirectX 开发人员非常友好，Intel 图形分析器能从更底层分析图形的执行情况。由于本书主要讲述 Unity MR 应用开发，本节主要阐述利用 Unity 分析器对 MR 应用性能进行分析的一般流程。

14.2.1　Unity 分析器

除了程序的逻辑需要运行正确，性能表现也是 MR 应用需要时刻重点关注的事项，Unity 强大的性能分析工具 Profiler 在性能分析调试中非常有帮助（下文中 Unity Profiler 译为 Unity 分析器）。

Unity 分析器可以提供应用性能表现的详细信息。当 MR 应用存在性能问题时，如低帧率或者高内存占用，性能分析工具可以帮助发现问题并协助我们解决问题。Unity 分析器是一个非常强大的性能剖析工具，不仅有利于分析性能瓶颈，也提供了窥视 Unity 内部各部分工作情

---

① 　诊断系统和设备门户使用详情可参见第 3 章。

况的一个机会。

由于 MR 应用的特殊性，不能直接在编辑器模式下运行性能调试，所以使用 Unity 分析器进行性能分析还需要进行一些特别的设置。

1. 开启网络服务功能特性

使用 Unity 分析器需要首先开启项目的网络服务功能特性，在 Unity 菜单中，依次选择 Edit → Project Settings → Player， 选 择 Universal Windows Platform settings（UWP 设置）选项卡，并依次选择 Publishing Settings → Capabilities 功能设置区，勾选 InternetClient、InternetClientServer、PrivateNetworkClientServer 复选框，如图 14-1 所示。

图 14-1　在工程中开启网络服务功能特性

2. 打开分析器窗口

在 Unity 菜单中依次选择 Window → Analysis → Profiler，打开 Unity 分析器窗口，将窗口拖到 Game 选项卡旁边，以使其停靠在 Game 选项卡右侧（当然，可以把它放在任何的地方）。

3. 设置远程调试

使用组合键 Ctrl+Shift+B 打开 Build Settings 对话框，勾选 Development Build、Autoconnect Profiler、Deep Profiling Support 复选框，启用自动连接和调试分析功能，如图 14-2 所示。

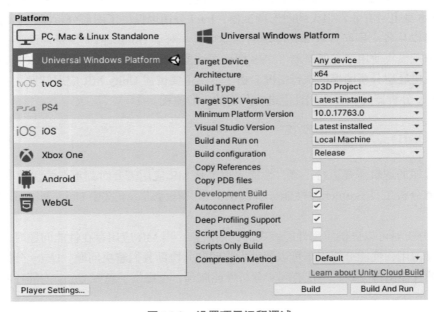

图 14-2　设置项目远程调试

4. 连接调试设备

按正常流程生成 VS 工程文件，使用 VS 打开工程文件，将发布设置为 Debug 或者 Release 模式（不要使用 Master 模式，不然无法连接分析器），检查 VS 项目选项（或者工程清单文件 Package.appxmanifest），确保开启 Internet（Client & Server）和 Private Networks（Client & Server）功能特性，正常生成并将 MR 应用部署到真机设备，当 MR 应用部署到 HoloLens 2 设备并自动启动后，就可以在 Unity 分析器上看到分析器窗口的全貌了，如图 14-3 所示。

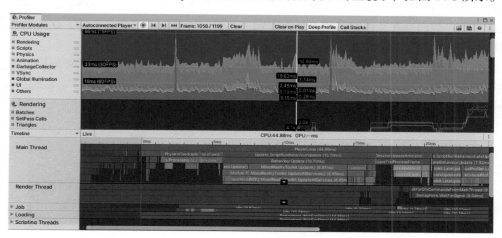

图 14-3　Unity 分析器窗口

Unity 分析器通过网络在计算机与 HoloLens 2 设备间进行通信，因此需要计算机与真机设备连接到同一个局域网。另外，为确保连接正常，可能需要关闭计算机与 HoloLens 2 设备的系统防火墙，并且它们均应开启开发者选项。

Unity 分析器可以提供应用程序不同部分的运行情况的深度信息。使用分析器可以了解性能优化的不同方面，例如应用如何使用内存、每个任务组消耗了多少 CPU 时间、物理运算执行频度等。最重要的是可以利用这些数据找到引起性能问题的原因，并且测试解决方案的有效性。

在 Unity 分析器窗口的左侧，可以看到一列子分析器（Sub Profilers），每个子分析器显示应用程序运行时某一方面的信息，分别为 CPU 使用情况、GPU 使用情况、渲染、内存使用情况、声音、物理和网络等，如图 14-4 所示。

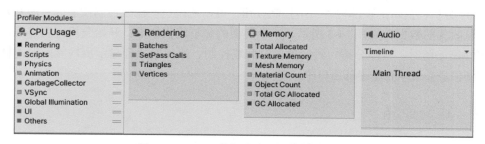

图 14-4　Unity 分析器中的各类子分析器

在开始录制性能数据后，窗口上部的每个子分析器都会随着时间的推移不断地更新显示数据。性能数据随着时间发生变化，是一个动态的连续变化的过程，通过观察这个过程，可以获取很多仅凭一帧性能数据分析而无法提供的信息。通过观察曲线的变化，可以清楚地看到哪些性能问题是持续性的，哪些问题仅仅在某一帧中出现，还有哪些性能问题是随着时间逐渐显现的。

当选择某一个子分析器模块时，窗口下半部会显示当前所选择分析器的当前帧的详细信息，此处显示的数据依赖于我们所选择的子分析器。例如，当选中内存分析器时，该区域会显示应用运行时内存和总内存占用等与内存相关数据；如果选中渲染分析器，这里则会显示被渲染的对象数量或者渲染操作执行次数等数据。

这些子分析器会提供应用运行时详尽的性能数据，但是我们并不总是需要使用所有的这些子分析器模块。事实上，通常在分析应用性能时只需观察一个或者两个子分析器。例如，当游戏应用运行得比较慢时，可能会先查看 CPU 分析器，如图 14-5 所示。

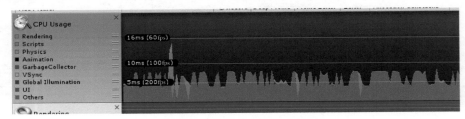

图 14-5　CPU 使用分析器

CPU 分析器提供了设备 CPU 的使用情况总览，可以观察到应用各部分占用 CPU 时间的情况。该分析器可以只显示特定应用部分对 CPU 的占用，通过单击 CPU 分析器窗口右侧的任务组的右侧颜色图标可以打开或关闭对应任务组的数据显示。针对各任务组的 CPU 占用情况，可以通过查看对应子分析器获取更详尽的信息，例如发现渲染占用了很长时间，就可以查看渲染分析器模块以便获取更多的详细信息。

也可以关闭一些我们不关心的子分析器，通过单击 Unity 分析器子分析器模块右上角的"×"符号按钮就可以关闭该模块，在需要时也可以随时通过单击分析器窗口左上角的 Add Profiler 按钮添加想要的子分析器模块。添加删除子分析器的操作不会清除从设备获取的性能数据，仅仅用于显示或者隐藏相应分析模块而已。

Unity 分析器窗口的顶部包含一组控制按钮，可以使用这些按钮控制性能分析的开始、停止和浏览收集的数据，如图 14-3 所示。一个典型的分析流程如下：开始分析应用进程，当应用出现性能问题时，暂停分析，然后通过时间线控制，逐帧地找到显示出性能问题的帧，该帧的详细信息会显示在下半部窗口中。

14.2.2　帧调试器

Unity 分析器是一个强大的性能分析工具，除此之外，Unity 还提供了用于单帧分析的帧调试器（Frame Debugger）。帧调试器允许将正在运行的应用在特定的帧冻结回放，并查看用于渲染该帧的单次绘制调用。除列出 Drawcall 外，调试器还允许逐个地遍历它们，一个 Drawcall 一个 Drawcall 地渲染，这样就可以非常详细地看到场景如何一步一步绘制出来。

使用帧调试器的流程与使用 Unity 分析器的流程基本一致，按正常流程生成 VS 工程，然后将 MR 应用部署到真机设备上运行，使用帧调试器捕获设备运行时的帧渲染数据[①]，具体流程如下。

1. 打开 Debugger 窗口

在 Unity 菜单中，依次选择 Window → Analysis → Frame Debugger，打开帧调试器窗口，将该窗口也拖到 Game 选项卡旁边，使其停靠在 Game 选项卡右侧。

2. 选择调试设备

当 MR 应用在真机设备上运行后，由于在构建应用时勾选了 Autoconnect Profiler 复选框，应用会自动连接到帧调试器，单击帧调试器左上角的 Enable 按钮（单击 Enable 按钮时会暂停应用）捕获当前帧数据，这时在帧调试器窗口中将会加载应用程序在渲染该帧时的相关信息，如图 14-6 所示。

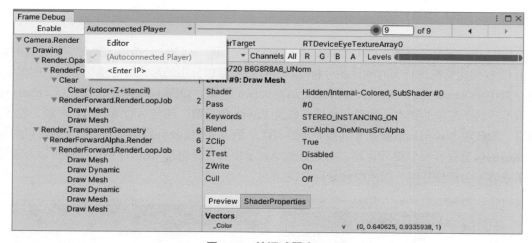

图 14-6　帧调试器窗口

帧调试器窗口左侧主列表以树形层次结构的形式显示了 Drawcall 序列（及其他事件，如 Framebuffer Clear），该层次结构标识了调用的起源。列表右侧的面板提供了关于 Drawcall 的更多详细信息，例如用于渲染的几何细节和着色器。

---

① 使用帧调试器可能需要开启多线程，在 Unity 菜单中，依次选择 Edit→Project Settings→Player，选择 Universal Windows Platform Settings（UWP 设置）选项卡，并依次选择 Other Settings→Rendering 功能设置区，勾选 Graphics Jobs 复选框。

单击左侧列表中的一个项目将在右则显示该项目的详细 Drawcall 信息，包括着色器中的参数信息（对每个属性都会显示值，以及它在哪个着色器阶段"顶点、片元、几何、hull、domain"中被使用）。

工具栏中的左右箭头按钮表示向前和向后移动一帧，也可以使用键盘方向按键达到同样的效果。此外，窗口顶部的滑块允许在 Drawcall 调用中快速"擦除"，从而快速找到感兴趣的点。

帧调试器右侧窗口顶部是一个工具栏，分别显示红、绿、蓝和 Alpha 通道信息，以方便查看应用的当前状态。类似地，可以使用这些通道按钮右侧的 Levels 滑块，根据亮度级别隔离视图的区域，但这个功能只有在渲染到渲染纹理时才能启用。

14.3　Unity 分析器使用

Unity 分析器（Unity Profiler）是非常强大的性能分析工具，它能对 CPU 的使用、GPU 的使用、渲染、内存的使用、UI、网络通信、声频、视频、物理仿真、全局光照进行实时查看，非常有助于发现性能瓶颈，为分析性能问题提供有力支持。Unity 分析器包含很多子分析器，用于针对某一方面情况进行更深入的分析。

14.3.1　CPU 使用情况分析器

CPU 使用情况分析器（CPU Usage Profiler，下文简称为 CPU 分析器）是对应用运行时设备上 CPU 使用情况进行实时统计的分析器。CPU 分析器以分组的形式对各项任务建立逻辑组，即左侧中的 Rendering、Scripts、Physics、Animation 组等，如图 14-7 所示，这里的 Others 组记录了不属于渲染的脚本、物理、垃圾回收及 VSync 的总数，还包括动画、AI、声频、粒子、网络、加载和 PlayerLoop 数据（其他分析器与此一致）。CPU 分析器采用分组的形式可以对属于该组的信息进行独立统计计算，也更直观地显示出各任务组对 CPU 占用比，也可以方便地勾选或者不勾选任务组，以便简化分析曲线。

图 14-7　CPU 分析器可以选择左侧的任务组显示特定任务组的统计曲线

在分析器窗口的左侧选择 CPU 分析器后，下方窗格将显示详细的分层时间数据，数据显示模式可以是时间线（Timeline）、层次结构（Hierarchy）、原始层次结构（Raw Hierarchy），通过左侧下拉菜单选择，如图 14-8 所示。

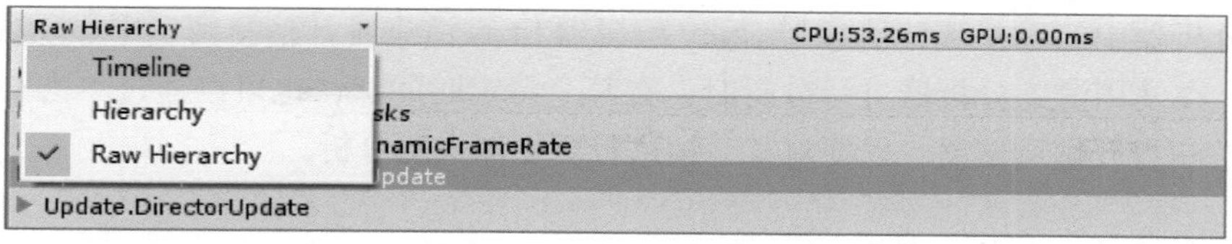

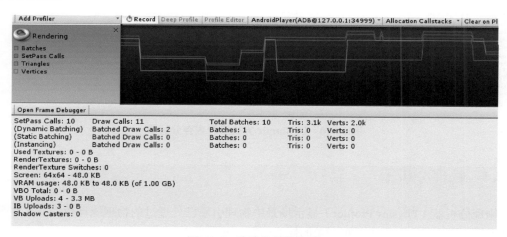

图 14-8　CPU 分析器的详细信息可以通过选择 Timeline、Hierarchy、Raw Hierarchy 方式显示

以层次结构和原始层次结构显示时，各列属性含义如表 14-5 所示。在下方窗格右侧的下拉菜单中，还可以选择无细节（No Details）、显示细节（Show Related Objects）、显示 Drawcall（Show Calls）以便进行更加深入的细节检查。

表 14-5　CPU 分析器属性列的含义

列 名 称	描　述
Self 列	指在特定函数中花费的时间，不包括调用子函数所花费的时间
Time ms 和 Self ms 列	显示相同的信息，以毫秒为单位
Calls 列	指 Drawcall 调用次数
GC Alloc 列	显示当前帧占用的将要在后面被垃圾回收器回收的存储空间，此值最好保持为 0

CPU 分析器还可以进行物理标记、性能问题检测告警、内存性能分析、时间轴高亮细节等功能，是进行性能分析时使用得最多的分析器。

14.3.2　渲染情况分析器

渲染情况分析器（Rendering Profiler）主要对图形渲染情况进行统计计算，包括 Drawcalls、动态批处理、静态批处理、纹理、阴影、顶点数、三角面数等，使用界面如图 14-9 所示。

图 14-9　渲染分析器面板

渲染分析器中的一些统计信息与 Unity 编辑器 Stats 渲染统计信息窗口中显示的统计信息非常接近。在使用渲染分析器进行分析时，在某个特定时间点，也可以通过单击 Open Frame Debugger 按钮打开帧调试器，以便对某一帧进行更加深入的分析。

14.3.3 内存使用情况分析器

内存使用情况分析器（Memory Profiler）提供了两种对应用内存使用情况的查看模式，即简单模式（Simple）和细节模式（Details），可以通过在下方面板左上角的下拉列表中选择，如图 14-10 所示。

简单查看模式只简单地显示应用程序在真实设备上每帧所占用的内存情况，包括纹理、网格、动画、材质等对内存占用的大小。从图 14-10 中也可以看到，Unity 保留了一个预分配的内存池，以避免频繁地向操作系统申请内存。内存使用情况包括为 Unity 代码分配的内存量、Mono 托管代码内存量（主要是垃圾回收器）、GfxDriver 驱动程序（纹理、渲染目标、着色器）的内存量、FMOD 声频驱动程序的内存容量、分析器内存容量等。

详细查看模式允许采集当前设备所使用内存情况的快照。可以通过单击 Take Sample 按钮捕获详细的内存使用情况，在获取快照后，将使用树形图更新分析器窗口，树形图对 Assets、内置资源、场景、其他类型资源进行了内存占用情况分析，非常直观，更方便对内存使用情况进行深入分析。

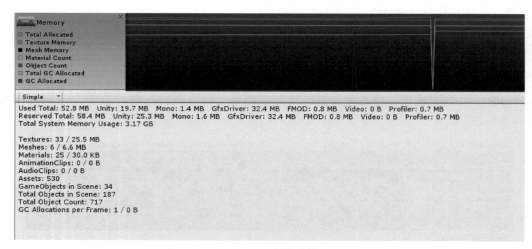

图 14-10　以 Simple 方式查看内存分析器

14.3.4 物理分析器

物理分析器（Physics Profiler）显示场景中物理引擎已处理过的物理统计数据，这些数据有助于诊断和解决与场景中物理相关的性能问题，使用界面如图 14-11 所示。

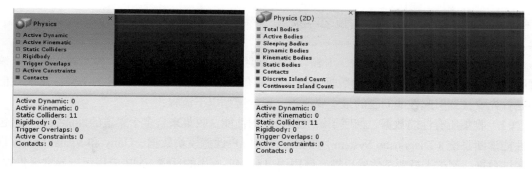

图 14-11　物理分析器界面

物理引擎有非常多的专业术语，使用物理分析器时显示的术语含义如表 14-6 所示。

表 14-6　物理分析器的术语含义

术　语	描　述
Active Dynamic（活跃动态体）	活动状态的非运动学刚体组件
Active Kinematic（活跃运动学刚体）	活动状态的运动学刚体组件，带关节的运动学刚体组件可能会在同一帧出现多次
Static Colliders（静态碰撞体）	没有刚体组件的静态碰撞体
Rigidbody（刚体）	由物理引擎处理的活动状态刚体组件
Trigger Overlaps（触发器重叠）	重叠的触发器
Active Constraints（激活的约束）	由物理引擎处理的原始约束数量
Contacts（接触）	场景中所有碰撞体的接触对总数

Unity 中，物理模拟运行在与主逻辑更新循环不同的固定频率更新周期上，并且只能通过每次调用 Time.fixedDeltaTime 来步进时间，这类似于 Update 和 Fixedupdate 之间的差异。在使用物理分析器时，如果当前有大量的复杂逻辑或图形帧更新导致这个物理模拟需要很长时间，则物理分析器必须调用物理引擎很多次从而有可能导致物理模拟暂停。

14.3.5　声频视频分析器

声频视频分析器（Audio Profiler，Video Profiler）是对应用中声频与视频的使用情况进行统计计算的分析器。声频分析器窗口面板中有监视声频系统的重要性能数据，如总负载和语音计数，还展示了有关声频系统各部分的详细信息。视频分析器与声频分析器差不多，使用起来也很直观。

除此之外，Unity 分析器还包括全局光分析器、GPU 分析器等，在使用时读者可查阅 Unity 官方文档以便了解更详细情况。

14.4 性能优化的一般步骤

对 MR 应用而言，引起掉帧、卡顿、漂移问题的原因可能有上百个，模型过大过多、纹理精度高、特效频繁、网络传输数据量过大等都有可能导致用户使用体验的下降。解决性能问题首先要找到引起性能问题的最主要原因，通常遵循以下流程：

（1）收集所有性能数据。彻底了解应用程序的性能，收集来自多个渠道的性能数据，这包括性能诊断系统（Diagnostic System）数据、设备门户性能模块数据、Unity 和 Visual Studio 性能调试数据、测试人员测试体验反馈、使用用户对 MR 应用的反馈、MR 应用运行异常报告等。

（2）查找并确定引起性能问题的主要原因。利用上一阶段获取的数据信息，结合应用的性能目标与使用预期，找出影响性能问题的瓶颈。

（3）对主要性能问题进行针对性修改完善。针对查找到的问题，针对性地进行优化。

（4）对照性能表现反馈查看修改效果。对比修改后的性能数据与原始数据，以确定修改是否有效，直到达到预期效果。

（5）修改完善下一个性能问题。按照上述流程继续对下一个主要性能问题进行优化。

性能提升是一个循环过程，需要不断迭代完善直至满足要求，如图 14-12 所示。

对 MR 应用而言，最少化资源使用有助于提高用户对应用的好感和提升用户的体验，具体而言：

（1）降低 MR 应用的启动加载时间，这不仅有助于提高用户体验，还能防止用户对应用假死的误判。

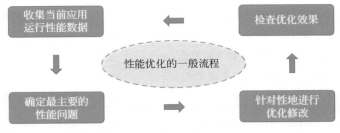

图 14-12　性能优化的一般流程

（2）降低内存使用，这可以减少垃圾回收系统在后台频繁地清理内存垃圾，提高响应速度。

（3）降低频繁的外存储器读写，这可以提高响应速度。

（4）降低电池消耗，对非必需的能源消耗大的特性在不使用时及时关闭，如空间感知、环境理解、手部网络渲染等功能。

在 MR 应用开发完成后，即使在测试机上没有出现性能问题，也应当执行一遍性能优化流程，一方面进一步提升性能，另一方面防止非正常情况下性能的恶化。

MR 应用不同于一般桌面应用，用户对桌面应用的耐受性比较高，如执行一个复杂统计，用户有足够的耐心等待 3s，而 MR 应用卡顿 3s 则是完全不可接受的。对 MR 应用来讲，帧率要在 60fps 以上才可以接受，低于这个值就会让人感觉有延时、卡顿、操作反应迟钝。

MR 应用与游戏一样，对性能要求高，特别是对单帧执行时间有严格限制，按最低 60fps 计算，每帧的执行时间必须限制在 16.7ms 内，若超时必将导致掉帧。

既然帧率这么重要，我们就详细了解一下这个概念。帧率（Frame Rate）是衡量 MR 性能的基本指标，一帧类似于动画中的一个画面，一帧图像就是 MR 应用绘制到屏幕上的一个静止画面，绘制一帧到屏幕上叫作渲染一帧。帧率，通常用 FPS 衡量，提高帧率就要降低每帧的渲染代价，即渲染每帧画面所需的毫秒数，这个毫秒数有助于指导我们优化性能表现。

渲染一帧图像，MR 应用需要执行很多不同的任务。简单地说，Unity 必须更新应用的状态，获取应用的快照并且把快照绘制到屏幕上。有些任务需要每帧都执行，包括读取用户输入、执行脚本、运行光照计算等，还有许多操作需要每帧执行多次，如物理运算。当所有这些任务都执行得足够快时，MR 应用才能有稳定且可接受的帧率；当这些任务中的一个或者多个执行得不够快时，渲染一帧将花费超过预期的时间，帧率就会因此下降。

因此知道哪些任务执行的时间过长，对解决性能瓶颈问题就显得非常关键。一旦知道了哪些任务降低了帧率，就可以有针对性地去优化应用的这一部分，而如何获取这些任务执行时的性能表现这就是性能分析器的工作。

MR 应用非常类似于移动端游戏应用，因此，移动游戏应用中的那些优化策略和技巧完全适用于 MR 应用。通常来讲，进行 MR 应用的性能分析与性能优化遵循以下步骤。

14.4.1　收集运行数据

收集 MR 应用运行时的性能数据主要使用 MRTK 性能诊断系统、设备门户性能模块、Unity Profiler、Frame Debugger 等工具。MRTK 性能诊断系统和设备门户性能模块是最直观获取性能数据的方式，操作简单、数据呈现直观。在需要深入进行性能问题定位和排查时，Unity Profiler 和 Frame Debugger 工具是强大的分析利器，如图 14-13 所示，收集 MR 应用实时运行数据的步骤如下：

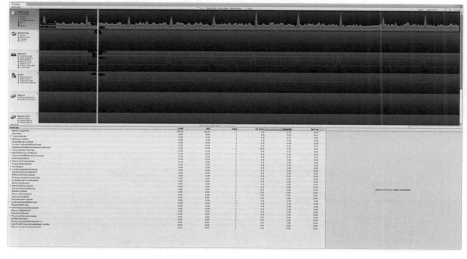

图 14-13　使用 Unity 分析器分析各模块各任务的执行情况

（1）在目标设备上生成 Development Build（开发构建）应用并运行，实时采集 MR 应用的运行时数据。

（2）对采集的运行数据进行观察，特别是那些性能消耗过高的节点，寻找导致帧率降低的关键点，录制运行时数据以便后续分析。

（3）在录制了性能问题的样本数据后，单击 Profiler 窗口上部的任意位置以便暂停应用，并且选择一帧。

（4）在 Profiler 窗口的上半部分，选择展示有性能问题的应用帧（这可能是帧速突然降低的帧，也可能是持续性的低速帧）。通过使用键盘的左右箭头按键或者 Profiler 上部控制栏的前后按钮移动以便选择目标帧，直到选定需要进行分析的目标帧。

（5）对选定的帧还可以启动帧调试器（Frame Debugger）进行更加深入的数据采集。

14.4.2　分析运行数据

采集到 MR 应用运行时的数据是基础，在采集到这些信息后对这些数据进行分析并找到引起性能问题的原因才是修复问题的关键。这里以 CPU 分析器为例，讲解如何分析采集到的数据，其他分析器的使用方法与此类似。

在出现性能问题时，通常 CPU 分析器也是使用得最多的分析器。在 CPU 分析器窗口的上部，可以很清晰地看到为完成一帧画面各任务组花费的 CPU 时间，如图 14-14 所示。

图 14-14　打开 CPU 使用分析器窗口分析各任务组执行的数据

对各任务组，分析器以不同颜色进行了标识分类，可以选择一个或几个任务组进行查看。不同的颜色分别代表了在渲染、脚本执行、物理运算等方面花费的时间，如图 14-15 所示，分析器左侧显示了哪种颜色代表哪类任务。

在图 14-15 所示的截图中，在窗口底部显示了这帧中所有 CPU 运算耗时共计 85.95ms。

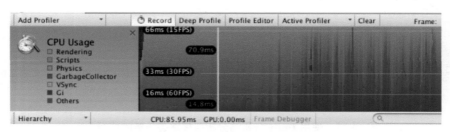

图 14-15　CPU 分析器窗口显示了总执行时间

对照颜色查看各任务组，会发现大部分时间消耗在渲染上，由此可知，是渲染性能问题造成了掉帧，那么渲染优化就成了当前最主要的优化方向。

CPU 分析器还提供了不同的显示模式，可以是时间线（Timeline）、层次结构（Hierarchy）、原始层次结构（Raw Hierarchy）。在发现是由渲染问题而导致的掉帧后，可以选择使用层次结构模式去挖掘更深入的信息，通过在分析器左下窗口的下拉菜单中选择层次结构后可以查看 CPU 任务的详细信息，查看在这帧中是哪些任务花费了最多的 CPU 时间。

在层级结构视图中，可以单击任意列的标题栏并按该列值进行排序，如单击 Time ms 栏可以按照函数花费时间排序，单击 Calls 栏可以按照当前选中帧中函数的执行次数排序。在如图 14-16 所示的截图中，按照时间排序，可以看到 Camera.Render 任务花费了最多的 CPU 时间。

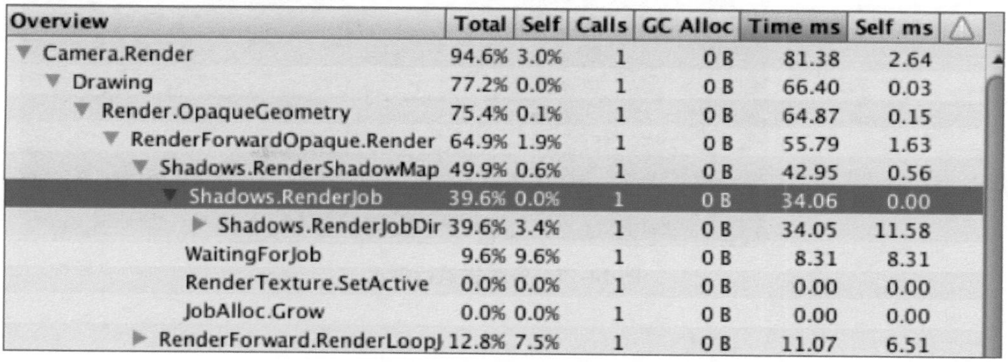

Overview	Total	Self	Calls	GC Alloc	Time ms	Self ms
▼ Camera.Render	94.6%	3.0%	1	0 B	81.38	2.64
▼ Drawing	77.2%	0.0%	1	0 B	66.40	0.03
▼ Render.OpaqueGeometry	75.4%	0.1%	1	0 B	64.87	0.15
▼ RenderForwardOpaque.Render	64.9%	1.9%	1	0 B	55.79	1.63
▼ Shadows.RenderShadowMap	49.9%	0.6%	1	0 B	42.95	0.56
▼ Shadows.RenderJob	39.6%	0.0%	1	0 B	34.06	0.00
▶ Shadows.RenderJobDir	39.6%	3.4%	1	0 B	34.05	11.58
WaitingForJob	9.6%	9.6%	1	0 B	8.31	8.31
RenderTexture.SetActive	0.0%	0.0%	1	0 B	0.00	0.00
JobAlloc.Grow	0.0%	0.0%	1	0 B	0.00	0.00
▶ RenderForward.RenderLoopJ	12.8%	7.5%	1	0 B	11.07	6.51

图 14-16　通过层次视图查看性能消耗情况

在层级结构视图中，如果行标题名字的左侧有箭头，则可以单击展开，进一步查看这个函数调用了哪些其他函数，并且这些函数是怎样影响性能的。在这个例子中，Camera.Render 任务中消耗 CPU 时间最多是 Shadows.RenderJob() 函数，即使我们现在对这个函数还不太了解，也已经对影响性能的问题有了大致的印象，知道了性能问题与渲染相关，并且最耗时的任务是处理阴影。

切换到时间线（Timeline）模式，如图 14-17 所示，时间线视图展示了两个重要的事项：CPU 任务执行顺序和各线程负责的任务。

通过查看时间线任务的执行图，可以找到执行最慢的线程，这也是下一步需要优化的线程。在图 14-17 中，我们看到 Shadows.RenderJob 调用的函数发生在主线程，主线程的一个任务 WaitingForJob 指示出主线程正在等待工作者线程完成任务，因此，可以推断出和阴影相关的渲染操作，在主线程和工作者线程同步上消耗了大量时间。

提示

线程允许不同的任务同时执行，当一个线程执行一个任务时，另外的线程可以执行另一个完全不同的任务。和 Unity 渲染过程相关的线程有 3 种：主线程、渲染线程和工作者线程（Worker Threads），多线程就意味着需要同步，很多时候性能问题就出在同步上。

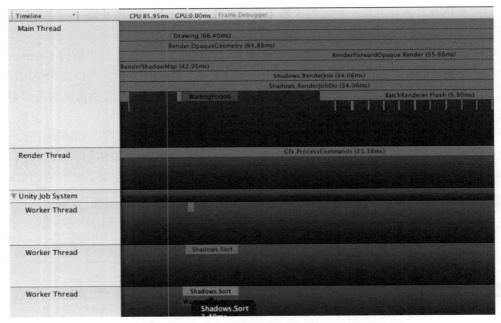

图 14-17　各线程执行情况

14.4.3　确定问题的原因

找到问题是解决问题的第一步，为查找引起性能问题的原因，首先，要排除垂直同步的影响（垂直同步（VSync）用于同步应用的帧率和屏幕的刷新率，打开垂直同步会影响 MR 应用的帧率，在分析器窗口中可以看到影响）。垂直同步的影响可能看起来像性能问题，会

影响我们判断排错，所以在继续查找问题之前应该先关闭垂直同步，在 Unity 菜单中，依次选择 Edit → Project Settings，打开 Project Settings 对话框，切换到 Quality 选项卡，在 Other 栏中将 V Sync Count 属性设置为 Don't Sync，如图 14-18 所示，但垂直同步不是在所有的平台都可以关闭，有的平台是强制开启的。

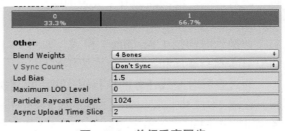

图 14-18　关闭垂直同步

渲染是常见的引起性能问题的原因，当尝试修复一个渲染性能问题之前，最重要的是确认 MR 应用究竟是受限于 CPU 还是受限于 GPU，不同的问题需要用不同的方法去解决。简单地说，CPU 负责决定什么东西需要被渲染，而 GPU 负责渲染它。当渲染性能问题是因为 CPU 花费了太长时间去渲染一帧时，是 CPU 受限，当渲染性能问题是因为 GPU 花费了太长时间去渲染一帧时，是 GPU 受限。

1. GPU 受限

识别 GPU 是否受限的最简单方法是使用 GPU 分析器，但遗憾的是并非所有的设备和驱动都支持 GPU 分析器，因此需要先检查 GPU 分析器在目标设备上是否可用。打开 GPU 使用情况分析器，如果目标设备不支持，可以看到右侧的显示信息，如不支持 GPU 分析（GPU profiling is not supported）字样，如图 14-19 所示。

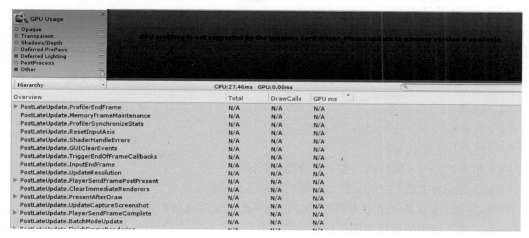

图 14-19　设备不支持 GPU 分析界面

如果支持 GPU 分析，只需查看 GPU 分析器窗口区域下方中间部分的 CPU 时间和 GPU 时间，如果 GPU 时间大于 CPU 时间，就可以确定 MR 应用是 GPU 受限。如果 GPU 分析器不可用，仍然有办法确认 MR 应用是否是 GPU 受限，即打开 CPU 分析器，如果看到 CPU 在等待 GPU 完成任务，就意味着 GPU 受限，步骤如下：

（1）选择 CPU 分析器。

（2）在窗口下部查看选择帧的详细信息。

（3）选择层级结构视图。

（4）选择按 Time ms 属性列排序。

如图 14-20 所示，函数 Gfx.WaitForPresent() 在 CPU 分析器中消耗的时间最长，这表明 CPU 在等待 GPU，也就是 GPU 受限。如果是 GPU 受限，下一步就应该主要对 GPU 图形渲染进行优化。

2. CPU 受限

如果 MR 应用不受限于 GPU，我们就需要检查与 CPU 相关的渲染问题。选择 CPU 分析器，在分析器窗口的上部，检查代表渲染任务组颜色的数据，在有性能问题的帧中，如果大部分时间都消耗在渲染上，则表示是渲染引起了问题，按照以下步骤进一步查找性能问题信息：

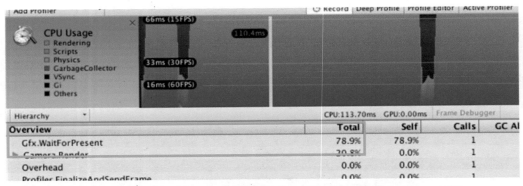

图 14-20　当设备不支持 GPU 分析时通过 CPU 分析器判断是否是 GPU 受限

（1）选择 CPU 分析器。

（2）检查窗口下方选中帧的详细信息。

（3）选择层级结构视图。

（4）单击 Time ms 属性列，按函数消耗时间排序。

（5）单击列表中最上方的函数（消耗时间最多的函数）。

如果选中的函数是一个渲染函数，CPU 分析器就会高亮渲染部分。如果是这个原因，就意味着是与渲染相关的操作引起了性能问题，并且在这一帧中是 CPU 受限，同时需要注意函数名和函数是在哪个线程执行，这些信息在尝试修复问题时十分有用。如果是 CPU 受限，下一步就应该主要对 CPU 图形渲染进行优化。

3. 其他引起性能问题的主要原因

通常垃圾回收、物理计算、脚本运行也是引起性能问题的主要原因，可以通过 CPU 分析器、内存分析器等多分析器联合进行分析。如果函数 GC.Collect() 出现在最上方，并且花费了过多 CPU 时间，则可以确定垃圾回收是应用性能问题所在；如果在分析器上方高亮了物理运算，说明 MR 应用的性能问题与物理引擎运算相关；如果在分析器上方高亮显示的是用户脚本函数，说明 MR 应用的性能问题与用户脚本相关。

尽管讨论了图形渲染、垃圾回收、物理计算、用户脚本共 4 种最常见的引起性能问题的原因，但 MR 应用在运行时可能会遇到各种各样的性能问题，但万变不离其宗，遵循上述解决问题的方法，先收集数据，使用 CPU 分析器检查应用的运行信息，找到引起问题的原因，一旦知道了引起问题的函数的名字，就可以在 Unity Manual、Unity Forums、Unity Answers 中查找此函数的相关信息，最终解决问题。

14.5　渲染优化

对 MR 应用而言，绝大部分情况下，发生卡顿、掉帧、假死等情况都源于场景渲染问题，源于系统无法按时完成场景渲染任务。为达到流畅的用户体验，HoloLens 2 设备上的 MR 应用要求帧率达到 60fps，即每一帧所有工作完成的时间不大于 16.7ms，这对计算实时性提出了很高要求。

14.5.1　渲染流程

在 MR 应用中，渲染性能受很多因素的影响，并且高度依赖 CPU 与 GPU 的协作，优化渲染性能最重要的是通过调试实验，精确分析性能检测结果以便针对性地解决问题。深入理解 Unity 渲染事件流有助于研究和分析，计算机图像处理与 CPU 渲染时工作流程图如图 14-21 所示。

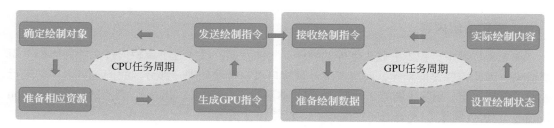

图 14-21　左侧循环是 CPU 渲染工作流程图，右侧循环是 GPU 渲染工作流程图

首先需要清楚的是，在渲染一帧画面时 CPU 和 GPU 需要分工协作并完成各自任务，它们中的任何一方所花费的时间超过预期都会造成渲染延迟，因此渲染性能出现问题有两类基本的原因：第一类问题是 CPU 计算能力弱，当 CPU 处理数据时间过长（往往是因为复杂的计算或大量的数据准备），并且打断了平滑的数据流时 CPU 成为渲染瓶颈；第二类问题是由 GPU 渲染管线引起的，当渲染管线中一步或者多步所花费的时间过长（往往是渲染管线需要处理的数据太多，如模型顶点多、纹理尺寸大等），并且打断了平滑的数据流时 GPU 成为渲染瓶颈。简而言之，如果 CPU 与 GPU 负载分布不平衡，就会导致其中一个过载而另一个空载，一方等待另一方。在给定硬件条件下，对渲染的优化就是寻求一个平衡点，使 CPU 和 GPU 都处于忙碌但又不过载的状态。如果 CPU 与 GPU 硬件性能确实不能满足要求，则只能通过降低效果、精简模型等手段，以性能换质量。

14.5.2　CPU 瓶颈

在渲染一帧画面时，CPU 主要完成三类工作：决定绘制内容、为 GPU 准备命令、将命令发送到 GPU。这三类工作包含很多独立的任务，这些任务可以通过多线程协同完成。

Unity 渲染过程与三类线程相关：主线程、渲染线程和工作者线程（Main Thread、Render Thread、Worker Threads）。主线程用于完成 MR 应用的主要 CPU 任务，包括一些渲染任务；渲染线程专门用于将命令发送给 GPU；每个工作者线程执行一个单独的任务，如剔除或网格蒙皮。哪些任务在哪个线程执行取决于 MR 应用运行的硬件和应用设置，通常 CPU 核心数量越多，生成的工作者线程数也可以越多。

由于多线程渲染非常复杂并且依赖硬件，在尝试提高性能时，首先必须了解是哪些任务导致了 CPU 瓶颈，如果 MR 应用运行缓慢是因为在一个线程上的剔除操作花费了太长的时间，则尝试在另一个线程上降低网格蒙皮的时间不会有任何帮助。

Player Settings 设置面板中的 Graphics Jobs 选项（在 Player Setting → Player → Other Settings 选项卡下）决定了 Unity 是否使用工作者线程去执行一些原本需要在主线程或者渲染线程中执行的任务，在支持这个功能的平台上启用该选项能够提供可观的性能提升。如果希望使用这个功能，则应该分别对开启和关闭此功能进行性能分析，观察该功能对性能的影响，看是否有助于性能的提升。

解决 CPU 瓶颈问题可以从 CPU 的三类工作入手以便逐个分析。

1. 决定绘制内容

在 MR 场景中，视锥平截头体外的物体、物体背面、尺寸过小或距离过大的物体都不需要渲染，因此需要提前剔除，底层图形处理接口可以帮助处理一部分，我们也可以手动进行处理以提高性能。剔除主要有 3 种形式：视锥体剔除（Frustum Culling）、遮挡剔除（Occlusion Culling）、远近剔除（LayerCullDistances），如表 14-7 所示。

表 14-7　剔除方式及处理方法

剔除方式	处理方法
Frustum Culling	使用 Camera 的 Frustum Matrix 属性剔除不需要显示的物体，简单地说就是 Camera 看不到的物体不需要显示，Unity 默认开启
Occusion Culling	将被遮挡的物体剔除，Unity 里需设置遮挡标识（Occluder Flag）

LayerCullingDistance	将超过一定距离的物体剔除，使用该方法时需要提前设置需要剔除物体所属的 Layer（层），如设置为 grass，则剔除方法如下：
	float[] distances = new float[32];
	distances[LayerMask.NameToLayer（"grass"）] = 50;
	camera.layerCullSpherical = true;
	camera.layerCullDistances = distances;
	当物体与摄像机间的距离超过 50m 后，物体将被剔除不再渲染，该方法一般用于处理多且小的虚拟物体

2. 为 GPU 准备命令

为 GPU 准备命令包括将渲染所需数据加载到显存、设置渲染状态。在准备渲染时，CPU 需要将所有渲染所需数据从硬盘加载到内存中，模型顶点、索引、纹理等数据又被从内存加载到显存中，这些数据量在复杂场景中会非常大。在将渲染数据加载到显存后，CPU 还需要设置 GPU 的渲染状态，如网格的顶点 / 片元着色器、光照模型、抗锯齿模式等，不仅如此，还需要设置 GPU 的管线状态，如 RasterizerState、BlendState、DepthStencilState、InputLayout 和其他数据，这个过程需要 CPU 与 GPU 同步，也是一个耗时的过程。在这个阶段优化的重点就是减少 Drawcall，能一次性渲染的内容不要分阶段、分区域多次渲染，能合并的模型、纹理、材质应尽量合并。

3. 将命令发送到 GPU

将命令发送到 GPU 消耗时间过长是引起 CPU 性能问题的最常见原因。在大多数平台上，将命令发送到 GPU 这一任务由渲染线程执行，个别平台由工作者线程执行（如 PS4），在将命令发送到 GPU 时，最耗时的操作是 SetPass call。如果 CPU 瓶颈是由发送 GPU 命令引起的，则降低 SetPass call 的数量通常是最好的改善性能的办法。在 Rendering Profiler（渲染分析器）中，可以直观地看到有多少 SetPass call 和 Batches 被发送。

不同硬件处理 SetPass call 的能力差异很大，在高端 PC 上可以发送的 SetPass call 数量要远远大于移动平台。通常在优化时为了降低 SetPass call 和 Batches 的数量，需要减少渲染对象的数量、降低每个渲染对象的渲染次数、合并渲染对象数据，如果读者学习过 DirectX 或者 OpenGL，对图形渲染管线很了解后应该很容易理解。

1）减少渲染对象数量

减少渲染对象数量是最简单的降低 Batches 和 SetPass call 的方法，减少渲染对象数量的常见方法如表 14-8 所示。

表 14-8　减少渲染对象数量的常见方法

序号	常见方法
1	降低场景中可见对象的数量。如渲染很多僵尸时，可以尝试减少僵尸数量，如果看起效果仍然不错，就是一个简单且高效的优化方法
2	设置摄像机裁剪平面的远平面（Far Plane）来降低摄像机的绘制范围。这个属性表示距离摄像机多远后的物体将不再被渲染，并通常使用雾效来掩盖远处物体从不渲染到渲染的突变
3	如果需要基于距离的更细粒度地控制物体渲染，则可以使用摄像机的 Layer Cull Distances 属性，它可以给不同的 Layer 设置单独的裁剪距离，如果场景中有很多前景装饰细节，则这种方法很有用
4	可以使用遮挡剔除功能关闭被遮挡物体的渲染。如场景中有一个很大的建筑，可以使用遮挡剔除功能，关闭该建筑后面被遮挡物体的渲染。需要注意的是 Unity 的遮挡剔除功能并不是所有场景都适用，它会导致额外的 CPU 消耗，并且相关设置比较复杂，但在某些场景中可以极大地改善性能
5	手动关闭物体渲染。可以手动关闭用户看不见的物体渲染，如场景中包含一些过场的物体，那么在它们出现之前或者移出之后，应该手动关闭它们的渲染。手动剔除往往比 Unity 动态地遮挡剔除有效得多

2）降低每个渲染对象的渲染次数

阴影和反射可以大大地提高 MR 应用的真实感，但是这些操作也非常昂贵，使用这些功能可能导致物体被渲染多次，从而对性能造成影响，通常来讲，这些功能对性能的影响程度依赖于场景选择的渲染路径，降低每个渲染对象的渲染次数的常见方法如表 14-9 所示。

表 14-9　降低每个渲染对象的渲染次数的常见方法

序号	常 见 方 法
1	深入理解 Unity 中的动态光照，尽量少使用动态光照，包括悬浮灯光和接近灯光
2	使用烘焙技术去预计算场景的光照
3	尽量少使用反射探头
4	Shader 中尽量不使用多 pass 渲染，使用 MRTK 标准着色器，使用 Single Pass Instanced

> **提示**
>
> 　　渲染路径就是在绘制场景时渲染计算的执行顺序。不同渲染路径最大的不同是处理实时光照、阴影和反射的方法。通常来讲，如果 MR 应用运行在比较高端的设备上，并且应用了较多实时光照、阴影和反射，此种情况采用延迟渲染是比较好的选择。前向渲染适用于目前的移动设备，它只支持较少的逐顶点光照。

3）合并物体

合并小的渲染物体可以大大地减少 Drawcall，一个 Batch 可以包含多个物体的数据。如果要合并物体，则这些物体必须共享相同材质的相同实例、相同的渲染设置（纹理、Shader、Shader 参数等）。合并渲染物体的常见方法如表 14-10 所示。

表 14-10　合并渲染物体的常见方法

序号	常 见 方 法
1	静态 Batching，允许 Unity 合并相邻的不移动的物体，如一堆相似的静态石头就可以合并
2	动态 Batching，不论物体的状态是运动还是静止都可以进行动态合并，但对能够使用这种技术合并的物体有一些要求限制
3	合并 Unity 的 UI 元素
4	GPU Instancing，允许大量一样的物体十分高效地进行合并处理
5	纹理图集，把大量小纹理合并为一张大的纹理图，通常在 2D 渲染和 UI 系统中使用，但也可以在 3D 渲染中使用
6	手动合并共享相同材质和纹理的网格，不论是在 Unity 编辑器中还是在运行时使用代码手动合并
7	在脚本中，谨慎使用 Renderer.material，因为这会复制材质并且返回一个新副本的引用，导致 Renderer 不再持有相同的材质引用，从而破坏 Batching。如果需要访问一个在合并中的物体的材质，应该使用 Renderer.sharedMaterial

14.5.3　GPU 瓶颈

GPU 性能瓶颈中最常见的问题是填充率、显存带宽、顶点处理。

1. 填充率

填充率是指 GPU 每秒可以在屏幕上渲染的像素数量。如果 MR 应用受填充率限制，即应用每帧尝试绘制的像素数量超过了 GPU 的处理能力就会出现卡顿，解决填充率问题最有效的方式是降低显示分辨率，其他填充率问题优化的常见方法如表 14-11 所示。

表 14-11 填充率优化的常见方法

序号	常见引起填充率问题的原因及优化方法
1	片元着色器处理像素绘制，GPU 需要对每个需要绘制的像素进行计算，如果片元着色器代码效率低，就很容易发生性能问题，复杂的片元着色器是很常见的引起填充率问题的原因。在 HoloLens 2 设备中应该使用 MRTK 标准着色器
2	Overdraw 是指相同的像素被绘制的次数，Overdraw 过高也容易引起填充率问题。最常见的引起 Overdraw 的原因是透明材质、未优化的粒子、重叠的 UI 元素，优化它们可以改善 Overdraw 问题
3	屏幕后处理技术也会极大地影响填充率，尤其是在联合使用多种屏幕后处理时。如果在使用屏幕后处理时遇到了填充率问题，应该尝试不同的解决方案或者使用更加优化的屏幕后处理版本。如使用 Bloom（Optimized）替换 Bloom，如果在优化屏幕后处理效果后，仍然有填充率问题，则应当考虑关闭屏幕后处理，尤其是在移动设备上

2. 显存带宽

显存带宽是指 GPU 读写显存的速度。如果 MR 应用受限于显存带宽，则通常意味着使用的纹理过多或者纹理尺寸过大，以至于 GPU 无法快速处理，这时需要降低纹理的内存占用，降低纹理使用的常见方法如表 14-12 所示。

表 14-12 降低纹理使用的常见方法

技　　术	常　见　方　法
纹理压缩技术	纹理压缩技术可以同时降低纹理在磁盘和内存中的大小。如果是显存带宽的问题，则使用纹理压缩减小纹理在内存中的大小可以帮助改善性能。Unity 内置了很多可用的纹理压缩格式和设置，通常来讲，纹理压缩格式只要可用就应该尽可能地使用，尽管如此，通过实践找到针对每个纹理最合适的设置是最好的
MipMap	多级渐远纹理是指 Unity 对远近不同的物体使用不同的纹理分辨率版本的技术，如果场景中包含距离摄像机很远的物体或者物体与摄像机距离变化较大，则可以通过使用多级渐远纹理来缓解显存带宽的问题，但 MipMap 也会增加 33% 显存占用

3. 顶点处理

顶点处理是指 GPU 处理渲染网格中的每个顶点的工作。顶点处理主要由需要处理的顶点的数量及在每个顶点上的操作两部分组成。减少渲染的顶点，简化在顶点上的操作可以降低对顶点处理的压力，降低顶点处理的常见方法如表 14-13 所示。

表 14-13 降低顶点处理的常见方法

技　　术	常　见　方　法
减少顶点数	最直接的降低顶点数量的方法就是在 3D 建模软件中创建模型时使用更少数量的顶点，另外，场景中渲染的物体越少越有利于减少需要渲染的顶点数量
法线贴图	法线贴图技术可以用来模拟更高几何复杂度的网格而不用增加模型的顶点数，尽管使用这种技术有一些 GPU 消耗，但在多数情况下可以获得性能提升
关闭切线操作	如果模型没有使用法线贴图技术，在模型的导入设置中可以关闭顶点的切线，这将降低在顶点上的操作复杂度
LoD	LoD（Level of Detail）是一种当物体远离摄像机时降低物体网格复杂度的技术。LoD 可以有效地降低 GPU 需要渲染的顶点的数量，并且不影响视觉表现
优化顶点 Shader	顶点着色器处理绘制的每个顶点，优化顶点着色器可以降低在顶点上的操作，有助于性能提升
优化 Shader	特别是自定义的 Shader，应该尽可能地优化

14.6 代码优化

代码优化问题就像 C 语言一样古老，从编程语言诞生之日起，对代码进行优化就一直伴随着编程语言的发展。执行效率更高一直是语言发展和程序开发人员追求的目标，有关代码优化的方法、实践、指导原则也非常多，本节我们重点学习与 MR 开发密切相关的垃圾回收、对象池及部分极大影响性能却容易被忽视的代码细节。

14.6.1 内存管理

在 MR 应用运行时，应用会从内存中读取数据，也会往内存中写入数据，在运行一段时间后，某些写入内存中的数据可能会过期并不再被使用（如从硬盘中加载到内存中的一只狐狸模型在狐狸被子弹击中并不再显示后），这些不再被使用的数据就像垃圾一样，而存储这些数据的内存应该被释放以便重新利用，如果垃圾数据不被清理将会一直占用内存从而导致内存泄露，进而造成应用卡顿或崩溃。

通常把存储了垃圾数据的内存叫作垃圾，把重新使这些存储垃圾数据的内存变得可用的过程叫作垃圾回收（Garbage Collection，GC），垃圾回收是 Unity 内存管理的一部分。在应用运行的过程中，如果垃圾回收执行得太频繁或者垃圾太多，就会导致应用卡顿甚至假死。

Unity 自动进行内存管理，其会替开发人员做很多如堆栈管理、分配、垃圾回收之类的工作，在应用开发中开发人员不用操心这些细节。在本质上，Unity 中的自动内存管理大致如下：

（1）Unity 在栈（Stack）内存和堆（Heap）内存两种内存池中存取数据，栈用于存储短期和小块的数据，堆用于存储长期和大块的数据。

（2）当创建一个变量时，Unity 在栈或堆上申请一块内存。

（3）只要变量在作用域内（仍然能够被脚本代码访问），分配给它的内存就处于使用中状态，称这块内存已经被分配。一个变量被分配到栈内存时称为栈上对象，被分配到堆内存时称为堆上对象。

（4）当变量离开作用域后，其所占的内存即成为垃圾，就可以被释放回其申请的内存池。当内存返回内存池时，称为内存释放。当栈上对象不在作用域内时，栈上的内存会立刻被释放，当堆上对象不在作用域时，在堆上的内存并不会马上被释放，并且此时内存状态仍然是已分配状态。

（5）垃圾回收器周期性地清理堆分配的内存，识别并释放无用的堆内存。

Unity 在栈上分配及释放内存和在堆上分配及释放内存存在很大的区别：栈上分配和释放内存很快并且很简单，分配和释放内存总是按照预期的顺序和预期的大小执行。栈上的数据均是简单数据元素的集合（在这里是一些内存块），元素按照严格的顺序添加或者移除，当一个变量存储在栈上时，内存简单地在栈的"末尾"被分配，当栈上的变量不在作用域时，存储它的内存马上被返还回栈中以便重用。

在堆上分配内存要复杂得多，堆会存储各种大小和类型的数据，堆上内存的分配和释放并不总是有预期的顺序，并且需要不同大小的内存块。当一个堆对象被创建时 Unity 会执行以下步骤：

（1）首先检查堆上是否有足够的空闲内存，如果堆上的空闲内存足够，则为变量分配内存。

（2）如果堆上内存不足，Unity 会触发垃圾回收器并尝试释放堆上无用的内存。如果垃圾回收后空闲内存足够，则为变量分配内存。

（3）如果执行垃圾回收操作后，堆上空闲内存仍然不足，Unity 则会向操作系统申请增加堆内存的容量。如果申请到足够内存空间，则为变量分配内存。

（4）如果申请失败，应用则会出现内存不足的问题。

因此，堆上分配内存可能会很慢，尤其是在需要执行垃圾回收和扩展堆内存时。

> **提示**
>
> 　　Unity 中所有值类型存储在栈上，引用类型则存储在堆上。在 C# 中，值类型包括基本数据类型、结构体、枚举；引用类型包括 Class、Interface、Delegate、Dynamic、Object、String 等。

14.6.2　垃圾回收

Unity 在执行垃圾回收时，垃圾回收器会检查堆上的每个对象，查找所有当前对象的引用，确认堆上对象是否还在作用域，将不在作用域的对象标记为待删并随后删除这些对象，然后将这些对象所占的内存返还到堆中。

当下列情况发生时将触发垃圾回收：

（1）当需要在堆上分配内存且空闲内存不足时。

（2）周期性地回收垃圾，自动触发（频率由平台决定）。

（3）手动强制执行垃圾回收（手动调用 System.GC.Collect() 方法）。

垃圾回收是一项昂贵的操作，堆上的对象越多它需要做的工作就越多、对象的引用越多它需要做的工作就越多，并且垃圾回收还可能会在不恰当的时间执行和导致内存空间碎片化，严重时会导致应用卡顿或假死。下面介绍减少垃圾生成和降低垃圾回收频率的几个技术。

1. 字符串的使用

在 C# 语言中，字符串是引用类型，创建和丢弃字符串会产生垃圾，而且由于字符串被广泛使用，这些垃圾可能会积少成多、快速累积，特别是在 Update() 方法中使用字符串时，不恰当的方法可以迅速耗尽内存资源。

C# 语言中的字符串值不可变，这意味着字符串值在被创建后不能被改变，每次操作字符串（例如连接两个字符串），会创建一个新的字符串以便保存结果值，然后丢弃旧的字符串，从而产生垃圾。因此，在使用字符串时，应当遵循一些简单的规则以使字符串的使用所产生的垃圾最少化，如表 14-14 所示。

表 14-14　优化字符串的使用的常见方法

序号	常见方法
1	减少不必要的字符串创建。如果使用同样的字符串多于一次，应该只创建一次，然后缓存它
2	减少不必要的字符串操作。如果需要频繁地更新一个文本组件的值，并且其中包含一个连接字符串操作，则应该考虑把它分成两个独立的文本组件
3	使用 StringBuilder 类。在需要运行时频繁地操作字符串时，应该使用 StringBuilder 类，该类设计用于做动态字符串处理，并且不产生堆内存频繁分配的问题，在连接复杂字符串时，这将减少很多垃圾的产生
4	移除 Debug.Log()。在 MR 应用的 Release 版本中 Debug.Log() 虽然不会输出任何东西，但是仍然会被执行。调用一次 Debug.Log() 至少会创建和释放一次字符串，所以如果应用包含了很多次调用，则会产生大量垃圾

例 1：在 Update() 方法中合并字符串，设计意图是在 Text 组件上显示当前时间，但产生了很多垃圾，代码如下：

```
//第 14 章 /14-1.cs
public Text titleText;
private float timer;
void Update()
{
    timer += Time.deltaTime;
    titleText.text = "当前时间: " + timer.ToString();
```

```
}
```

优化方案是将显示当前时间的字符串分成两部分，一部分显示"当前时间："字样，另一部分显示时间值，这样不用合并字符串也能达到想要的效果，代码如下：

```
// 第 14 章 /14-2.cs
public Text HeaderText;
public Text ValueText;
private float timer;
void Start()
{
    HeaderText.text = " 当前时间： ";
}
void Update()
{
    ValueText.text = timer.toString();
}
```

2. 共用集合

创建新集合时在堆上分配内存是一个比较复杂的操作，在代码中可以共用一些集合对象，缓存集合引用，使用 Clear() 方法清空集合内容复用以替代耗时的集合操作并减少垃圾。

例 2：频繁地创建集合，每次使用 New 方法，都会在堆上分配内存，代码如下：

```
// 第 14 章 /14-3.cs
void Update()
{
    List mList = new List();
    Pop(mList);
}
```

优化方案是缓存共用集合，只在创建集合或者在底层集合必须调整大小的时候才分配堆内存，代码如下：

```
// 第 14 章 /14-4.cs
private List mList = new List();
void Update()
{
    mList.Clear();
    Pop(mList);
}
```

3. 降低堆内存的分配频度

在 Unity 中，最糟糕的设计是在那些被频繁调用的函数中分配堆内存（如在 Update() 和

LateUpdate() 方法中），这些方法每帧调用一次，所以如果在这里产生了垃圾，垃圾将会快速累积。良好的设计应该考虑在 Start() 或 Awake() 方法中缓存引用，或者确保引起堆分配的代码只在需要的时候才运行。

例 3：频繁调用会生成大量垃圾，代码如下：

```
// 第 14 章 /14-5.cs
void Update()
{
    ShowPosition(" 当前位置: "+transform.position.x);
}
```

优化方案是只在 transform.position.x 值发生改变时才调用生成垃圾的代码，并对字符串的使用进行处理，代码如下：

```
// 第 14 章 /14-6.cs
private float previousPositionX;
Private float PositionX;
void Update()
{
    PositionX = transform.position.x;
    if (PositionX != previousPositionX)
    {
        ShowPosition(PositionX);
        previousPositionX = PositionX;
    }
}
```

4. 缓存

堆内存对象重复调用会造成堆内存重复分配，产生不必要的垃圾，改进方案是保存结果的引用并复用它们，通常将这种方法称为缓存。

例 4：方法被重复调用，因为方法中会创建数组，所以方法每次被调用时都会造成堆内存分配，代码如下：

```
// 第 14 章 /14-7.cs
void OnTriggerEnter(Collider other)
{
    Renderer[] allRenderers = FindObjectsOfType<Renderer>();
    ExampleFunction(allRenderers);
}
```

优化方案是缓存结果，缓存数组并复用可以保证不产生更多垃圾，代码如下：

```
// 第 14 章 /14-8.cs
private Renderer[] allRenderers;
void Start()
```

```
{
    allRenderers = FindObjectsOfType<Renderer>();
}

void OnTriggerEnter(Collider other)
{
    ExampleFunction(allRenderers);
}
```

5. 装拆箱

C# 中所有的数据类型都是从基类 System.Object 继承而来的，所以值类型和引用类型的值可以通过显式（或隐式）操作相互转换，该过程也就是装箱（Boxing）和拆箱（UnBoxing）。装箱操作，通常发生在将值类型的变量如 int 或者 float 传递给需要 object 参数的函数时，如 Object.Equals()，而拆箱操作通常发生在将引用类型赋给值类型变量。

例 5：函数 String.Format() 接收一个字符串和一个 object 参数。当传递参数为一个字符串和一个 int 时，int 会被装箱，代码如下：

```
// 第 14 章 /14-9.cs
void ShowPrice()
{
    int cost = 5;
    string displayString = String.Format(" 商品价格：{0} 元 ", cost);
}
```

另一个非常典型的装箱操作是可返回 null 值类型，如开发人员希望在函数调用时为值类型返回 null，尤其是在该函数操作可能失败的情况时。当一个值类型变量被装箱时，Unity 会在堆上创建一个临时的 System.Object 用于包装值类型变量，当这个临时对象被创建和销毁时产生了垃圾。

装箱操作和拆箱操作会产生垃圾，而且十分常见，即使在代码中没有直接进行装箱操作，使用的插件或者其他间接调用的函数也可能在幕后进行了装箱操作。装拆箱操作在频繁、大量使用时可能会导致极大的性能问题，如使用粒子系统在粒子操作时使用装拆箱操作，由于粒子数量大、更新频繁，短时间就会消耗掉大量内存空间。避免装箱操作最好的方式是尽可能地少使用导致装箱操作的函数及避免使用直接的装箱操作。

6. 材质实例化

在每次触发 Renderer.material(s) 赋值时，Unity 会自动实例化新的材质，由开发人员负责销毁原材质，因此，在很多时候这都会引发内存泄露问题，代码如下：

```
// 第 14 章 /14-10.cs
private void Update()
{
```

```
        var cube = GameObject.CreatePrimitive(PrimitiveType.Cube);
        cube.GetComponent<Renderer>().material.color = Color.red;
        ...
        Destroy(cube);
    }
```

针对该问题的改进方法称为材质实例化（Material Instance）技术，它会跟踪实例化材质的生命周期，并在不需要时自动销毁实例化的材质，代码如下：

```
//第 14 章 /14-11.cs
private void Update()
{
        var cube = GameObject.CreatePrimitive(PrimitiveType.Cube);
        cube.EnsureComponent<MaterialInstance>().Material.color = Color.red;
        ...
        Destroy(cube);
    }
```

14.6.3 对象池

对象池（Object Pool）顾名思义就是一个包含一定数量已经创建好对象（Object）的集合。对象池技术在对性能要求较高的应用开发中使用得非常广泛，尤其在内存管理方面，可以通过重复使用对象池中的对象来提高性能和内存使用。如在游戏开发中，通常构建一个子弹对象池，通过重用而不是临时分配和释放子弹对象的方式提高内存的利用效率，在发射子弹时从子弹池中取一个未用的子弹，在子弹与其他物体发生碰撞或者达到一定距离消失后将该子弹回收到子弹池中，通过这种方式可更快速地创建子弹，更重要的是可确保使用这些子弹不会产生内存垃圾。

1. 使用对象池的好处

复用池中对象没有分配内存和创建堆中对象的开销，没有释放内存和销毁堆中对象的开销，从而可以减少垃圾回收器的负担，避免内存抖动，也不必重复初始化对象状态，对于比较耗时的构造函数（Constructor）和释构函数（Finalize）来讲非常合适，使用对象池可以避免实例化和销毁对象带来的常见性能和内存垃圾问题。

在 Unity 中，实例化预制体（Prefab）时，需要将预制体内容加载到内存中，然后将所需的纹理和网格上载到 GPU 显存，从硬盘或者网络中将预制体加载到内存是一个非常耗时的操作，如果将预制体预先加载到对象池中则可以避免频繁地加载和卸载。

对象池技术在以下情况中使用能有效地提高性能并减少垃圾产生：

（1）需要频繁地创建和销毁对象。

（2）性能响应要求高的场合。

（3）数量受限的资源，例如数据库连接。

（4）创建成本高昂的对象，比较常见的线程池、字节数组池等。

2. 使用对象池的不足

合理地使用对象池能有效地提升性能和内存使用，但并不意味着任何时机任何场合都适合使用对象池，创建对象池会占用内存，减少可用于其他目的堆内存量。对象池大小设置得不合理也会带来问题：如果分配的对象池过小或需要继续在池上分配内存，则可能会更频繁地触发垃圾回收，不仅如此，还会导致每次回收操作都变得更加缓慢（因为回收所用的时间会随着活动对象的数量增加而增加）；如果分配的池太大或者在一段时间内不需要对象池所包含的对象时仍保持它们的状态，则应用性能也将受到影响。此外，许多类型的对象不适合放在对象池中，如应用中包含的持续时间很长的魔法效果、需要渲染大量敌人而这些敌人随着游戏的进行只能逐渐被杀死，在此类情况下对象池的性能开销超过收益。

对象池使用不当会出现以下问题：

（1）并发环境中，多个线程可能需要同时存取池中对象，因此需要在堆数据结构上进行同步或者因为锁竞争而产生阻塞，这种开销要比创建销毁对象的开销高数百倍。

（2）由于池中对象的有限数量，势必造成可伸缩性瓶颈。

（3）很难正确合理地设定对象池的大小。

（4）设计和使用对象池容易出错，设计时出现状态不同步、使用时出现忘记归还或者重复归还、归还后仍使用对象等问题。

14.6.4　常见影响性能的代码优化策略

在开发 MR 应用时，Unity 和 MRTK 提供了很多方便快捷的方法、接口、工具，使用它们可以快速构建应用架构、实现应用功能，但在代码开发中，性能与便捷性很多时候是一对矛盾体，高的使用便捷性往往带来性能的降低，特别是在不了解底层实现时不恰当的调用会带来严重的性能问题。

1. 引用缓存

GetComponent<T>() 之类的方法可以非常方便地获取对象的引用，Camera.main 属性也常常用于获取渲染相机，但实际上它们的底层都使用了搜索（遍历），如 GetComponent<T>() 使用了类型搜索，而 Camera.main 使用了 FindGameObjectsWithTag() 搜索。遍历是 $O(n)$ 级的复杂度，而且，使用 GetComponent（string）字符串方法会比使用 GetComponent<T>() 泛型方法性能更差、开销更大，因此，为了降低开销，通常应当在 Awake() 或者 Start() 方法中缓存引用，示例代码如下：

```
// 第 14 章 /14-12.cs
private Camera cam;
private CustomComponent comp;
void Start()
```

```
    {
        cam = Camera.main;
        comp = GetComponent<CustomComponent>();
    }
    void Update()
    {
        // 使用缓存引用
        this.transform.position = cam.transform.position + cam.transform.forward
* 10.0f;
        // 使用搜索
        this.transform.position = Camera.main.transform.position + Camera.main.
transform.forward * 10.0f;
        // 使用缓存引用
        comp.DoSomethingAwesome();
        // 使用搜索
        GetComponent<CustomComponent>().DoSomethingAwesome();
    }
```

在 Unity 中，此类方法还非常多，虽然使用起来很方便，但其性能开销极大，大部分此类方法 API 都涉及在整个场景中搜索匹配对象，为避免频繁使用，通常应该缓存引用，常用的此类方法如表 14-15 所示。

表 14-15 常用的性能开销大的方法

序号	方法名称
1	GameObject.SendMessage()
2	GameObject.BroadcastMessage()
3	UnityEngine.Object.Find()
4	UnityEngine.Object.FindWithTag()
5	UnityEngine.Object.FindObjectsOfType()
6	UnityEngine.Object.FindObjectsOfType()
7	UnityEngine.Object.FindGameObjectsWithTag()
8	UnityEngine.Object.FindGameObjectsWithTag()

2. 避免使用 LINQ

LINQ 是一种简化集合类型数据操作的方法，典型代码如下：

```
// 第 14 章 /14-13.cs
List<int> data = new List<int>();
data.Any(x => x > 10);
var result = from x in data
  where x > 10 select x;
```

尽管 LINQ 非常简洁且易于读写，但与手写算法相比，它所需的计算资源要多得多，尤其是在内存分配上表现更明显，所以如非必要不应使用 LINQ。

3. 空回调方法

在开发 MR 应用时，应该精心慎重地编写每秒执行很多次的任何函数、方法，如 Update()，如果在这些函数或者方法中存在高开销的操作，影响则会非常巨大。在 Unity 中新建脚本文件时，默认会生成 Start() 和 Update() 方法，空的 Update() 方法看似没有妨碍，但实际上这些 Update() 方法每帧都会被调用，Unity 会在 UnityEngine 代码与应用程序代码块之间进行托管 / 非托管切换，上下文的切换会产生相当高的开销，即使没有需要执行的操作。如果应用中有数百个对象包含空 Update() 方法，就很容易造成性能问题。与 Update() 方法类似，其他执行频率高的回调方法也存在同样的问题，如 FixedUpdate()、LateUpdate()、OnPostRender、OnPreRender()、OnRenderImage() 等。

4. 杂项

结构体（Struct）为值类型，将其直接传递给函数时，其内容将被复制到新建的实例中。这种复制增加了 CPU 开销及栈上内存。对于简单结构体，这种影响通常可以忽略，因此是可接受的，但是，对于每帧重复调用、采用复杂结构体的函数，应当将函数定义修改为按引用传递。

限制物理模拟仿真迭代次数、避免使用网格碰撞体（Mesh Collider）、禁用空闲动画、降低算法复杂度等方法都有利于提高应用性能。

14.7　MRTK 优化设置

HoloLens 2 设备为移动穿戴式设备，MR 应用的一般优化原则与移动设备的优化原则一致，但 HoloLens 2 设备由于显示设备和显示技术与传统移动设备非常不一样，在使用 MRTK 开发 MR 应用时，应当充分利用 MRTK 提供的优化技术，以便降低性能消耗，从而提高用户体验。

14.7.1　UI/UX 优化

利用 MRTK 进行 MR 应用开发时，在 UI/UX 中使用图集（Altas）能有效降低 Drawcall。在界面中默认一张图片对应一个 DrawCall，同一张图片多次显示仍然对应一个 DrawCall，因此将多张小图合在一起形成图集可以减少 DrawCall 数量。另外，由于影响 Drawcall 数量的是 Batch（批处理数），而 Batch 以图集为单位进行处理，所以在处理图集时，通常的做法是将常用图片放在一个公共图集，而将独立界面图片放在另一张图集，一个 MR 应用的 UI/UX 图集数建议为 3 ～ 4 个。

UI/UX 层级的深度也对 Drawcall 有很大影响，在使用中，应当尽量减少 UI/UX 层级的深度，在层级（Hierarchy）窗口中 UGUI 节点的深度表现的就是 UI/UX 层级的深度，当深度越深，不处在同一层级的 UI/UX 就越多，Drawcall 数就会越大。

14.7.2 常用优化设置

在使用 MRTK 开发 MR 应用时，其通常会提供一些默认的设置，但这些默认设置是针对普通应用的普适性设置，并不能提供对 MR 应用的特殊优化，加之 HoloLens 2 设备属于边端设备，在性能上比 PC、PlayStation 等设备有更多的约束，为了提高性能，通常建议进行设置。

1. 使用低图像渲染质量

高质量图像渲染设置在带来更高渲染表现的同时也会消耗更多的资源，对于 HoloLens 2 这样的边端设备而言，这往往是导致性能问题的重要因素，牺牲微小的质量以求性能也是一种折中的办法。因此，为了保证适当的帧率，通常建议修改 Unity 默认的 Unity Quality Settings（Unity 质量设置）到 Very Low 值。具体操作为，在 Unity 菜单中依次选择 Edit → Project Settings → Quality，单击 UWP 目标列下的 Default 属性下拉箭头，选择 Very Low。

2. 关闭全局光

与图像渲染质量一样，光照对性能影响非常大，而光照中的实时全局光（Realtime Global Illumination）又更是性能杀手，在 MR 应用开发中一定要关闭全局光照。具体操作为，在 Unity 菜单中依次选择 Window → Rendering → Lighting Settings → Realtime Global Illumination，关闭全局光。需要注意的是，全局光照设置只对当前场景起作用，如果有多个场景，则需要在每个场景中都单独关闭。

3. 使用 Single Pass Instanced

在 MR 应用中，每帧画面都要区分左右眼并各渲染一次，因此性能消耗是传统应用渲染的两倍。降低 CPU 与 GPU 负荷的最佳途径是想办法只渲染一次，也就是使用 Single Pass Instanced（单通道实例）渲染设置，在使用该渲染设置时，左右眼中的图像会合成一整张大图并仅做一次渲染，因此能节约大量资源。MRTK 中的标准着色器（Standard Shader）都支持 Single Pass Instanced 渲染（如果开发人员编写了不支持此渲染模式的着色器代码，则只能在一只眼中看到渲染的虚拟对象而另一只眼却看不到，因此，如果开发者采用自己编写的着色器程序进行渲染，则务必确保其支持 Single Pass Instanced）。启用 Single Pass Instanced 的具体操作为，在 Unity 菜单中依次选择 Edit → Project Settings → Player → XR Settings，打开 Player XR Setting 设置卷展栏，勾选 Virtual Reality Supported 复选框，在 Stereo Rendering Method（立体渲染方法）属性栏下拉菜单中选择 Single Pass Instanced 值。

4. 启用深度缓冲共享

在使用 MRTK 开发 MR 应用时，建议开启深度缓冲共享（Depth Buffer Sharing），这有助于提高全息影像的稳定性。在启用深度缓冲共享后，Unity 就能够与 WMR（Windows Mixed Reality）平台共享由 MR 应用产生的场景深度信息，平台就能利用这些深度信息优化应用，从而提高全息图像的稳定性。具体操作为，在 Unity 菜单中依次选择 Edit → Project Settings → Player → XR Settings，打开 Virtual Reality SDKs → Windows Mixed Reality 设置卷展栏，勾选 Virtual Reality Supported 复选框，然后勾选 Enable Depth Buffer Sharing 值。

　　WMR 平台利用深度缓冲区中的深度信息可以形成虚拟对象稳定的深度层次关系，使全息图像更稳定，当开启深度缓冲共享时，不仅对图像渲染的稳定性很重要，也有利于虚拟元素的深度层级确定。在 Unity 中，大部分不透明和镂空材质会渲染深度，但透明和文本对象则通常不会渲染深度，因此，如果希望在 MR 应用中渲染透明虚拟对象则需要对该虚拟对象所使用的 Shader（MRTK Standard Shader）进行如下操作：

　　（1）选择该对象所使用的透明材质，打开属性（Inspector）窗口。

　　（2）单击 Fix Now 按钮修复所提示的深度缓冲警告，或者将 Rendering Mode 属性选择为 Custom、将 Mode 属性设置为 Transparent、将 Depth Write 属性设置为 On。

　　另外，建议使用 16 位深度值（16-bit depth）而不是 24 位深度值（24-bit depth）。使用 16 位深度值能显著地减少带宽需求，但同时开发人员也需要关注深度冲突（Z-Fighting），出现深度冲突问题的原因是当两个虚拟物体离得比较近时，从摄像头的角度看过去，它们的深度值就会很接近，但由于深度缓冲区精度的限制，就会导致两个物体相对深度的不确定性，如两个物体，一个深度为 2.5612，另一个为 2.5613，假如深度缓冲区只能精确到 2.561，由于浮点数的不精确性，这两个物体在渲染时就会出现竞争，可能第 1 个物体在前，也可能第 2 个物体在前，或者两个物体出现交叉，表现出来就是闪烁。使用 24 位深度值能提高深度值的精度，从而减少深度冲突的问题。

　　如前文所述，从性能出发，我们建议使用 16 位深度值，为改善深度冲突问题，可以通过调整视锥体近平面（Near plane）和远平面（Far plane）值，通过减小它们之间的范围间接地提高深度值的精度。具体操作为，选择场景中的 Main Camera 对象，在属性（Inspector）窗口中调整 Near & Far Clipping Plane 属性，将远平面调整为 50m（Unity 默认为 1000m）可以减轻深度冲突。

> **注意**
>
> 　　当使用 16 位深度值时，Unity 不支持模板缓冲区（Stencil Buffer），使用该缓冲区的效果将不可用，如镜面反射，如果要使用这些效果，需要使用 24 位深度值。

5. 加速项目生成

　　Unity 已弃用 .NET 脚本后端，使用 IL2CPP 生成 UWP 平台应用，在带来性能提升的同时也会大大地增加编译时间，在将 Unity 项目编译为 VS 工程时，所需时间甚至是使用 .NET 后端的几十倍。为加快编译进度，除使用读写速度更高的 SSD 固态硬盘外（如果是大型企业项目，可以考虑架设缓存服务器），建议从两个方面进行优化：

（1）每次编译时使用相同的目录，这样再次编译时就可以利用前次生成的文件做增量生成，从而降低需要编译的文件数。

（2）禁用病毒防护的实时保护功能，如果安装了杀毒软件，则可以临时禁用杀毒软件，另外禁用系统自带的"病毒和威胁防护"，具体操作为，打开"Windows 10 系统设置"→"更新和安全"→"Windows 安全中心"→"病毒和威胁防护"→"病毒和威胁防护"，"设置"→"管理设置"→"实时保护"，关闭实时保护功能，或者可以选择该页面下方的排除项，将项目生成目录排除。

14.7.3　MR 应用开发一般注意事项

HoloLens 2 设备是一个移动穿戴设备，受限于硬件处理能力、功耗，为使渲染帧率达到 60fps，一般建议场景中模型的多边形数量不应当超过 50 万个。在设计、开发 MR 应用时，开发人员需要时刻关注性能问题，通常而言，开发与使用 MR 应用应当注意以下方面。

（1）使用 MRTK 标准着色器而不是 Unity 自带的标准着色器。

（2）需要靠近墙壁或者物体表面的菜单时，建议菜单与表面保持 10cm 以上距离。

（3）操作尺寸非常巨大的虚拟对象时，可以使用另一个缩略模型进行辅助操作。

（4）除在开发与测试状态，不要渲染手部网格或者手部关节以提高性能。

（5）在可以控制环境时，避免将全息影像放置到背光强烈的位置（如窗户、灯光前等）。

（6）进行眼动跟踪校准，这有利于提高全息影像的稳定性。

附录 A

更 多 资 源

　　HoloLens 2 设备是微软公司面向未来的重磅设备，为帮助尽快建立软件生态，微软公司创建了大量说明文档、教程、教学视频等资料，并维护着一个由众多功能特性组成的样例（Samples），这些资料为开发人员开发 MR 应用提供了极大方便，非常具有参考价值，本书相当多的创作素材源于这些资料，读者也应当经常查阅了解 MRTK 及 MR 应用开发的最新进展。

　　（1）混合现实文档：https://aka.ms/mrdocs。

　　（2）混合现实设备门户：https://aka.ms/mr。

　　（3）MRTK-Unity GitHub 库：https://aka.ms/mrtk。

　　（4）MRTK 文档：https://docs.microsoft.com/zh-cn/Windows/mixed-reality/mrtk-unity/。

　　（5）设计开发指南：https://docs.microsoft.com/en-us/Windows/mixed-reality/develop/development?tabs=unity。

　　（6）开发教程：https://docs.microsoft.com/en-us/Windows/mixed-reality/develop/unity/tutorials。

　　（7）开发技术视频：https://docs.microsoft.com/en-us/Windows/mixed-reality/whats-new/mr-dev-days-sessions。

参 考 文 献

[1] 汪祥春 .AR 开发权威指南——AR Foundation[M]. 北京：人民邮电出版社，2020.

[2] MRTK 文档 [EB/OL].https://docs.microsoft.com/zh-cn/Windows/mixed-reality/mrtk-unity/,2021.

[3] 混合现实文档 [EB/OL].https://aka.ms/mrdocs,2020.

[4] 开发教程 [EB/OL].https://docs.microsoft.com/en-us/Windows/mixed-reality/develop/unity/tutorials,2021.

[5] 混合现实设备门户 [EB/OL].https://aka.ms/mr,2020.

[6] 设计开发指南 [EB/OL].https://docs.microsoft.com/en-us/Windows/mixed-reality/develop/development?tabs=unity,2020.

[7] Augmented Reality Design Guidelines[EB/OL]. https://designguidelines.withgoogle.com/ar-design/,2018.

[8] Unity. Practical guide to optimization for mobiles [EB/OL]. https://docs.unity3d. com/Manual/Mobile OptimizationPracticalGuide.html,2018.

[9] How to add Negative Shadows to a HoloLens Scene [EB/OL].https://www.andreasjakl.com/how-to-add-negative-shadows-to-a-hololens-scene/,2017.

图 书 推 荐

书 名	作 者
深度探索 Vue.js——原理剖析与实战应用	张云鹏
前端三剑客——HTML5 + CSS3 + JavaScript 从入门到实战	贾志杰
剑指大前端全栈工程师	贾志杰、史广、赵东彦
Flink 原理深入与编程实战——Scala + Java（微课视频版）	辛立伟
Spark 原理深入与编程实战（微课视频版）	辛立伟、张帆、张会娟
PySpark 原理深入与编程实战（微课视频版）	辛立伟、辛雨桐
HarmonyOS 移动应用开发（ArkTS 版）	刘安战、余雨萍、陈争艳 等
HarmonyOS 应用开发实战（JavaScript 版）	徐礼文
HarmonyOS 原子化服务卡片原理与实战	李洋
鸿蒙操作系统开发入门经典	徐礼文
鸿蒙应用程序开发	董昱
鸿蒙操作系统应用开发实践	陈美汝、郑森文、武延军、吴敬征
HarmonyOS 移动应用开发	刘安战、余雨萍、李勇军 等
HarmonyOS App 开发从 0 到 1	张诏添、李凯杰
JavaScript 修炼之路	张云鹏、戚爱斌
JavaScript 基础语法详解	张旭乾
华为方舟编译器之美——基于开源代码的架构分析与实现	史宁宁
Android Runtime 源码解析	史宁宁
数字 IC 设计入门（微课视频版）	白栎旸
数字电路设计与验证快速入门——Verilog + SystemVerilog	马骁
鲲鹏架构入门与实战	张磊
鲲鹏开发套件应用快速入门	张磊
华为 HCIA 路由与交换技术实战	江礼教
华为 HCIP 路由与交换技术实战	江礼教
openEuler 操作系统管理入门	陈争艳、刘安战、贾玉祥 等
5G 核心网原理与实践	易飞、何宇、刘子琦
恶意代码逆向分析基础详解	刘晓阳
深度探索 Go 语言——对象模型与 runtime 的原理、特性及应用	封幼林
深入理解 Go 语言	刘丹冰
Vue + Spring Boot 前后端分离开发实战	贾志杰
Spring Boot 3.0 开发实战	李西明、陈立为
Flutter 组件精讲与实战	赵龙
Flutter 组件详解与实战	［加］王浩然（Bradley Wang）
Dart 语言实战——基于 Flutter 框架的程序开发（第 2 版）	亢少军
Dart 语言实战——基于 Angular 框架的 Web 开发	刘仕文
IntelliJ IDEA 软件开发与应用	乔国辉
Python 量化交易实战——使用 vn.py 构建交易系统	欧阳鹏程
Python 从入门到全栈开发	钱超
Python 全栈开发——基础入门	夏正东
Python 全栈开发——高阶编程	夏正东
Python 全栈开发——数据分析	夏正东
Python 编程与科学计算（微课视频版）	李志远、黄化人、姚明菊 等
Python 游戏编程项目开发实战	李志远
编程改变生活——用 Python 提升你的能力（基础篇·微课视频版）	邢世通

书　名	作　者
编程改变生活——用 Python 提升你的能力（进阶篇·微课视频版）	邢世通
Python 数据分析实战——从 Excel 轻松入门 Pandas	曾贤志
Python 人工智能——原理、实践及应用	杨博雄　主编
Python 概率统计	李爽
Python 数据分析从 0 到 1	邓立文、俞心宇、牛瑶
从数据科学看懂数字化转型——数据如何改变世界	刘通
FFmpeg 入门详解——音视频原理及应用	梅会东
FFmpeg 入门详解——SDK 二次开发与直播美颜原理及应用	梅会东
FFmpeg 入门详解——流媒体直播原理及应用	梅会东
FFmpeg 入门详解——命令行与音视频特效原理及应用	梅会东
FFmpeg 入门详解——音视频流媒体播放器原理及应用	梅会东
Python Web 数据分析可视化——基于 Django 框架的开发实战	韩伟、赵盼
Python 玩转数学问题——轻松学习 NumPy、SciPy 和 Matplotlib	张骞
Pandas 通关实战	黄福星
深入浅出 Power Query M 语言	黄福星
深入浅出 DAX——Excel Power Pivot 和 Power BI 高效数据分析	黄福星
从 Excel 到 Python 数据分析：Pandas、xlwings、openpyxl、Matplotlib 的交互与应用	黄福星
云原生开发实践	高尚衡
云计算管理配置与实战	杨昌家
虚拟化 KVM 极速入门	陈涛
虚拟化 KVM 进阶实践	陈涛
边缘计算	方娟、陆帅冰
LiteOS 轻量级物联网操作系统实战（微课视频版）	魏杰
物联网——嵌入式开发实战	连志安
HarmonyOS 从入门到精通 40 例	戈帅
OpenHarmony 轻量系统从入门到精通 50 例	戈帅
动手学推荐系统——基于 PyTorch 的算法实现（微课视频版）	於方仁
人工智能算法——原理、技巧及应用	韩龙、张娜、汝洪芳
跟我一起学机器学习	王成、黄晓辉
深度强化学习理论与实践	龙强、章胜
自然语言处理——原理、方法与应用	王志立、雷鹏斌、吴宇凡
TensorFlow 计算机视觉原理与实战	欧阳鹏程、任浩然
计算机视觉——基于 OpenCV 与 TensorFlow 的深度学习方法	余海林、翟中华
深度学习——理论、方法与 PyTorch 实践	翟中华、孟翔宇
HuggingFace 自然语言处理详解——基于 BERT 中文模型的任务实战	李福林
Java + OpenCV 高效入门	姚利民
AR Foundation 增强现实开发实战（ARKit 版）	汪祥春
AR Foundation 增强现实开发实战（ARCore 版）	汪祥春
ARKit 原生开发入门精粹——RealityKit + Swift + SwiftUI	汪祥春
R 语言数据处理及可视化分析	杨德春
巧学易用单片机——从零基础入门到项目实战	王良升
Altium Designer 20 PCB 设计实战（视频微课版）	白军杰
Cadence 高速 PCB 设计——基于手机高阶板的案例分析与实现	李卫国、张彬、林超文
Octave 程序设计	于红博
Octave GUI 开发实战	于红博
全栈 UI 自动化测试实战	胡胜强、单镜石、李睿